高等职业教育"十四五"规划教材

猪病防治

第2版

王振玲　莫胜军　主编

中国农业大学出版社
·北京·

内 容 简 介

本书遵循“以就业为导向、以职业能力为本位”的教学指导思想，由校企专家共同编写，是具有“工学结合”特色的教材。

教材主要内容包括猪场生物安全与疫病防控、猪病诊治和综合技能实训等3个模块21个项目的相关基础知识和岗位技能。每个项目设计包括案例分析、相关知识点、职业能力训练、考点在线等内容，教材配有视频，内容更加丰富和可视化，力求符合我国职业教育发展方向，适合培养高技能应用型人才。

本书适用于高等职业教育畜牧兽医及相关专业教学，也可供个体养殖户、养猪企业技术人员、基层兽医站技术人员参考使用。

图书在版编目(CIP)数据

猪病防治 / 王振玲，莫胜军主编. --2版. --北京：中国农业大学出版社，2021.10
ISBN 978-7-5655-2629-9

Ⅰ.①猪… Ⅱ.①王…②莫… Ⅲ.①猪病-防治-高等职业教育-教材 Ⅳ.①S858.28

中国版本图书馆CIP数据核字(2021)第208307号

书　　名 猪病防治　第2版
作　　者 王振玲　莫胜军　主编

策划编辑 张　玉　郭建鑫　　**责任编辑** 张　玉
封面设计 郑　川
出版发行 中国农业大学出版社
社　　址 北京市海淀区圆明园西路2号　　**邮政编码** 100193
电　　话 发行部 010-62733489，1190　　编辑部 010-62732617，2618
出版部 010-62733440　　读者服务部 010-62732336
网　　址 http://www.caupress.cn　　**E-mail** cbsszs@cau.edu.cn
经　　销 新华书店
印　　刷 涿州市星河印刷有限公司
版　　次 2022年8月第2版　2022年8月第1次印刷
规　　格 185 mm×260 mm　16开本　17.25印张　430千字
定　　价 59.00元

图书如有质量问题本社发行部负责调换

第 2 版编审人员

主　编　王振玲（北京农业职业学院）

莫胜军（黑龙江农业工程职业学院）

副主编　许光勇（北京中育种猪有限责任公司）

王黎霞（北京农业职业学院）

李慧峰（河北北方学院动物科技学院）

参　编　王金秋（北京农业职业学院）

付　杰（北京顺鑫农业股份有限公司小店畜禽良种场）

白欣洁（北京农业职业学院）

冯金梅（北京大鼎农生物技术有限公司）

李桂伶（北京农业职业学院）

张金河（河北旅游职业学院）

赵红喜（宁夏大学）

雷莉辉（北京农业职业学院）

荆　盼（咸阳温氏畜牧有限公司）

郭姝霞（姝霞牧业科技有限公司）

主　审　潘耀谦（中国人民解放军军需大学）

第 1 版编审人员

主　编　王振玲（北京农业职业学院）

副主编　侯引绪（北京农业职业学院）

华勇谋（北京农业职业学院）

参　编　王金秋（北京农业职业学院）

王黎霞（北京农业职业学院）

冯金梅（北京东方之星兽药厂）

关文怡（北京农业职业学院）

李慧峰（河北北方学院）

郭姝霞（姝霞牧业科技有限公司）

谢淑玲（辽宁农业职业技术学院）

雷莉辉（北京农业职业学院）

蔡泽川（北京农业职业学院）

主　审　潘耀谦（河南科技学院）

何伟勇（中国农业大学）

第2版前言

《猪病防治》结合国家职业技能标准和人才培养方案，经校企专家反复研讨，将教材内容凝练为猪场生物安全与疫病防控、猪病诊治和综合技能实训等三个模块。在猪场生物安全与疫病防控模块中，结合当前非洲猪瘟防控要求，划分为生物安全体系、规模化猪场消毒程序制定与实施、疫苗的选购、运输、保存和使用和猪场驱虫等4个项目；在猪病诊治模块中，按病原微生物不同划分为猪病毒性疾病、猪细菌性疾病、猪寄生虫性疾病、其他病原微生物性疾病等4个项目。在综合技能实训模块中有23个综合技能实训，由浅入深逐步增加了实操难度，涵盖了丰富的实验室检测新技术。为了增强教材内容的实用性，本教材还增加了大量配套视频，可以帮助学生加深对教材内容的理解，提高诊疗水平。

本教材是"北京市特色高水平骨干专业建设项目"动物医学专业群特色课程教材之一，采用了大量的病例作为职业能力训练内容，强化了猪病知识在生产实践中的运用，并丰富了执业兽医师考点在线内容，突出培养学生分析问题和解决问题的工作能力。教材具有编写体例新颖、内容翔实、技术实用的特点，可供高等职业院校畜牧兽医及相关专业教学使用，也可供养猪的企业技术人员、个体养殖户、基层兽医站技术人员参考。

本教材编写分工如下：王振玲编写模块二猪病诊治和模块三综合技能实训部分内容；莫胜军编写模块三实训十二；许光勇编写模块一项目一和附录Ⅰ；王金秋、雷莉辉、李桂伶编写模块一项目二至项目四；王黎霞编写模块三实训五和实训六；李慧峰编写模块三实训七和实训八；付杰和荆盼编写考点在线等部分内容；白欣洁制作模块三实训九和实训三视频；赵红喜和张金河编写模块三实训十一和实训十三；北京大鼎农生物技术有限公司冯金梅，姝霞牧业科技有限公司郭姝霞在本书的策划和校对方面做出了很大贡献。中国人民解放军军需大学博导、新乡学院特聘教授潘耀谦担任本书主审。

在本教材出版之际，谨对提供支持的院系领导和各位专家、同行表示最衷心的感谢！本教材在编写过程中参考了一些专家学者和同行的相关论述及研究成果，在此一并表示诚挚谢意！由于作者水平有限，书中疏漏和欠妥之处在所难免，敬请读者和各位师生提出宝贵意见，在此表示衷心感谢！

编　者

2022年6月

第1版前言

猪病防治是高职院校畜牧兽医专业课程，其任务是使学生理解和掌握猪场防疫、猪病诊断及猪病化验等方面的基础知识和专业技能。为了积极推进高职高专课程和教材的改革，创新课程教学模式和课程结构，遵循“以就业为导向、职业能力为本位”的教学指导思想，将原有的按学科体系设置的教材进行了重组、改编，形成了以岗位需求为体系的工学结合教材。旨在培养具有良好职业素养，较强职业能力的高级技术技能型人才。

本教材的编写以职业能力训练为主线，将教学内容分为猪场防疫员、猪场兽医、猪病化验员3个岗位模块。在猪场兽医中，按猪的不同生理阶段划分疾病诊断与防制教学内容，使教学更加贴近实际工作过程。同时，为了增强教材内容的实用性，按照以工作过程为导向的理论与实践一体化课程的开发原则编写相关知识点，有助于学生把握重点，加深对知识的理解和记忆。本教材采用了大量的病例作为职业能力训练内容，强化了技能考核和自测训练，突出培养学生分析问题和解决问题的能力。教材具有题材新颖、内容翔实、技术实用的特点，可供高职高专畜牧兽医及相关专业教学使用，也可供个体养殖户、养猪企业技术人员、基层兽医站技术人员参考使用。

本教材由王振玲主编。编写分工：王振玲编写岗位二中的学习情境二中的学习任务一、学习情境四、学习情境五，并负责全书的统稿工作。侯引绪编写岗位二中的学习情境六。华勇谋编写岗位二中的学习情境一。王金秋编写岗位一。王黎霞编写岗位三中的学习情境一至学习情境五。关文怡编写岗位二中的学习情境三。李慧峰编写岗位二中的学习情境七中的学习任务四、岗位三中的学习情境六。谢淑玲编写岗位二中的学习情境七中的学习任务一、学习任务二。雷莉辉编写岗位二中的学习情境二中的学习任务二。蔡泽川编写岗位二中的学习情境七中的学习任务三。郭姝霞对全书进行了系统的修改。冯金梅完成了最终样稿。

本教材由河南科技学院的特聘教授潘耀谦，中国农业大学何伟勇教授担任主审。在此教材出版之际，谨对为本教材提供支持的院系领导和各位专家、同行表示最衷心的感谢！本教材在编写过程中参考了一些专家学者和同行的相关论述及研究成果，在此对这些专家一并表示诚挚谢意！

由于作者水平有限，书中疏漏和欠妥之处在所难免，敬请读者提出宝贵意见，谨此表示衷心感谢！

编　者

2013年8月

目　录

模块一　猪场生物安全与疫病防控

模块二　猪病诊治

模块一

猪场生物安全与疫病防控

项目一

生物安全体系

【知识目标】

1. 了解生物安全定义、生物安全分区、生物安全三级管理和生物安全二级洗消。
2. 掌握外部生物安全和内部生物安全管理办法。
3. 掌握生物安全评估体系。

【能力目标】

根据猪场的生产模式和条件，制定一个合理的生物安全和疫病防控程序。

【素养目标】

1. 能够严格按照《中华人民共和国动物防疫法》要求，认真履行职责，做好猪场生物安全工作。
2. 培养学生自主探究的习惯、安全意识、责任意识、团队协作意识和精益求精的劳动精神。

【项目导入】

2018 年 8 月 2 日，沈阳市发生疑似非洲猪瘟，随后湖南、安徽、江苏、浙江和内蒙古等地陆续出现，确诊后的猪群被全部扑杀。非洲猪瘟的传播途径较为广泛，比如，直接接触感染猪，饲喂污染的猪产品、饲料、泔水，接触污染的粪便、垫料等，还可以通过蜱等媒介传播。另外，动物及动物产品的移动或接触也会导致非洲猪瘟的发生。所以，做好非洲猪瘟的生物安全防控工作就显得尤为重要。生物安全防控工作包括哪些方面？如何做好猪场生物安全防控工作？

任务一　生物安全概述

生物安全是预防和控制疾病传播的综合管理措施，是最有效、最廉价的健康管理措施，也是养猪生产者必须共同遵守和执行的重要健康保证措施之一，任何不遵守生物安全管理制度的行为均视为违规操作。历经集团化养猪公司现场验证，截至目前生物安全措施仍是防控非洲猪瘟最有效的措施。养猪从业者应结合当前非洲猪瘟流行与发生的趋势，逐步形成“生物安全五级分区 + 三级管理 + 二级洗消”的全新防控理念，充分考虑集团化养殖公司的自身需求，构建规模化猪场生物安全体系。

一、生物安全定义

生物安全，是指国家有效防范和应对危险生物因子及相关因素的威胁，生物技术能够稳定健康发展，保障人民生命健康和生态系统相对处于没有危险和不受威胁的状态，生物领域具备维护国家安全和持续发展的能力。

猪场生物安全，指识别威胁养猪生产病原微生物载体的风险因素，并通过科学、有效的技术手段和管理措施加以控制，防止病原微生物向内和向外传播，确保养猪生产的健康、稳定。猪场生物安全包括外部生物安全和内部生物安全。外部生物安全主要是防止病原微生物通过可能的载体传入场内和场内病原向外传播，内部生物安全主要是控制内部病原在猪群间的循环。

二、生物安全五级分区

根据生物安全控制级别，将区域划分为五个等级，即生物安全五级分区管理，分别用红、橙、黄、蓝、绿五种颜色表示。红区表示猪场外部不可控区域，一般是指社会公共区域；橙区表示猪场围墙外部可控区域，包括公司/猪场办公区域、洗消烘中心，该区域通常与外部频繁对接，是阻止外源性风险传入的第一道屏障；黄区表示猪场围墙内部生产区人员的生活区域，该区域主要包括生产人员宿舍、员工食堂、娱乐场所；蓝区表示生活区至猪舍外部的场内作业区域，包含场内道路、料塔、车辆洗消点、电工房；绿区表示猪舍、猪舍连廊及转猪连廊内部区域。每跨过一个区域即为一个关口，分别为一、二、三、四、五级关口，每经过一个关口都必须执行有效的控制措施，并且遵循单向流动不可逆原则（图 1-1-1）。

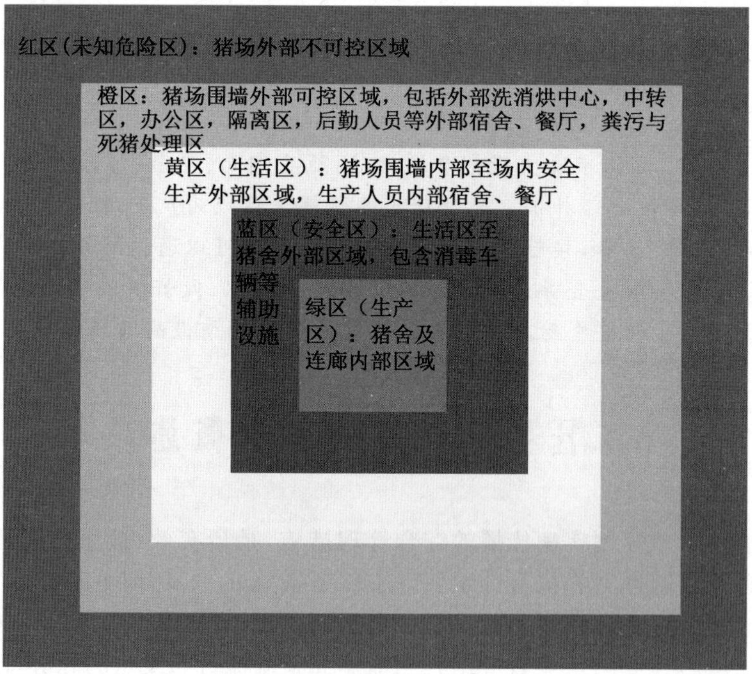

图 1-1-1　生物安全五级分区示意图

三、生物安全三级管理

现代化生猪养殖技术日新月异，尤其是在非洲猪瘟发生后，各养猪企业快速推进生猪产业软硬件、养殖技术的全面提升。集团化养殖公司通常规模较大，形成内部统一标准至关重要，因此提出三级管理的创新理念。三级管理具体为集团总部统一管理（一级）、猪场后勤运营保障管理（二级）和猪场内部生产运营管理（三级）。各级具有明确分工，各司其职。一级管理主要职责为推行各项标准和管理，是阻止外源性风险的第一道防线，有办公、一次隔离、一次洗消烘、物资配送等功能；二级管理职责为对应猪场的管理，对接集团总部的各项措施落地，阻止外源性风险直接传入场内，是阻止外源性风险的第二道防线，有猪场办公、二次隔离、二次洗消烘、物资接收消毒与配送、待售猪只中转等功能；三级管理主要职责为生产，保证生产正常稳定运营。

四、生物安全二级洗消

根据当前猪病防控需求，建立了两级洗消中心，分别为社会（一级）洗消中心和内部（二级）洗消中心，其功能主要为社会车辆和猪场内部车辆提供清洗、消毒和烘干，以保证车辆绝对安全，切断车辆传播这一最为危险的途径（图 1-1-2）。

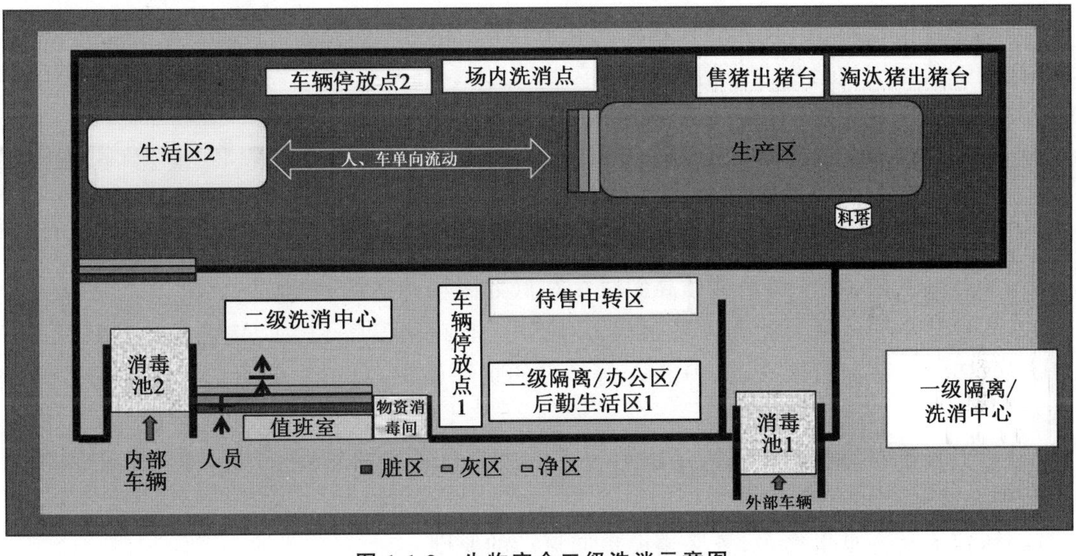

图 1-1-2 生物安全二级洗消示意图

任务二 外部生物安全

猪场生产是环环相扣的，感染或污染途径多种多样，但不管如何，规模化猪场生物安全体系的强度取决于最薄弱的环节。

外部生物安全主要是针对红区和橙区的管理，要识别进入该区域的风险因素，包括进出关口的猪只、运输车辆、精液、饲料、物资、食材、水源、生物性传播媒介、社会人员等，通常用倒金字塔模型对外部生物安全风险进行评估排序(图 1-1-3)。

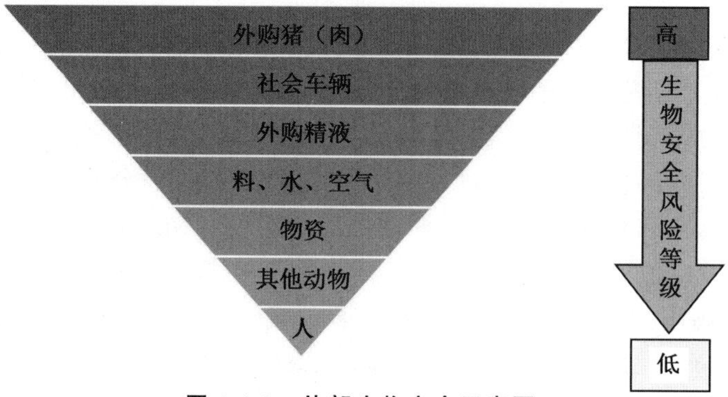

图 1-1-3　外部生物安全示意图

一、猪场周围环境评估

利用 Google Earth 软件查看猪场周围社会环境，应该做到以下几点：

(1)猪场周围 3 km 内有无屠宰厂。

(2)猪场周围 3 km 内有无新建养殖场。

(3)猪场周围 3 km 内有无病死猪无害化处理厂。

(4)调查猪场周边猪病流行情况。

(5)场内污水有无对周边环境造成影响，例如粪水喷漏。

(6)猪场周围有无流浪猫狗等动物。

二、活猪管理

(1)场与场之间调猪，必须遵循高健康场往低健康场调运的原则。

(2)新建猪场引入后备猪必须经过猪瘟(CSF)、非洲猪瘟(ASFV)、猪蓝耳病(PRRSV)、猪伪狂犬病(PRV)、猪流行性腹泻(PEDV)等病毒的抗原检测，自留后备猪选择标准以检测报告为依据。

(3)新引入猪只应在指定隔离区隔离舍或单独栋舍隔离饲养 4～5 周，原则上距离其他猪栋舍至少 500 m。

(4)活猪流动一旦出猪舍，务必遵循单向流动的原则。

(5)任何跨区作业时，都应有相对净污缓冲概念，尤其是转猪及售猪环节，必须严格划分脏区、灰区和净区。净区为猪舍内，饲养员只能将猪赶至猪舍门口，严禁踏出猪舍门口红线；灰区为猪舍门口至出猪台区域，由猪场后勤人员负责，严禁踏出出猪台与拉猪车辆红线；脏区为出猪台至外部拉猪车区域，由装猪人员或司机负责，严禁踏入拉猪车辆与出猪台红线。

(6)出猪台需要用高压水枪、发泡剂或温水冲洗，不能留有残余水洼，干燥后用 1∶200 戊二醛(安灭杀)或 3% 氢氧化钠喷洒消毒，有条件的可用火焰烤。

三、猪肉产品

(1)严禁从市场购买猪肉及其产品回场，食堂所用猪肉全部为本场自宰的。

(2)严禁后勤采购人员频繁出入菜市场，严禁购买其他鲜肉产品。

四、车辆管理

严禁一切外部(社会)车辆进入或靠近猪场。若需销售种猪、肥猪、仔猪等，建议于橙区设立待售中转区或临时中转台，配有洗消烘房，使用场内车辆进行转运至待转舍。淘汰猪需安排在其他售猪工作之后，建议淘汰猪出猪台与正常销售的出猪台区分，使用专用转运车运输淘汰猪，结束后重点清理与消毒、烘干。

1. 外部(社会)拉猪车辆

(1)从外面前来猪场拉猪的车辆，必须由一级洗消烘中心处理，经检测合格后，持检测合格证明方可驶入橙区指定地点，驶入橙区后再次消毒，司机下车需穿戴鞋套。

(2)公司内部车辆每次拉猪后应立即清洗、消毒和烘干，下次使用时再次消毒，进入橙区后经猪场负责人检查合格后方可靠近出猪台，司机下车需穿戴鞋套。

(3)拉淘汰猪车辆严禁接近出猪台，应该单独设立临时装猪台，用本场专用转运车进行转运，司机严禁下车，必要时再次消毒。

(4)环卫车与医疗垃圾车严禁进入猪场，用猪场铲车或淘汰猪专用中转车将死猪转运至指定中转站，环卫车与医疗垃圾车司机严禁下车，必要时再次消毒。

2. 饲料车

(1)饲料车本着“专车专用”原则，仅供本场使用。

(2)每次拉料需按指定路线行进，不允许随意停歇下车，不允许途经养殖场、屠宰厂、粪污场、无害化处理厂等高风险场所。

(3)在每次拉料回场后，采集车体、驾驶室等环境样品检测 ASFV 核酸，在场外的第一洗消点用 1∶200 戊二醛或过硫酸氢钾喷雾消毒，条件允许可置于烘干房烘干或熏蒸消毒过夜，再按指定路线行进至饲料中转塔。

(4)饲料转完后，再到场内第二洗消点用 1∶200 戊二醛或过硫酸氢钾喷雾消毒，然后停放于指定区域。

(5)司机经淋浴更衣后返回至办公区。

3. 场内转运车

场内涉及饲料和猪只转运的车辆必须遵循由脏区回净区消毒的原则，或者按由红区、橙区、黄区、蓝区、绿区级别顺序开展消毒工作。

4. 其他车辆

(1)配送物资车辆每次前往猪场中转区必须进行消毒处理。

(2)个人车辆及公车严禁从疫区回来后直接回场，必须由停于中转区的猪场专用车辆转运，停于门口指定地点，每周消毒一次。

车辆处理中各操作环节对病原微生物的清除作用所占比例：清理 20% + 清洗 20% + 消毒 20% + 干燥 40%(表 1-1-1)。

表 1-1-1　外部车辆洗消检查表

洗消日期：	消毒地点：	洗消耗时：　h		
消毒人：	车牌号码：	是否合格：优□　一般□　差□		
车辆清洗后检查点		分数	得分	备注
1	车辆清洗消毒检查表信息是否记录完全	5		
2	车辆是否为不锈钢板拉猪车辆	5		
3	车辆轮胎是否有污渍、粪便等可视有机物	5		
4	车厢外侧是否有污渍、粪便等可视有机物	5		
5	车厢内侧是否有污渍、粪便等可视有机物	5		
6	车厢门缝或滑门等边角是否有可视粪便、残渣	5		
7	车辆驾驶室内、外侧是否有污渍、粪便等可视有机物	5		
8	车辆下方底面是否有可视粪便、残渣	5		
9	车辆清水清洗完毕是否检查	5		
10	对于车辆冲洗不合格情况是否及时返工	5		
11	车辆清洗后是否经过干燥(≥20 min)	5		
12	车辆清洗处是否有回流装置	5		
车辆消毒后检查点		分数	得分	备注
13	消毒液配比说明是否张贴上墙	5		
14	消毒液配比比例是否正确	5		
15	消毒液是否现配现用	5		
16	消毒前车辆是否已基本干燥	5		
17	消毒时消毒液是否彻底覆盖车辆(轮胎、车厢)	5		
18	驾驶室是否经过浸有消毒液的抹布擦拭或臭氧熏蒸	5		
19	消毒液是否有详细使用记录	5		
20	消毒后是否经过烘干处理	5		
合计		100		

洗车人员签字：　　　　检查人员签字：　　　　兽医签字：

备注：按照清洗后和消毒后两个方面进行检查，合计 20 项，各项合格的满分，不合格不得分；总分 100 分(90 及以上为优，60～85 分为一般，60 分以内为差)。

五、精液监控

精液能够携带病毒和细菌，是传播疾病的重要常见途径。因此，要确保公猪或公猪站健康度高于其他猪群或本场。

（1）公猪站每周应收集原精、唾液、血液等样本开展 CSFV、ASFV、PRRSV、PRV、PEDV 以及细菌的监测，若出现问题，应该停止向健康度高的猪场供应精液。

（2）其他猪场若自留公猪，1～2 周应收集原精、唾液、血液等样本开展 ASFV、PRRSV、PRV、PEDV 以及细菌的监测，若出现问题，应该及时淘汰不合格公猪。

（3）精液转运采用双层无菌袋包装运输，精液运输箱不入场，直接去包装袋将精液放入恒温箱中，经 1∶200 过硫酸氢钾擦拭消毒后方可转入舍内使用。

六、饲料与水源的监测

饲料和水是猪只直接摄入的物质，如果饮水或饲料中携带病原体，猪场的生物安全将面临严重风险。因此，饲料和水作为外部风险因素要有特定的防范措施（图 1-1-4）。

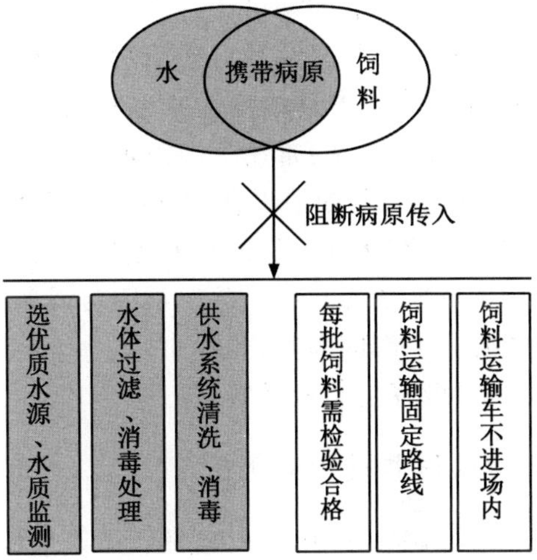

图 1-1-4　饲料与水源监测示意图

1. 饲料

（1）饲料配方不含血浆蛋白、血清等猪源产品。

（2）饲料运输车在运输过程中不可打开料罐，要按规定行驶线路行驶，避开屠宰场、养殖区等高风险区域。

（3）颗粒料经中转罐传输到各栋舍料罐，原则上饲料车不直接靠近猪舍。

（4）袋装料放在中转料库架子上，便于表面熏蒸消毒。采集袋子表面样品检测相关病原，待检测结果合格后方可运入各栋舍，有条件的猪场在转入猪舍时最好更换包装袋。

（5）所有袋装料和颗粒料每月或每批采样，检测 ASFV、PEDV 等。

（6）严格把控原料来源，制粒过程建议采用高温制粒灭菌方法处理。

2. 水源

（1）水质要求：水源至关重要，猪场用水必须选用洁净、病原微生物含量达标、理化指标合格的软质水或硬度适中的水（表 1-1-2）。

表 1-1-2　猪场水质理化参数　　mg/L

参数	铝	铜	铁	磷	镁	汞	氧	钠	锌	总硬度	大肠杆菌/（CFU/100 mL）	pH
最大值	0.2	0.013	5.0	0.15	2.5	0.001	＞4.0	200	5	500	＜1 000	6～9

（2）供水系统的清洗：定期清除蓄水池内壁的藻类和池底淤泥，清除供水管道和饮水器内的污垢。

（3）饮水处理、消毒：使用过滤设备过滤，使用氯制剂类或柠檬酸消毒。

七、外购物资管理

所有进入猪场的物资都要经过严格的消毒处理，减少病原微生物带入风险。物资包括兽药疫苗、耗材、劳保用品、设备工具、食品等，不同物资采取不同消毒处理措施。

(1)化学消毒剂：针对防水或者耐水的设备物资用 1∶200 戊二醛或过硫酸氢钾进行体表喷雾消毒，例如消毒料槽、钢管等。

(2)熏蒸消毒：对于一般物资可以直接熏蒸，熏蒸时必须摊开物资(密封袋拆开)，熏蒸 24～72 h，例如消毒袋装饲料。

(3)酒精擦拭消毒：适用于不宜熏蒸和喷雾的物资设备，如精密仪器设备、电子产品等，用 75%酒精擦拭表面即可。

(4)紫外线消毒：针对防潮物品、防异味物品、蔬菜、食品等可采用紫外线消毒，紫外线灯有效距离为 3 m，紫外线灯管要求安装反光板，照射时间不少于 30 min。

(5)臭氧消毒：常用于门卫消毒缓冲间或者库房等处，浓度不低于 20 mg/m^3，消毒时间不少于 30 min，例如消毒食堂食材、工作服等。

(6)外购物资一律去除外包装，由消毒间相对脏区转入灰区消毒后再转至消毒间的净区，使用本场准备的储物箱转运至库房或各阶段生产区的消毒缓冲间，再次重复上述步骤消毒后方能转入生产区库房。

(7)做好食堂食材管理工作。

八、其他动物的防控

流浪猫狗、蜱虫、蚊、蝇、鼠、鸟等是传播疾病的重要媒介。可采取如下措施：

(1)猪舍门窗密闭，屋檐和料库等需要有防鸟设施。

(2)猪舍周围 1 m 左右铺成水泥地面或撒石子，定期清理场内杂草和废弃杂物，让老鼠和蚊子无藏身之处，是减少老鼠和蚊子的有效办法。

(3)每季度定期灭鼠。

(4)蚊、蝇能在 1.5 km 范围内传播疾病，所以场内要杜绝低洼处积留死水。

九、外部人员管理

外部人员可控性较强，只要遵守规章制度即可完全控制。外来人员和内部员工均需遵守相关操作流程。

(1)来访人员仅允许进入橙区，严禁跨入黄区以内的区域。来访人员(客户、检查、学习)需登记和接受生物安全调查，填写表 1-1-3。

表 1-1-3　来访人员登记和生物安全调查表

日期	姓名	公司名称	来访理由	最后一次接触猪/拜访猪场、屠宰厂、实验室日期/地点

(2)员工休假：需提前调查员工休假目的地(禁止前往非洲猪瘟疫区)，签订休假协议书(告知不能前往猪场、屠宰厂、无害化处理厂等高风险区域)，回场遵循隔离消毒流程，即：返场员工

必须如实报备休假期间是否接触高风险场所，休假结束后，到指定地点（酒店/公司总部，橙区）隔离 72 h，隔离期间淋浴更衣，采样检测 ASFV，结果阴性后更换专用工作服由专车接送至猪场办公区（橙区）继续隔离 48 h，二次采样检测 ASFV，结果阴性后至生活区（黄区）隔离 24 h 后方能进入生产区工作，填写表 1-1-4。

表 1-1-4　员工休假登记表

姓名	前往目的地	请假时间	回场时间	隔离措施

（3）根据猪场生物安全防控原则进场区域必须合理规划，配备车辆消毒池、值班室、物品消毒间、淋浴换洗室，保证物品消毒和人员单向流动（图 1-1-5）。

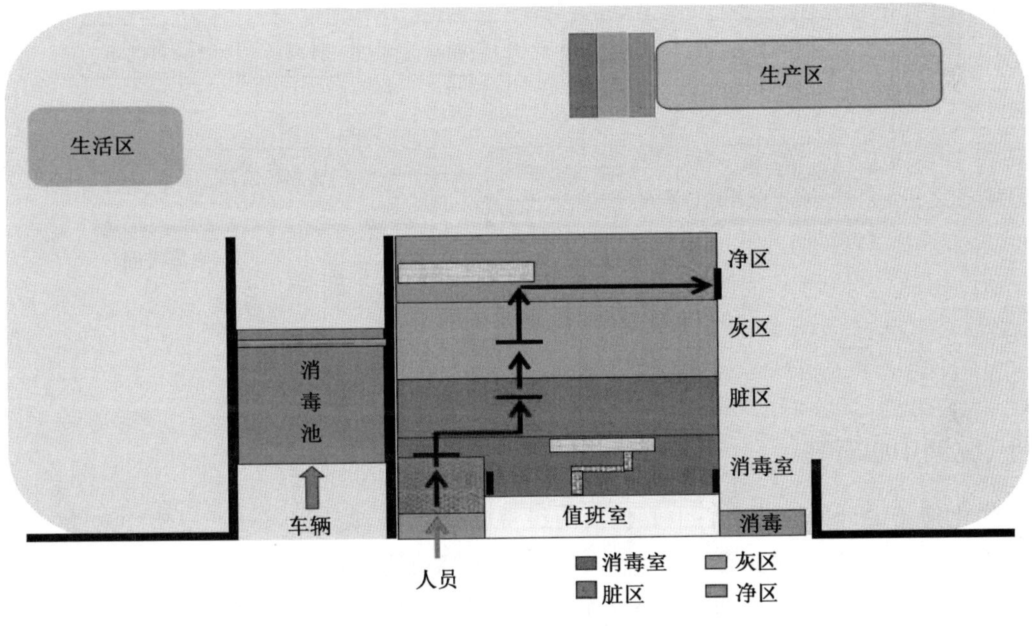

图 1-1-5　猪场生物安全防控示意图

（4）淋浴室区域安全等级划分见图 1-1-6。

（5）进出猪场淋浴更衣流程见图 1-1-7。具体隔离时间长短要根据接触情况而定，一般未接触猪场或屠宰厂，按上述流程隔离即可；接触过猪场、发病猪和屠宰厂需适当延长隔离时间。

（6）人员流动原则：根据管理工作需要，进出猪场应遵循图 1-1-8 原则。

（7）关键部位的生物安全措施流程需要张贴出来，可用图示流程，简单易懂易执行。

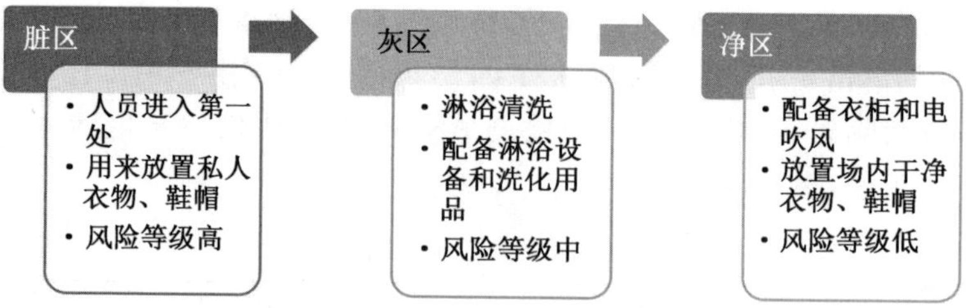

图 1-1-6　淋浴室区域安全等级划分示意图

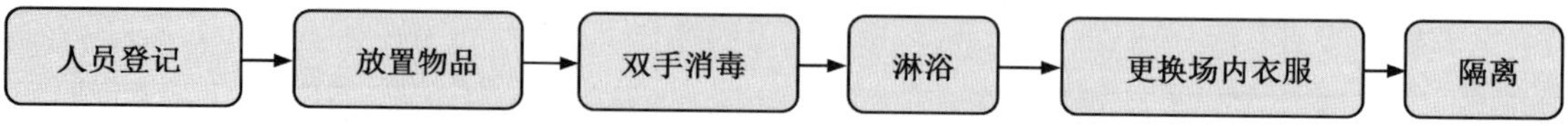

图 1-1-7　进出猪场淋浴更衣流程图

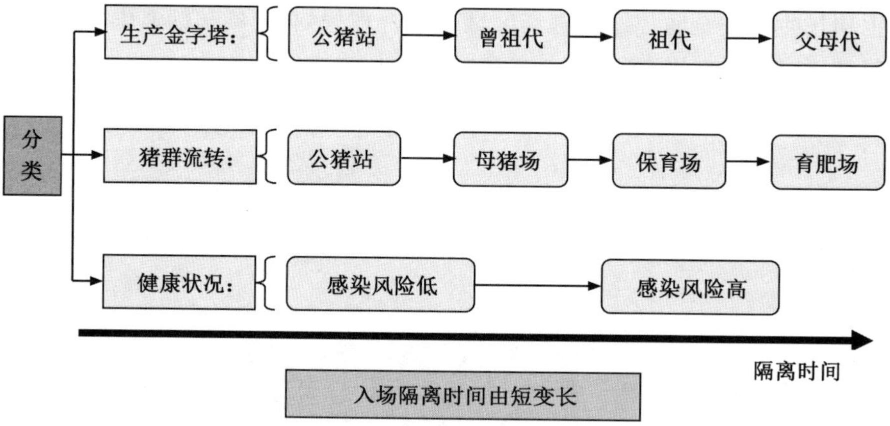

图 1-1-8　人员流动示意图

十、洗消中心管理

现代化猪场设计的洗消中心主要包括两级洗消烘干房、猪场办公区、待售中转舍、进场物资消毒缓冲库房、后勤人员生活区、返场人员隔离区等功能区域，它是阻止外源性风险的重要组成部分。分为两级洗消，一级洗消主要针对外围前往屠宰厂的送猪车辆和社会车辆。二级洗消主要针对猪场内部转运车辆。两级洗消均有清洗、消毒和烘干的功能，由集团公司和猪场按统一标准管理。

任务三　内部生物安全

生物安全是猪场稳定生产的生命线，内部生物安全主要功能是切断场内病原的循环传播，包括黄区、蓝区和绿区的管理，涉及场内物资管理，猪只流动，人员管理，内部转猪车辆、环境消毒，相关防疫制度落实等方面。

一、猪只流动的协调

场内猪只流动务必要遵循由生物安全级别高至低、净区至脏区的等级原则，且最好为单向流动。

1.场内转猪环节

（1）无论是产房哺乳仔猪断奶，还是保育猪下床都应该做到全进全出，以栋、单元为单位实施转猪计划，转猪通道宽度合适，避免猪只调头返回。

（2）妊娠母猪上床和哺乳母猪下床通道使用前后都应彻底清洗消毒，母猪也应做淋浴或冲洗消毒处理，以切断病原交叉传播。

2.售猪环节

（1）销售种猪尽量做到预先挑选好合格的，避免筛选后大量不合格猪返回育成舍、育肥舍，且选猪展厅务必保持干净、干燥状态。

（2）肥猪和仔猪按批次出售，严禁出猪舍的猪只再次返回猪舍。

（3）淘汰猪销售使用场内专用转猪车从出猪台拉至临时中转站进行对接，以降低感染风险。

（4）一般每周先安排正常售猪、转猪，然后才安排销售淘汰猪，售完淘汰猪后猪场猪群暂不流动，转运车辆、后勤人员静默 2 d，以彻底消杀所有转运环节及关键点位。

3.死猪转运环节

（1）舍内病死猪由饲养员巡栏时发现并放至舍栋门口，饲养员严禁踏出猪舍门口红色警戒线。

（2）场内病死猪清运：有条件的每周由场内后勤人员集中一次，将各区、各栋门口病死猪拖运至专用冷库或深井，各区先后顺序为种猪区、保育区、育肥区，最后至冷库或深井处。

（3）场内使用专用转运病死猪车辆，使用后在脏区进行冲洗消毒，静置干燥。

（4）清运死猪的后勤人员必须穿专用工作服（红色），作业结束后到指定浴室淋浴更衣后方能回到办公区（橙区）。

（5）存放死猪的冷库定期与环卫部门对接，进行清理，再熏蒸消毒处理。

二、场内人员管理

1.进出生产区流程

生活区与生产区服装应加以区分，种猪区、产房区、保育区、育肥区采取不同颜色、款式的工作服和雨鞋，便于区分管理。

（1）由生活区进入生产区，个人物品严禁带入，手机、眼镜等必需品应经带有紫外线消毒的传递窗进入生产区。

（2）所有进入生产区人员必须淋浴、更衣后方可进入，重点对头发、指甲等部位清洗，严禁不经淋浴穿一次性隔离服进入生产区。

(3)进出猪舍踩脚盆进行消毒。

(4)日常工作中,员工进出不同栋舍需更换雨鞋(雨鞋每栋猪舍均需备好),无特殊情况,严禁栏与栏之间交叉流动。

(5)场内管理人员同样应自觉遵守上述流程。

2.后勤人员

(1)维修人员进入不同生产区,应更换工作服,并淋浴更衣。

(2)司机由橙区进入黄区原则上不允许直接下车,应该穿戴鞋套,至门卫第一道淋浴间淋浴更衣后方可进入黄区。

(3)其他后勤人员,应遵守相关的制度流程。

三、场内物资管理

外购的常用兽药、耗材、劳保用品、食品等物资,需经门卫缓冲间消毒处理后,方能转入场内库房,库房应定期打开紫外线灯照射或者熏蒸消毒。

(1)不同区、栋舍尤其是产房严禁共用或交叉使用扫把、抹布、铲等工具。

(2)非洲猪瘟期间,食堂外购食材清洗后的污水,严禁回流至猪舍粪道。

1.食堂管理

(1)外购食材务必经臭氧、紫外线、柠檬酸消毒后方可进入食堂临时性库房,然后再次熏蒸。

(2)所有猪肉及猪产品必须是自宰的,不允许外购猪相关肉食。

(3)食堂污水通道与生产区管道不交叉、不倒流。

(4)由食堂输出的食物必须烹熟方能进入生活区或生产区。

(5)由生活区或生产区返回食堂的餐具需经高温消毒后方能再次使用。

(6)建议食堂里生的食材单独存放。

(7)严禁食堂厨师与生产区员工直接频繁接触。

2.生活区管理

生活区(黄区)是生产区员工生活的场所,需严格把控。

(1)生活区员工下班后由生产区淋浴后穿专用生活服。

(2)下班后,严禁与后勤人员(橙区/办公区)聚众聊天。

(3)严禁在宿舍存放私人物件(电脑、手表等必需品除外)、火腿肠等猪肉制品。

(4)由生活区进入生产区,务必更换工作鞋、淋浴更衣。

(5)跨区时,务必遵守相关管理制度。

四、综合管理措施

1.工作鞋清洗与消毒

(1)进出栋舍保持工作鞋不携带猪粪等杂质,洗手、双脚踏盆能够减少病原携带风险。脚踏盆使用4%氢氧化钠溶液,高度以浸没鞋面为宜,约10cm深度(图1-1-9)。

(2)工作服夏季每日更换、清洗、浸泡消毒、干燥;冬季外套2~3 d一次(表1-1-5)。

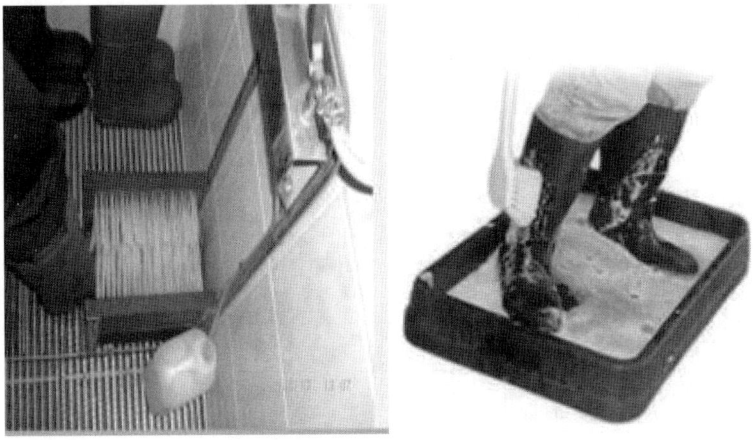

图 1-1-9　工作鞋清洗与消毒

表 1-1-5　工作服清洗消毒记录表

日期	数量	消毒液及比例	操作人	检查人	备注

2. 器械处理

(1)针头使用遵守“治疗一头一针头，免疫一窝一针头”，以降低交叉感染风险。

(2)不同阶段的猪只，选择合适规格型号的针头，充分考虑针头长度、直径，药物或疫苗液体性质、注射剂量等。

(3)针头、手术刀、剪等重复利用的器械，使用完后，先用清水清洗，去除孔内或死角处残留物质，再经沸水高温消毒 30 min，捞出干燥后方可使用。

(4)根据工具性质选择合适的消毒方法，具体如表 1-1-6 所示。

表 1-1-6　生产工具清洗消毒操作表

序号	工具名称	消毒方式	消毒液	稀释比例	消毒时间	消毒频率	备注
1	常规手术器械(手术剪、止血钳)	蒸汽	—		30 min	日消毒	接产工具
2	毛巾、抹布	蒸汽	—		30 min	日消毒	接产工具
3	接产车	喷雾消毒	卫可	1∶200		日消毒	(1)转到下一个单元前进行消毒 (2)进行消毒前清除所有物品，清洗干净干燥后消毒

续表1-1-6

序号	工具名称	消毒方式	消毒液	稀释比例	消毒时间	消毒频率	备注
4	断尾钳	浸泡消毒	碘伏	原液		每次消毒	
5	胎衣桶	喷雾消毒	卫可	1∶200		日消毒	胎衣桶6个，交替使用
6	手术刀片	浸泡消毒	碘伏	原液	20 min	日消毒	仔猪去势时，每15～20头更换1次新刀片
7	连续性注射器	蒸煮消毒	—		30 min	日消毒	
8	生产区车辆（小推车）	喷雾消毒	卫可	1∶200		日消毒	每次使用后均进行1次消毒
9	挡板	喷雾消毒	卫可	1∶200		日消毒	每次使用完后进行消毒
10	扒料铲子	浸泡消毒	卫可	1∶200	30 min	周消毒	每单元固定使用1个
11	扫帚、铁锹	喷雾消毒	卫可	1∶200		周消毒	每周2次进行环境消毒时一起进行消毒
12	产房料槽、诱食槽	喷雾	卫可	1∶200		月消毒	

3.仔猪寄养与管理

(1)寄养仔猪宜早不宜晚，原则上是仔猪吃完初乳后将体重大的寄养至别窝。

(2)产房的仔猪出现拉稀等情况，采取治疗或免疫措施时抓猪人员不得踏入栏中，要用仔猪抓猪器替代，以防鞋底携带病原交叉感染。

4.隔离措施

(1)每栋猪舍原则上不设单独隔离栏圈。

(2)若有特殊情况需要，隔离栏设在下风口以供饲养发病猪，无治疗价值猪果断处置。

5.颜色管理

(1)不同区(车间)利用黄、灰、蓝、绿色工作服和雨鞋区分，建议种猪区和产房采用绿色，保育区用蓝色，肥猪区用灰色，舍外且在场内人员用灰色管理。

(2)在每处脏区、灰区与净区交界处采用红色线警戒。例如，猪舍门口、出猪台与赶猪通道交界处、冷库门口等。

6.污道、净道划分

各场根据实际情况，事先区分净污道，规定人员、车辆、猪只行经路线。

7.垃圾清运管理

(1)生活垃圾统一集中清理、掩埋。

(2)生产垃圾(疫苗瓶等)按分类原则，打包存放于下风口，统一由专业机构拉走。

(3)病死猪统一按政府要求采取无害化处理。

五、环境管理

场内外环境控制是重要环节,各环节直接性接触是循环传播的主要途径,直接影响猪群健康。

1.场区门口

大门是橙区与黄区交界处,是阻止外源性传染源进入场内的最后防线。大门口要做到每日用3%氢氧化钠溶液喷洒消毒(冬季选择温度高的时间操作)。

2.场内环境

(1)场内道路采用"酚氯醛"组合模式开展消毒工作,平均每周2次,转猪后立即消毒。

(2)生活区办公室、食堂、宿舍、公共娱乐场所及其周围环境,每月大消毒一次,同时做好灭鼠、灭蝇工作。

3.舍内环境

(1)空舍消毒:猪只清空后,按照公司生产操作流程进行清理,浸润发泡、清洗、消毒、干燥,有条件的可采取热气熏蒸。空舍干燥是最好的消毒方法,因此,空舍干燥至少保证5～7 d或更长时间(表1-1-7)。

表1-1-7　栏舍洗消检查表

冲栏起止时间:		冲栏人员:	冲栏单元:	
冲栏总用时:　　小时		加班时间:	空栏时间:	
冲栏之前的准备工作		分数	得分	备注
1	拔掉热风炉的插头,关掉插座的安全盖,摘掉烤灯	1		
2	待料线管没有饲料后,让其继续运转10～15 min,确保料线管无剩料	1		
3	室内卫生的清除,确保室内在清洗时无杂物	1		
4	漏粪地板的盖提前打开,清除猪粪,清除料槽剩料	1		
5	放污水时,提前一天与外面人员协商,确保污水及时放出	1		
6	冲栏之前浸泡,能使后期的工作节省时间	1		
7	清洗工具的准备:清洗机/雨衣、雨裤/照明灯/铁锹/刷子/消毒药	1		
冲栏后检查点		分数	得分	备注
8	地面及栏杆无可视的粪便,漏缝板的缝隙、四角落无粘粪及灰尘	5		
9	遗留漏缝板间的结块的粪及时用铁钩钩掉	3		
10	料槽、水槽是否无漏粪,料线、水线无灰尘	4		
11	墙体是否无遗留猪粪,窗户玻璃无灰尘	3		
12	风机是否清理干净,风机四周及里边没有灰尘	3		
13	料嘴里边的小铁板上是否无发霉料,舍内小料桶内壁无残留霉料	5		

续表 1-1-7

冲栏后检查点		分数	得分	备注
14	地沟检查侧壁是否无残留稀粪、黏粪	5		
15	湿帘及棚顶检查是否无可视的蜘蛛网、灰尘等	3		
16	猪舍内部后门的检查地面、墙面无残留猪粪	5		
17	烤灯是否用消毒水擦拭干净	2		
18	猪舍水线是否进行清洗消毒	2		
19	是否使用泡沫剂	5		
20	是否干燥后消毒	2		
21	第一次消毒药物及比例	2		
22	第二次消毒药物及比例	2		
23	熏蒸药物及熏蒸温度	1		
24	微生物检测是否合格	10		
进猪前检查		分数	得分	备注
23	检查料线、水线是否正常，有无漏料漏水	1		
24	风机及热风炉是否正常运转	1		
25	检查料槽/盘，水嘴有不能用的及时更换	1		
26	进风口、控制器及目标温度的设置是否正常	2		
27	舍外料塔的清理，应及时与外边人员沟通把发霉、结块的饲料清除	1		
28	猪舍内电线路的维修，及时跟电工联系解决，确认报警器是否正常	3		
29	各单元门口消毒盆消毒药提前准备	1		
30	空栏时间的确定(标准为 7 d，每天得分 3 分)	21		
合计	100			

冲栏人员签字：　　　　检查人员签字：　　　　主管签字：

备注：按照冲栏前、冲栏后和进猪前三方面检查，合计 30 项，合格得满分，不合格不得分，微生物检测没有条件开展得 10 分。

(2)带猪消毒：主要是杀灭舍内常在病原，频率大概为 1 次/周，选用刺激性小、不易堵塞的消毒药。

4. 出猪台

(1)出猪台需设一低平处用于外来车辆的清洗消毒，地面铺水泥；设计好冲洗消毒后水的流向，勿污染猪场生产与生活区。外来车辆先在此低处全面冲洗消毒后才能靠近出猪台。消毒药选择长效而又耐有机物的新产品。

(2)装卸台外部应该是单向通行的，一旦运出去的猪不许再运回来。

(3)出猪台场内、场外车辆行走路线不得交叉。使用装卸台时内外驾驶员应该各司其职，不得随意走动，交接猪只时装载台内外的人不能直接接触。

(4)装卸台外的车辆装完猪离开后，应立刻对停车处、装猪走道和装猪区域冲洗并消毒，北方冬季可采取火焰烤的方式。

(5)出猪台要有明显的界限，采用红线标识，明确场内后勤人员和随车装猪人员的作业范围，不可越界。

5. 转猪通道

每次场内转猪后，不论转猪数量多少、赶猪道脏否都要对赶猪道进行彻底清扫，并每周对场内所有赶猪道进行一次彻底消毒，必要时采取火焰烤的方式。

6. 无害化处理

(1)猪场地沟和粪池污水及时处理，以免溢出池面。

(2)分离的干粪堆积，喷洒 1∶200 过硫酸氢钾并用塑料膜覆盖以防风吹。

任务四　评估体系

生物安全与猪群健康管理是兽医工作的两个重要环节，健康管理必须依赖生物安全体系，同时生物安全的落实必须依靠健康管理来进行评估，两者相辅相成(图 1-1-10)。

图 1-1-10　评估体系示意图

一、评估意义

借助实验室检测手段来对生物安全落实到位程度展开评估，主要包括以下几方面。

(1)外源性风险预警，例如拉猪车辆是否携带高风险病原。

(2)管理到位情况，例如场内、舍内消毒效果。

(3)猪群健康管理，采集仔猪处理液、母猪群唾液等，对猪群感染状态提前知晓。

二、评估方法

生物安全的落实程度依靠实验室检测进行评估，采样及监测方法主要包括以下几方面。

1. 拭子采样

采集猪只咽部和口腔唾液，采集车辆、栋舍、雨鞋、粪便等环境样品，对流行性病原进行监测，及时评估感染风险。

2. 滚轮采样

自制滚轮覆盖浸润纱布,采取全方位覆盖的方法收集地面、墙面、物品表面等上的粪便、灰尘、泥土等媒介载体。

3. 仔猪处理液收集

收集仔猪脐带、断尾等组织,对组织渗出液进行处理,监测母猪健康状态。

4. 唾液/口腔液采集

对生长猪群进行群体采样,连续定期监测病原感染,排查生物安全漏洞。

5. 精液监测

定期对精液展开病原和细菌监测,阻断垂直传播途径。

6. 尾根血采集

用针扎破尾根静脉血管,用棉签蘸吸血液后置于离心管中,再加入生理盐水浸洗。

7. 血清学监测

采集前腔静脉血、耳根血开展抗体监测,凭借经验值利用抗体结果进行风险分析。

8. 监测方法

主要利用 Real-time PCR(实时荧光定量 PCR)、酶联免疫吸附试验(ELISA)和细菌鉴定方法。

上述所有方法均为生物安全监测与评估的手段,只有依靠评估结果,才能知晓生物安全是否有效执行。

【职业能力训练】

一、如何建立规模化猪场生物安全体系?

猪场生物安全体系的建立主要着眼于为猪生长提供一个舒适的生活环境,从而提高猪的机体抵抗力,同时尽可能地使猪远离病原体的攻击。目前,针对现代化饲养管理体系下疫病控制的新特点,生物安全已经和药物治疗、疫苗免疫等共同组成了疫病控制的三角体系,通过生物安全的有效实施,可为药物治疗和疫苗免疫提供一个良好的应用环境,尽量获得药物治疗和疫苗免疫的最佳效果,进而减少在饲养过程中药物的使用。

1. 树立生物安全观念

改变传统的"先病后防""重治不重防"的错误观念,树立"无病先防""环境、饲养、管理都是防疫"的正确理念。要让畜主清醒认识到一旦发生疾病,只能采取极为被动的办法,不仅造成猪的死亡,增加成本,而且影响产品质量,会造成更大的经济损失。

2. 明确生物安全体系的具体内容

包括环境控制,人员的控制,畜禽生产群的控制,饲料、饮水的控制,对物品、设施和工具的清洁与消毒处理,垫料及废弃物、污物处理等。

(1)合理建场、布局。猪场的选址应尽量位于相对较高处。应选择在全年大部分时间为上风向处,同时能保证常年有清洁水源。远离主要交通、生活居民区、厂区或畜禽养殖场、屠宰场、畜产品加工厂。生产区、生活区和管理区应严格分开，缓冲隔离带至少 200 m。

(2)实行严格的隔离、消毒制度。出入生产场所的运输车辆必须经过严格的清洗和消毒。生产区间内的运输工具要做到及时清洗消毒，保持清洁卫生。不能将场内的运输工具拿到场外使用。

(3)引种计划。最好做到自繁自养。若本场不是育种场，每年需要引种时，不要认为种源多、血源远有利于本场的猪群生产性能的改善，而从多家猪场引种，这样势必引进多种疾病，风险大、不安全。应从有实力、信誉好、质量佳、售后完善的大型种猪企业引种。引种前必须做好疾病检测，特别注意对布鲁氏菌病、猪瘟、猪圆环病毒 2 型、猪伪狂犬病、繁殖与呼吸综合征等重要传染性疾病的检测。

(4)加强饲养管理。定期监测饲养环境质量，加强圈舍卫生、通风和饲养密度的管理，饲喂营养全价饲料。

(5)制定免疫程序。根据猪场猪群的实际抗体效价，结合本场流行病的特点，制定合理的免疫程序。

(6)做好猪不同阶段的药物保健工作。根据猪不同生长阶段添加适当的保健药物，预防控制猪疫病的发生。

(7)人员控制。严格限制人员、动物和运输工具的流动，杜绝外来人员参观；本场内各猪舍的饲养员禁止互相往来；技术人员进入不同猪舍要更换衣物，防止交叉感染。

(8)猪场实行全进全出，批量生产。

二、病死动物尸体如何处理，才能保证生物安全?

1.掩埋法

掩埋地点选择远离住宅、农牧场、水源及道路的偏僻地方。土质宜干而多孔，沙土地最好，以便尸体腐败分解。挖坑的长度和宽度以能容纳侧卧尸体即可，距离地面不得少于 1.5～2 m。将坑底铺上 2～5 cm 厚的石灰，尸体侧卧放入，并将污染的土层及污染的废物一同放入坑内，然后再铺 2～5 cm 厚的石灰，填土夯实。

本法适宜食物中毒、肉毒梭菌病、魏氏梭菌病、猪繁殖与呼吸综合征、猪链球菌病、猪细小病毒病等；因布鲁氏菌病致死的动物内脏及流产的胎儿、胎衣、羊水、分泌物、排泄物等都要深埋处理。

2.焚烧法

可在焚尸炉中进行。也可挖掘焚尸坑，按十字形挖两条沟，在两沟交叉处坑底堆放干草和木柴，沟沿搭数条木棍，将尸体放在架上，在尸体的周围及上面再放上木柴，然后在木柴上倒以煤油，并压上砖瓦或铁片，从下面点火，直到把尸体烧成黑炭为止，把灰烬掩埋在坑内。

本法适宜炭疽、猪水疱病、猪瘟等。

3.湿化法

它是以湿化机来化制尸体与废弃品的方法。湿化机是一个大型的高压蒸汽消毒器，容量较大，一般是 2～3 t。大猪可以不经解体，直接放入湿化机，湿化法是一种安全彻底的处理方法。

本法适宜患有一般性传染病、轻症寄生虫病或病理性损伤的动物尸体。如果没有专门的化制厂，就不能擅自化制处理传染病尸体，比如患沙门氏菌病致死的动物尸体，最易产生内毒素，且细菌毒素有耐热能力，不容易破坏，应深埋或烧毁。

【考点在线】

一、选择题

1. 根据生物安全控制级别，将区域划分为（　　）等级。

A. 两个　B. 三个　C. 四个　D. 五个

2. 生物安全分区管理，分别用（　　）颜色表示。

A. 红、橙、黄、蓝、绿　B. 红、橙、黄、蓝、紫

C. 红、橙、黄、白、绿　D. 红、橙、黄、蓝、黑

3. 以下哪项不属于外来物料进场规范？（　　）

A. 建立物料消毒记录　B. 设立专门的熏蒸室

C. 使用熏蒸机熏蒸消毒　D. 外来物料可以直接进入员工生活区

4. 以下各项中，哪项不属于人员进入生产区的规范？（　　）

A. 更换生产区衣服　B. 生活区的物品不带入生产区

C. 进入生产区前洗澡　D. 将生活区衣物放在生产区衣柜内

5. 外来造访人员在猪场外部接触过其他猪，至少需要隔离多久？（　　）

A. 12 h　B. 24 h　C. 36 h　D. 48 h

二、简答题

1. 猪场生物安全工作内容有哪些？

2. 如何建立规模化猪场生物安全体系？

项目二

规模化猪场消毒程序制定与实施

【知识目标】

1.熟悉猪场常用消毒方法。

2.掌握常用消毒药的种类及应用。

3.了解常用消毒药特性和影响消毒剂作用的因素。

【能力目标】

能够正确选取消毒药,根据猪场的生产模式和条件,制定合理的消毒程序并对猪场进行消毒。

【素养目标】

1.能够严格按照《中华人民共和国动物防疫法》要求,认真履行职责,做好猪场消毒工作。

2.培养学生自主探究的习惯、团队协作意识和精益求精的消毒技术。

【项目导入】

北京某猪场交通便利,地理条件优越。自公司成立以来,不断发展,追求卓越,现已建成种猪场1个,商品猪场3个,目前存栏基础母猪1 200头,品种有英系大白、法系大白、美系长白以及台系杜洛克,并生产优秀的长大、大长二元杂交猪。请你给该猪场制定一个合理的消毒程序。

任务一　猪场常用消毒药选择

一、消毒的概念

消毒是采用物理学、化学、生物学等方法清除和杀灭猪场生产环境中存活的病原体。消毒的目的在于切断疫病的传播途径,预防或终止疫病的发生与流行,是综合性防疫措施中最常采用的重要措施之一。

二、常用消毒方法

(一)物理消毒法

1. 机械消毒

机械消毒是用清扫、洗刷、通风和过滤等手段机械性地清除病原体的方法。

(1)清扫　清除畜禽舍、场地、环境和道路等场所的粪便、垫料、剩余饲料、尘土和废弃物等。清扫工作要做到全面彻底,不留任何死角。

(2)洗刷　对水泥地面、饲槽、水槽、用具或动物体表用清水或消毒液进行洗刷或用高压水龙头冲洗。

(3)通风　通风虽不能杀灭病原体,但可排除畜禽舍内污秽的气体和水汽,在短时间内使舍内空气清新,降低湿度,减少空气中的病原体数量,对预防由空气传播的传染病有一定的意义。通风措施如开窗、安装排风扇等。

(4)过滤　在畜禽舍的门窗、通风口处安装粉尘、微生物过滤网,阻止粉尘、病原微生物进入舍内,防止传染病的发生。

2. 焚烧

焚烧是采取直接焚烧或在燃烧炉内焚烧的方法杀灭病原体,常用于病死动物尸体、垫料、污染物品、化验室废弃物等。

3. 烧灼

烧灼是用火焰直接烧灼杀死病原微生物的方法,它能很快杀死所有病原微生物。一般用于畜禽舍的水泥地面、金属网笼的消毒。

4. 日光、紫外线和高温消毒

(1)日光　日光光谱中的紫外线有较强的杀菌能力,一般病毒和非芽孢性病原菌,在直射的阳光下很快被杀死。垫料、牧草、笼网、用具和其他物品经日光暴晒可起到一定的消毒作用。

(2)紫外线　用紫外线灯进行空气消毒,对革兰氏阴性菌效果较好,革兰氏阳性菌次之,对一些病毒也有效,但对芽孢杆菌无效。人工紫外线消毒多用于更衣室和治疗室的消毒,使用时必须做到室内清洁,保持一定湿度和时间,人应离开现场(因紫外线对人有一定的伤害)。

(3)高温　除火焰和烧灼、烧烤外,经常使用煮沸消毒,大部分非芽孢病原微生物在100 ℃的沸水中迅速死亡,大多数芽孢在煮沸后15～30 min也能致死,煮沸1～2 h可杀死所有的病原体。

(二)化学消毒法

化学消毒是使用含化学药品的溶液进行消毒,此法在养殖生产中应用最为普遍。

(三)生物热消毒

主要用于污染粪便的无害化处理。在粪便堆积过程中,微生物发酵产热,温度高达70 ℃以上,经过一段时间,可杀死病毒、病菌(芽孢除外)、寄生虫卵等病原体而达到消毒的目的,同时又保持了粪便的良好肥效。

三、常用消毒药的种类及其应用

常用消毒药的种类及其应用见表 1-2-1。

表 1-2-1　常用消毒药的种类及应用范围

类别	药名	能杀灭的病原微生物	应用范围	使用方法及注意事项
酚类	苯酚（石炭酸）	细菌繁殖体、真菌	地面、粪便消毒，器械消毒	配成 2%～5%的溶液喷洒或浸泡，不能与碘、溴、高锰酸钾等消毒药配伍
	煤酚（甲酚）（50%的煤酚皂液称来苏儿）		厩舍、粪便消毒，皮肤、器械消毒	用水稀释至 2%用于皮肤、器械消毒（浸泡），5%用于环境消毒（喷洒）
	复合酚（消灵、菌毒敌、家乐）	细菌、霉菌、病毒、多种虫卵	厩舍、用具、饲养场地和污物消毒	配成 1%的水溶液喷洒，用药 1 次，药效可维持 7 d
醇类	乙醇（酒精）、苯氧乙醇	细菌繁殖体，对革兰氏阴性菌尤其是绿脓杆菌作用强	皮肤和器械消毒，皮肤外伤、烫伤的治疗	配成 75%的乙醇用于消毒；配成 40%～50%的乙醇溶液预防褥疮；配成 25%～30%的乙醇溶液用于物理降温
醛类	福尔马林（40%的甲醛溶液）	细菌繁殖体、芽孢、真菌、病毒	厩舍、育雏室、孵化室熏蒸消毒，种蛋熏蒸消毒	关闭门窗，使成密封状态，每立方米用 14～30 mL 福尔马林，加入高锰酸钾 7～15 g，消毒 8～10 h 后，打开门窗，使甲醛气体散尽方可使用，注意人畜不能接触高浓度的福尔马林
	聚甲醛（多聚甲醛）	同甲醛	同甲醛	本身无消毒作用，在室温下缓慢放出甲醛，要求室温高于 18 ℃，湿度 80%～90%，浓度大于 3 mg/L，熏蒸消毒
	露它净（国内产品称宫炎清）	同甲醛	治疗牛、猪慢性子宫内膜炎、直肠脱出、烧伤	配成 1%～5%的溶液，子宫内冲洗
	戊二醛	作用较甲醛强 2～10 倍	不易加热的医疗器械、塑料、橡胶等消毒	配成 2%的溶液应用
酸类	硼酸	细菌繁殖体	用于黏膜、创伤的消毒	配成 3%的水溶液冲洗
	水杨酸	细菌繁殖体、真菌	用于治疗动物皮肤真菌感染	配成 5%～10%的酒精溶液涂擦皮肤
	苯甲酸		用于治疗动物皮肤真菌感染及食品防腐	1%浓度添加到食品中；外用复方软膏涂擦治疗皮肤真菌感染

续表1-2-1

类别	药名	能杀灭的病原微生物	应用范围	使用方法及注意事项
酸类	次氯酸	细菌、芽孢、真菌、病毒	用于环境、空气、物体表面、医疗及皮肤黏膜消毒	40～90 mg/kg 物品表面与空间消毒 80～100 mg/kg 皮肤黏膜消毒
碱类	氢氧化钠(苛性钠、烧碱)	细菌繁殖体、芽孢、病毒、寄生虫虫卵	厩舍、运输工具、用具、环境、粪便消毒	配成2%～3%的水溶液喷洒,消毒后要用水冲洗干净才能与动物接触
	生石灰(氧化钙)	细菌繁殖体	地面、墙壁、粪便消毒	配成10%～20%的石灰乳趁热泼洒,待石灰乳干后方可与动物接触
碘制剂	碘酊	细菌繁殖体、芽孢、真菌、病毒	皮肤消毒	2%～5%的碘酊涂擦皮肤
	碘甘油	同碘酊	黏膜消毒	局部涂擦
	碘仿甘油	同碘酊	化脓创治疗	局部涂擦
	碘伏	同碘酊	皮肤、黏膜、饮水、环境消毒	冲洗用0.1%的溶液;治疗炎症或溃疡用5%～10%的软膏或栓剂
	聚维酮碘	比碘强,兼有清洁作用	手术部位、皮肤和黏膜消毒	皮肤消毒配成5%的溶液,浸泡用0.5%～1%的溶液,黏膜及创面冲洗用0.1%的溶液
氯制剂	漂白粉	细菌、芽孢、真菌、病毒	地面、粪便消毒、饮水消毒	配成5%～10%的溶液喷洒地面、粪便;饮水消毒:每吨水加4～8 g;注意不能用于金属消毒
	二氯异氰尿酸钠	同漂白粉	厩舍、粪便消毒、饮水消毒	配成1%～5%的水溶液喷洒、浸泡、擦拭圈舍,消毒粪便;饮水消毒:每吨水加4 g,应现配现用;不能用于金属器具的消毒
	三氯异氰尿酸钠	同二氯异氰尿酸钠	同二氯异氰尿酸钠	同二氯异氰尿酸钠
氧化剂	过氧化氢溶液(双氧水)	细菌繁殖体	黏膜、皮肤、创伤消毒	配成1%的水溶液冲洗,局部用药后产生的气泡有利于清除坏死组织
	过氧乙酸(过醋酸)	细菌繁殖体、芽孢、病毒、真菌	用于带动物的厩舍、环境、交通工具、用具等的消毒	配成0.3%～0.5%的水溶液喷洒,应现配现用,对金属有腐蚀作用
	高锰酸钾	细菌繁殖体	皮肤、黏膜消毒、饮水消毒	配成0.1%～0.5%的水溶液洗涤,用于皮肤、黏膜消毒;饮水消毒,每100 kg饮水加5 g

续表1-2-1

类别	药名	能杀灭的病原微生物	应用范围	使用方法及注意事项
染料类	紫药水(龙胆紫)	革兰氏阳性菌、霉菌	皮肤、黏膜消毒	涂擦
	依沙吖啶(利凡诺)	革兰氏阳性菌、少数革兰氏阴性菌	皮肤、黏膜消毒	配成0.1%～0.5%的溶液冲洗或湿敷创伤
表面活性剂	新洁尔灭(溴苄烷胺)	细菌繁殖体、真菌	皮肤、黏膜、伤口消毒、器械消毒	配成0.1%的水溶液浸泡、洗涤或冲洗;不能与碘制剂、过氧化物、肥皂配伍
	氯已定(洗必泰)	同新洁尔灭	同新洁尔灭	同新洁尔灭
	消毒净	同新洁尔灭	同新洁尔灭	同新洁尔灭
	度米芬(杜灭芬)	同新洁尔灭	同新洁尔灭	同新洁尔灭
	双季铵盐类	细菌、病毒	饮水消毒和水质改良	喷洒、擦拭
气体消毒剂	环氧乙烷	细菌、芽孢、真菌、立克次氏体、病毒	仪器、医疗器械、生物制品、皮革的消毒;仓库、实验室、无菌室等空间消毒	每立方米用300～700 g,置于消毒袋内消毒8～24 h,使用时禁止火源

四、常用消毒药特性

常用消毒药特性见表1-2-2。

表1-2-2　常用消毒药特性

项目	氯	碘	醛类	酚类	双季铵盐化合物	过氧化物	次氯酸
杀菌作用	中等	存在	存在	存在	中等	存在	存在
杀病毒能力	中等	存在	存在	低	低	存在	存在
稳定性	低	低	中等	中等	高	中等	高
毒性	高	中等	高	高	低	低	低
腐蚀性	中等	高	高	中等	低	中等	低
作用速度	快	中等	慢	中等	中等	快	快
残留作用	低	中等	低	高	高	低	低
生物降解能力	中等	高	高	低	低	高	高
有机物作用	低	低	中等	高	中等	中等	中等

五、影响消毒剂作用的因素

(一)消毒剂浓度

各类消毒剂在使用时须根据不同的消毒对象、消毒目的,选择最合适的浓度,浓度过低常难以达到消毒目的，如乙醇在70%～75%时消毒效果最好，高于或低于这一浓度则效果降低。一般来说，提高消毒剂的使用浓度可提高杀菌能力和加快反应速度，但浓度过高，不但造成浪费，而且对动物的毒性和消毒对象的腐蚀性也相应增加。

(二)作用时间

各种消毒剂杀灭病原体均需要一定的作用时间。作用时间的长短与消毒剂的化学特性、浓度有关，也与病原体的种类、数量及其对消毒剂的抵抗力相关，还与消毒环境的温度和湿度有关。一般来说，消毒剂对消毒对象作用的时间越长，其效果越好，消毒时间过短，常导致消毒不彻底。因此，在使用消毒剂的过程中，应了解不同消毒剂在推荐使用浓度下所需的消毒时间，以达到彻底消毒的目的。一般消毒剂作用20～30 min可达到消毒效果。

(三)温度

通常在温度较高的条件下，消毒剂对病原体的杀灭力增强，同时消毒时间缩短，而在低温条件下杀灭力下降甚至失去消毒作用。例如，在使用福尔马林熏蒸消毒厩舍时，温度低于15 ℃时消毒效果不理想，达到18 ℃以上时消毒效果良好；在使用酚类消毒剂时，温度提高10 ℃，则消毒速度提高8倍。

(四)湿度

猪舍空气的相对湿度对熏蒸消毒的效果有明显影响。如常用于猪舍熏蒸消毒的甲醛、过氧乙酸，在空气相对湿度60%～80%时消毒效果最好，若空气干燥则消毒效果不理想。

(五)pH

消毒剂的消毒效果易受环境pH的影响，如酸类、复合酚类、碘制剂等在酸性环境条件下杀菌力增强，碱类、阳离子表面活性消毒剂(如新洁尔灭)、醛类消毒剂中的戊二醛等在碱性环境条件下杀菌力增强。因此，在进行环境消毒时，应首先了解环境pH，以选择合适的消毒剂。

(六)病原微生物的种类

环境中病原微生物的种类和数量对消毒效果有着较大的影响。不同病原体对消毒剂的抵抗力不同，一般来说，无囊膜病毒(如口蹄疫病毒、细小病毒、圆环病毒2型等)和细菌芽孢的抵抗力最强，应使用消毒作用较强的消毒剂。严重污染的环境消毒时间相应要长，需要10～24 h才能彻底杀灭。此外，为了避免病原微生物对消毒剂产生耐药性，应有计划地轮换使用消毒剂。

(七)有机物的有无

环境中存在有机物时(如血液、粪便、呕吐物、脓汁、痰液及饲料残渣等)，可抑制或降低消毒剂的消毒作用，尤其是含氯制剂和季铵盐类消毒剂。因此，在消毒之前应对消毒对象进行彻底的清扫、冲洗。

(八)水质硬度

硬水中含有的Ca^{2+}、Mg^{2+}等能与季铵盐类、碘等结合成不溶性盐类，降低杀菌效力。

(九)其他物质

消毒剂的消毒效果可被一些物质抑制。例如，新洁尔灭等阳离子表面活性剂在与肥皂、洗衣粉等阴离子表面活性剂共同使用时可降低消毒作用；塑料（聚乙烯、聚氯乙烯、聚醋酸乙烯）也能抑制某些消毒剂如季铵盐类、环氧乙烷等的消毒作用。因此，在使用消毒剂时要注意仔细阅读其说明书，注意其使用禁忌。

任务二　猪场消毒程序制定与实施

一、制定规模化猪场消毒程序

猪场常规消毒

划定消毒区域，确定规模化猪场消毒程序。

(一)门口消毒

1.人员消毒

人员进场前应在更衣室内淋浴，更换场内专用工作服、鞋、帽后进入生产区，无淋浴条件的应在更衣室内穿戴工作服，更换场内专用工作鞋，双手在消毒池（盆）内浸泡消毒后，经消毒通道进入生产区。工作服、鞋、帽用后应悬挂于更衣室内，开启紫外线灯，照射 2 h 消毒，也可用熏蒸法消毒，以备下次再用。

2.车辆消毒

本场车辆自场外返回进入生产区时，应在大门外对其外表面及所载物体表面消毒，再通过消毒池进入。如车辆装载过畜禽或其产品，或从发生疫情地区返回时，应在距场区较远处对车辆内外（包括驾驶室、车底盘）进行彻底冲洗消毒后，方可进入场区内，但 7 d 内不得进入生产区。

3.物品消毒

生产用物资（如垫草、扫把、铁锹等）用消毒剂对表面消毒即可，在有疫情时须经熏蒸法消毒后才可用于生产。

(二)场区消毒

1.非生产区

生活区、生产辅助区应经常清扫，保持清洁卫生，定期消毒。

2.生产区

舍外道路每日清扫 1 次，每周消毒 1～2 次。有外界疫情威胁时，应提高消毒剂的浓度，增加消毒次数。场内局部发生疫情时，要在有疫情猪舍相邻的通道上铺垫麻袋或装锯末的编织袋，在其上泼洒消毒剂并保持湿润。赶猪通道、装猪台在每次使用后应立即清扫、冲洗并喷洒消毒剂。称重的磅秤用后必须清扫干净，再用拖布蘸取消毒剂进行擦拭消毒。尸体剖检室或剖检尸体的场所、运送尸体的车辆及其经过的道路均应于使用后立即酌情使用喷洒法、浇泼法或浸泡法等方式消毒。粪便运输专用道路应在每日使用后立即清扫干净，定期（每周或每 2 周 1 次）消毒，贮粪场地应定期清理、消毒。发生疫情的猪舍应暂停外运粪便，将粪便堆积在舍外的空地上，并进行消毒。

(三)猪舍卫生消毒

1.预防消毒

预防消毒为猪场的一项常规性消毒措施。方法是:每日上、下午对猪舍地面、道路及粪便各清扫1次,将收集的粪便、饲料残渣、垫草等运往贮粪场集中处理,同时清洗食槽、水槽及排污沟。每周对猪舍喷洒消毒1次,在场外疫情严重时应酌情增加消毒次数和提高消毒剂使用浓度。

2.局部消毒

局部消毒是采用传统养猪工艺、非全进全出生产方式,对断奶、转群或出售猪只后空出的栏舍消毒。方法是:将栏舍打扫干净后用高压水冲洗,然后对地面、墙壁、食槽、水槽泼洒消毒,数小时后,再以清水冲洗,干燥后即可进猪。对无专用产房实行常年分散分娩的猪场,在对分娩栏采用上述方法消毒后,对待产母猪躯体进行喷雾消毒后进栏。临产前将猪栏打扫干净,开始分娩时用消毒液(0.1%高锰酸钾或新洁尔灭等)擦洗其后躯、阴部、乳房,铺上干净垫草,候其分娩。

3.定期消毒

采用工厂化分段式养猪工艺、全进全出生产方式时,由于各个独立的养猪单元封闭性较好,因此对环境控制的要求更高,消毒也更为严格。一般做法是:在单元空出后,彻底清扫、冲洗栏舍,对猪床、排污沟、地面、墙壁、保温箱、保温板、天花板、食槽等应仔细地洗净,清除粪污,不留死角,再喷洒消毒液作用数小时后,用清水冲洗。在尚未干燥时,即关闭门窗进行熏蒸消毒,24 h后通风换气,至少空置7 d后方可进猪。必要时也可用火焰消毒。

4.终末消毒(大消毒)

指当疫病大面积发生和流行过后,最后一头患猪死亡、扑杀、转移出场或痊愈,经过该病的最长潜伏期无新病例发生时,在全场施行的全面彻底消毒。其原则是:先消毒未发病区,后消毒发病区;先消毒猪舍外,后消毒猪舍内。猪舍外环境消毒前应进行大扫除,垫草、粪便、垃圾等应予以焚烧,水泥地面泼洒消毒剂,必要时应对病猪曾接触过的泥土、地面进行消毒。舍内消毒则可按前述程序进行,必要时可适当提高消毒剂的使用浓度。

5.带猪消毒

带猪消毒是使用对猪刺激性和毒性均较低的高效消毒药对猪及猪舍进行的消毒。

这种消毒方式可与日常消毒或空气消毒同时进行,也可单独进行。在夏季可使用凉水,冬季应使用热水稀释消毒剂。对猪体消毒要在气温较高时段进行,以防止因消毒过度导致的猪舍内湿度过高,甚至引起猪受凉感冒。

6.猪舍内空气消毒

封闭式猪舍在气温适宜时可开启门窗通风换气,气候寒冷时可用风机抽出舍内污浊气体;在封闭程度较高、饲养密度较大、带猪条件下的猪舍内进行空气消毒时可采用刺激性较低、杀灭力较强的消毒剂进行气雾消毒。使用气雾发生器将药物向猪舍内喷出,使药物以气溶胶形式悬浮于空气中。

(四)其他常规消毒

1.剖检消毒

对病、死因不明的猪只的剖检应在剖检室内或场外规定场所进行,运送猪尸时应防止其对环境的污染。剖检前应对猪尸清洗消毒。剖检完毕后应按有关规定处置尸体,勿使其对周围环境造成污染。剖检器械应浸泡消毒,所采集病料应妥善保管。剖检前后的场地应用消毒剂泼洒清洗。

2. 工作服、鞋帽消毒

职工在工作中穿戴的衣服、鞋帽应定期清洗,置日光下暴晒消毒。工作人员接触病猪后应将工作服、鞋帽置于消毒剂中浸泡消毒后再进行洗涤。

3. 医疗器械消毒

注射器、针头等应采用煮沸消毒法。消毒时金属注射器应拆卸开,玻璃注射器应将内芯抽出,用纱布包裹后煮沸 30 min,自然冷却后再进行装配使用。体温计应在每次用后立即用酒精棉擦拭干净。手术刀、手术剪等器械用后应洗净并用消毒液浸泡消毒。

4. 粪便及污水消毒

多采用堆贮发酵法消毒,有条件的可采用发酵塔将粪便加工成有机复合肥。若粪污水产生量较大,可采用沉淀池分级沉淀发酵法将其中大部分固形物分离出,沉淀后的水再经生物发酵可用于农田灌溉及鱼塘养鱼,有条件的可采用固液分离机将粪污水中的固形物分离出来用于制造肥料。

5. 饮用水消毒

猪场在使用未经过滤净化处理的江河、湖塘水作为饮用水源时,可使用有机酸制剂等通过定量加药器或水塔对猪的饮用水进行消毒。这对腹泻性疾病多发猪场尤为重要。

二、猪场实施消毒

(一)选择消毒设备

1. 喷雾器

喷雾器用于喷洒消毒剂。喷雾器有手动式、机动式和电动式 3 种,用于猪舍和环境的消毒。

2. 高压清洗机

高压清洗机用于强力冲洗栏舍及地面。也可与多头喷雾系统连接,用于大面积强化消毒或杀虫。

3. 火焰消毒器

火焰消毒器用于猪舍地面及金属设备消毒。可酌情选择使用酒精、汽油或天然气为燃料的火焰消毒器。

4. 煮沸消毒器或高压灭菌器

用于兽医诊疗器械的消毒。

5. 紫外线灯

为波长 254 nm 的紫外线灯管,用于更衣室和治疗室的照射消毒,其悬挂高度不超过地面 2 m,使用中应注意人员防护。

6. 通风换气机

用于猪舍的通风换气。根据猪舍长度、空间大小安装相应功率的轴流风机,采用正压或负压的方法通风换气。

(二)消毒剂使用规范

消毒剂的使用遵循交替使用原则,通常选择“酚类—氯类—醛类”类消毒药交叉使用。不同部位选择不同类型的消毒药,涉及办公区、生活区、生产区和猪场周围环境的消毒,具体消毒方案可参考表 1-2-3。

表 1-2-3 消毒剂使用规范

消毒液名称	消毒比例	总体积						用途
		5 L	10 L	30 L	40 L	50 L	100 L	
卫可(过硫酸氢钾)	1∶200	25 mL	50 mL	150 mL	200 mL	250 mL	500 mL	带猪消毒;车辆消毒;洗手盆;水线消毒
农福(煤焦油中分馏、提炼)	1∶300			100 mL			350 mL	栏舍冲洗消毒;车辆消毒
消毒威(二氯异氰尿酸钠)	1∶200					250 g(1 袋)	500 g(2 袋)	场内环境消毒;出猪台消毒;洗衣桶浸泡消毒
安灭杀(戊二醛)	1∶200	25 mL	50 mL	150 mL	200 mL	250 mL	500 mL	场内环境消毒;带猪消毒;栏舍消毒;车辆消毒;出猪台消毒
氢氧化钠	2%～4%(3%)	0.15 kg	0.3 kg	0.9 kg	1.2 kg	1.5 kg	3 kg	场内环境消毒;脚踏盆消毒
百胜(碘酸)	1∶300			100 mL			350 mL	带猪消毒;栏舍消毒;车辆消毒;出猪台;脚踏盆消毒
过氧乙酸	1∶200	25 mL	50 mL	150 mL	200 mL	250 mL	500 mL	舍内走廊消毒
干粉消毒剂(百净保)	5 g/m^2							带猪消毒;接产消毒
聚维酮碘	1							阉猪;断脐带(直接使用,不需稀释)
柠檬酸	0.1%～2%							食材、饮水消毒

(三)猪场消毒的类别

1. 消毒更衣室(淋浴更衣室)

供本场生产人员进场消毒、更衣用。场址应选在猪场生产区大门旁,室内应设有消毒更衣柜、消毒洗手池,也可安装紫外线灯。有条件的猪场可设立淋浴更衣室,供员工淋浴、消毒后换穿生产区专用工作服、鞋、帽。

2. 大型消毒池

建于生产区大门处,供本场车辆出入生产区时消毒用。其规格一般为:宽度与大门同宽,长度不低于最大车轮周长的 1.5 倍，深度不小于 10 cm。池顶可修盖遮阳棚，池四周地面应低于池沿。

3. 入场消毒通道

供本场工作人员进入生产区时消毒用，与消毒更衣室相连通。通道地面建有消毒池，中央装有旋转门。

4. 小型消毒池

一般建于猪舍大门处，供人员出入猪舍时消毒双脚，其规格多与猪舍内走道等宽，长度以人不能跃过即可，深度不小于 10 cm。也有猪场在猪舍入口处放置一个盛有消毒液的盆，供进入猪舍的人踩踏浸泡消毒。

5. 粪便堆积发酵场(池)

用于粪便的贮存与发酵。有条件的可将粪便制作成生物有机复合肥。

6. 污水处理净化池或沼气池

用于污水的净化。可采用多级沉淀发酵法，有条件的可采用固液分离系统。沼气池是目前采用较多的污水处理方法，其所产生的沼气可用于猪舍的供暖及照明、做饭等，沼液可用于浇灌农作物、蔬菜，沼渣可用作农田基肥。

7. 尸体剖检及处理设施

对病死猪尸体进行剖检是一项重要的诊断工作，为防止剖检可能对环境带来的污染，在距猪舍较远的地方建造尸体剖检室并与尸体坑或焚尸炉相邻。尸体剖检室备有尸体剖检台和常用消毒剂，清洗消毒后的污水可流入尸体坑中，尸体坑需密闭并修建一个出口，用于清除骨骼。

(四)消毒操作步骤

标准消毒操作可归纳为五步，简称“消毒五步曲”，见表 1-2-4。

表 1-2-4　消毒五步曲

步骤	项目	方法
第一步	火焰烤＋清扫	1. 火焰枪灼烧所有猪毛等漂浮物 2. 清除全部有机物质 3. 移走所有设备(保温灯、仔猪料槽、橡胶垫等)
第二步	发泡清洗	1. 用发泡剂浸泡 20～30 min，然后清洗 2. 冲走地面和墙壁上的粪便 3. 冲洗天花板
第三步	消毒	根据需求选用烧碱、戊二醛、过硫酸氢钾等适合消毒剂喷洒消毒，用量合理(一般推荐用量 300 mL/m^2)
第四步	去核酸	5%氯制剂喷洒，去除表面残留病毒核酸
第五步	热气熏蒸	往地沟灌热气，使局部温度达到 60 ℃、维持 30 min 即可

(五)消毒时的注意事项

消毒药的选择与使用应合理得当，日常工作中需注意以下事项。

(1)消毒药种类的选择要有针对性，例如本场近期何种病原感染压力大，该病原有无囊膜，选择何种消毒药最有效。

(2)消毒前要保持消毒对象的洁净卫生,存在大量粪便等杂物消毒效果不佳。消毒药浓度要适宜,过低或过高浓度的消毒药效果与清水无区别。

(3)消毒液作用的时间不得低于 30 min。喷洒消毒药必须彻底将消毒面打湿,消毒药使用量一般为 0.3～0.5 L/m^2。

(4)消毒剂要现配现用,混合均匀,避免边加水边使用。不同性质的消毒液不能混合使用,如酸性和碱性不混用,"酚类—氯类—醛类"消毒药可交替轮换使用。

(5)消毒操作人员要做好自身防护措施,避免发生烫伤、灼伤等事故,尤其是使用烧碱类等腐蚀性较强的消毒药时。

【职业能力训练】

案例一　猪场场区消毒程序制定与实施

1.场区消毒

生产区设消毒池,池深 10～15 cm,宽与大门相同,长 3.5 m。在厂区门口及生产区消毒池门口,分别设电动冲洗机和人工喷洒设备,对进入的车辆喷洒消毒。

消毒池常用药物为氢氧化钠,3 d 换一次,用氢氧化钠 1∶200 比例配制。

场内职工出入场区,必须换鞋、洗澡、更衣后方可进入生产区。

2.生产区消毒

生产区环境消毒每天一次,药品为 2%氢氧化钠。

3.猪舍消毒

猪舍带猪消毒:产房、仔培、育肥前期,每天消毒一次,消毒药品为过硫酸氢钾,1∶400 倍,30 mL/m^3,其他猪群用 2%氢氧化钠进行消毒。

4.猪舍空舍消毒

各栋猪采用全进全出转群制,空猪舍采用一清、二冲、三消毒、四蒸的消毒程序。

一清:猪群转群后,要先清理杂物、粪便、清扫顶棚、墙壁等。

二冲:用清冲(高压冲洗机)冲洗网床、地面、墙壁、食槽。

三消:用 2%氢氧化钠机动喷雾消毒。

四蒸:封闭猪舍的门和窗,用新型的熏蒸消毒剂进行熏蒸。药品为戊二醛或者多聚甲醛粉,24 h 后排风备用。

案例二　猪场员工进场消毒程序

1.员工进场消毒

员工进场先踩脚垫盘消毒 10 s 后(消毒药为 2%氢氧化钠),将手放在洗手盆浸泡 30 s(消毒药为 1∶400 过硫酸氢钾),手机、眼镜用 70%酒精擦拭消毒后,经消毒通道喷雾消毒后进场(药品为聚维酮碘 1∶500 或者过硫酸氢钾 1∶400),所带物品一律放置门卫消毒间消毒 12 h(紫外线灯)。

2.电动车进场消毒

骑电动车的员工下车后先踩脚垫盘 10 s(消毒药为 2%氢氧化钠),等将车辆全部喷雾消毒后(二氯异氰尿酸钠 1∶200),把所带物品放置门卫消毒间 12 h(紫外线灯),把电动车开到场内部停车场固定位置后再脚踩脚垫盘 10 s(消毒药为 2%氢氧化钠),然后洗手经过消毒通道,手机、眼镜用 70%酒精擦拭消毒后进场。

3. 开车员工进场消毒

开车员工下车后先踩脚垫盘 10 s(消毒药为 2%氢氧化钠),对车辆轮胎、驾驶室喷雾消毒后(二氯异氰尿酸钠 1∶200),把所带物品放置门卫消毒间 12 h(紫外线灯),把车开到场内部停车场固定位置后再脚踩脚垫盘 10 s(消毒药为 2%氢氧化钠),然后洗手经过消毒通道,手机、眼镜用 70%酒精擦拭消毒后进场。

案例三　猪只出场消毒

(1)所有车辆不得入场。拉运猪只车辆使用动监部门备案车辆,在距离场 5 km 高速口进行消毒。清扫杂物,泡沫清洗剂 20 min 后清水冲洗,再用 1∶200 二氯异氰尿酸钠彻底全面消毒,驾驶室使用臭氧熏蒸消毒。

(2)到达场门口后进行自动消毒系统二次消毒,驾驶室臭氧再熏蒸消毒。运输车司机不得入场,统一穿工作服及一次性防护服、雨鞋,戴口罩、手套。场内中转车不得出场。

(3)生产区饲养员不得接触中转车,将猪赶到装猪台由专人赶到中转车,中转车将猪只拉运到中转装猪台,实行外面的人不进入,里面的人不出去,严禁接触,严格执行。

(4)中转台装猪人员在消毒室内将自己的衣物脱下,然后换上专用工作服、雨鞋、手套和一次性防护服。

(5)所有装猪人员和司机换好防护服消毒后,不准离开岗位,直到装猪结束。装车结束后,司机把防护服、雨鞋、专用工作服交至门卫,换上自己的衣服离场。

(6)生产区应有专人负责,院内装猪台及场地用 4%氢氧化钠消毒。

(7)销售科负责院外装猪台及地面清扫消毒工作。

(8)所有一次性防护服、口罩、手套由门卫统一无害化处理,不得带进场内。

(9)脱下来的工作服、鞋由专人监督清洗、浸泡、消毒、晾晒。

【考点在线】

一、看图题

将图 1-2-1 至图 1-2-10 中猪场常用消毒药进行归类。

图 1-2-1　商品名:金碘
主要成分:聚维酮碘溶液

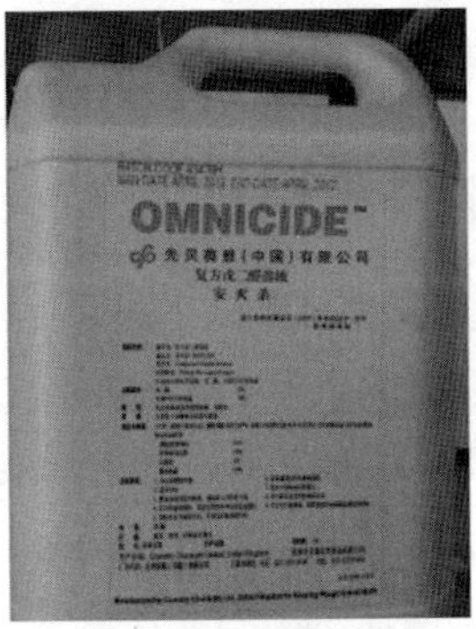

图 1-2-2　商品名:安灭杀
主要成分:复方戊二醛

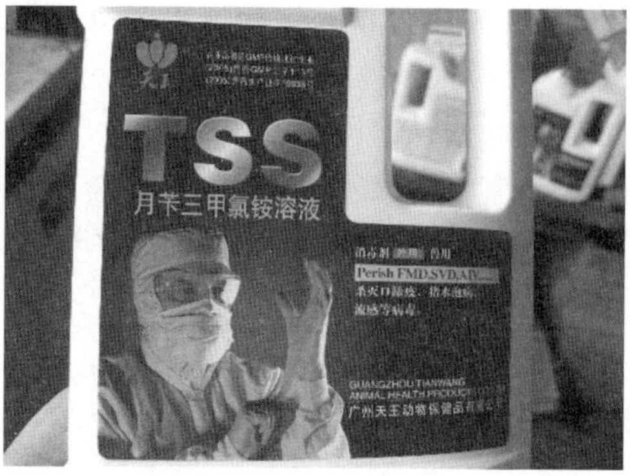

图 1-2-3　商品名:TSS
主要成分:月苄三甲氯铵

图 1-2-4　商品名:卫效
主要成分:二氯异氰尿酸钠

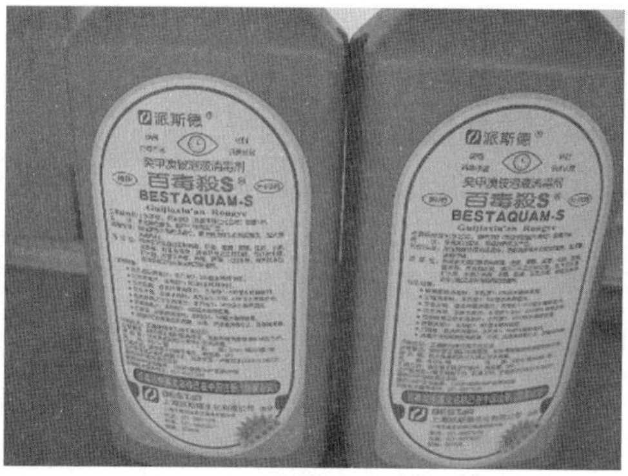

图 1-2-5　商品名:百毒杀
主要成分:癸甲溴铵溶液

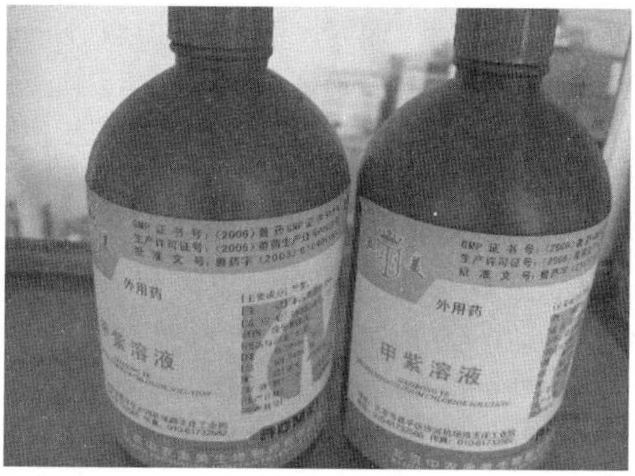

图 1-2-6　甲紫

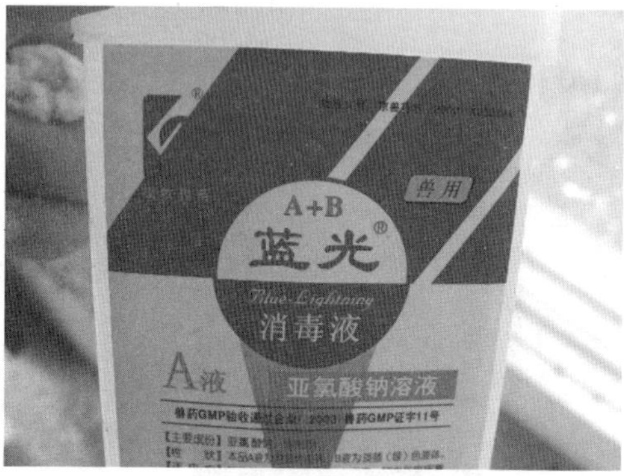

图 1-2-7　商品名:蓝光 A+B
主要成分:亚氯酸钠溶液

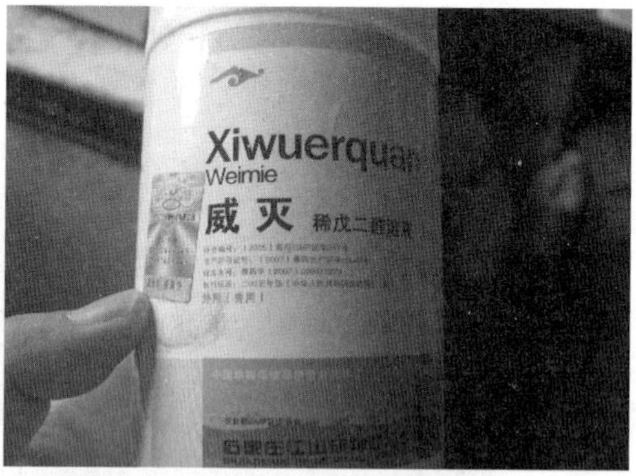

图 1-2-8　商品名:威灭
主要成分:稀戊二醛溶液

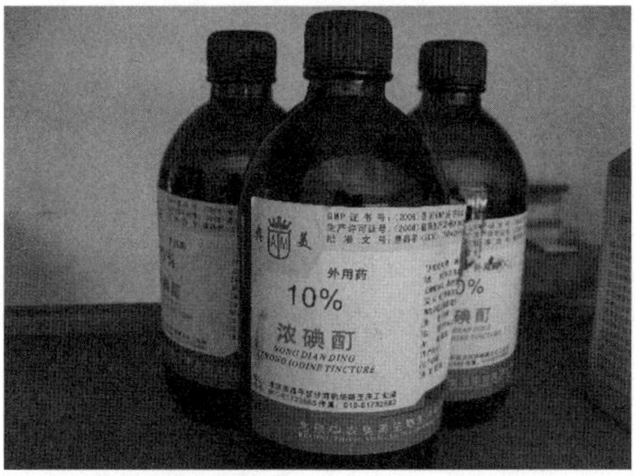

图 1-2-9　10%浓碘酊

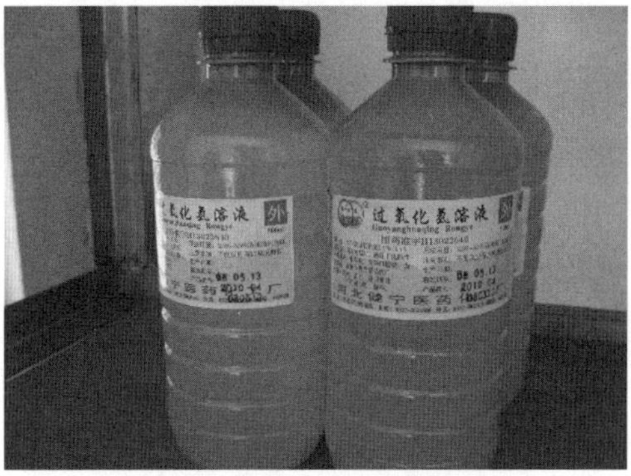

图 1-2-10　过氧化氢

以上消毒药属：

①醛类消毒药制剂的有____________________；②碘制剂的有____________________；③氯制剂的有____________________；④氧化剂的有____________________；⑤染料类的有____________________；⑥表面活性剂的有____________________。

提示　一般来说，兽药既有商品名称，也有通用名称。使用消毒剂时，防疫员应着重了解通用名称，商品名仅作参考。

二、填空题

请选择猪场日常预防性消毒药。

1. 定期对猪舍地面、墙壁消毒使用____________消毒药。
2. 食槽、水槽消毒使用____________消毒药。
3. 定期向消毒池内投放____________消毒药。
4. 皮肤及注射过程的消毒使用____________。
5. 皮肤、黏膜创伤感染和溃疡使用____________。
6. 手术、外伤的局部消毒使用____________。
7. 仔猪断脐、断尾、剪牙、剪耳号多采用____________进行消毒。
8. 用于生产区大门口处、供车辆消毒使用的药物是____________。
9. 人员进入猪舍、生产区门口使用的消毒药有____________。
10. 医疗器械、注射器、针头等用____________进行消毒。
11. 手术器械消毒用____________。
12. 用于口腔、鼻、阴道、肛门等黏膜消毒药有____________。
13. 清洗临产前母猪乳房、后躯，清洗皮肤、黏膜的创伤、溃疡、化脓灶等用____________。

三、选择题

1. 猪场带猪消毒最常用的消毒药是(　　)。

A. 0.1%高锰酸钾溶液　　B. 0.1%氢氧化钠溶液

C. 0.3%食盐溶液　　D. 0.3%过氧乙酸溶液

E. 0.3%福尔马林溶液

2.对于剖检的组织块，如果没有条件立即送检，可将其投入到甲醛溶液中进行固定，以保持组织生前状态。这种用甲醛溶液对组织块进行固定的浓度要求是（　　）。

A.10%　　B.20%　　C.36%　　D.40%

3.碘伏在给皮肤伤口消毒时一般使用的浓度为（　　）。

A.0.3%～0.5%　　B.0.5%～1%　　C.1%～1.5%

D.1.5%～2%　　E.2%～3%

4.创伤冲洗常用的高锰酸钾浓度是（　　）。

A.0.1%　　B.0.5%　　C.1%

D.5%　　E.10%

5.0.1%苯扎溴铵溶液（新洁尔灭）浸泡消毒手术器械，为防止生锈应添加的药物是（　　）。

A.5%碘酊　　B.70%酒精　　C.10%甲醛

D.2%戊二醛　　E.0.5%亚硝酸钠

6.用70%酒精浸泡器械，浸泡时间应不少于（　　）。

A.5 min　　B.10 min　　C.15 min

D.20 min　　E.30 min

项目三

疫苗的选购、运输、保存和使用

【知识目标】

1.了解常用疫苗种类。

2.掌握疫苗接种方法。

3.掌握疫苗接种的操作步骤和注意事项。

【能力目标】

1.能够正确选购、运输、保存和使用疫苗。

2.制定猪群的免疫接种程序。

3.实施猪群免疫接种。

4.分析猪场疫苗免疫失败的原因。

【素养目标】

1.能够严格按照《中华人民共和国动物防疫法》要求,认真履行职责,掌握疫苗的选购、运输、保存和使用。

2.培养学生自主探究的习惯、安全意识和精益求精的防疫接种技术。

【项目导入】

近几年,由于母猪受到猪瘟、猪繁殖与呼吸综合征、猪伪狂犬病等病毒的感染,出现流产、早产、死胎、木乃伊胎等现象,给猪场造成严重经济损失,猪群的免疫也越来越受到人们的高度重视。由于各个猪场流行的疫病不同,猪群免疫状况也不同,请依据你所在猪场的具体情况,制定本场的免疫程序,并实施免疫接种。

任务一　猪场常用疫苗与接种

一、疫苗的概念及种类

疫苗是将病原微生物(如细菌、立克次氏体、病毒等)及其代谢产物,经过人工减毒、灭活或利用基因工程等方法制成的用于预防传染病的主动免疫制剂。

常用疫苗有4种：

1.灭活疫苗

灭活疫苗是用化学药物或其他方法将病毒或细菌杀死，以除去其致病性，但仍保持其抗原性而制成的生物制品。

2.弱毒活疫苗

弱毒活疫苗是具有良好抗原性的弱毒或无毒的毒株，不经灭活制备而成的一类生物制品。

3.基因缺失苗

基因缺失苗是采用基因工程技术，将致病基因的某一片段切去，使病毒失去致病力而保留其免疫原性的活疫苗。

4.类毒素

类毒素是将细菌所产生的外毒素用甲醛脱毒后仍保持其抗原性的制剂。如破伤风类毒素。

二、猪场常用疫苗

猪场常用的疫苗有猪瘟疫苗、猪繁殖与呼吸综合征弱毒苗、猪伪狂犬病弱毒苗、猪细小病毒疫苗、猪口蹄疫灭活苗、猪丹毒弱毒苗、猪肺疫弱毒苗、猪乙脑弱毒苗、猪链球菌灭活苗、猪传染性胸膜肺炎疫苗、猪支原体肺炎弱毒苗、大肠杆菌灭活苗、猪传染性胃肠炎和猪流行性腹泻二联苗等。

猪常用注射方法的操作

三、疫苗接种途径

1.肌内注射

在耳根后、臀部或股内侧注射，与皮肤保持一定角度，迅速刺入肌肉内1～3 cm（视动物大小而定），然后抽动针筒活塞，确认无回血时，即可注入。注射完毕，用酒精棉球压迫针孔部，迅速拔出针头。有些疫苗切不可注入脂肪层或皮下，如猪瘟疫苗等。

2.皮下注射

将疫苗液注射于皮下结缔组织内，经毛细血管、淋巴管吸收进入血液循环。凡是易溶解、刺激性不大的药品及疫苗、菌苗、血清等，均可采取皮下注射。

注射点一般选在猪耳根后或股内侧皮肤较薄而皮下疏松易移动、活动性较小的部位，每一注射点不宜注入过多的药液，如需注射大量药液则应分点注射。

3.后海穴（交巢穴）注射

后海穴位于猪的肛门上方，尾根的下方正中窝处。注射时应按常规消毒，注射深度小猪1～2 cm，大猪2～4 cm。注射时应与猪的脊柱方向平行刺入，不可往下刺，以防刺伤直肠。如猪传染性胃肠炎、流行性腹泻二联苗，可用后海穴注射。

4.胸腔注射

术者在猪的右侧倒数第6肋间与坐骨结节的水平线交界处，用12号兽用针头垂直刺入，进针后若有空洞感即可将药徐徐注入。此法较少使用，有特殊需求时才用，如猪支原体肺炎免化弱毒苗有胸腔注射要求时才使用该方法。

5. 口服免疫

根据猪的数量、免疫剂量等准确算出疫苗和水的用量。水中不能含有氯和其他有害物质，饮水应清洁，如猪副伤寒苗可口服免疫。

6. 黏膜免疫

免疫的主要部位是呼吸道、胃肠道、泌尿生殖道黏膜，因为这些黏膜上皮下有淋巴组织，它是黏膜接触并摄取抗原和进行最初反应的效应部位。如猪伪狂犬病基因缺失疫苗滴鼻接种。

四、预防接种

预防接种要有针对性和计划性，要根据本地区或该养殖场具体情况，制定切实可行的免疫程序。做好接种前的准备工作，如查清被接种动物的种别、数量及健康状况，预接种疫苗、器械的准备，人员分工，熟悉接种方法、技术，观察接种反应等。具体要求见表 1-3-1。

表 1-3-1　疫苗操作要求

工作程序	操作要求
采购疫苗	1. 从具备相关资质的厂家选购(有 GMP 认证)，保证疫苗质量，根据需求确定疫苗的购入量。 2. 注意疫苗的有效期。 3. 注意不合格疫苗的识别(冻干苗是否失真空，油佐剂苗是否破乳分层，疫苗有无变质和长霉，疫苗中有无异物，疫苗是否过期等)。
运输	灭活疫苗应在 2～8 ℃下避光运输，并要求包装完好，防止瓶体破裂，途中避免日光直射和高温，尽快送到保存地点或预防接种的场所；弱毒疫苗应在低温条件下运输，大量运送应用冷藏车，少量运输可装在盛有冰袋或冰块(用塑料袋装好系紧，以防浸湿疫苗标签而脱落)的冷藏箱中，以免降低或丧失疫苗的性能。
贮存	1. 疫苗入库应做好记录。 2. 看疫苗使用说明书，冻干弱毒疫苗，应在－15 ℃以下冷冻保存(按疫苗使用说明书)，切忌反复冻融。灭活苗或油苗，在 2～8 ℃阴暗处保存，不可冻结。
使用	根据免疫猪只的数量计算好用量，现用现稀释，避免浪费。 1. 用规定的稀释液稀释疫苗，稀释倍数准确。 2. 疫苗稀释后要避免高温及阳光直接照射。 3. 接种剂量、部位准确(看好说明书)。 4. 要做到头头免疫，避免出现免疫空白。 5. 用过的空疫苗瓶要集中起来烧掉或深埋。

五、紧急接种

当猪场附近或场内局部发生传染性疾病时，为了预防或快速控制疫情的蔓延与流行，对猪群进行的应急性免疫接种称为紧急接种。一般而言，在传染病发病期间不应注射疫苗，而应使用抗血清或痊愈血清(或全血)对受威胁猪只进行预防控制。但是对一个猪场来说，大量使用血清极不现实，也不经济。实践表明：对于某些传染病，例如猪瘟，紧急接种弱毒活疫苗可取得较好的预防和控制效果。接种后处于潜伏期的猪群中可能会有部分猪只迅速发病，此后猪群发病会很快下降。

紧急免疫接种结束后应立即将接种用器械清洗后煮沸消毒，剩余疫苗亦应在消毒后进行无害化处理，不得随意倾倒。

六、乳前免疫

乳前免疫又称超前免疫、零时免疫，是指仔猪出生后、吃初乳前进行的免疫接种。多在有猪瘟疫情时使用。其操作步骤如下：

(1)母猪分娩前应准备好已消毒的注射器、针头、疫苗、稀释液、酒精棉球、保温瓶、冰块、记号笔。

(2)实施乳前免疫。第一头仔猪出生后立即按照规定的方法稀释疫苗，每头仔猪按要求注射猪瘟脾淋苗，每头猪一个针头，注射后给仔猪打上顺序号，记录出生和注射疫苗时间，放入温箱中保温，按照出生顺序间隔 60 min 以上依次让仔猪哺乳，直到最后一头仔猪出生并开始吸食初乳。对体弱仔猪可在出生后补喂 10%葡萄糖水。

(3)乳前免疫成功的关键在于仔猪出生后，在未进行免疫前不让其吸食初乳，因此母猪在分娩期间必须有专人照看。

(4)对免疫仔猪仔细观察有无异常表现，如个别出现过敏反应时应立即加以救治；如果出现过敏反应的仔猪数量较多，则立即停止使用该批疫苗，换用其他批次或其他种类的疫苗；注射疫苗后 1～2 h 可能出现发热仔猪，也应立即予以处理，并在此后进行的乳前免疫中停用该批次疫苗。

(5)保存所有记录，以便跟踪了解乳前免疫的效果。

七、免疫注意事项

1.猪群的健康

一般来说，猪体格健壮、发育良好，注射疫苗后产生免疫力较高。而体弱、有病、生长发育较差的猪注射疫苗后易发生严重不良反应，所产生的免疫力也较低；妊娠猪注射疫苗后由于注苗反应可能会发生早产、流产或胎儿发育受影响。因此，在无疫情时对这类猪的疫苗注射可暂缓进行，应候其身体恢复健康、产后或母源抗体消失后再行注射。

2.疫苗的稀释

疫苗稀释前应对疫苗瓶盖用 75%的酒精消毒，要严格按照厂家的要求使用疫苗的稀释剂。稀释后的疫苗应保存于阴凉处，避免阳光直射。由于稀释后的疫苗其效价不断下降，在 15 ℃以下 4 h 失效，15～25 ℃时 2 h 失效，高于 25 ℃时 1 h 即会失效，因此稀释后的疫苗要尽快注射，疫苗稀释后保存的时间超过上述时间应予废弃，不能再用。

3.影响抗体产生的因素

抗体的产生随疫苗量的增加而增加，但当疫苗用量超过了一定限度，抗体的形成反而受到抑制，称为免疫麻痹，因此免疫过程中不能盲目加大疫苗的剂量。疫苗的种类不同，刺激机体产生抗体的速度和持续时间也不同。如活苗与死苗相比，活苗的免疫效果好，因为活苗能在体内繁殖，刺激机体较快产生抗体。但要注意使用活病毒疫苗前后一周不要使用免疫抑制剂、抗病毒药、干扰素等；注射菌苗前后一周不要使用抗生素等药物。

4.不良反应

注射疫苗所引起的反应，是由于生物制剂本身的特性造成的，可分为正常反应和不良反应。前者仅为一过性发热或局部的红肿等，不良反应则在反应的程度上和发生反应的猪只数量上均超过正常反应，严重者可导致过敏反应甚至休克死亡，有的还可引起感染发病，其原因在于所使用的疫苗质量较差或使用方法不当。当前许多猪场猪群的健康状况不佳，抗病力低下，在使用一些活疫苗或油佐剂疫苗时常会激发猪群中潜伏的疫病发生甚至流行。预防方法一是要选用优质疫苗；二是要严格按照操作规程进行免疫；三是在注射疫苗过程中和注射后要有专人巡视免疫猪群的反应，发生过敏反应时，应立即使用抗过敏药物，如肾上腺素等进行救治。

5.疫苗试用

使用本场未使用过的新疫苗时，应在隔离条件下先做小群试验，观察接种后猪群的反应，经1～2 d后确认安全无问题后才可逐步扩大接种范围。如有不良反应，则应在找到对策后方可扩大接种范围，否则不得使用。

任务二　分析猪场疫苗免疫失败的原因

近年来，许多猪场猪群的群体性免疫失败问题极为突出，主要表现在猪群在接种某种疫苗后，猪群没有得到有效的特异性保护，免疫后依然出现该种疫病；有的猪场免疫后虽未出现疫情，但在检测抗体时也常常发现猪群的抗体水平极低，此种情况在猪瘟、口蹄疫、伪狂犬病等的免疫中较为多见。猪群的免疫力下降，一些细菌性疾病如大肠杆菌病、沙门氏菌病、链球菌病、巴氏杆菌病、副猪嗜血杆菌病等的混合感染、继发感染极易发生，同时疾病的病程延长，药物疗效降低，治愈率下降，死淘率上升等问题突出。导致免疫失败的原因有以下几种。

1.免疫反应的非正态分布

免疫失败的原因较为复杂。一般来说，由于免疫反应是一个复杂的生物学过程，其对一个群体不可能提供绝对的、百分之百的保护，免疫接种的猪群中所有成员的免疫水平也不可能完全一致，免疫反应呈正态分布，大多数猪只的免疫反应呈中等水平，一小部分的猪只免疫反应较差。

2.免疫抑制

目前在猪场中出现的免疫失败，较多是由于免疫抑制所造成的。许多疾病会导致免疫抑制，如猪繁殖与呼吸综合征、猪圆环病毒感染、猪伪狂犬病、猪传染性胃肠炎对机体免疫系统的破坏，使得正常的免疫反应受到抑制，特别是由于两大免疫抑制性疾病猪繁殖与呼吸综合征和圆环病毒感染在猪群中的流行与蔓延，对免疫器官造成了严重的损伤。另外，猪支原体肺炎、体内外寄生虫病在我国猪群中的广泛存在，也是免疫抑制产生的一个重要的原因。

3.野毒感染

在许多猪群中，由于一些疫病的亚临床感染，使猪群长期处于一种亚健康状态。检测表明：目前许多猪场猪瘟病毒、伪狂犬病病毒、猪繁殖与呼吸综合征病毒、细小病毒等的野毒感染，对猪群的免疫会产生干扰，影响免疫效果。

4.免疫程序制定及免疫操作不当

母源抗体在一定的时间内有助于仔猪抵抗疫病的侵袭，若首免日龄过早，则母源抗体会对仔猪主动免疫力形成造成干扰，过迟又会使仔猪的免疫空白期过长，可能导致免疫失败；许多疫苗一次免疫形成的免疫力不够坚强和持久，若不进行二次的强化免疫，则会影响免疫效果。因此，应根据对猪群抗体水平的持续检测结果和疫苗说明书提供的免疫程序，选择适宜的首免日龄和二免时机。此外，在免疫操作过程中的一些问题，如疫苗的采购、运输、保存不当，疫苗使用不合理，疫苗质量不佳或疫苗的贮运错误会影响疫苗的效价；疫苗选用不当，菌（毒）株与流行毒株存在血清学差异；疫苗稀释不当，疫苗注射质量差或免疫密度低；猪群健康状况不良或处于应激状态时注射疫苗等，都可能导致免疫失败。

5.饲养管理不当

猪群的营养调控失当，饲料和料槽中霉菌毒素的严重污染，过多地混群、调群使得猪群应激性升高，过度使用药物特别是滥用免疫抑制性药物，猪舍内环境的温度、湿度、空气质量控制不良使得猪群的健康状况不佳等，都会给免疫带来不利的影响。

重视猪群的免疫失败现象，解决好猪群中的免疫抑制问题，是猪场防疫员在日常疫病防治中的一项重要工作，从饲养和管理抓起，从猪场疫病的控制与净化入手，逐步提高猪群对疫病的抵抗力，才有可能使得免疫失败问题得以解决。

【职业能力训练】

猪场常用疫苗免疫程序见表 1-3-2。

表 1-3-2　猪场常用疫苗免疫程序参考表

序号	疫病名称	免疫程序	备注
1	猪瘟	①种公猪：每年免疫 2 次，肌内注射 2 mL。 ②母猪跟胎怀孕 50 d 免疫 1 头份。 ③后备公、母猪：配种前接种 2 mL。 ④仔猪：65 日龄免疫 2 mL。	猪瘟病毒 E2 蛋白重组杆状病毒灭活苗
2	猪伪狂犬病	①种公猪每年 3 次免疫灭活疫苗 1 头份/次。 ②后备母猪：配种前两次免疫灭活疫苗 1 头份。 ③母猪产前 42 d 免疫活疫苗 1 头份；产后断奶当日母猪免疫灭活疫苗 1 头份。 ④仔猪：当日活疫苗滴鼻 1 头份，56 日龄活疫苗 1 头份，85 日龄活疫苗 1 头份，140 日龄活疫苗 1 头份。	活疫苗：猪伪狂犬病耐热保护剂活疫苗（C株） 灭活疫苗：猪伪狂犬病灭活疫苗（HN1201-gE 株）
3	口蹄疫	①种公猪：一年免疫 3 次，每头注射 2 mL。 ②母猪跟胎怀孕 60 d 免疫 1 头份。 ③后备公、母猪：配种前免疫 2 mL。 ④仔猪：71 日龄免疫 2 mL；100 日龄免疫 2 mL；190 日龄没出售的肥猪再补 1 mL/头。	猪口蹄疫 O 型、A 型二价灭活疫苗

续表1-3-2

序号	疫病名称	免疫程序	备注
4	猪细小病毒病	后备公、母猪：配种前免疫2次，每头注射1头份/2 mL。 经产母猪：产后15 d免疫1头份。 公猪：一年免疫2次。	猪细小病毒病灭活疫苗(WH-1株)
5	猪流行性腹泻	①后备公、母猪：配种前免疫2次1头份/2 mL。 ②种公猪：每年9、10月份普免2次/4 mL。 ③母猪跟胎产前30 d、15 d各1次，每次4 mL。	猪传染性胃肠炎、流行性腹泻二联灭活疫苗
6	流行性乙型脑炎	①母猪、公猪：每年4月1日，肌内注射1头份/4 mL。 ②后备公、母猪：配种前免1次1头份。	猪乙型脑炎活疫苗(SA14-14-2株)
7	萎缩性鼻炎	①后备公、母猪：配种前免疫1头份。 ②种公猪：每年免疫2次，每次免疫1头份。 ③种母猪：产前35 d免疫1头份。	猪萎缩性鼻炎灭活疫苗
8	猪圆环病毒感染	①母猪怀孕40 d，每头注射2 mL。 ②后备公、母猪：配种前，每头注射2 mL ③成年公猪：每年每头2次/2 mL ④仔猪：20日龄注射每头2 mL，42日龄每头1 mL。	猪圆环病毒2型灭活疫苗(LG株)
9	支原体	仔猪：出生后7日龄免疫1头份/2 mL	猪支原体肺炎灭活疫苗(P-5722-3株，Ⅰ)

【考点在线】

一、选择题

1. 临床上常用的破伤风疫苗属于以下哪种类型的疫苗？(　　)

A. 灭活疫苗　　B. 弱毒活疫苗
C. 基因缺失苗　　D. 类毒素疫苗

2. 为了有效预防控制猪病发生和流行，我国对于以下哪种生猪疫病实行强制免疫？(　　)

A. 猪瘟　　B. 口蹄疫
C. 猪繁殖与呼吸综合征　　D. 链球菌病

3. 猪场常用的猪瘟弱毒疫苗的保存条件为(　　)。

A. −15 ℃以下冷冻保存　　B. 2～8 ℃保存
C. 常温保存　　D. 25 ℃以上保存

4. 目前我国免疫预防伪狂犬病所用的疫苗是(　　)。

A. 活载体疫苗　　B. 基因缺失疫苗
C. 核酸疫苗　　D. 弱毒疫苗
E. 多价灭活疫苗

5. 在口蹄疫疫区内要严格实行(　　)、消毒、免疫的综合防治措施。

A. 封锁、隔离、扑杀　　B. 封锁、隔离、治疗
C. 封锁、隔离　　D. 封锁、治疗

二、简答题

1. 猪场常用疫苗种类有哪些？

2. 猪的疫苗接种途径有几种？

3. 猪疫苗免疫应注意哪些事项？

4. 某猪场有30头母猪分娩后已产300多头仔猪，计划在仔猪21日龄首免猪瘟脾淋苗，请到防疫站购买猪瘟疫苗，并进行免疫接种。

5. 如何根据猪场情况制定合理的免疫程序？

项目四

猪场驱虫

【知识目标】

1. 了解猪场常见猪寄生虫病种类。
2. 了解猪场常用的驱虫药物。
3. 掌握猪场常用的驱虫方法。

【能力目标】

1. 选择合适的药物，制定猪场驱虫程序。
2. 进行驱虫操作并填写驱虫记录。

【素养目标】

1. 能够严格按照《中华人民共和国动物防疫法》要求，认真履行职责，做好猪场驱虫工作。
2. 培养学生团队协作意识和精益求精的驱虫防病技术。

【项目导入】

病猪眼圈、颊部和耳等处，尤其在耳郭内侧面形成结痂性病灶，剧烈发痒，患猪常在圈墙、柱栏、槽边等处擦痒，影响猪休息，造成猪食欲减退、营养不良。请问猪可能患了哪种寄生虫病？应如何进行预防？

任务一　猪场常用驱虫药物选择

一、猪寄生虫病的种类

(一)蠕虫类寄生虫病

蠕虫类寄生虫病包括吸虫病、绦虫病、线虫病、棘头虫病。

(二)蜱螨与昆虫病

蜱螨与昆虫病包括猪疥螨病、猪虱等。

(三)原虫病

原虫病包括猪球虫病、猪弓形虫病等。

二、规模化猪场常见的寄生虫病

主要有猪蛔虫、猪结节虫(食管口线虫)、猪鞭虫(毛首线虫)、猪球虫、猪弓形虫(龚地弓浆虫)、猪疥螨等,少数猪场可能还有猪肺丝虫(后圆线虫)、猪肾虫(冠尾线虫)、猪类圆线虫等,其他种类寄生虫在规模化猪场中则少有报道。

三、猪场常用的驱虫药物

在规模化、集约化的高密度饲养条件下,寄生虫病对养猪生产的影响日渐突出,猪场对驱虫工作越来越重视,对驱虫药物的要求也越来越高。理想的驱虫药应在高效、低毒、广谱的基础上,尽量做到剂量小、适口性好、使用方便、价格低廉、残留量低。

(一)伊维菌素类药物

伊维菌素类药物是新一代抗生素类驱虫药物。属于大环内酯类抗生素类药物,无抗菌作用,对线虫及节肢动物有效,具有高效、广谱、低毒和用量小等优点。目前生产中最常用的有伊维菌素、多拉菌素。伊维菌素药物不仅对肠道寄生虫有效,而且对猪螨虫也有较好的驱杀效果,如害获灭针剂、预混剂,多拉菌素针剂,伊力佳的针、粉、片、预混剂等已在生产中广为应用。阿维菌素由于毒性略大和稳定性较差,目前在临床上已较少应用。

(二)丙硫苯咪唑

丙硫苯咪唑属广谱驱蠕虫药,不仅对胃肠道线虫成虫及幼虫有高度驱虫活性,而且对片形吸虫和绦虫都有良好效果,还有极强的杀虫卵作用。

对猪肺丝虫、食道口线虫、毛首线虫(毛尾线虫)、猪蛔虫、猪囊尾蚴均有驱杀效果,内服一次量为 10～20 mg/kg 体重。

(三)磺胺类药物

磺胺类药物系人工合成的化学药物,具有广谱抗菌、性质稳定、便于长期保存、价格便宜、制剂多样等诸多优点,在养猪生产中多应用于控制猪群中的弓形虫病。常用磺胺类药物的复方制剂防治猪弓形虫病,具有用药量少、疗效较好的特点。可采用磺胺嘧啶(SD)、磺胺-5-甲氧嘧啶(SMD)、磺胺-6-甲氧嘧啶(SMM)等与甲氧苄啶(TMP)或二甲氧苄啶(DVD)的复方制剂合用。各种磺胺类药物预混剂较多,使用中要注意其所用磺胺类药物种类、含量、添加剂量、持续使用时间等,一般不要超量、超过规定的疗程使用。

(四)左旋咪唑

左旋咪唑为人工合成的广谱驱虫药,对猪蛔虫、类圆线虫、结节虫、肾虫等有较好的驱杀作用。制剂有盐酸左旋咪唑和磷酸左旋咪唑,口服治疗量为 8～10 mg/kg 体重。

(五)三嗪酮

三嗪酮系化学合成的广谱抗球虫药,可抑制球虫子孢子或裂殖体的发育。为治疗和预防仔猪球虫病的最有效的药物,特别对猪的等孢球虫效果较好。百球清有效成分为 2.5%三嗪酮,仔猪 5 日龄时一次每头口服 1 mL,可较好地控制仔猪 7～10 日龄由球虫引起的腹泻。

任务二　猪场常用的驱虫方法

猪场的驱虫方法一般可分为口服法和注射法，口服法又可分为一次性投喂法与混饲法，此外还有涂抹法。

一、混饲法

混饲法是将驱虫药物以较低剂量预混合于饲料中，令猪只自由采食，一般用药 5～7 d，是目前多数猪场采用的驱虫方法。其优点是操作简便，节省劳力，适宜对较大群体驱虫时采用。其缺点在于在一个较大的群体中，猪只的采食量多少不均，获取的药物量不同，甚至可能会有少量猪只因采食量减少或不食，没有摄入足够的药物等使其体内外寄生虫未得到有效杀灭，可导致其他猪的再次感染。

二、一次性投喂法

向猪群一次性投喂全剂量的驱虫药物的驱虫方法在一些猪场也常被采用。但在一个较大的群体中，由于采食量的差异，常出现有的猪只摄入药物的量超过安全剂量而发生中毒，而有的又因为未摄入足够的药物而驱虫效果不佳。因此这种方法不常用于大群体的驱虫，仅在较小的猪群中使用。

三、注射法

注射法是使用驱虫药物的针剂逐头按剂量注射的方法。这一方法的优点是可使全群所有猪只同时获得足够的驱虫药物，一次用药，全面驱虫，驱虫较为彻底。此外这一方法可用于一些体外寄生虫感染严重的猪只进行重点治疗。其缺点在于工作量较大，且会使猪群产生较强的应激反应。

四、涂抹法

将驱虫药物制成透皮剂型，在驱虫时将这种药物涂抹于猪背正中线上，药物经皮肤吸收后发挥驱虫作用。该方法适用于数量较少，体重较轻的猪群。

【职业能力训练】

制定猪场驱虫程序，可参考表 1-4-1 进行操作。

表 1-4-1　猪场驱虫程序

工作程序	操作要求
猪场寄生虫流行状况调查	1. 体外寄生虫（疥螨）的检查：选定一个猪栏中的猪群，观察和记录猪群的蹭痒、踢腿等的次数；必要时可使用实验室检查法。 2. 体内寄生虫的检查：粪便检查和实验室检查。 3. 弓形虫的检查。

续表1-4-1

工作程序	操作要求
猪群健康状况调查	在驱虫工作开始前，首先应清点驱虫猪群的猪只数量，所在栋、栏，估测体重，评价其健康状况，在疫病流行期不宜进行驱虫，猪群转栏、混群、换料、注射疫苗、采食不正常时也不宜进行驱虫。
选择合适药物	一般采用伊维菌素预混剂进行驱虫。伊维菌素制剂，使用量甚低，驱虫谱广，对多数肠道寄生线虫和体外寄生虫均有驱杀作用；在常用的有效驱虫剂量时，对哺乳动物的毒性极低。缺点在于不能有效驱杀移行期幼虫，须在成虫期进行驱虫。为此，近年来许多养猪场采用芬苯达唑与伊维菌素联合进行早期驱虫。其他药物如哌嗪的驱虫谱较窄，敌百虫对蝇蛆作用效果较好，但毒性较大，有强烈气味，适口性不好，左旋咪唑对体外寄生虫无效，这些药物多已不用或少用。丙硫苯咪唑对体内寄生虫驱虫效果较好。
驱虫程序	1. 种公、母猪的驱虫：每年定期驱虫 2～4 次，这一方法的优点是一次对所有猪进行驱虫，不会有猪被遗漏，其缺点在于可能部分猪在投药期间由于采食量不足，导致驱虫效果不佳；最好使用复方驱虫药，伊维菌素＋阿苯哒唑（或芬苯哒唑），该药包括怀孕母猪在内的各种猪只都可以用，剂量是 350 g/t 饲料，用药时间一般为 5～7 d。 2. 仔猪的驱虫：仔猪的驱虫可于 60 日龄左右在保育舍或育成舍进行，驱虫后再转群。为了尽早解决寄生虫对猪的危害，可采用早期驱虫的方法，即在仔猪进入保育舍 30 日龄左右，采食基本正常后进行。此时驱虫可采用芬苯哒唑与伊维菌素联合驱虫，不仅可有效驱杀在猪体内移行的寄生虫的各期幼虫，也可有效控制体外寄生虫。在 4 月龄左右时须进行第二次驱虫。 3. 后备公、母猪的驱虫：后备公、母猪在引进后采食量恢复正常时进行驱虫，在参加配种前可进行第二次驱虫，到产前进行第三次驱虫。
其他寄生虫病的控制	1. 弓形虫病的控制：预防本病应特别注意经常进行血清学检查，了解本场弓形虫病流行状况，以便及时采取防治措施；猪场内不能养猫，如有野猫应设法驱除，定期灭鼠。使用药物预防是常用的方法，在有本病的猪场定期在饲料中添加磺胺类药物预防，可使用磺胺嘧啶，按照 0.5～1 kg/t 饲料的剂量对所有猪群连续饲喂 7 d。治疗本病还可使用磺胺嘧啶 70 mg/kg 体重＋甲氧苄啶 14 mg/kg 体重的剂量，肌内注射，每天 2 次，连用 3～5 d。其他磺胺类药物对本病也有较好疗效，均可使用。 2. 球虫的防治：预防本病主要在于做好猪舍内的清洁卫生和消毒工作，由于猪的球虫病引起的腹泻多发生于 10 日龄前后的仔猪，可使用抗球虫药物进行防治，目前最有效的药物为三嗪类制剂，特别是德国拜耳公司生产的百球清，其有效成分为对称三嗪酮。
驱虫效果的检查	使用药物驱杀肠道寄生虫和外寄生虫后，应每日观察猪群的粪便中有无寄生虫排出，必要时可采用漂浮法检查粪便中的虫卵数量有无减少；观察猪群中蹭痒、踢腿次数有无减少，皮肤病变有无消退等，可了解药物驱除体外寄生虫的疗效。
建立驱虫档案	做好驱虫记录，以便观察驱虫效果并确定后续驱虫程序。

【考点在线】

一、看图题

看图说出猪寄生虫形态与名称(图 1-4-1 至图 1-4-4)。

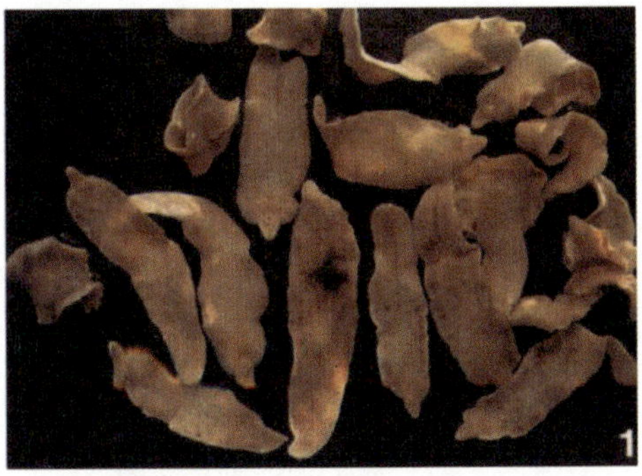

图 1-4-1　虫 A ________

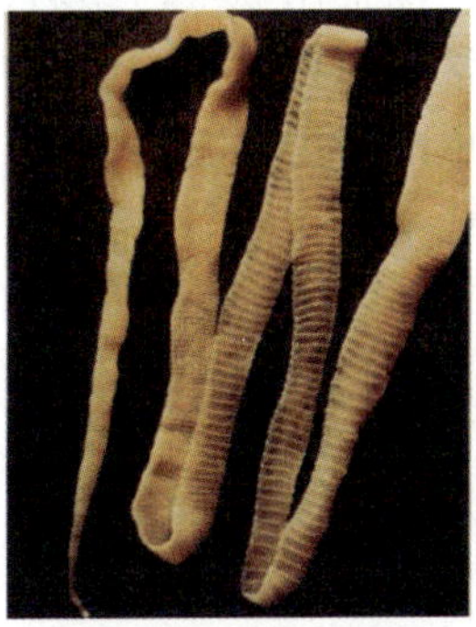

图 1-4-2　虫 B ________

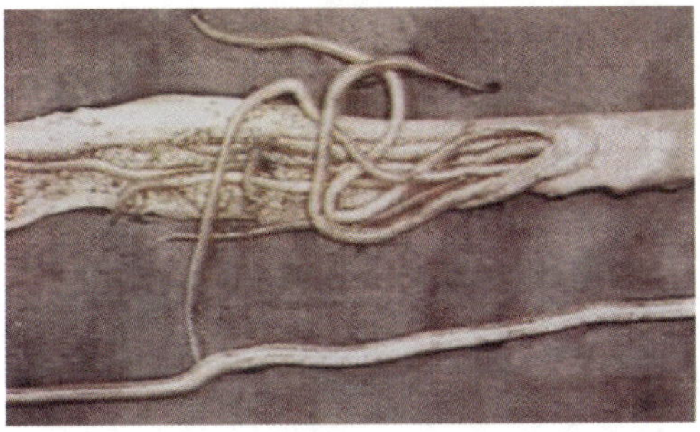

图 1-4-3　虫 C ________

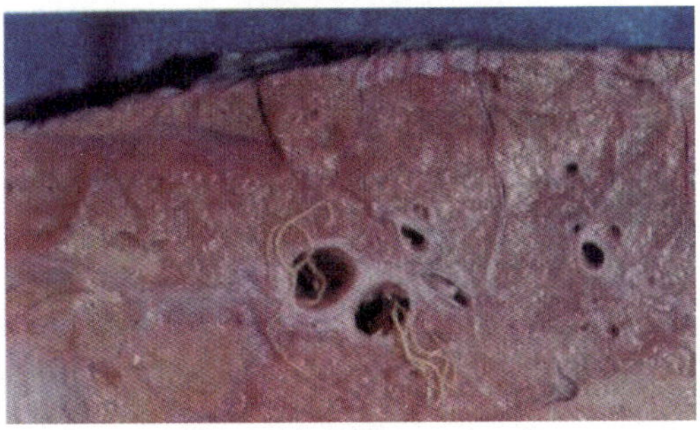

图 1-4-4　虫 D ________

二、选择题

1. 丙硫苯咪唑是国内兽医使用最广泛的广谱、高效、低毒的新型驱虫药,它对猪哪种类型的寄生虫有驱虫效果?(　　)

A. 蠕虫类寄生虫　　B. 原虫　　C. 节肢动物　　D. 蜱螨

2. 我国规模化猪场常见的寄生虫病不包括(　　)。

A. 猪蛔虫　　B. 猪球虫　　C. 猪棘头虫　　D. 猪疥螨

3. 对于猪弓形虫病使用药物预防是常用的方法,在有本病的猪场通常定期在饲料中添加哪种类型的驱虫药物?(　　)

A. 伊维菌素类药物　　B. 左旋咪唑　　C. 磺胺类　　D. 丙硫苯咪唑

4. 北京某猪场饲养仔猪出现拉血样稀便、生长停滞,经抗生素治疗不见症状减轻。采集病猪粪便用漂浮法收集虫卵,在显微镜下观察到大量棕黄色腰鼓样虫卵。判断该猪群可能感染有(　　)。

A. 鞭虫病　　B. 弓形虫病　　C. 后圆线虫病　　D. 华支睾吸虫病

5. 某屠宰场在屠宰一批生猪后发现有部分猪心脏表面有黄豆粒大小不等的囊泡。检测人员采集囊泡发现:囊内含有透明的液体和一个白色头节。判断该猪群可能感染有(　　)。

A.猪囊虫病　　B.猪旋毛虫病　C.猪棘头虫病　　D.猪球虫病

三、简答题

1.规模化猪场有哪些常见寄生虫病?

2.列举猪场常用驱虫药物名称及作用。

3.猪场常用驱虫方法有哪些?

4.猪螨虫病种类及鉴别方法。

模块二

猪病诊治

项目一

猪病毒性疾病

【知识目标】

1. 了解猪瘟、非洲猪瘟、猪繁殖与呼吸综合征、猪伪狂犬病、猪细小病毒病、猪流行性乙型脑炎、猪流行性腹泻、猪传染性胃肠炎、猪轮状病毒、口蹄疫、猪水疱病、猪圆环病毒感染、猪流行性感冒和猪痘等疾病的病原形态。

2. 掌握以上多种疾病的流行病学、临床症状和病理变化。

3. 对以上多种疾病进行诊断和防治。

【能力目标】

能独立对猪瘟、非洲猪瘟、猪繁殖与呼吸综合征、猪伪狂犬病、猪细小病毒病、猪流行性乙型脑炎、猪流行性腹泻、猪传染性胃肠炎、猪轮状病毒感染、口蹄疫、猪水疱病、猪圆环病毒感染、猪流行性感冒和猪痘等病毒病进行初步诊断。

【素养目标】

1. 能够严格按照《中华人民共和国动物防疫法》要求，认真履行职责，做好猪病毒病诊断和防控工作。

2. 培养学生自主探究猪病毒病的发生规律。

3. 培养学生团队协作意识和不怕脏、不怕苦的爱岗敬业精神。

4. 磨炼耐心，精修技艺，培养精益求精的病毒病防治技术。

【科学史话】

猪瘟疫苗的发展

1. 猪瘟高免血清

1833 年猪瘟首先在美国发现，1908 年匈牙利的 Hutyra 制备了 CSFV 高免血清，但是高免血清价格昂贵，获取较困难，而且有散播病毒的危险。

2. 猪瘟灭活疫苗

1951—1952 年，何正礼、方时杰等选用抗原性优良的石门系毒株研究改进制成的 CSF 结晶紫灭活疫苗效果明显，但灭活疫苗存在免疫剂量大、免疫期短、产生免疫力慢、不能引发局部免疫、仅能皮下和肌内注射和成本较高等缺点。

3. 猪瘟兔化弱毒疫苗

1950 年中国兽医药品监察所开始探索培育猪瘟兔化弱毒株，从 1954 年开始系统传代测试，选育出一株适应于家兔的猪瘟病毒变异株——中国株（即 C 株），该变异株具有毒力不返强、无残毒的优点。从 1957 年开始，C 系在我国广泛应用，同时也推广到欧亚许多国家，帮助这些国家最终控制或消灭了猪瘟。猪瘟弱毒疫苗的广泛应用，对于控制猪瘟的流行起到了关键性的作用。为了表彰科学家们在科学技术现代化方面做出的重大贡献，1983 年 12 月，方时杰等 11 人被授予了国家科学技术发明一等奖。

【项目导入】

江西省某养猪场饲养生产母猪 450 头，2005 年 12 月初，有两窝 18～20 日龄仔猪开始发病，表现为呼吸加快，发热，食欲废绝，耳尖边缘呈淡蓝色。发病 2～3 d 后，全窝死亡。至 12 月中旬已有 8 窝仔猪感染发病，死亡 37 头。同时有 2 头妊娠后期母猪出现流产，产出死胎、木乃伊胎等。剖检病变如下：

(1) 主要病变在肺部，弥散性间质性肺炎的症状均有不同程度出现，肺间质增宽，切开气管，支气管腔充满泡沫状物，胸腔积液，心包积液。

(2) 全身淋巴结肿大，切面周边出血，呈大理石样。

(3) 肾呈土黄色，有针尖大小的出血点，肾乳头出血。

(4) 少数膀胱、喉头有出血点，脾脏边缘梗死。

请初步诊断母猪患有什么病？

任务一　猪　　瘟

猪瘟（Classical swine fever，CSF）是由猪瘟病毒引起的一种急性、热性、高度接触性传染病。其特征是发病急，高热稽留，全身泛发性点状出血。慢性以坏死性肠炎所致的回盲口纽扣状肿为特征。国际兽医局（OIE）已将本病列为 A 类传染病，在我国也被列为一类传染病。

【病原】猪瘟病毒（CSFV）属黄病毒科瘟病毒属，是具有囊膜的单股正链 RNA 病毒，病毒粒子直径 20～55 nm，平均直径 44 nm，具有二十面体的非螺旋形核衣壳，核衣壳的直径约为 27 nm。囊膜上有许多含糖蛋白的纤突，它与同属的牛病毒性腹泻－黏膜病病毒（BVDV）基因组序列有高度的同源性，抗原关系密切，可以产生血清学交叉反应和交叉保护作用。

CSFV 不同毒株间存在显著抗原差异，根据与 BVDV 抗体的中和反应，分为 H 群和 B 群，不易被牛 BVDV 抗体中和的为 H 群，易被 BVDV 抗体中和的为 B 群。H 群毒力强，B 群毒力比较弱。

CSFV 仅有一个血清型。不同毒株的毒力差异很大，有的毒株毒力不稳定，通过猪体传代可使毒力增强。强毒株引起死亡率高的急性猪瘟，中等毒力毒株一般引起亚急性或慢性猪瘟,低毒力毒株感染妊娠母猪,可经胎盘感染胎儿。中等毒力毒株感染的程度取决于宿主年龄、免疫力和营养状况等因素,而强毒株或低毒力毒株感染后宿主因素在其中仅起很小的作用。

猪肾细胞是最常用的培养 CSFV 的细胞,病毒在细胞质中复制,在细胞内膜上成熟,不引起细胞病变。鸡新城疫病毒(NDV)在猪睾丸细胞培养中亦不产生细胞病变,但接种猪瘟病毒后再接种新城疫病毒,则可产生明显的细胞病变,此法可用于猪瘟诊断。

CSFV 经家兔连续传代后,毒力显著减弱,但仍有良好的免疫原性。猪瘟兔化弱毒疫苗的种毒就是这样培育成功的。

病毒对环境因素的抵抗力较强,60 ℃ 10 min 可使细胞培养液失去感染力,而脱纤血中的病毒在 68 ℃ 30 min 尚不能灭活。含 CSFV 的猪肉冷冻储存几个月后仍有传染性,因此,具有重要的流行病学意义。CSFV 对腐败特别敏感,对常用消毒剂有抵抗力,但生石灰、漂白粉、氢氧化钠等溶液都能很快将其灭活。

【流行病学】本病只引起家猪和野猪发病,其他动物均有抵抗力。

病猪和带毒猪是本病的传染源,感染猪在潜伏期即可经口、鼻、泪腺分泌物、尿和粪便向外排毒,并延续整个病程。康复猪在产生特异抗体后停止排毒。强毒株感染病猪在 10～20 d 内大量排毒,在猪群传播快,发病率与死亡率高。低毒株感染后排毒时间相对较短,慢性感染猪可连续或间歇排毒。

低毒株感染妊娠母猪时,常不被察觉,但可侵袭子宫中的胎儿,造成母猪死产或产出弱仔,并在分娩时大量排毒,污染环境。如果这种先天性感染的仔猪在出生时正常,并存活几个月,它们可成为传染源且很难辨认。因此,这种持续的先天性感染对流行病学具有重要意义。

猪群存在强毒株、慢性病猪和免疫耐受性的持续感染猪以及引进外表健康的感染猪是猪瘟发生的最常见原因。含毒的猪肉、猪肉制品和厨房的废弃物是传播本病的重要媒介。自然条件下病毒经口、鼻腔,间或通过眼结膜、生殖道黏膜或损伤的皮肤感染,妊娠母猪可通过胎盘传染给胎儿。经口和注射感染后,病毒在扁桃体复制,然后经淋巴管进入淋巴结,继续增殖,随即到达外周血液。病毒在脾、骨髓、内脏淋巴结和小肠的淋巴组织增殖到高滴度,导致高水平的病毒血症。

【临床症状】潜伏期一般为 5～7 d,短的 2 d,长的可达 21 d。

(1)急性型　病猪体温升高到 41～42 ℃。精神沉郁,卧地嗜睡,畏寒怕冷,肌肉震颤,扎堆或钻入草堆,全身衰弱无力,步态不稳。食欲减退或废绝,喜饮冷水,先便秘,粪便呈球状、干硬,表面常附有灰白色黏液,有的混有血液,而后发生腹泻,味恶臭。结膜发炎,眼角有黏液脓性眼眵,严重时将眼睑封闭。临死前耳朵、颈下、胸部、腹部、四肢内侧等处皮肤发绀或有出血斑点。公猪包皮积尿,可挤出黄白色浑浊恶臭尿液。

(2)慢性型　症状极不规则,病猪极度消瘦、贫血,全身衰弱无力,步态不稳。体温时高时低,食欲时有时无,喜饮冷水或脏水,便秘与腹泻交替出现,粪便恶臭,皮肤有紫斑或坏死痂。病程长达 1 个月以上,最后多系统衰竭而死。

(3)迟发型　猪瘟是先天性 CSFV 感染的结果。感染的胎猪在出生后几个月表现正常,随后发生轻度食欲不振,精神沉郁,结膜炎,皮炎,下痢和运动失调。体温正常,大多数能存活

6个月以上，但最终死亡。

（4）非典型性型　非典型性猪瘟亦称温和性猪瘟，由低毒力猪瘟病毒引起，是近年来发生较为普遍的一种猪瘟类型。其症状和病变不典型，病情缓和，发病率和死亡率均低。病猪体温微热或中热，大多数在腹下有轻度的淤血或发绀，皮肤很少有出血点。有的自愈后出现干耳和干尾，甚至皮肤出现干性坏疽而脱落。新生斑痕无色素而呈现花皮猪。病程长达1个月以上，较大的猪一般多可耐过，死亡者多为幼猪，少数自愈者变为僵猪。

（5）繁殖障碍型　妊娠母猪感染猪瘟病毒可导致流产，产出木乃伊胎、畸胎、死胎、有颤抖症状的弱仔或外表健康的感染仔猪。

【病理变化】急性型和亚急性型病例，淋巴结和肾脏的病变最常见。全身淋巴结肿大、出血、暗红色，切面多汁，淋巴结周边出血明显，呈红白相间的大理石样外观（图2-1-1）。肾表面有数量不等的针尖大小的暗红色出血点，严重病例肾脏表面出血点密集（图2-1-2），肾切面皮质、髓质、肾盂和肾乳头均能见到出血点。脾不肿大，部分病例脾脏边缘有米粒大到豆大的紫黑色，稍突起，硬实的出血性梗死灶（图2-1-3），具有诊断意义。心内外膜、心耳、心冠脂肪、胃肠浆膜和黏膜、会厌软骨、胸壁、胆囊、膀胱黏膜、脑软膜等处有的有大小不等、数量不一的小出血点或出血斑（图2-1-4和图2-1-5）。扁桃体一侧或两侧出血，病程长者甚至出现坏死灶。肺有肺炎病变。大多数病猪都有非化脓性脑炎变化，病理组织学变化的特征是在血管周围形成袖套，同时可见内皮细胞增生，胶质细胞增多，胶质结节形成和局灶性脑组织坏死。

图2-1-1　淋巴结切面出血，呈大理石样外观

图2-1-2　肾脏表面有出血点

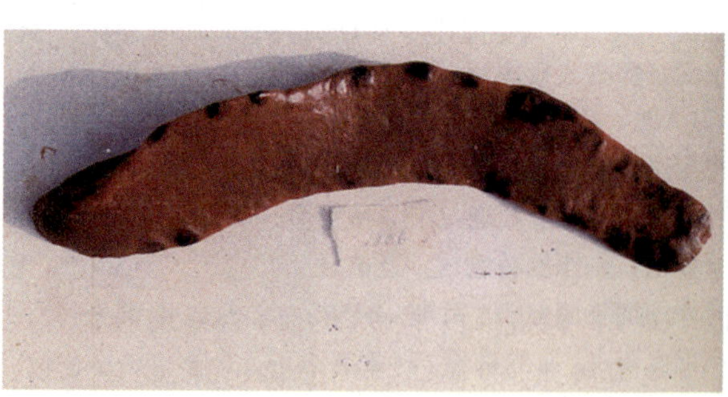

图2-1-3　脾边缘梗死

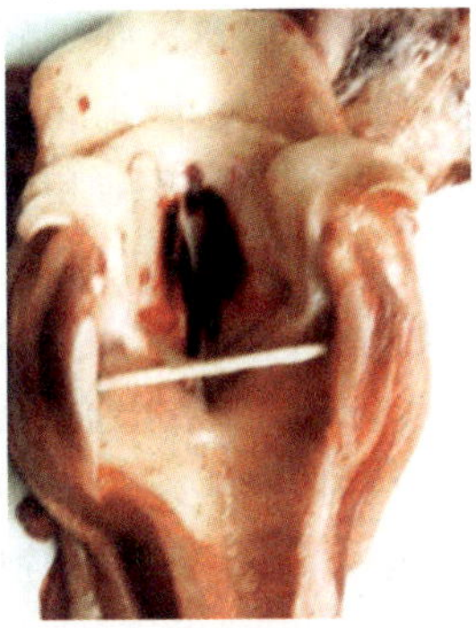
图 2-1-4 会厌软骨有出血点

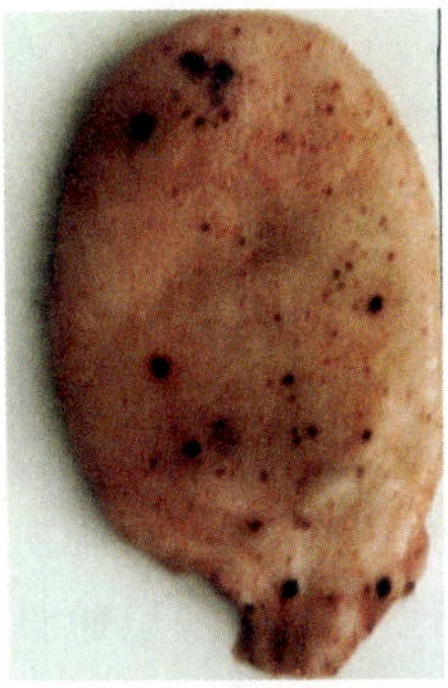
图 2-1-5 膀胱黏膜有出血点

慢性病例的出血和梗死变化较不明显，特征病变是在回肠后段、盲肠和结肠，特别是回盲瓣附近的淋巴滤泡周围的肠黏膜逐渐坏死、溃疡，并有纤维素性渗出，互相凝结成同心轮层状或纽扣状溃疡灶。

低毒力猪瘟病毒感染可引起胎儿木乃伊化、死胎和畸形胎。死产的胎儿最显著的病变是全身性皮下水肿、腹水和胸腔积液。胎儿畸形包括头和四肢变形，小脑和肺以及肌肉发育不良。在子宫内感染的仔猪，皮肤和内脏器官常有出血点。迟发性猪瘟的突出变化是胸腺萎缩，外周淋巴器官严重缺乏淋巴细胞和生发滤泡。

【诊断】典型的急性病例根据流行病学、临床症状和病理变化可得出相当准确的诊断。病猪高热稽留，腹股沟淋巴结急性肿大，白细胞数减少，抗生素治疗无效，死亡率高；剖检可见淋巴结、肾脏和其他器官出血，脾脏梗死等，这些都是猪瘟的特征。必要时，应进行实验室诊断。

1. 细菌学检查

采取病猪心包液、血液、肝、脾、淋巴结等涂片，染色、镜检。如检出细菌，要具体分析是否为继发性感染。

2. 兔体交互试验

猪瘟强毒不引起家兔体温反应，但能使其产生免疫力，而猪瘟兔化弱毒能使家兔发生热反应，但对产生免疫力的家兔则不引起体温反应。据此，选健康成年家兔 4 只，分为 2 组。采取可疑病猪的淋巴结和脾脏制作 10 倍稀释的悬液，取上清液每毫升加青霉素、链霉素各 1 000 IU 处理，试验组每只兔肌内注射 5 mL。经 7 d 后再用猪瘟兔化弱毒进行 20 倍稀释，同时给 2 组家兔耳静脉注射 1 mL，24 h 后，每隔 6 h 测温 1 次，连续 3 d，如试验组无体温反应而对照组体温升高，即诊断为猪瘟。

3. 荧光抗体法

采取可疑病猪的扁桃体、淋巴结、肝、脾、肾等，制作冰冻切片、组织切片或组织压片，用猪瘟荧光抗体处理后，在荧光显微镜下观察，如见细胞中有亮绿色荧光斑块，为阳性；青灰色或带橙色，为阴性。

此外，酶标抗体试验、新城疫病毒强化试验、对流免疫电泳等方法也可用于猪瘟的诊断。急性猪瘟在临床诊断上与急性猪丹毒、最急性猪肺疫、急性猪副伤寒、慢性猪副伤寒、弓形虫病有许多类似之处，其鉴别要点如下。

(1)急性猪丹毒　多发生于夏天,病程短,发病率和病死率比猪瘟低。病猪的体温虽然很高,但仍有一定食欲。皮肤上的红斑,指压褪色,病程较长时,皮肤上有紫红色疹块。死后剖检,胃和小肠有严重出血;脾脏肿大,呈樱桃红色,多无梗死变化;淋巴结和肾淤血肿大。青霉素等抗生素治疗有显著疗效。

(2)最急性猪肺疫　夏天或饲养条件剧变时多发,发病率和病死率比猪瘟低。病猪表现为咽喉部急性肿胀,呼吸困难,口鼻流泡沫,有咳嗽,皮肤发红,或有少数出血点。剖检时,咽喉部皮下有明显的出血性浆液浸润;肺脏呈现出典型的纤维素性肺胸膜炎变化;颌下淋巴结出血,切面呈红色,而其他淋巴结多呈急性浆液性淋巴结炎的变化。用抗菌药治疗时有较好的疗效。

(3)急性猪副伤寒　多见于2～4个月的猪,在阴雨连绵季节多发,一般呈散发。病猪表现下痢,有时粪便带血,有结膜炎,胸腹部皮肤呈蓝紫色。剖检肠系膜淋巴结显著肿大,呈浆液性淋巴结炎变化;肝脏肿大,表面常见散在的灰黄色坏死灶;大肠有局灶性溃疡;脾脏肿大,无出血性梗死灶。

(4)慢性猪副伤寒　慢性猪副伤寒的病猪呈顽固性下痢,体温不高,皮肤无出血点,有时咳嗽。剖检的特点是大肠黏膜的纤维素性坏死,表现为弥漫性溃烂或局灶性溃疡;脾脏增生肿大,质地坚实,切面平滑、干燥;肠系膜淋巴结呈髓样肿大,有灰黄色坏死灶或灰白色结节;有时伴发卡他性肺炎的变化。

(5)弓形虫病　弓形虫病病猪也有持续高热、皮肤有紫斑和出血点、粪便干燥等症状,容易同猪瘟相混。但弓形虫病病猪呼吸高度困难,磺胺类药治疗有效。剖检时,肺发生间质性肺炎或水肿,有时为纤维素性肺炎;肝脏散布淡黄色或灰白色局灶性坏死;全身淋巴结,尤其是内脏淋巴结肿大并伴发灶状坏死。采取肝、肺和淋巴结等病料做涂片,用瑞氏染液等染色观察,常可检出弓形虫。

【防制】加强饲养管理,搞好环境卫生消毒。

按免疫程序进行预防接种,控制本病发生,免疫注射要确实,防止漏打和打飞针,对未按免疫程序接种的猪要及时补种。引进猪只后,要进行临时预防接种。有条件时,应对猪群进行免疫检测,掌握猪群体的免疫水平和免疫效果。

猪瘟的免疫程序:未发病猪场,仔猪21日龄首免,65日龄二免。发病猪场最好采用超前免疫:0日龄首免,仔猪21日龄二免,65日龄三免。种公猪春秋两季各免疫一次;母猪配种前7～10 d或跟胎怀孕50 d左右进行免疫。后备公、母猪配种前接种2头份。对免疫程序的确定,要结合疫苗的免疫效果,即猪瘟抗体水平进行调整,各个猪场情况有所不同,要根据猪场自身抽检的猪瘟抗体水平制定个性化的免疫程序。

目前常用的疫苗有猪瘟兔化弱毒活疫苗,如乳兔组织苗、牛睾丸细胞苗和家兔脾淋组织苗等肌内注射。2017年12月25日,天康生物股份有限公司生产的"猪瘟病毒E2蛋白重组杆状病毒灭活苗"正式注册使用。

猪群发生猪瘟后,由于猪瘟疫苗产生免疫力较快,在疫区和受威胁地区可采取疫苗紧急接种的方式控制本病。对疫区内的假定健康猪和受威胁区的猪群进行猪瘟疫苗紧急接种,兔化弱毒疫苗可用常规量的2～3倍。同时,对疫区内的所有猪群进行检查,对发病猪进行急宰,对病毒污染的场地、用具进行彻底消毒处理,采取严格的隔离与消毒措施,防止疫情进一步扩大。

【治疗】目前尚无有效的治疗药物。由于猪瘟弱毒苗产生免疫力较快,所以在疫区和受到威胁地区多采用疫苗紧急接种的方式控制本病。对一些经济价值较高的患病种猪，可用猪瘟高免血清(1 mg/kg 体重)、干扰素、辅以抗生素进行对症支持治疗。

任务二　非洲猪瘟

非洲猪瘟(African swine fever，ASF)，是由非洲猪瘟病毒引起的家猪、野猪的一种急性、热性、高度接触性动物传染病，所有品种和年龄的猪均可感染，发病率高、致死率高。其特征是发热，皮肤发绀，淋巴结、肾、胃肠黏膜明显出血。发病过程短，死亡率高达 100%。世界动物卫生组织将其列为法定报告动物疫病，中国也将其列为一类动物疫病。

2018 年 8 月，中国确诊首例非洲猪瘟病例。

【病原】非洲猪瘟病毒是虹彩病毒科非洲猪瘟病毒属，病毒粒子直径为 175～215 nm，似六角形，有囊膜。基因组为双股线状 DNA，大小 170～190 kb，有多层包被结构，外层衣壳保护着内层蛋白和核酸结构(图 2-1-6 和图 2-1-7)。在猪体内，非洲猪瘟病毒可在几种类型的细胞质中，尤其是网状内皮细胞和单核巨噬细胞中复制。该病毒可在钝缘蜱中增殖，并使其成为主要的传播媒介。

图 2-1-6　非洲猪瘟病毒(d=260 nm)

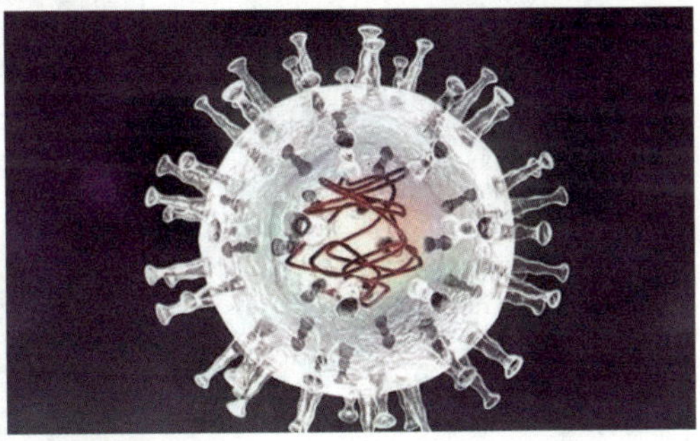

图 2-1-7　非洲猪瘟病毒的病原形态

本病毒存在于感染猪的血液、组织液、内脏及其他排泄物中，低温暗室内存在血液中的病毒可生存 6 年，室温中可存活数周，加热被病毒感染的血液需 55 ℃ 30 min 或 60 ℃ 10 min 病毒将被破坏，许多脂溶剂和消毒剂也可将其破坏。

【流行病学】非洲和西班牙半岛有几种软蜱是 ASFV 的贮藏宿主和媒介。美洲等地分布广泛的很多其他蜱种也可传播 ASFV。一般认为，ASFV 传入无病地区都与来自国际机场和港口的未经煮过的感染猪制品或残羹喂猪有关，或由于病猪接触了感染的家猪的污染物、胎儿、粪便、病猪组织，或喂了污染饲料而发生。

1921 年肯尼亚首次报道发生非洲猪瘟疫情，该病于 20 世纪 60 年代传入欧洲，70 年代传入南美洲，2007 传入高加索地区和俄罗斯。2017 年以来，俄罗斯远东地区发生数起非洲猪瘟疫情。自 2018 年 8 月沈阳市发生非洲猪瘟疫情，随后湖南、安徽、江苏、浙江和内蒙古等地陆续出现确诊。健康猪与患病猪或污染物直接接触是非洲猪瘟最主要的传播途径，猪被带毒的蜱等媒介昆虫叮咬也存在感染非洲猪瘟的可能性。

(1)传染源　猪是非洲猪瘟病毒唯一的自然宿主，除家猪和野猪外，其他动物不感染该病毒。病猪各组织器官、体液、各种分泌物、排泄物中均含有高滴度的病毒,病毒可经病猪的唾液、鼻分泌物、泪液、尿液、粪便、生殖道分泌物以及破溃的皮肤、病猪血液等进行传播。另外,猪肉及猪肉制品,被污染的饲料、水源、器具、泔水、工作人员及其服装以及污染空气均能成为传染源,经口和上呼吸道途径传播。

(2)传播途径　非洲猪瘟的传播途径较为广泛。比如,直接接触感染猪,饲喂污染的猪产品、饲料、泔水,接触污染的粪便、垫料等(间接传播途径),以及蜱、蚊虫叮咬或苍蝇等媒介传播。其中,动物及动物产品的移动或接触、饲喂泔水是主要的传播方式(图 2-1-8)。

(3)易感动物　猪、野猪。

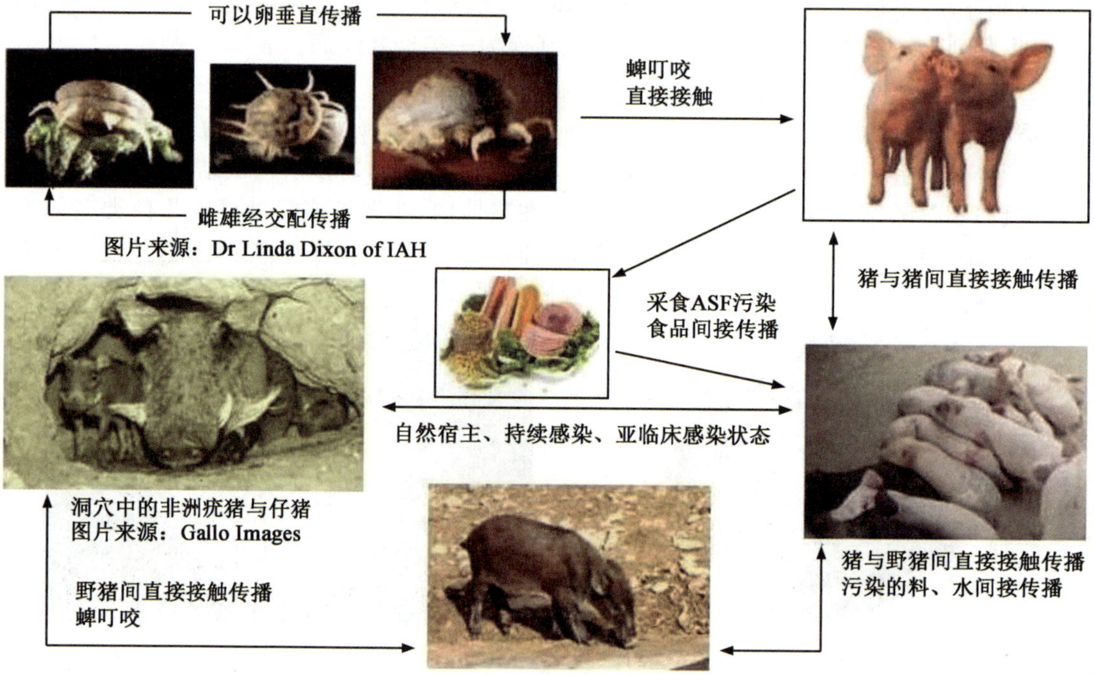

图 2-1-8　非洲猪瘟传播途径

【临床症状】

非洲猪瘟病毒自然感染的潜伏期一般为 4～19 d。非洲野猪对该病有很强的抵抗力,一般不表现出临床症状,但家猪和欧洲野猪一旦感染,则表现出明显的临床症状。根据病毒的毒力、感染剂量和感染途径的不同,临床症状存在差异,可表现为最急性、急性、亚急性或慢性感染。

(1)最急性型、急性型　强毒株感染引起,常在 12～14 d 内导致大批猪只死亡,死亡率高达 100%。猪食欲减退,体温达 40～42 ℃。猪挤成一团,共济失调,心跳加快,呼吸困难,部分猪咳嗽,眼、鼻有浆液性或黏液脓性分泌物,皮肤发绀和出血(图 2-1-9),偶尔会出现呕吐和腹泻,血液学检测会出现白细胞和淋巴细胞减少等。临床症状出现后 7～10 d 内发生死亡,死亡率高,可达 100%。

(2)亚急性型　中等毒力毒株引起 30%～70%死亡率。感染猪症状温和,康复猪在感染后 6 周内仍通过排泄物排毒。病猪呼吸改变,关节肿大或坏死,跛行,皮肤肿胀溃疡(图 2-1-10),消瘦,病死率低。

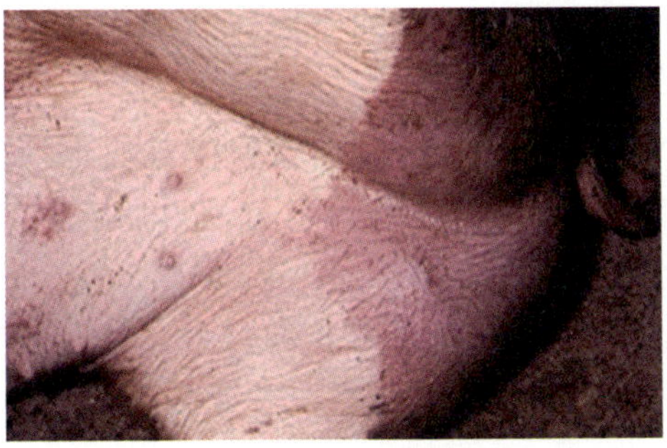

图 2-1-9 皮肤发绀

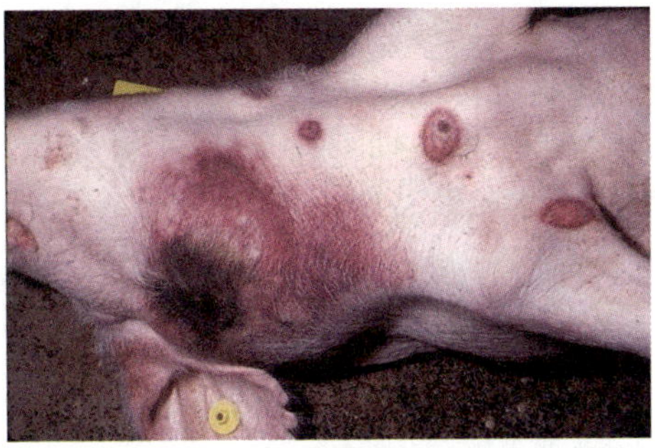

图 2-1-10 皮肤肿胀、溃疡

怀孕母猪患病流产，产死胎(图 2-1-11)。多处皮肤局部红斑、溃疡，耳部、腹部、大腿内侧可能凸起或坏死(图 2-1-12 和图 2-1-13)，易继发感染，如继发引起肺炎和关节炎。感染后能康复，但终身带毒，死亡率低，可见血清转阳。发病猪体温 40～42 ℃，全身皮肤发绀，有较大或弥漫性出血斑块(图 2-1-14)，食欲废绝 、精神沉郁、呕吐，先便秘后腹泻，有时便血。

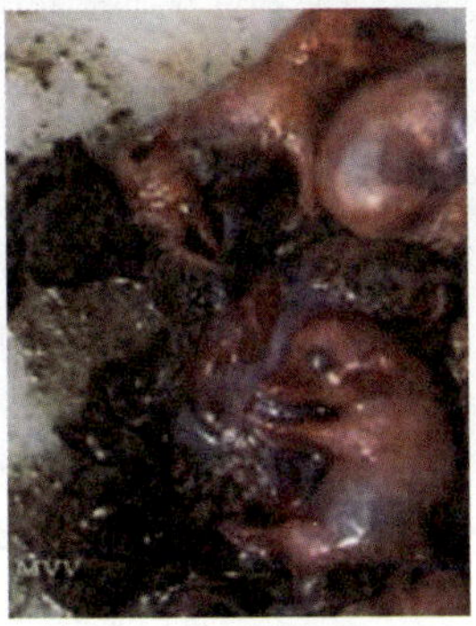

图 2-1-11 母猪流产，产死胎

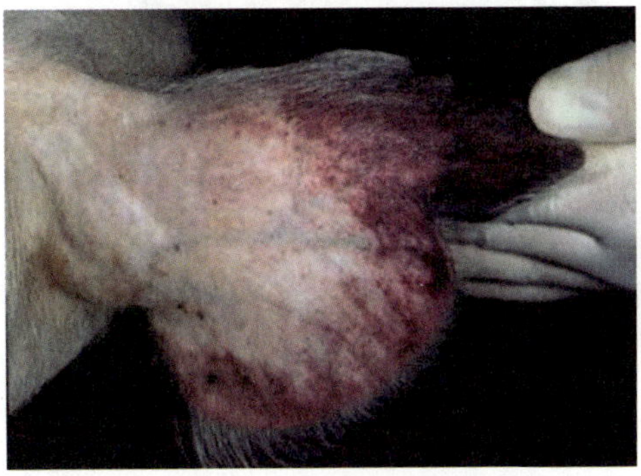

图 2-1-12 耳部皮肤发绀

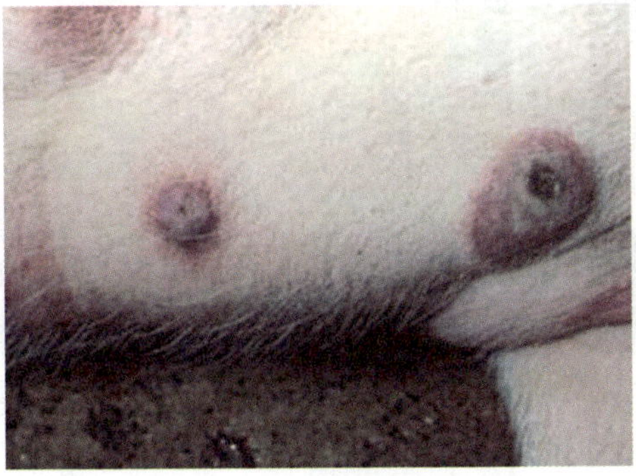

图 2-1-13 乳房肿胀、溃疡

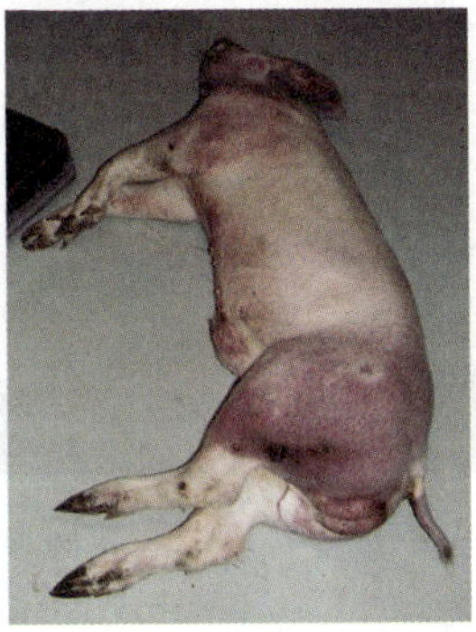

图 2-1-14 全身皮肤发绀

(3)慢性型 低毒力毒株引起，临床症状多样。消瘦或发育迟缓，体弱，偶见体温升高，呼吸困难，湿咳。在耳、鼻、腋下、会阴、尾、脚无毛部分呈界线明显的紫色斑，耳朵紫斑部分常肿胀，中心深暗色分散性出血，边缘褪色，尤其在腿及腹壁皮肤肉眼可见。感染猪死亡率低。感染慢性病猪可再次出现急性病症，最终导致死亡。

当前常为最急性型和急性型，发病率和死亡率可达100%。但非洲猪瘟低致病毒株的出现，使其潜伏期长达35～42 d，甚至更长。临床症状不明显，甚至无症状。妊娠早期感染，流产死胎，后期分娩时间增加，弱仔数增加，母猪淘汰率增加。

【病理变化】非洲猪瘟病毒会引起多种病变类型，这取决于病毒毒株的毒力。急性型和亚急性型以广泛性的出血和淋巴组织的坏死为病变特征。在一些慢性型或者亚临床病例中，病变很轻或者几乎不存在病变。

病变主要发生在脾脏、淋巴结、肾脏、心脏、肺脏等器官组织上，内脏器官广泛性出血。

脾脏肿大、梗死，呈暗黑色，质地脆弱(图2-1-15)。淋巴结肿大、出血，暗红色血肿，切面呈大理石样(图2-1-16)。肾脏表面及皮质有点状出血(图2-1-17)。心包中含有猩红色液体，心内膜及浆膜可见斑点状出血(图2-1-18)。

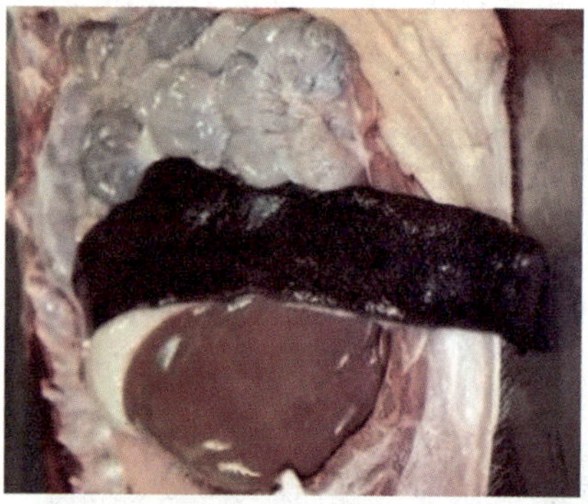

图2-1-15 脾脏肿大

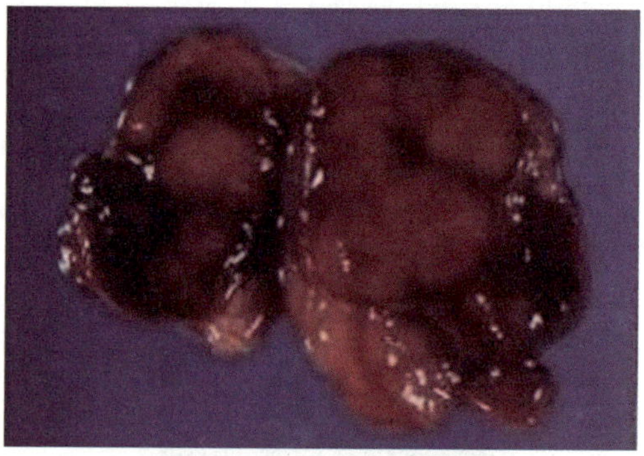

图2-1-16 淋巴结切面有大量出血点

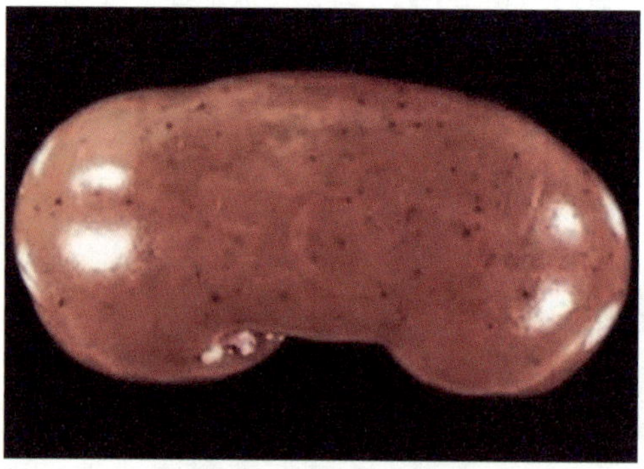

图2-1-17 肾脏表面有出血点

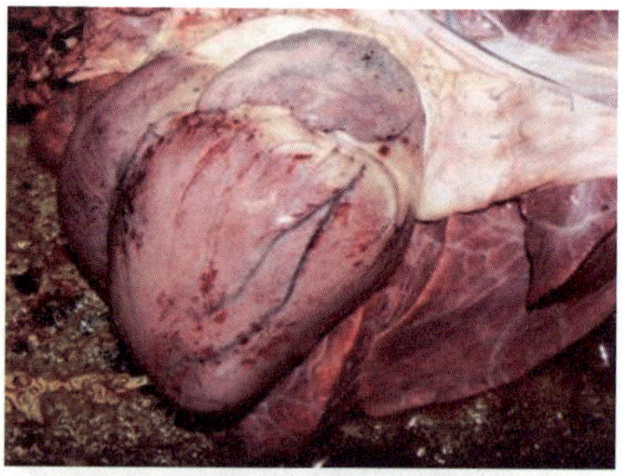

图2-1-18 心脏外表面有斑点状出血

在急性型病例中，还会出现其他病变，如，腹腔内有浆液性出血性渗出物，整个消化道黏膜水肿、出血。肝脏和胆囊充血，膀胱黏膜斑点状出血。脑膜、脉络膜、脑组织发生较为严重的水肿和出血。

亚急性型感染猪可见淋巴结和肾脏出血，脾肿大、出血，肺脏充血、水肿，有时可见间质性肺炎。

慢性型感染猪可见肺实变或局灶性干酪样坏死和钙化。病程较长者，大多发生纤维素性心包炎、肺炎以及关节肿大等慢性病变。

【诊断】非洲猪瘟的临床症状和病变与猪的其他一些出血性疾病很相似，比如猪瘟、猪丹毒和败血性沙门氏菌病，不能根据临床症状和眼观病变来确诊，而必须用实验室方法才能鉴别。

1.红细胞吸附试验（HA）

红细胞吸附试验是利用红细胞能吸附在体外培养的感染 ASFV 的巨噬细胞膜表面，在 ASFV 诱导的细胞病变出现前，红细胞能在巨噬细胞周围形成典型的玫瑰花环。一般用于较宽范围的检测。HA 方法被用来评估疑似暴发，特别是当其他测试为否定结果时，应该用 HA 方法进行确诊。尽管 HA 试验是检测非洲猪瘟病毒的最敏感的方法，但应该指出的是，一些非洲猪瘟病毒分离株能诱导巨噬细胞的病变，而不能出现血细胞吸附现象，这些毒株可利用 PCR 方法检测细胞培养物进行确定。

2.抗体检测

抗体检测可采用间接酶联免疫吸附试验，阻断酶联免疫吸附试验和间接荧光抗体试验等方法进行检测。抗体应在符合相关生物安全要求的省级动物疫病预防控制机构实验室以及受委托的相关实验室进行。

3.病原学检测

病原学快速检测可采用双抗体夹心酶联免疫吸附试验、聚合酶链式反应和实时荧光聚合酶链式反应等方法。

4.病毒分离鉴定

据报道，赵东明和刘任强等人用 2018 年 9 月 3 日黑龙江省佳木斯非洲猪瘟疫情发病猪样品，接种猪原代肺泡巨噬细胞，成功分离出我国第一个 ASFV 毒株（Pig/HLJ/18）。分别采用红细胞吸附试验、免疫印迹试验、间接免疫荧光及电镜观察等试验系统鉴定了分离毒株。

【预防】

1.猪场封闭管理

（1）人员管理　禁止无关外部人员参观访问猪场；猪场员工尽量减少出场，若外出返回，必须严格执行隔离防疫消毒措施。

（2）车辆管理　严格控制与猪场相关的所有车辆，禁止未经清洗消毒的车辆靠近猪场，建立车辆的清洗消毒体系，购买良好的设施设备，购置利于清洗的运输车辆及洗消车辆设施，如高温高压冲洗机等。车辆必须经过清除杂物→泡沫浸泡→冲洗→消毒→干燥等步骤。

2.猪群管理

坚持自繁自养，严格执行引种检测，引种前需经过检验，确认阴性再进行场外隔离监测，确认安全方可引种。对于生产育肥猪的猪场，全部空栏后再购入仔猪，应到正规养猪场购买，经官方兽医检疫合格后方可购进，并注意观察入场后情况。

每日排查监测。日常排查便于早发现、早检测、早扑杀。如发现有目光呆滞、厌食呕吐、血便、身体发红、打针流血、流产母猪等应立即上报检测，猪场不可轻易进行剖检，必须做好防护和消毒措施。

3. 疫苗管理

新购买进场疫苗或药物需经过表面消毒。新购买饲料需经过隔离检疫，确认阴性才可使用。外界进入猪场的器械都要经过消毒隔离。

4. 饲料和食品的管理

禁止饲喂泔水、餐厨剩余物，禁止使用受到污染的猪源饲料制剂，禁止在饲料中使用血粉和骨粉。严禁接触和购买场外猪、牛、羊肉及其加工制品，猪场工作人员食用从场外购进猪肉食品须经检测。

总之，对于非洲猪瘟防控要及时发现，快速反应，严格处置，减少损失。

任务三　猪繁殖与呼吸综合征

猪繁殖与呼吸综合征(Porcine reproductive and respiratory syndrome，PRRS)俗称蓝耳病。本病是由 PRRSV 病毒引起的一种传染病。其特征为厌食、发热、怀孕后期发生流产、产出死胎和木乃伊胎；幼龄仔猪主要表现呼吸道症状。1996 年国际兽医局(OIE)将 PRRS 列入 B 类传染病。

【病原】 PRRSV 是一种正链单股小 RNA 病毒，属动脉炎病毒科动脉炎病毒属。病毒粒子呈卵圆形，直径为 50～65 nm，有囊膜，二十面体对称。本病毒不凝集猪、牛、绵羊、山羊、兔、鸡、鸭、豚鼠、小白鼠和人 O 型红细胞。该病毒分为 2 个亚群，A 亚群为欧洲原型，B 亚群为美国原型。PRRSV 比较独特之处是，即使抗体试验结果阳性也不表示具有免疫力；具有高滴度抗体的猪仍可大量排毒。

本病毒对寒冷具有较强的抵抗力，但对高温和化学药品的抵抗力较弱。在 -70 ℃可保存 18 个月，4 ℃可保存 1 个月；37 ℃ 48 h、56 ℃ 45 min 则完全丧失感染力；对乙醚和氯仿敏感，常用的消毒药也可将之杀灭。

【流行病学】 猪是唯一的易感动物。不同年龄和性别的猪均易感，但以怀孕的母猪和 1 月龄内的仔猪最易感，并出现典型的临床症状。本病主要是通过直接接触及空气和精液传播而感染。发病无季节性，一年四季均可发生。饲养管理不当、防疫消毒制度不健全、饲养密度过大等是本病的诱因。

【临床症状】 各种年龄的病猪均拒食，母猪流产，仔猪呼吸困难。死胎率和哺乳仔猪死亡率极高。因年龄不同，临床表现也有较大的差异。

(1)繁殖母猪　母猪感染本病后反复出现食欲不振，发热(40～41 ℃)，嗜睡，精神沉郁，呼吸加速，呈腹式呼吸，偶尔可见呕吐和结膜炎。少数母猪的耳朵、乳头、外阴、腹部、尾部和四肢发绀，以耳尖最为常见，是“蓝耳病”俗称的来源。妊娠晚期有 5%～35%的母猪发生流产、早产(妊娠 107～113 d)。此外，可出现死胎、弱仔和木乃伊胎，这种产仔情况往往持续数周。每窝产死胎数差别很大，有的无死胎，有的可高达 80%～100%(图 2-1-19、图 2-1-20)。有些猪场直到 4～5 个月后才能恢复正常。少数母猪皮下出现一过性淤血斑，有的母猪出现四肢麻痹性中枢神经症状。此外，还可出现乳汁减少、分娩困难、继发膀胱炎和重发情等症状。

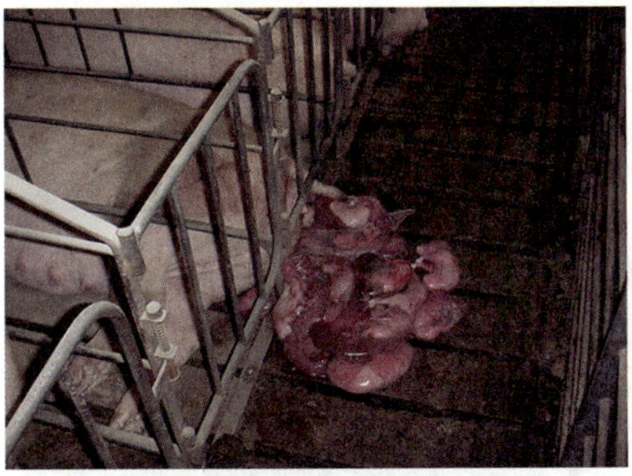

图 2-1-19 流产的胎儿(一)

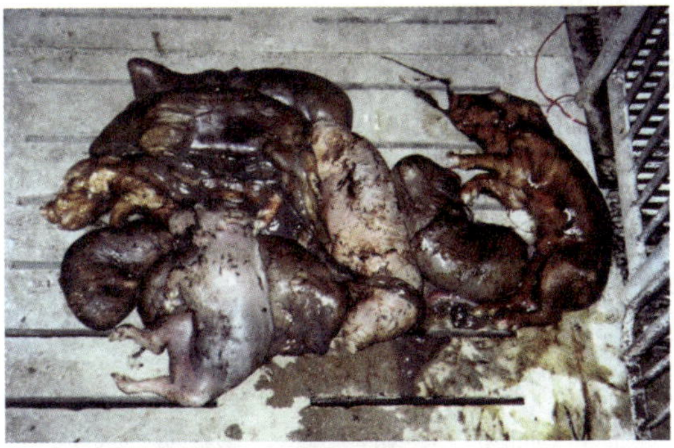

图 2-1-20 流产的胎儿(二)

(2)仔猪 表现出典型的呼吸道症状,呼吸困难,有时呈腹式呼吸,食欲减退或废绝,体温升高到 40 ℃以上,被毛粗乱,共济失调,渐进性消瘦,眼睑水肿。少部分仔猪可见耳部、体表皮肤发紫,断奶前仔猪死亡率可达 80%～100%,断奶后仔猪的增重降低,日增重可下降 50%～75%,死亡率升高(10%～25%)。耐过猪生长缓慢,易继发其他疾病。

(3)育肥猪 感染初期出现轻微的呼吸道症状,而后病情加重,除咳嗽、气喘外,普遍出现高热、腹泻、肺炎,还可出现耳部、腹部、尾部和腿部发绀(图 2-1-21、图 2-1-22),以及眼肿胀、结膜炎、血小板减少、排血便、两腿外展等症状。

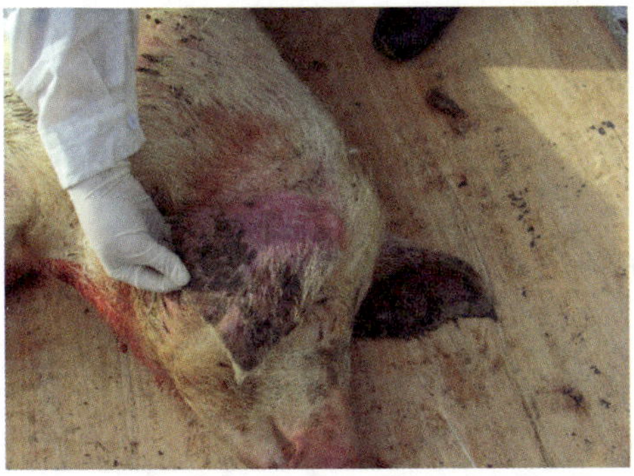

图 2-1-21 猪耳部发绀

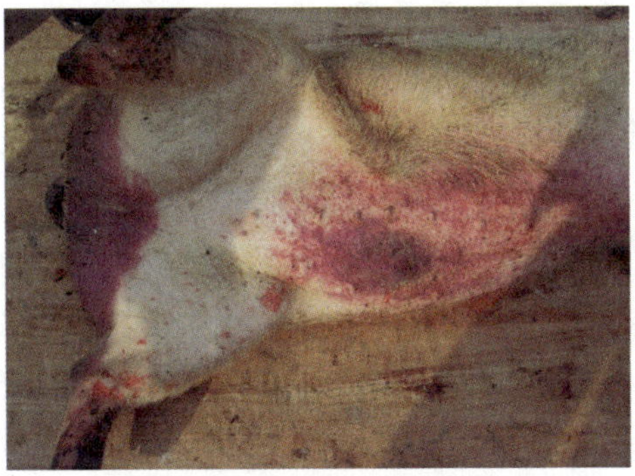

图 2-1-22 猪腹部和臀部发绀

(4)公猪 发病率低,表现为厌食,呼吸急促,消瘦,有性欲,但精子质量下降,射精量少。少数公猪出现双耳及皮肤发绀。

【病理变化】本病的病理变化不太明显,外观偶尔可见个别母猪被毛粗乱,耳、外阴和腹部发绀,有淋巴结轻度或中度水肿,主要病变为肺弥漫性间质性肺炎,并伴有细胞浸润和卡他性肺炎。继发细菌感染时,可出现心包炎、胸膜炎、腹膜炎及脑膜炎等病理变化。此外,还多见淋巴结有不同程度的出血和坏死变化,甚至呈现出血性淋巴结炎的病变;脾脏肿大,有的呈败血脾样变化;肾脏表面有多少不一的出血点;肝脏轻度淤血、变性,肿大。剖检流产的胎儿及弱仔,可见胸腔内积有大量的清亮液体,偶见肺实变。

PRRSV 和细菌、病毒混合感染时,病变因并发感染的细菌、病毒的不同而有所变化,合并感染细菌性病原常引起复杂的肺炎，间质性肺炎常混合化脓性纤维素性支气管炎或化脓性纤维素性支气管肺炎。有些感染病例还可见胸膜炎（图 2-1-23、图 2-1-24）。PRRSV 感染引起的血管、神经系统、生殖系统的病变主要表现为淋巴、巨噬细胞、浆细胞的增生和浸润。

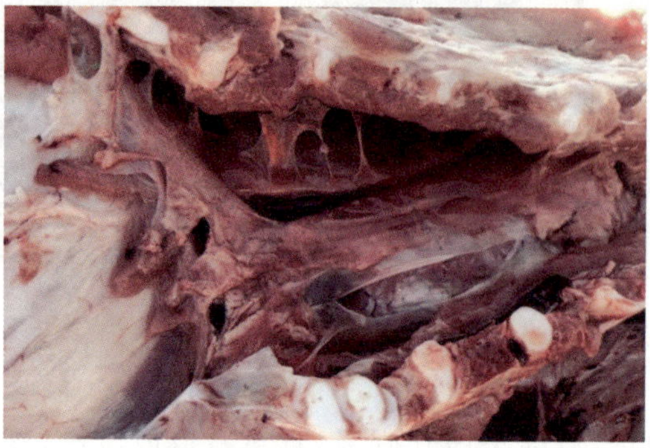

图 2-1-23　胸腔有纤维素渗出，出现胸膜炎

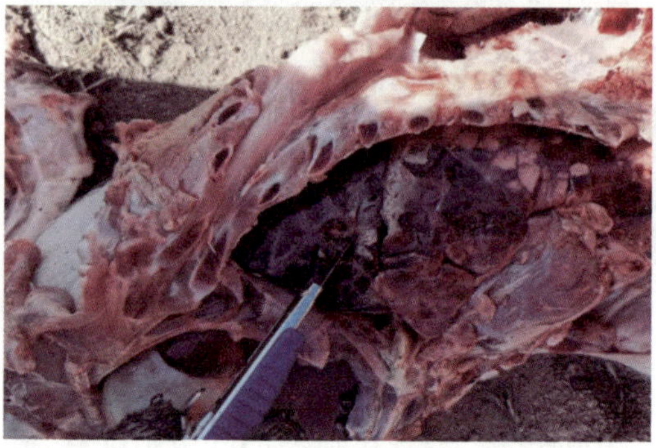

图 2-1-24　肺淤血、出现严重的间质性肺炎

【诊断】根据妊娠母猪后期发生流产、新生仔猪死亡率高，而其他猪临床症状表现温和，以及间质性肺炎变化；或参照荷兰制订的三项诊断指标，即死产 20%以上、流产母猪至少 8%以上、断乳仔猪的死亡率至少 26%以上，取其中两项作为诊断依据，可作出初步诊断。确诊则有赖于病毒的分离鉴定及血清学检查。

1. 病毒分离鉴定

可采集流产死胎、新生仔猪肺、脾等病料，接种 Marc 145 等敏感细胞系；也可采用 RT-PCR 法检测。

2. 血清学检查

可采用酶联免疫吸附试验（ELISA）、间接荧光抗体试验（IFA）、血清中和试验（SN）、免疫过氧化物酶单层细胞试验（IPMA）等方法检测。

【治疗】本病目前尚无特效药物进行治疗，主要采取综合性的对症治疗或预防，给初生仔猪补充电解质、葡萄糖和充足的初乳等可降低死亡率。母猪于分娩前 20 d 可连续用数天水杨酸钠或阿司匹林等抗炎性药物，以减少流产，但用药应在产前 7 d 左右停止；用抗生素或抗病毒类的药物，如泰乐菌素、替米考星、恩诺沙星、磺胺类药物等，以控制继发性感染。若猪采食量下降，可在每吨饮水中添加利高霉素 600 g、黄芪多糖粉 500 g、维生素 C 500 g；或在每吨水中添加氟康王 250 g、多西环素（强力霉素）250 g、黄芪多糖粉 500 g、维生素 C 500 g，在发病期间，对猪群用药饮水 15 d。也可试用复方黄芪多糖注射液、清开灵注射液等，或用清瘟败毒饮（石膏、知母、水牛角、生地、玄参、黄连、丹皮、赤芍、黄芪、栀子、连翘、淡竹叶、桔梗、甘草）煎汁饮用，可控制疫情发展。

对暴发猪蓝耳病阳性场进行如下处理：

（1）饲料中添加泰乐菌素 + 多西环素（强力霉素）等药物拌料　有条件的猪场可配合使用猪白细胞干扰素、免疫球蛋白、高免血清等生物制剂进行辅助治疗，会收到更好的治疗效果。

（2）加强消毒　用含酸类消毒药（如过氧乙酸）每天进行消毒，坚持使用一段时间，后期改换其他类型消毒药消毒。

(3)接种疫苗　待猪群稳定后，要求做好药物保健，加强营养，经常消毒(2～3 d 一次)，不要乱接种疫苗。

(4)搞好环境卫生　注意猪舍环境卫生与通风，防止本病通过空气传播。

【预防】预防的主要措施是清除传染来源，切断传播途径，对有病或带毒母猪应淘汰；对感染而康复的仔猪应隔离饲养，肥育猪出栏后圈舍及用具彻底消毒，间隔 1～2 个月再使用；对已感染本病的种公猪应坚决淘汰。

(1)坚持自繁自养的原则，建立稳定的种猪群，规模化猪场要彻底实现全进全出，至少要做到保育阶段的全进全出。

(2)建立健全规模化猪场的生物安全体系，保持猪舍、饲养管理用具及环境的清洁卫生，定期对猪舍和环境进行消毒。一方面防止外面疫病的传入，另一方面通过严格的卫生消毒措施把猪场内的病原微生物的污染降到最低限，控制和降低 PRRSV 感染猪群的发生率和继发感染机会。

(3)做好猪群饲养管理。在猪繁殖与呼吸综合征病毒感染猪场，应做好各阶段猪群的饲养管理，用好料，保证猪群的营养水平，以提高猪群对其他病原微生物的抵抗力，从而降低继发感染的发生率和由此造成的损失。

(4)做好其他疫病的免疫接种，控制好其他疫病，特别是猪瘟、猪伪狂犬病的控制。在猪繁殖与呼吸综合征病毒感染猪场，应尽最大努力把猪瘟控制好，否则会造成猪群的高死亡率；同时应竭力推行猪气喘病疫苗的免疫接种，以减轻猪肺炎支原体对肺脏的侵害，从而提高肺脏对呼吸道病原体感染的抵抗力。

(5)定期对猪群中猪繁殖与呼吸综合征病毒的感染状况进行监测，以了解该病在猪场的活动状况。一般而言，每季度监测一次，对各个阶段的猪群采样进行抗体监测，如果 4 次监测抗体阳性率没有显著变化，则表明该病在猪场是稳定的，相反，如果在某一季度抗体阳性率有所升高，说明猪场在管理与卫生消毒方面存在问题，应加以改进。

(6)关于疫苗接种，目前免疫高致病性蓝耳病活疫苗(JXA1－R 株)对于猪繁殖与呼吸综合征预防效果较好。

任务四　猪伪狂犬病

猪伪狂犬病(Pseudo rabies，PR)是由伪狂犬病病毒引起的猪和其他动物共患的一种急性传染病。新生仔猪感染后表现神经症状、腹泻；妊娠母猪感染后可引起流产、产死胎及呼吸系统症状；种公猪感染可导致不育和呼吸系统症状。

【病原】PRV 属疱疹病毒科疱疹病毒亚科水痘病毒属，病毒粒子呈椭圆或圆形，核酸为双股 DNA。无囊膜的病毒粒子直径为 110～150 nm；有囊膜的成熟病毒粒子直径为 180 nm。囊膜表面有长为 8～10 nm 呈放射排列的纤突。病毒只有 1 个血清型，但毒株间存在差异，有些流行区毒株的毒力有所增强，可导致乳猪和成猪死亡。本病在我国广泛存在，给养猪业带来严重威胁。

PRV 在液体和物体表面可存活 7 d。在 pH 4～9 保持稳定。在腐败条件下，病料中病毒经 11 d 失去感染力。PRV 对乙醚、氯仿、福尔马林和紫外线照射敏感。5%石炭酸经 2 min 灭活，0.5%～1%氢氧化钠 5 min 使其灭活。对热的抵抗力较强，55～60 ℃经 30～50 min 才能灭活，80 ℃经 3 min 灭活。

【流行病学】猪、牛、羊、犬、猫、兔和鼠等多种动物都可自然感染本病。猪是伪狂犬病病毒的贮存宿主和传染源。猪场伪狂犬病病毒主要通过已感染猪排毒而传给健康猪，被污染的工作人员和器具在传播中起着重要的作用。此外，本病还可经呼吸道黏膜、破损的皮肤和配种等发生感染。妊娠母猪感染本病时可经胎盘侵害胎儿。本病一年四季都可发生，但以冬、春两季多发，这是因为低温有利于病毒的存活。另外，本病在产仔旺季也多发。

【临床症状】潜伏期一般为 3～ 6 d，少数达 10 d。

1.母猪及种公猪

妊娠母猪表现咳嗽，发热，流产，产木乃伊胎、死胎和弱仔(图 2-1-25，图 2-1-26)。产下的弱仔 1～2 d 出现呕吐和腹泻，运动失调，痉挛，角弓反张，通常在 24～36 h 死亡。有的种猪表现繁殖障碍，母猪返情率高，屡配不孕；种公猪睾丸肿胀或萎缩，丧失性欲。

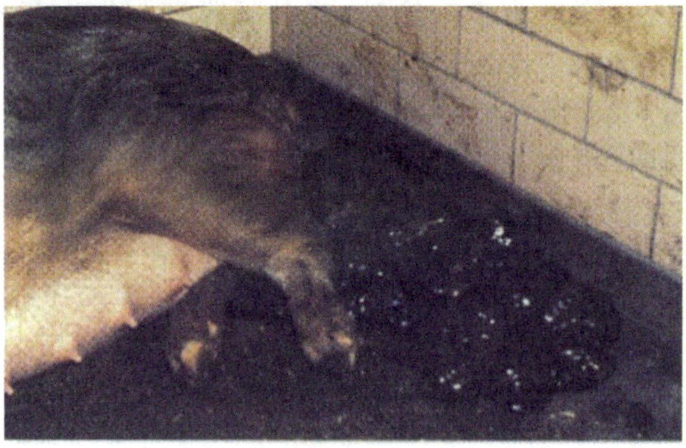

图 2-1-25　病猪娩出的木乃伊胎

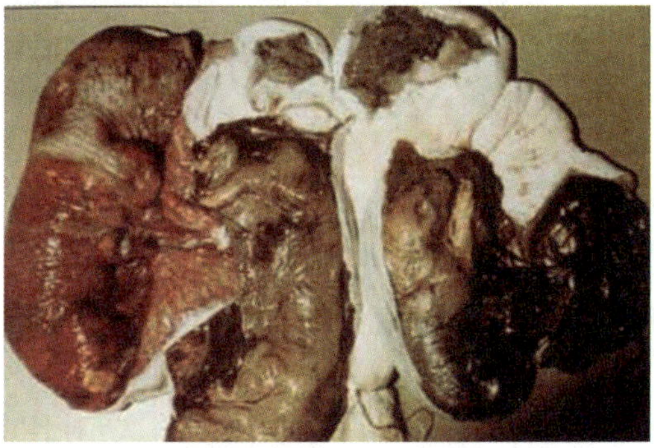

图 2-1-26　死胎、木乃伊胎

2.仔猪

仔猪发病严重，以高热、神经症状及高死亡率为特点。垂直感染的仔猪在 2 日龄即发病，3～5 日龄为死亡高峰，15 日龄内死亡率高达 100%。发热达 41 ℃左右，呼吸困难，呕吐，腹泻，神经症状明显，表现四肢运动不协调、转圈、昏睡、鸣叫等（图 2-1-27、图 2-1-28）。一般出现神经症状后 2 d 内死亡。

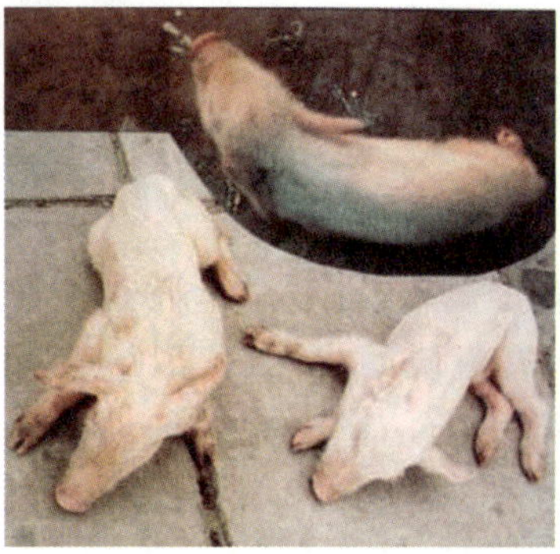

图 2-1-27　有的做圆圈运动，有的后躯麻痹

图 2-1-28　角弓反张，头颈歪斜，呈癫痫样发作

3.肥育猪

通常死亡率较低，但近几年死亡率有攀升的趋势。表现神经症状，包括运动失调、惊厥等。有的毒株会导致严重的呼吸系统症状，如体温升高、打喷嚏、咳嗽、肺炎、鼻炎等；有的往往不出现症状，仅表现生长发育迟缓。

【病理变化】扁桃体水肿并出现坏死灶；喉头黏膜水肿、点状出血，会厌部覆有纤维素性坏死性假膜；气管腔内有泡沫样液体；肺水肿；肝脏和脾脏有散在直径 1～2mm 的灰白色坏死灶；肠系膜淋巴结和下颌淋巴结肿大、坏死；心内膜有出血斑或出血点；肾脏出血，有灰白色坏死灶，有的肾盂积水，有的肾上腺切面散在坏死点；胃底部黏膜大面积出血；脑膜水肿，脑实质点状出血。病程长者肝脏表面覆有纤维素性渗出物。心包积液、胸腹腔积液、脑积液增多。流产母猪部分胎盘绒毛膜坏死，胎衣变薄呈网眼状。

【诊断】根据临床症状和流行病学可进行初步判断。确诊须结合病理组织学变化或其他实验室诊断。检测抗体常用酶联免疫吸附试验，检测抗原常用 PCR 试验和动物接种试验。

1.动物接种实验

采集病猪脑组织接种于健康家兔后腿外侧皮下，家兔于 24 h 后表现精神沉郁、发热、呼吸加快(98～100 次/min)，局部出现奇痒症状，用力撕咬接种部位，引起局部脱毛，皮肤破损、出血（图 2-1-29）。严重者可出现角弓反张，4～6 h 后病兔衰竭而亡。

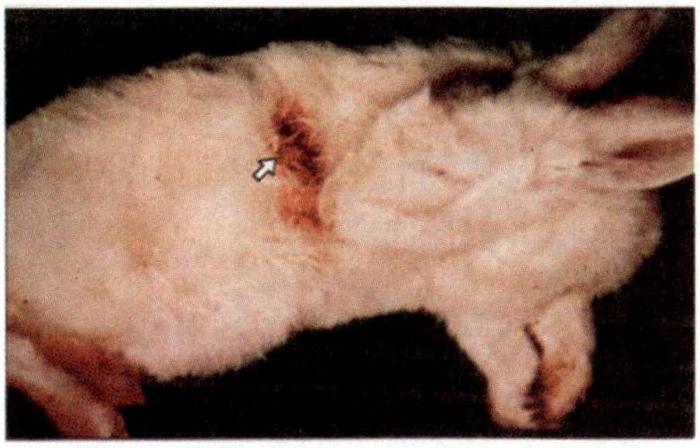

图 2-1-29　兔表现奇痒，用力撕咬接种部位

2.血清学诊断

可直接用免疫荧光法、间接血凝抑制试验、琼脂扩散试验、补体结合试验、酶联免疫吸附试验、乳胶凝集试验。

【鉴别诊断】本病的临床症状与链球菌性脑膜炎、猪水肿病、食盐中毒和流行性感冒等有相似之处，临床诊断时须注意区别。

1.链球菌性脑膜炎

除有神经症状外，还有皮肤出血、肺炎及多发性关节炎症状，白细胞数增加，青霉素等抗生素治疗有良好效果。

2.猪水肿病

多发生于断乳仔猪，眼睑浮肿，体温不高，声音改变，胃壁和肠系膜水肿。

3.食盐中毒

有采食食盐过多的病史，体温不高，喜欢喝水，有出血性胃肠炎病变，无传染性。

4.流行性感冒

上呼吸道黏膜的卡他性炎症变化与猪伪狂犬病相似，但哺乳猪及断乳仔猪均无严重的神经症状。

【治疗】单纯感染，可以把病猪先行隔离，然后使用中药治疗，或用耐过猪血清、干扰素、免疫球蛋白加抗病毒药物治疗；混合感染，应结合混合感染的疾病种类采取相应措施。通常采用紧急免疫 + 支持治疗 + 辅助治疗的方法。支持性治疗，包括控制肺部、胃肠道、脑部感染等；辅助性治疗可给予人工补液盐、电解多维、驱虫等。临床上，根据不同病例感染程度进行灵活处置。

【防治】

（1）免疫接种　用于预防本病的疫苗有弱毒苗、灭活苗和基因缺失苗3种。由于伪狂犬病病毒属疱疹病毒科，具有终身潜伏感染、长期带毒的危险性，这种潜伏感染随时可能被其他应激因素激发。欧洲一些国家规定只能使用灭活疫苗，而严格禁止使用弱毒苗。在我国，考虑到疫苗价格因素，育肥猪可以使用弱毒疫苗，但在种猪群中尽量使用灭活苗。基因缺失苗的免疫效果也很好，自然缺失的Bartha株和Bucharest株已成为世界首选使用的疫苗，但必须注意同一猪场不能同时使用2种基因缺失苗。

目前，很多猪场加强了猪伪狂犬病免疫防控，其免疫程序为：母猪产前42 d免疫活疫苗（猪伪狂犬病耐热保护剂活疫苗C株）1头份；产后断奶当日母猪免疫1头份灭活疫苗（猪伪狂犬病灭活疫苗HN1201-gE株）；仔猪出生当日活疫苗滴鼻1头份，56日龄活疫苗1头份，85日龄活疫苗1头份，140日龄活疫苗1头份；后备母猪配种前2次免疫灭活疫苗1头份；种公猪每年3次灭活疫苗，每次1头份。

（2）发生疫情时　扑杀病猪，对疫区进行封锁，禁止猪只和饲料进出；用3%～4%氢氧化钠溶液消毒猪舍及周边环境，消灭鼠类，粪便发酵处理；严格控制人员来往，控制犬、猫、鸟类和其他禽类进入猪场；做好猪群的血清学监测等，阳性者淘汰。以3～4周为间隔反复进行，一直到两次试验全部阴性为止。

任务五　猪细小病毒病

猪细小病毒（Porcine parvovirus virus，PPV）可引起猪的繁殖障碍，其特征是受感染母猪，特别是初产母猪产死胎、畸形胎、木乃伊胎及病弱仔猪，偶有流产，而母猪本身通常不表现临床症状。

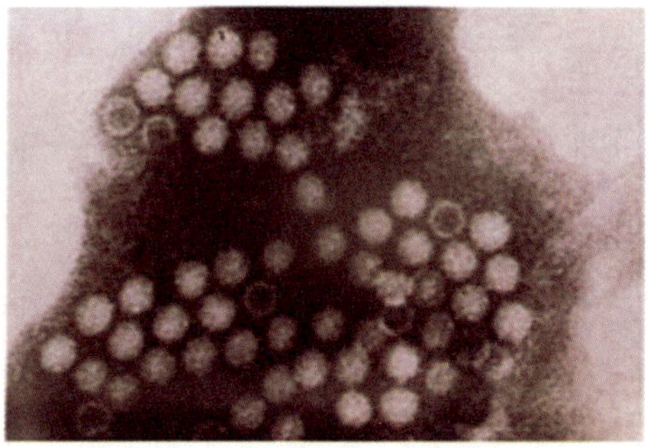

图2-1-30　细小病毒电镜照片

本病于1967年在英国被发现，其后欧洲、美洲、亚洲及大洋洲很多国家均有本病的报道。目前世界各地的猪群中，普遍存在该病，在大多数猪场均有发生。在我国，本病已广泛分布，一定要引起足够的重视。

【病原】猪细小病毒属细小病毒科细小病毒属（图2-1-30）。病毒粒子呈圆形或六角形，为二十体面对称，无囊膜，直径为18～24 nm，基因为单股DNA。病毒具有血凝性，能凝集人、猴、豚鼠、小鼠和鸡的红细胞，能在原代猪肾、猪睾丸细胞和传代PK-15细胞上增殖，可引起细胞病变（如细胞隆起、变圆、核固缩和溶解），并在变性的培养细胞的细胞核中形成核内包涵体。病毒毒力有强弱之分，强毒株能通过胎盘感染使胎儿死亡；弱毒株不能经胎盘感染胎儿，往往被用作疫苗株。

本病毒对热、消毒药和酸碱的抵抗力均很强。56 ℃ 48 h、80 ℃ 5 min才失去感染力和血凝性。对乙醚、氯仿不敏感，pH适应范围很广。病毒对外界环境的抵抗力也很强，能在被污染的猪舍内生存数月之久，当被污染的圈舍按常规消毒方法处理后，再放入易感染猪食，仍有被病毒感染的可能。病毒在0.5%的漂白粉或0.5%的氢氧化钠溶液中，5 min即可被杀灭。

【流行病学】猪是唯一的已知宿主，不同年龄、性别和品种的家猪、野猪都可感染，但发病常见于初产母猪。感染本病的母猪、公猪及污染的精液等是本病的主要传染源。本病可经胎盘垂直感染，也可经交配感染。公猪、育肥猪、母猪主要通过被污染的食物、环境，经呼吸道、消化道感染。病毒在感染猪体内许多器官，特别是在一些增生迅速的组织中，如淋巴小结的生发中心、结肠固有层、肾间质细胞、鼻甲骨膜细胞中增殖。多数初产母猪受感染后可获得持久的免疫力，甚至可持续终生。近年的研究发现，本病毒还与新出现的仔猪多系统衰竭综合征有关，常与圆环病毒发生混合感染。

本病一般呈地方流行性或散发。多数初产母猪受感染。本病的感染率与动物年龄呈正相关，5～6月龄阳性率8%～29%，11～16月龄阳性率可高达80%～100%，在阳性猪群中有30%～50%的猪带毒。

【临床症状】不同日龄的猪都可感染，但通常不表现症状。公猪感染后对性欲等没有明显的影响。

初产母猪发生繁殖障碍，有的母猪发情不正常、不孕，有的产出死胎、木乃伊胎、畸形胎及弱仔。偶尔流产，胎儿以木乃伊胎为主。妊娠1～70 d是病毒增殖的最佳时期，不同孕期感染症状有差异，具体如下：

妊娠1～30 d感染，胚胎或胎儿死后迅速被母体吸收，腹围变小，母猪会再次发情。

妊娠30～50 d感染，主要产木乃伊胎。

妊娠50～60 d感染，主要产死胎。

妊娠70 d感染，常表现流产。

妊娠70 d后感染多能正常生产，但所产仔猪带毒，成为重要的传染源。

【病理变化】主要有母猪子宫内膜炎，胚胎木乃伊化、畸形，胚胎溶解、腐败、黑化。

【诊断】如果发生流产、死胎、胎儿发育异常等情况而母猪没有什么临诊症状，应考虑到细小病毒感染的可能性。最终确诊要靠实验室诊断。

【防制】目前尚无有效的治疗方法，用弱毒苗和灭活苗做好免疫接种工作。

目前常用的是猪细小病毒病灭活疫苗（WH－1株），后备公母猪配种前免疫两次，每头注射2 mL/头份，注射疫苗后7～14 d产生免疫力，免疫期6个月以上。疫病流行地区后备公、母猪需要加强免疫1次，种公猪一年免疫2次，经产母猪产后15 d免疫1次。一般认为血凝抑制抗体水平大于1∶80时可抵御病毒感染，感染母猪分娩的幸存仔猪不能留作种用。

严禁将带毒猪引入猪场，引进种猪时，要进行猪细小病毒检测，结果为阴性时方可引进。引进后隔养两周以上，再混群饲养。加强猪场的卫生消毒工作，对流产的胎儿要进行无害化处理，特别对于污染的猪舍，使用复合醛、有机氯制剂对猪舍进行消毒，猪舍最好空栏四个月以上。

任务六 流行性乙型脑炎

流行性乙型脑炎（Epidemic encephalitis B），又称日本乙型脑炎。本病是由日本乙型脑炎病毒引起的一种人畜共患的传染病。母猪表现为流产，公猪发生睾丸炎。由于本病疫区范围较大，又人畜共患，危害严重，被世界卫生组织认为是需要重点控制的传染病。

【病原】乙型脑炎病毒属黄病毒科、黄病毒属的流行性乙型脑炎病毒。病毒粒子呈圆形，大小为30～40 nm，二十面体对称。核心为单股RNA，包以脂蛋白膜，外层为含糖蛋白的纤突。

病毒在感染猪的血液中存留时间很短，主要存在于中枢神经系统、脑脊髓液和肿胀的睾丸内。流行地区的库蚊属和伊蚊属体内能分离出该病毒。小鼠是最常用来分离和繁殖病毒的实验动物，各种年龄的小鼠虽然都有易感性，但以1～3日龄的小鼠最易感。

本病毒在外界的抵抗力不强，在－20 ℃可保存1年，但毒性降低；在50%甘油生理盐水中于4 ℃可存活6个月。病毒在碱性和酸性条件下活性迅速下降，常用消毒药有良好的灭活作用，4%氢氧化钠可很快将病毒杀死。

【流行病学】猪、马、牛、羊等多种动物都可自然感染本病。猪是乙型脑炎病毒的贮存宿主和传染源，蚊虫是本病的传播媒介，因此本病流行的季节与蚊虫的繁殖和活动有很大的关系。在我国，约有90%的病例发生在7—9月份，而在12月份至次年4月份几乎无病例发生。本病在猪群中的流行特征是感染率高，发病率低，绝大多数在病愈后不再复发，但局部地区的大流行也时有发生。

【临床症状】不同日龄的猪均可感染，往往急性发病，高热，持续10 d左右。

1. 妊娠母猪

妊娠母猪感染主要发生突发性流产或早产，流产胎儿有死胎、木乃伊胎或弱胎，多为弱胎。胎儿大小不等，小的如拇指大，呈黑褐色，干瘪而硬固；中等大的一般完全干化，呈茶褐色。流产母猪体温和食欲很快恢复正常。母猪流产后不影响以后的配种。

2. 公猪

常发生睾丸炎，多为单侧性肿大，多数能在2～3 d后恢复正常，偶尔出现睾丸萎缩、变硬，失去配种能力。

3. 新生仔猪和育肥猪

病猪持续高热，食欲减退，嗜睡，喜卧，口渴，粪便干球状，表面带白色黏液，尿黄，有的后肢关节肿胀，跛行。新生仔猪发生脑炎，痉挛后死亡。

【病理变化】流产母猪子宫内膜水肿，黏膜糜烂、出血。死胎大小不一，黑褐色，干硬，较大的死胎头部肿大，脑液化，脑内水肿，脑膜出血；皮下水肿；腹水增多，稀薄，不凝固。

【诊断】根据本病发生有明显的季节性，母猪发生流产，产出死胎、木乃伊胎，公猪睾丸一侧性肿大等临床症状可进行初步诊断。确诊必须进行实验室诊断。检测抗体常用ELISA试验，检测抗原常用病毒中和试验。

在诊断时应与布鲁氏菌病、猪伪狂犬病、猪细小病毒病相区别。

1.布鲁氏菌病

无明显的季节性，体温不高，流产的胎儿主要是死胎，很少木乃伊化，而且没有非化脓性脑炎变化。公猪有睾丸肿大，但多为两侧性，且是化脓性炎症。如诊断困难时可采血做布鲁氏菌病凝集反应试验。

2.猪伪狂犬病

本病经直接接触和间接接触传染，无季节性，流产胎儿的大小无显著差别，在母猪流产的同时，常有较多的哺乳仔猪患病，呈现兴奋、痉挛、麻痹、意识不清而死亡。公猪无睾丸肿大现象。

3. 猪细小病毒病

本病无季节性，流产只发生于头胎，母猪除流产外无任何症状，其他猪即使感染猪细小病毒，也无任何症状，木乃伊胎常大小不一，存活的胎儿有的可能是畸形。

【防制】

(1)对猪群用乙脑疫苗免疫接种，一般在每年蚊虫出现前(南方 3 月底 4 月初，北方 4 月底 5 月初)进行免疫。

(2)做好猪舍的灭蚊工作。

任务七　猪流行性腹泻

猪流行性腹泻(Porcine epidemic diarrhea，PED)是由猪流行性腹泻病毒引起的猪的一种急性肠道传染病，临床上以排水样便、呕吐和脱水为主要特征。各种日龄猪均能感染。

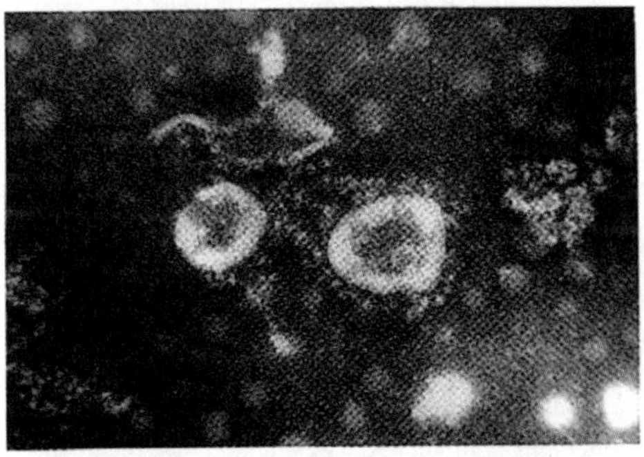

图 2-1-31　流行性腹泻病毒电镜图片

【病原】猪流行性腹泻病毒属冠状病毒科，冠状病毒属。病毒粒子呈多形性，趋向圆形，外有囊膜，囊膜上有呈放射状排列的纤突，病毒大小(包括纤突)95～190 nm，平均直径 130 nm，内含一个直径 40～70 nm 的核心，核酸类型为 RNA 大小。病毒外有囊膜，囊膜表面有放射状棒状突起(图 2-1-31)，长 18～23 nm。

本病毒主要在患猪小肠绒毛上皮细胞内增殖，以出芽方式通过胞浆内膜(内质网等)完成装配。据报道，猪流行性腹泻病毒如果不做特殊处理，只能在病猪小肠绒毛上皮细胞内复制；若在 CV-1 细胞、Vero 细胞内培养，必须在无血清营养液中添加 10 μg/mL 胰蛋白酶。PEDV 经过若干代培养后，可使传代细胞发生病变，即细胞变圆，有的融合形成合胞体，有的则空泡化或脱落。

病毒对外界环境和消毒剂抵抗力不强，对乙醚、氯仿敏感，一般消毒药都能将其杀死。

【流行病学】各种年龄的猪都可感染发病，其中哺乳仔猪、育成猪、育肥猪发病率高，尤以哺乳仔猪受害最为严重，而母猪发病率则为 15%～90%不等。

病猪是本病的主要传染源，病毒存在于肠绒毛上皮和肠系膜淋巴结中，随粪便排出体外，污染环境、饲料、饮水和用具，主要经消化道感染。

本病呈地方性流行，以 12 月至次年 2 月发生最多，于 4～6 周内传遍整个猪场。

【临床症状】潜伏期一般为 5～8 d，人工感染潜伏期为 8～24 h。

哺乳仔猪表现呕吐、腹泻和脱水。呕吐多发生于哺乳和吃食之后，呕吐物为白色凝乳块。腹泻开始时排黄色黏稠粪便，腹泻严重时，排出的粪便几乎全部为水分。病猪严重脱水，精神沉郁，厌食及衰弱等。一周以内的哺乳仔猪常于腹泻后 2～4 d 内因脱水死亡，病死率 50%～100%，仔猪出生后即感染，其病死率更高。

育成猪、育肥猪和种猪症状较轻，出现精神沉郁，食欲不佳，水样腹泻持续 4～7 d，逐渐恢复正常，有的仅表现呕吐和食欲不振。

【病理变化】仔猪尸体消瘦脱水，胃内有多量灰白色凝乳块，小肠病变具有特征性，肠管臌气扩张，充满黄色液体，肠壁变薄，肠系膜血管充血，肠绒毛萎缩变短，肠系膜淋巴结水肿。病理组织切片观察，胃黏膜上皮细胞变性、坏死、脱落。空肠绒毛损伤，部分柱状上皮细胞脱落（图 2-1-32 至图 2-1-35）。

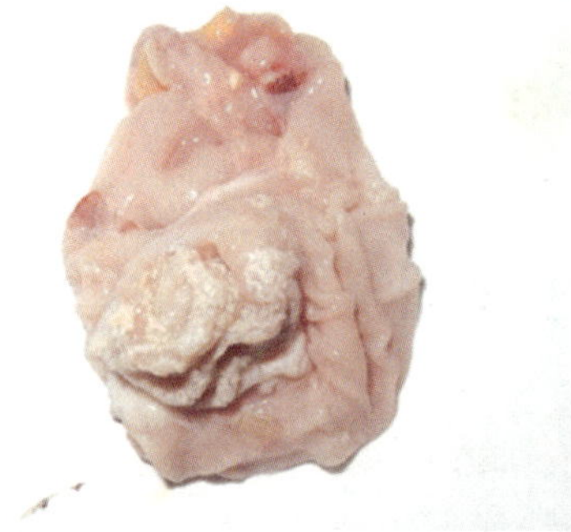

图 2-1-32　病猪局灶性胃溃疡

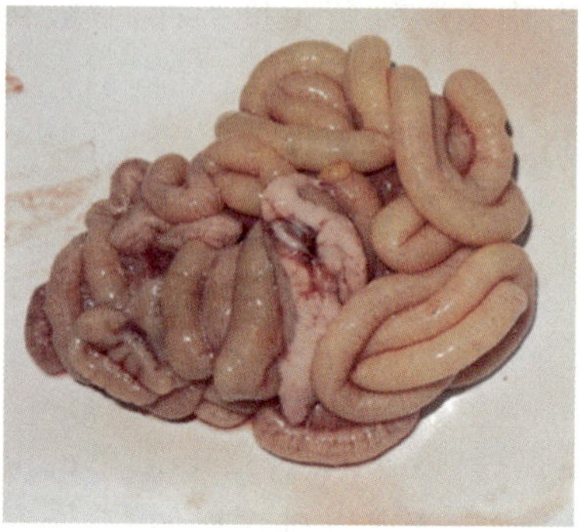

图 2-1-33　病猪肠壁变薄，充满黄色稀薄液体

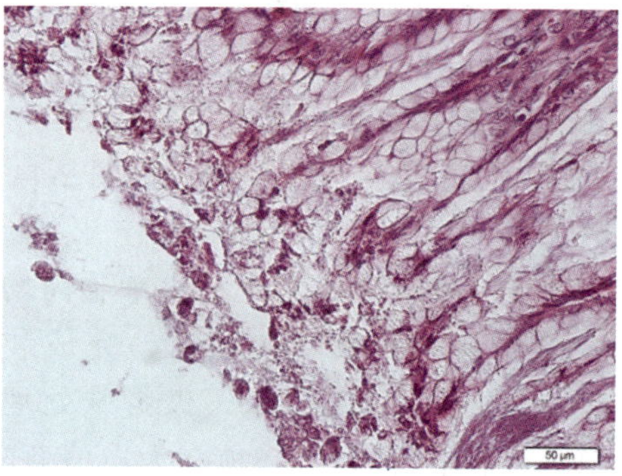

图 2-1-34　胃黏膜上皮细胞变性、坏死、脱落

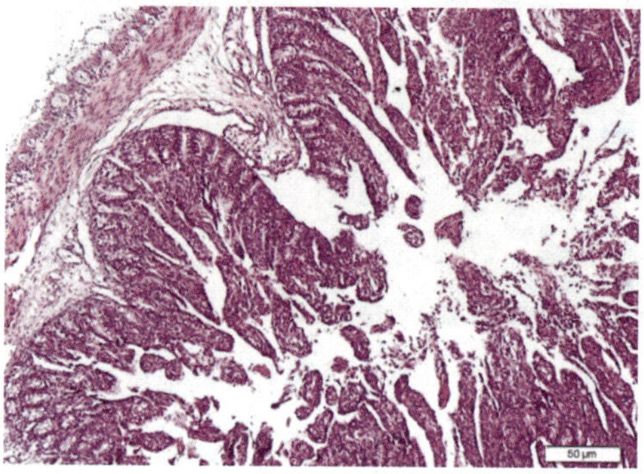

图 2-1-35　空肠绒毛损伤，柱状上皮细胞脱落

【诊断】本病的症状、流行病学和病理变化与猪传染性胃肠炎极为相似，要将本病与猪传染性胃肠炎做出区别时，须进一步做实验室检查：采取病猪一段小肠和其中的一部分内容物，分别装入青霉素瓶，冷冻保存，立即送实验室进行荧光抗体试验和酶联免疫吸附试验做鉴别诊断。如果流行期已过，则可采取病愈猪的血清，检查猪流行性腹泻抗体。临床病理学检查时可制作石蜡或冰冻切片，用免疫酶或免疫荧光抗体染色，当在小肠上皮中检出大量阳性细胞时即可确诊。

【防制】本病应用抗生素治疗无效，建议早期断奶，给仔猪饲喂人工代乳粉。患猪采用补液疗法，补充水和电解质，防止酸中毒。注意保持猪舍温度（25～30 ℃）和干燥，应用抗生素防止继发感染，饮用口服补液盐（氯化钠 3.5 g，氯化钾 1.5 g，碳酸氢钠 2.5 g，葡萄糖 20 g，常温水 1 000 mL），对仔猪腹泻具有很好效果。

预防本病的方法：不从疫区购买或调入猪，防止本病传入；对疫区和受威胁区要定期预防注射；收购和调运生猪时应加强检疫；加强饲养管理和建立严格的消毒制度。

在本病流行的猪场，接种猪流行性腹泻和猪传染性胃肠炎二联灭活苗预防本病。母猪跟胎产前 30 d、15 d 各 1 次，每次 4 mL；后备公母猪配前免疫 2 次 2 mL/头；种公猪每年 9—10 月份普免 2 次，4 mL/头；仔猪结合猪场情况进行免疫接种，也可通过初乳获得保护。

任务八 猪传染性胃肠炎

猪传染性胃肠炎（Transmissible gastroenteritis，TGE）是由猪传染性胃肠炎病毒引起急性腹泻的消化道传染病。临床上以呕吐、剧烈腹泻、严重脱水为特征。

【病原】本病的病原体为冠状病毒科冠状病毒属的猪传染性胃肠炎病毒。病毒粒子呈球形、椭圆形或多边形，直径为 80～120 nm，核酸为单股 RNA，有囊膜，表面有一层长 12～28 nm 的棒状纤突。病毒主要存在于病猪的十二指肠、空肠及回肠的黏膜，肠内容物及肠系膜淋巴结中。

TGEV 只有一个血清型，与猪血凝性脑脊髓炎病毒和猪流行性腹泻病毒无抗原相关性，但与犬冠状病毒和猫传染性腹膜炎病毒之间有抗原交叉关系。犬和猫被认为是 TGEV 的携带者。

病毒对日光和热敏感，在阳光下暴晒 6 h 可以灭活；加热至 56 ℃ 45 min 或 65 ℃ 10 min 灭活。病毒对胰蛋白酶和猪胆汁有抵抗力；对低温也有较强的抵抗力，在内脏和肠内于 -20 ℃条件下可存活 8 个月之久。病毒对化学药品的抵抗力较弱，常用消毒药容易将其杀死。

【流行病学】本病多见于新疫区，各种年龄的猪都可感染。10 日龄以内的仔猪发病率和病死率很高，而断奶仔猪、育肥猪和成年猪的症状较轻。大多数能自然康复，以 12 月至次年 4 月发病最多。

病猪和带毒猪是主要传染源。从粪便、乳汁、鼻分泌物、呕吐物及呼出气中排出病毒，污染饲料、饮水、空气、土壤和用具等，或经消化道和呼吸道侵入易感猪。50%康复猪带毒和排毒达 2～8 周，最长达 104 d 还能从肠内容物中或组织匀浆及肺匀浆中检出病毒。

【临床症状】潜伏期仅为 12～18 h，随后相继发病。

（1）哺乳仔猪　突然发生呕吐，吐出白色凝乳块，继而发生水样腹泻，粪便黄色、绿色或白色，常含有凝乳块，气味恶臭。病猪极度口渴，迅速脱水、消瘦，被毛粗乱无光泽，恶寒怕冷，常聚集在一起相互挤压而保温。7 日龄以内的仔猪于发病后 2～7 d 死亡。日龄越小，病程越短，病死率越高。随着日龄增加，死亡率降低，易成僵猪。

（2）育肥猪　发病率接近 100%，突然发生腹泻，食欲不振，运动无力，恶寒怕冷。病情轻的猪常相互拥挤在一起，借以取暖；而病情较重的猪则散在，全身肌肉颤抖，粪便呈粥样或水样腹泻，颜色多为淡黄绿色、灰绿色或茶褐色，内含有少量未消化的食物。与哺乳仔猪相比，育肥猪很少发生呕吐。病程约 1 周，腹泻停止而康复，很少死亡。在发病期间，增重明显减缓。

（3）母猪　妊娠母猪的症状不明显，或仅有轻微症状。哺乳中的母猪发病后，多表现高度衰弱，体温升高，泌乳减少，呕吐，食欲不振，腹泻。此时，母猪与仔猪一起发病。

【病理变化】病变主要在胃和小肠。胃内充满凝乳块，胃底黏膜弥漫性充血，呈卡他性炎症，有小出血点。小肠充血、臌气，肠壁变薄，呈半透明状，此为特征性肉眼病变。小肠绒毛变短。

【诊断】10 日龄以内的仔猪病死率很高，成年猪经 5～7 d 后自然康复，很少死亡。病仔猪表现呕吐、腹泻和脱水。小肠扩张，肠壁变薄，呈半透明状。必要时可进行病毒分离鉴定，荧光抗体检查病毒抗原和血清学诊断。近年来也常运用 RT-PCR 和非放射性 cDNA 探针技术进行确诊。

诊断本病时，应注意与猪流行性腹泻、猪轮状病毒感染、仔猪白痢、仔猪黄痢、仔猪红痢、猪副伤寒、猪痢疾等疾病予以鉴别。

1. 猪流行性腹泻

由冠状病毒所致，常发生于 1 周龄的乳猪，病猪腹泻严重，常排出水样稀便，腹泻 3～4 d 后，病猪常因脱水而死亡。死亡率高，可达 50%～100%；剖检最明显的变化是小肠呈急性卡他性肠炎。应用荧光抗体或免疫电镜，可检测出猪流行性腹泻病毒的抗原和病毒。疗效不明显。

2. 猪轮状病毒感染

寒冷季节多发，发病率高，病死率低。症状与病理变化均较轻。应用电镜检查或荧光抗体检测，可检出猪轮状病毒。加强护理，能提高疗效。

3. 仔猪白痢

10～30 日龄乳猪常发。呈地方性流行，季节性不明显，发病率中等，病死率不高。无呕吐，排白色糊状稀便，病程为急性或亚急性。剖检的特征为小肠呈卡他性炎症，空肠绒毛无萎缩或有局限性萎缩病变，能分离出大肠杆菌，用抗生素治疗有较好疗效。

4. 仔猪黄痢

1 周龄以内的乳猪和产仔季节多发，发病率和病死率均高，但架子猪和成年猪不发病。病猪少有呕吐，排黄色稀粪，病程为最急性或急性。剖检见小肠呈急性卡他性炎症，十二指肠最严重，空肠、回肠次之，结肠较轻。能分离出大肠杆菌。抗生素治疗有效。

5. 仔猪红痢

3 日龄以内乳猪常发，1 周龄以上者很少发病。偶有呕吐，排出红色黏粪。剖检见小肠出血、坏死，肠内容物呈红色，坏死肠段浆膜下有小气泡等病变。从肠内容物中能分离出魏氏梭菌。一般来不及治疗。

6. 猪副伤寒

多发于断奶后的仔猪，1 月龄以内的乳猪很少发病。无明显季节性，呈地方流行或散发。急性型，初便秘，后下痢，排出恶臭稀便，耳、腹及四肢皮肤呈深红色，后期呈青紫色。慢性型，便秘与下痢反复交替，粪便呈灰白色、淡黄色或暗绿色。皮肤有湿疹。剖检时在盲肠、结肠见有凹陷不规则的溃疡和伪膜，肝、淋巴结、肺中有坏死灶等病变。能分离出沙门氏菌，综合治疗有一定疗效。

7. 猪痢疾

2～3 月龄仔猪多发，30 日龄以内的乳猪少见。本病季节性不明显，缓慢传播，流行期长，发病率和病死率较高。临床上的主要特征是排出混有血液的粪便或水样血便。剖检时，主要病变在大肠，呈现卡他性出血性大肠炎，病程稍长可见到纤维素性坏死肠炎变化。从肠内容物中能分离出猪痢疾蛇形螺旋体，早期治疗有效。

【治疗】本病无特异性药物进行治疗，但采取对症治疗，可以减轻脱水、电解质平衡紊乱和酸中毒；同时加强饲养管理，保持仔猪舍的温度（最好 25 ℃左右）和干燥，则可减少死亡，促进早日康复。为此，让仔猪自由饮服下列配方溶液（氯化钠 3.6 g，氯化钾 1.5 g，碳酸氢钠 2.5 g，葡萄糖 20 g，常水 1 000 mL），调节电解质平衡，具有较好的防治效果。为防止继发感染，对仔猪，尤其是 2 周龄以下的乳猪，可适当应用抗生素及其他抗菌药物进行治疗。

【预防】本病无特异性药物进行治疗，但采取对症治疗，可以减轻脱水，电解质平衡紊乱和酸中毒；同时加强饲养管理，保持猪舍的温度（最好 25 ℃左右）和干燥，则可减少死亡，促进病猪早日恢复。

（1）预防本病，首先要注意管理　平时注意不从疫区或病猪场引进猪只，以免传入本病。若要引进猪只时，要注意检疫、隔离并防止人员、动物、用具的传播。

（2）免疫接种　在疫区对怀孕母猪产前 45 d 及 15 d，用猪传染性胃肠炎弱毒疫苗进行肌内注射和鼻内各接种 1 mL，仔猪通过初乳可获得保护。未受到母源抗体保护的仔猪，在出生后进行口服接种，4～5 d 可产生免疫力。

任务九　猪轮状病毒感染

猪轮状病毒感染（Porcine rotavirus infection）是一种急性肠道传染病，主要发生于仔猪，而中猪和大猪则以隐性感染为特点。

【病原】猪轮状病毒（RV）属于呼肠弧病毒科轮状病毒属。完整的病毒略呈圆形，为二十面体对称粒子，没有囊膜，直径为 65～75nm。电镜观察，病毒的中央为核酸构成的致密的六角形核芯，直径为 37～40 nm，即芯髓；轮状病毒粒子由 3 层衣壳组成：内衣壳（VP2）、中间层衣壳（VP6）和外层衣壳（VP4 和 VP7），中间层衣壳（VP6）由 32 个呈放射状排列的圆柱形壳粒组成，壳粒由内向外呈辐射状排列；外衣壳厚约 20 nm，为连接于壳粒末端的光滑薄膜状结构，使该病毒形成车轮状外观，轮状病毒由此而得名。轮状病毒在感染的粪样和细胞培养物中两种形式的病毒粒子均存在（图 2-1-36）。其中有 2 层衣壳的光滑型（S 型）粒子，具有感染性，其直径约为 75 nm（图 2-1-37）。

各种动物和人的轮状病毒内衣壳具有共同的抗原，即群特异性抗原。可用补体结合、免疫荧光、免疫扩散和免疫电镜来检查。轮状病毒可分为 A、B、C、D、E、F 等 6 个群，其中 C 群和 E 群主要感染猪。

【流行病学】犊牛、仔猪、羔羊、犬、幼兔、幼鹿、鸡、鸭、鸽以及儿童均可自然发病，其中以犊牛、仔猪、儿童多见。病毒存在于粪便内，可从一种动物传给另一种动物，只要病毒在一种动物中存在，就可造成本病在自然界长期传播，发病率在 50%～80%。发病季节 12 月至翌年 4 月。多感染 1～5 日龄仔猪或断奶仔猪。卫生条件不良，大肠杆菌和冠状病毒等合并感染，会加重病情，增加病死率。

【临床症状】乳猪吃奶后发生呕吐，继而腹泻，粪便呈黄色、灰色或黑色，为水样或糊状。症状的轻重决定于发病猪的日龄、免疫状态和环境条件。1 周龄的乳猪若有母源性抗体保护时，一般不易感染发病；10～21 日龄乳猪感染后的症状较轻，腹泻数日即可康复，病死率很低；3～8 周龄或断乳 2 d 的仔猪，病死率一般为 10%～20%，严重时可达 50%；若缺乏母源抗体的保护，乳猪感染发病后，死亡率可高达 100%。

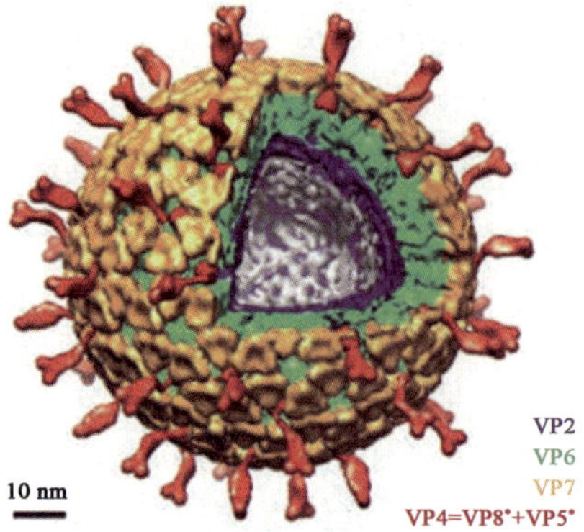

图 2-1-36　轮状病毒病原形态(1)

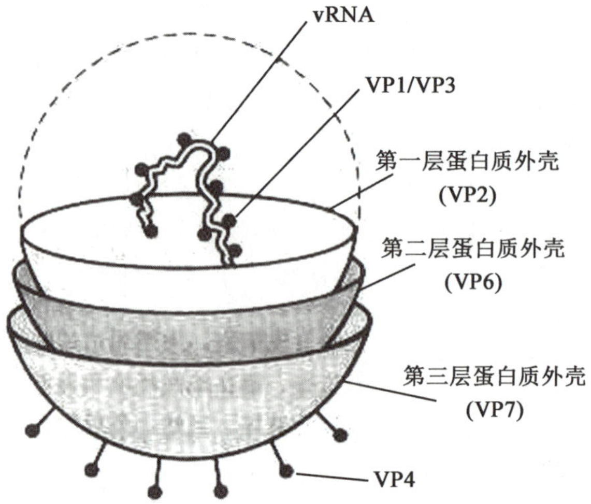

图 2-1-37　轮状病毒病原形态(2)

【病理变化】多见小肠臌气，肠内容物呈棕黄色水样液及黄色凝乳样黏液，肠壁菲薄呈半透明状；有时见小肠发生弥漫性出血，肠内容物呈淡红色。

【诊断】依据流行病学、临床症状和病理特征，如多发生在寒冷季节，病猪多为幼龄仔猪，主要症状为腹泻，剖检以小肠的急性卡他性炎症为特征等，即可进行初步诊断。

【防制】目前无特效的治疗药物，只能辅以对症治疗。通常的方法是：发现病猪后立即停止喂乳，给病猪自由饮用口服补液盐，借以补充电解质，维持体内的酸碱平衡。同时，服用收敛止泻剂，防止过度的腹泻引起脱水；使用抗菌药物以防止继发细菌性感染。

【预防】本病目前尚无有效的疫苗，主要依靠加强饲养管理，提高母猪和乳猪的抵抗力；保持环境清洁，定期消毒，通风保暖等综合性措施。

引起腹泻的原因很多，在自然病例中，既有轮状病毒、冠状病毒等病毒的感染，又有大肠杆菌、沙门氏菌等细菌感染，从而使诊断工作复杂化。因此，本病必须通过实验室检查才能确诊。

任务十　口　蹄　疫

口蹄疫(Foot and mouth disease，FMD)是由口蹄疫病毒引起偶蹄动物的一种急性、热性、高度接触性传染病。临床上以口腔黏膜、蹄部和乳房皮肤发生水疱和溃烂为特征。

【病原】口蹄疫病毒属小核糖核酸病毒科口蹄疫病毒属，呈球形或六角形，二十面体对称，无囊膜，核酸为单股 RNA。

口蹄疫病毒具有多型性、易变性的特点。1977 年世界口蹄疫中心公布有 A 型、O 型、C 型、Asia-1 型、SAT1(南非 1 型)、SAT2(南非 2 型)、SAT3(南非 3 型)等 7 个血清主型，80 多个亚型。其中以 A 型、O 型分布最广，危害最大。不同血清型的病毒感染动物所表现的临床症状基本一致，但无交叉免疫性，所以，当预防接种时，使用的疫苗应与当地流行的病毒血清型一致，只有这样才能达到预防的目的。

病毒对外界环境的抵抗力很强，被病毒污染的饲料、土壤和毛皮传染性可保持数周至数月。但对日光、热、酸、碱敏感，2%氢氧化钠溶液、0.5%～1%过氧乙酸等常用消毒剂在15～25 ℃下经0.5～2 h后可杀灭病毒。酒精、石炭酸、来苏儿和季铵盐类等消毒药对口蹄疫病毒无杀灭作用。

【流行病学】本病可经消化道、呼吸道，破损的皮肤、黏膜、眼结膜、交配和人工授精等直接或间接接触传染。一年四季均可发生，但受高温和日光直接影响，以天气寒冷多变的季节多见。

口蹄疫病毒的传染性很强，传播迅速，流行猛烈，发病率高，死亡率低。传播方式有蔓延式和跳跃式两种，一旦发生往往呈流行性。口蹄疫的暴发，还具有周期性的特点，每隔一两年或三五年流行一次。本病较易从一种动物传染给另一种动物，但也常见在牛羊中严重流行很少感染猪，或在猪中严重流行而牛、羊很少发病。

口蹄疫病毒能侵害多种(33种)动物，但以偶蹄动物最敏感。牛极易感，猪次之，再次为羊和骆驼。幼畜较成年畜易感，病死率也较高。人也能被感染发病。

【临床症状】在蹄冠、蹄叉、蹄踵等处发生水疱，破溃后出血和形成烂斑，如无继发感染，1周左右痊愈。如有继发感染，波及深部组织，可致蹄匣脱落，病猪卧地不起。水疱也可发生于鼻盘和唇部皮肤，以及母猪乳头和口腔黏膜。见图2-1-38至图2-1-41。

哺乳仔猪通常呈急性胃肠炎和心肌炎而突然死亡。

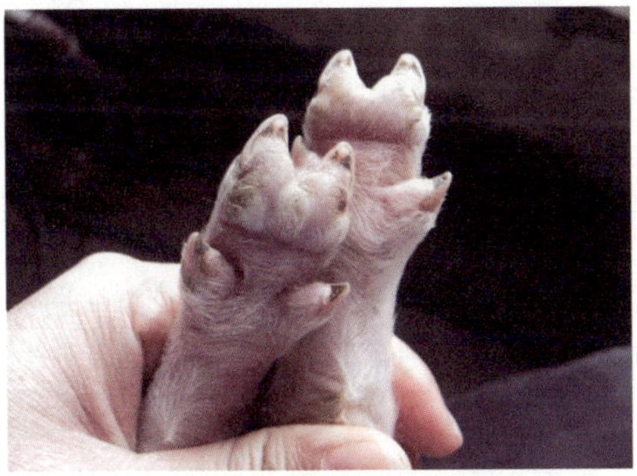

图2-1-38　哺乳仔猪蹄踵发生水疱

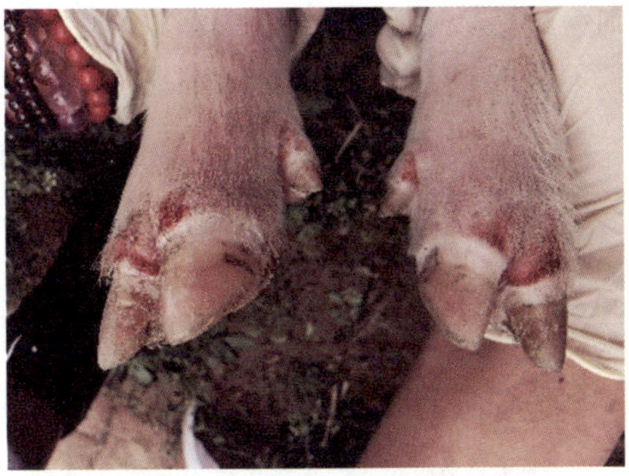

图2-1-39　仔猪蹄冠发生水疱

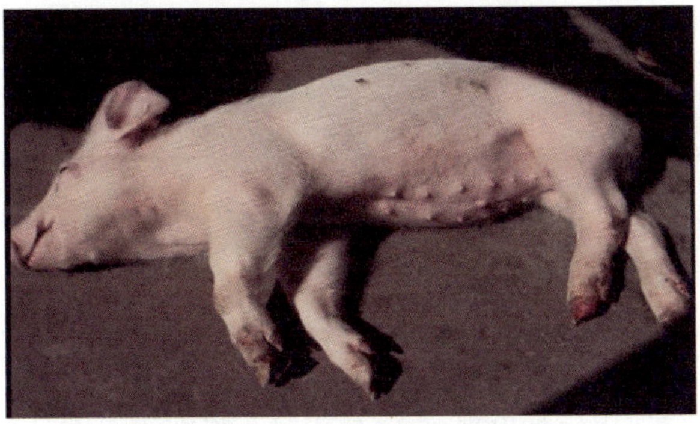

图2-1-40　仔猪感染严重时蹄匣脱落

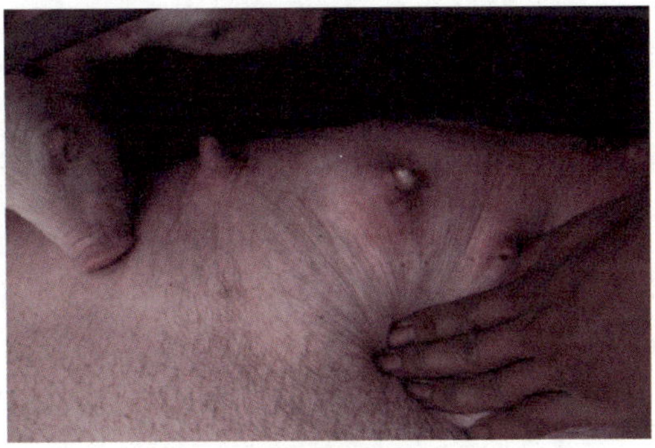

图2-1-41　母猪乳房有水疱

【病理变化】除口腔和蹄部的水疱和烂斑外，心外膜有弥漫性或点状出血，心外膜和心肌切面有灰白色或淡黄色斑点或条纹，称“虎斑心”。心肌松软似煮过一样。左心室充满血凝块。

猪有时见有出血性肠炎。

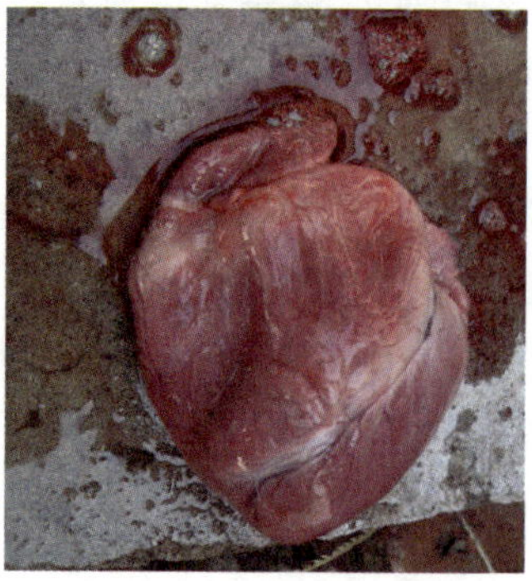

图 2-1-42　不典型的“虎斑”心

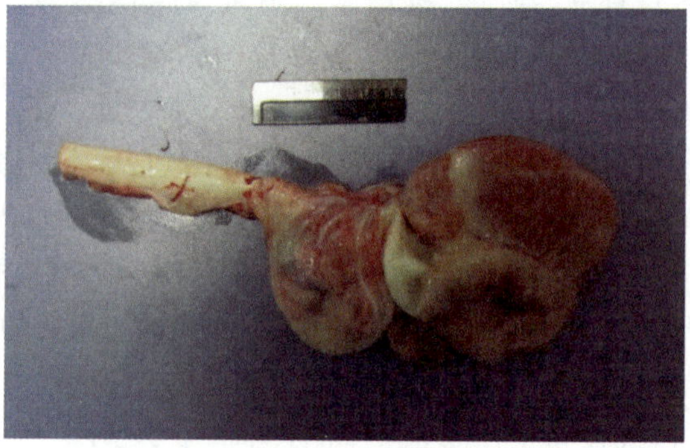

图 2-1-43　典型的“虎斑”心

【诊断】根据本病的流行病学、临床症状和病理变化多可作出诊断。如需了解流行口蹄疫病毒类型，可采取水疱皮或水疱液，置 50%甘油生理盐水中送有关单位做毒型鉴定。也可送病猪血清，做正向间接血凝试验、乳鼠中和试验、补体结合试验和酶联免疫吸附试验等。

本病与猪传染性水疱病鉴别时，可将病料接种 1～2 日龄和 7～9 日龄小鼠，如二者均死亡，则为口蹄疫，仅 1～2 日龄小鼠死亡则为水疱病。将病料划种于牛和绵羊舌面，阳性者为口蹄疫，不出现阳性反应者为猪水疱病(表 2-1-1)。

表 2-1-1　四种猪水疱性疾病的生物学鉴别

动物		病名			
		口蹄疫	猪水疱病	猪水疱疹	水疱性口炎
猪		+	+	+	+
乳小鼠	1～2 日龄	+	+	—	+
	7～9 日龄	+	—	—	+
	成年	±	—	—	+
豚鼠		+	—	±	+
乳仓鼠		+	+	—	+
猪肾细胞		+	+	+	+
牛肾细胞		+	—	—	+

【防治】平时加强检疫，禁止从疫区引进动物、动物产品、饲料、生物制品等；购入动物必须隔离观察，确认健康方可混群；常发地区定期应用相应血清型的口蹄疫疫苗做好预防接种，防止本病发生。

目前用于预防猪口蹄疫的疫苗是灭活苗。参考免疫程序，如：公、母猪一年 3 次普免，仔猪 50～70 日龄首免，100 日龄二免。个别妊娠母猪使用后易出现流产，使用时要特别注意说明书要求。

由于本病是一种恶性传染病，所以发生口蹄疫时，应立即上报疫情，及时采取病料送检，确定病毒类型，划定疫点、疫区和受威胁区，封锁疫区，捕杀患病动物及同群动物，尸体焚烧或化制;对污染的环境和用具进行彻底消毒;对疫区内假定健康动物和受威胁区的易感动物进行紧急接种。在最后一头病畜痊愈、死亡或急宰后 14 d 无新病例出现,经过全面彻底消毒后,才能解除封锁。

治疗时,早期可使用高免血清、病愈动物血清或全血进行治疗。患处一般采取对症治疗,如用 2%硼酸水、0.1%高锰酸钾水冲洗,涂布碘甘油、聚维酮碘或口蹄炎毒一喷清等复方制剂。对有全身症状者,常辅以强心剂、B 族维生素和抗生素类药物防止继发感染,并注意维护全身体况和加强护理。

任务十一 猪水疱病

猪水疱病(Swine vesicular disease,SVD)是由肠道病毒引起猪的一种急性传染病,流行性强,发病率高,以蹄部、鼻端、口部和腹部、乳头周围皮肤和口腔黏膜发生水疱为特征。在临诊上与口蹄疫极为相似,但牛、羊等家畜不发病;与水疱性口炎也相似,但马却不发生。

【病原】猪水疱病病毒(SVDV)属小核糖核酸病毒科肠道病毒属,病毒粒子呈球形,由裸露的二十面体对称的衣壳和含有单股 RNA 的核心组成。病毒粒子在细胞质内呈格晶排列,无囊膜,对乙醚不敏感,不能凝集家兔、豚鼠、牛、绵羊、鸡和鸽等动物及人的红细胞。

病毒对环境和消毒剂有较强的抵抗力。在低温中可长期保存,在污染的猪舍内存活 8 周以上,病猪粪便在 12~17 ℃堆积 138 d,病猪肉腌制后 3 个月仍可检出病毒。3%NaOH 溶液在 33 ℃、24 h 才能杀死水疱皮中病毒,1%过氧乙酸 60 min 杀死病毒。

【流行病学】在自然流行中,仅猪发病,各种年龄的猪均可感染。病猪、潜伏期病猪和病愈带毒猪是本病的主要传染源,通过粪、尿、水疱液和乳汁排毒。健猪与病猪互相接触、生猪交易、运输和饲喂含病毒而未经消毒的泔水和屠宰下脚料等,经消化道黏膜感染,也可通过损伤的皮肤感染,经过气管黏膜感染发病率高,而经鼻道需大剂量病毒才能发病。

一年四季均可发病,在猪群集中地区,调运频繁的单位,如肉联厂、大型养猪场,传播快,发病率高,但病死率很低。

【临床症状】潜伏期,自然感染一般为 2~5 d,有的可延至 7~8 d 或更长。

病猪体温升高到 40~41 ℃,水疱常出现于蹄冠、蹄踵、趾间或蹄底等处皮肤。也可见于病猪的鼻盘、口唇、舌面和母猪的乳头上。小疱明显凸出,黄豆至蚕豆大,里面充满水疱液,继而水疱融合,很快发生破裂,形成溃疡,露出鲜红的溃疡面。病变常环绕蹄冠皮肤的蹄壳,导致蹄壳裂开,严重时蹄壳可脱落。病猪蹄部疼痛,跛行明显,甚至卧地不起。部分病猪因继发细菌感染而形成化脓性溃疡。一般病猪经 1~2 周自愈。

(1)温和型　少数猪只蹄部发生 1~2 个水疱,症状轻微,不易被察觉。

(2)隐性型　不表现任何症状,血清学检查才能证明有滴度较高的中和抗体,并产生坚强的免疫力。

【病理变化】除生前变化外,内脏器官一般无肉眼病变。但组织学检查脑组织,常可见到轻度或中毒的弥漫性非化脓性脑脊髓炎变化,有以淋巴细胞浸润为主的血管套和神经胶质细胞增生灶,出血不明显。还可见到扁桃体隐窝、心内膜、心肌变性和坏死,并有炎性细胞浸润。

【诊断】病料经 pH 3~5 缓冲液处理后,分别接种于 1~2 日龄乳小鼠和 7~9 日龄小鼠,做进一步生物学诊断鉴别诊断。如两种小鼠均死亡为口蹄疫，而 1～2 日龄乳小鼠死亡，7～9 日龄小鼠不死，则可诊断为猪水疱病。

【防治】控制猪水疱病的重要措施是防止传染源引入，严禁从疫区引进猪只，对引进的猪只逐头检疫，对运输工具等进行严格消毒。对经常发生的地区，应用豚鼠化弱毒疫苗或细胞培养弱毒疫苗进行预防接种。用水疱皮和仓鼠传代毒制成的灭活苗也有良好的免疫效果。猪感染水疱病病毒 7 d 左右，血清中出现中和抗体，28 d 达到高峰，治疗时，早期可使用高免血清、病愈动物血清或全血进行治疗。患处一般采取对症治疗，如用 2% 硼酸水、0.1% 高锰酸钾水冲洗，涂布碘甘油等。对有全身症状者，可应用抗生素防止继发感染，并注意维护全身体况和加强护理。

任务十二　猪圆环病毒感染

猪圆环病毒感染（Porcine circovirus infection，PCI）是由猪圆环病毒引起的猪的一种新的传染病。主要感染 5～13 周龄的猪，其特征为体质下降、消瘦、腹泻和呼吸困难。

20 世纪 90 年代，人们在病猪及一些无明显临床症状猪体内检测到了一种猪小环状样病毒，该病毒与已知的由 PK-15 细胞培养污染而分离的圆环病毒不同，具有致病性。有人建议将原来的圆环病毒命名为 PCV_1，将新出现的与临床疾病相关的圆环病毒命名为 PCV_2。1991 年在加拿大学者发现猪断奶后多系统衰弱综合征（PMWS），是由猪 2 型圆环病毒（PCV_2）引起的。PCV_1 无致病性，PCV_2 可引起多种病症。

【病原】猪圆环病毒（Porcine circovirus，PCV）属于圆环病毒科圆环病毒属。病毒粒子为二十面体对称结构，其直径大小为 17 nm，是已发现的动物病毒中最小的一种，含有单股负链环状 DNA，无囊膜，不具凝血活性。PCV 对环境的抵抗力很强，可抵抗 pH 3.0 的环境，经氯仿作用或 56 ℃作用 30 min 不失活。

【流行病学】PCV_2 分布很广，猪群中血清阳性率高达 20%～80%。病毒可随粪便、鼻腔分泌物排出体外，通过消化道、呼吸道感染，也可经胎盘感染仔猪。本病多发生在晚秋、冬季和早春。应激因素，特别是寒冷、潮湿、不良的卫生条件、劣质饲料和其他疾病袭击等，均对疾病的严重程度和病死率有很大影响。

本病主要感染断奶后仔猪，一般集中发生于断奶后 2～3 周。哺乳仔猪很少发病。仔猪出生后母源抗体中的 PCV_2 抗体在 8～9 周龄消失，但在 13～15 周龄又重新出现，表明这些小猪又重新感染了 PCV_2。

PCV_2 在猪群中存在的长期性，给本病的控制带来了极大的困难，特别是猪细小病毒病、猪繁殖与呼吸综合征、猪伪狂犬病、猪肺炎支原体、副猪嗜血杆菌、链球菌等混合感染促进了本病的发生和流行。混群、应激、高密度饲养及免疫刺激等因素可诱发仔猪发病。

（一）断奶仔猪多系统衰弱综合征（PMWS）

【临床症状】患猪表现为肌肉衰弱无力，下痢，呼吸困难，黄疸，贫血，生长发育不良，腹股沟淋巴结肿胀明显，发病率为 5%～30%，死亡率为 5%～40%，康复猪成为僵猪。见图 2-1-44、图 2-1-45。

【病理变化】主要表现为淋巴结明显肿大；肺炎，肺脏肿胀，坚硬或似橡皮，表面常见因组织增生而形成灰白色斑块，或因局部代偿性充血而形成淡红色区域，或因局部出血和炎性反应而形成暗红色斑点，肺间质常因增生和水肿而增宽。因此，肺脏的外观多呈大理石样；肝脏萎缩；脾、胸腺萎缩；肾脏肿大，色泽变淡或苍白，表面多散有灰白色大小不一的病灶；肝脏淤血、肿大，呈暗红色，胆汁淤滞，胆囊膨满，半数病例的肝脏常因肝脏发生实质变性和淤血而出现不同程度的槟榔样花纹。也有少数病例可因肝组织内的结缔组织明显增生而体积变小，质地变硬；脾脏轻度肿大，可因增生而质地坚实，切面干燥、平滑，可见少量血液流出；结肠水肿，黏膜充血或淤血；心脏暗红，外膜血管呈树枝状充血，心室扩张，尤以右心室明显，心尖变钝，质地较软；胃内容物少，并多因胃出血和胆汁逆流而呈淡红黄色或黄色，在胃的无腺部与有腺部的交界处可见有小溃疡。病情严重时，胃底部常有弥漫性出血，黏膜呈鲜红色或暗红色；肠黏膜有点状出血，肠壁淋巴小结肿大。

图 2-1-44　患猪生长发育不良

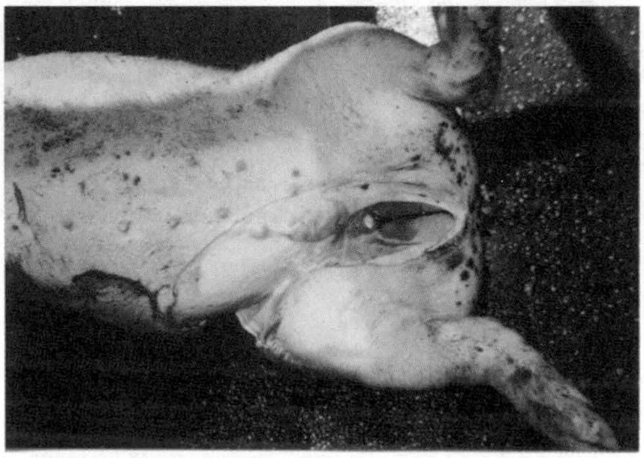

图 2-1-45　患猪腹股沟浅淋巴结肿大

【病理组织学检测】淋巴细胞减少、淋巴样组织中有单核细胞浸润；支气管和血管周围的结缔组织、肺间质和肺泡隔中的结缔组织均有不同程度的弥漫性增生，并有大量单核细胞和淋巴细胞浸润，支气管黏膜上皮和Ⅰ型肺泡上皮脱落，Ⅱ型肺泡上皮大量增生。在单核细胞、支气管上皮和肺泡上皮中常可发现嗜碱性胞浆和核内包含体；切开肾脏，被膜常有不同程度的粘连，肾皮质变薄，髓质增宽，肾盂周围组织水肿；肾小管上皮多发生严重的颗粒变性，部分脱落，肾间质中有大量结缔组织增生，伴有大量单核细胞和淋巴细胞浸润；肝窦内有较多的血液，肝细胞发生轻度的脂肪变性，小叶间结缔组织增生，并有单核细胞和淋巴细胞浸润；心肌纤维变性，有局灶性坏死，心间质增生，其中有较多的淋巴细胞浸润；脾窦内有大量单核细胞浸润并有大量含铁血红素沉着，脾白髓萎缩，网状细胞增生。

（二）皮炎和肾病综合征（PDNS）

此病通常发生在 8～18 周龄的猪。有时与 PMWS 同时发生，发病率为 0.15%～2%，有时候达到 7%。皮肤出现红紫色病变斑块，在会阴部和四肢最明显，这些斑块有时会相互融合，在极少情况下皮肤病变会消失。病猪表现皮下水肿，食欲丧失，有时体温上升。通常病猪在 3 d 内死亡，有时可以维持 2～3 周。

【病理变化】切开皮肤见皮下较干燥，从血管断端流出少量稀薄且凝固不全的血液。全身淋巴结的变化最显著，特别是腹股沟浅淋巴结、肠系膜淋巴结、肺门淋巴结及下颌淋巴结多肿大2～5倍，甚者可达10倍。淋巴结的质地坚实，呈灰白色，切面较干燥，有少量淋巴液，切面平滑。镜检见被膜和实质中的血管充血，淋巴窦扩张，其内充满单核细胞和其他炎性细胞，并见大量含铁血红素沉积。淋巴小结发育不良，皮质部淋巴细胞减少，大量网状细胞增生并有大量单核细胞浸润。在单核细胞、网状细胞和淋巴细胞中常可检出嗜碱性核内或胞浆包含体。肾脏表面有灰白色斑点，为出血性坏死性皮炎和动脉炎以及渗出性肾小球性肾炎和间质性肾炎，并因而出现胸腔积液和心包积液。见图2-1-46、图2-1-47。

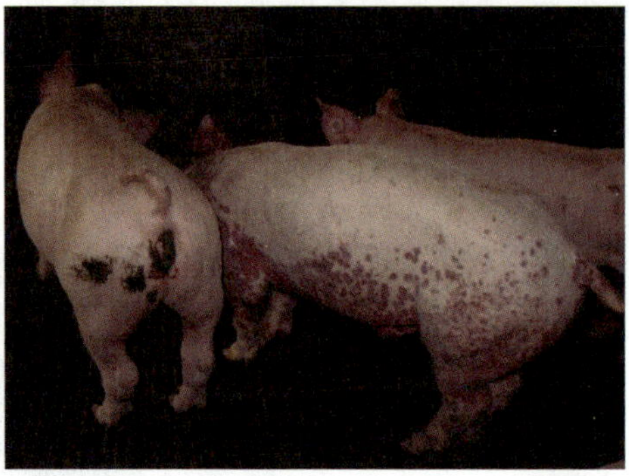

图2-1-46　患猪皮肤出现红紫色病变斑块

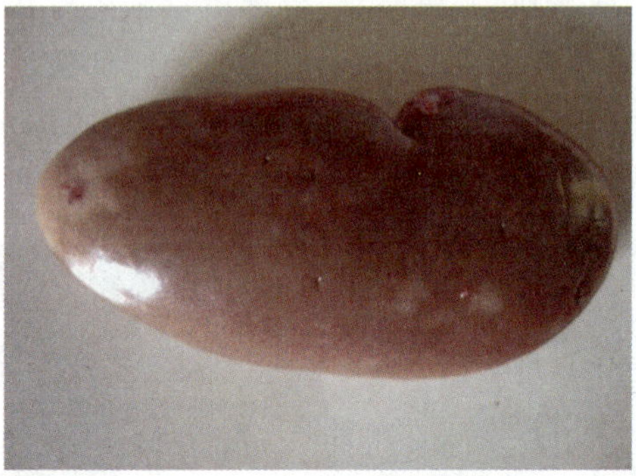

图2-1-47　肾脏显著肿胀，表面有灰白色斑点

（三）繁殖障碍

研究表明 PCV_2 感染可以造成繁殖障碍，导致母猪返情率增加、产木乃伊胎、流产以及死产和产弱仔等。

（四）仔猪的先天性震颤

症状的严重程度差异很大，从轻微震颤到不由自主跳跃，每窝感染猪的数量变化不等。出生后会吃乳的，一般经3周可以康复。不能吃乳的转归死亡。震颤在受到刺激时加重，在卧下和睡觉时震颤减轻或消失。

【诊断】结合流行病学特点、临床症状和病理剖检，可对该病做出初步诊断，确诊主要靠实验室诊断。实验室诊断方法可分为抗体和抗原检测法。

检测抗体的方法有：间接免疫荧光、免疫组织化学法、胶体金检测、酶联免疫吸附试验和单克隆抗体法等。

检测抗原的方法主要有：病毒分离鉴定、组织原位杂交和PCR方法等。

【防治】主要应从以下几个方面着手：

（1）注射疫苗　根据猪场情况，注射合格的猪圆环病毒疫苗，如猪圆环病毒2型灭活疫苗（LG株）。

（2）减少断奶仔猪应激　避免仔猪过早断奶和断奶后更换饲料；避免断奶后并窝并群；避免过早或多次注射疫苗；避免高密度饲养。

（3）强化猪场生物安全　即减少后备母猪的购进数量，加强猪舍环境消毒，实行全进全出制度。

（4）实施严格的防疫制度　对分娩舍应清理粪池和粪沟，彻底冲洗消毒；清洗母猪，并进行驱虫治疗；仔猪入栏时降低饲养密度；确保良好的通风和理想的温度；不混群，对于生长育成猪舍应小群饲喂，有实体隔墙；不同月龄的猪群分开饲养等。

(5)药物控制　在易感期内饲料中添加抗菌药物，如多西环素(强力霉素)、阿莫西林、泰乐菌素、磺胺类药物，对控制继发感染细菌病有良好的作用。

任务十三　猪流行性感冒

猪流行性感冒(Swine influenza，SI)是由猪流行性感冒病毒引起的猪的一种急性、热性、高度接触性呼吸道传染病，简称猪流感。其特点是发病突然，很快感染全群，病猪呈体温升高、咳嗽等呼吸道炎症。单纯猪流感死亡率不高，但当有猪肺疫等病并发感染时，死亡率大幅升高。

【病原】猪流感病毒属正黏病毒科 A 型流感病毒属，病毒的基因片段由 8 个单股 RNA 组成。A 型流感病毒中已确定的有 15 种血凝素(H)和 9 种神经氨酸酶(N)。引起猪发病的主要是 H_1N_1、H_3N_2。本病的粒子呈多形性，直径为 20～120 nm，含有单股 RNA，核衣壳呈螺旋对称性，外有囊膜。囊膜上有呈辐射状密集排列的两种纤突，即血凝素(HA)和神经氨酸酶(NA)。前者可使病毒吸附于易感细胞的表面受体，诱导病毒囊膜与细胞膜相互融合；后者是水解细胞表面受体特异性糖蛋白末端的 N-乙酰基神经氨酸酶，有利于病毒的出芽生长。

本病毒对热和日光的抵抗力不强，60 ℃ 20 min 可使之灭活；但对干燥和冰冻有较强的抵抗力。如在 −70 ℃可保存数年。一般消毒药对猪流感病毒有较强的杀灭作用，对碘蒸汽和碘溶液特别敏感。

【流行病学】病毒主要存在于病猪和带毒猪的呼吸道，包括鼻液、气管和支气管的分泌物、肺脏和胸腔淋巴结中，而血液、肝脏、脾脏、肾脏、肠系膜淋巴结和脑内则不易检出病毒。病猪和带毒猪是主要传染源，主要以空气飞沫传播，易感猪通过呼吸道感染，各种年龄、性别和品种的猪均易感。多发生在天气骤变的寒冷季节，饲养密度过高、空气质量差和营养不良也是该病重要诱因。

【临床症状】本病的潜伏期一般为 2～7 d，自然发病平均 4 d。该病发病突然，一旦发生，传播迅速，往往 3～5 d 整个猪群发病，单纯猪流感病死率很低。主要表现高热，体温达 39.5～42 ℃，食欲减退或不食，扎堆明显，精神沉郁。呼吸急促、咳嗽、打喷嚏、流鼻水甚至黏脓性鼻涕。无继发感染时，多数猪在 1 周左右康复。继发肺炎、胸膜炎时，病情加重甚至死亡。个别病猪转为慢性，并发大叶性肺炎，长期不愈。怀孕母猪流产，产死胎、弱胎。

【病理变化】剖检时多数可见鼻、喉、气管及支气管黏膜充血、出血，表面有泡沫状黏液，并含有大量的纤维素渗出物。支气管和纵隔淋巴结肿大。肺表面膨胀不全，高低不平，病变部位呈紫红色或鲜牛肉状。病理组织学变化主要是支气管炎和局灶性支气管肺炎。

【诊断要点】根据流行病学、临床症状和病理变化可进行初步诊断，确诊可进行病毒分离鉴定和血清学反应。

【防治】

猪流感必须采取综合防制措施，加强饲养管理，搞好环境卫生，保持空气清新。选用抗病毒、解热镇痛、消炎类药物治疗。

(1)板蓝根注射液或双黄连注射液，每千克体重用药 0.1～0.2 mL，肌内注射。

(2)黄芪多糖注射液，每千克体重用药 0.05 mL，肌内注射。

任务十四　猪　　痘

猪痘(Swine pox)是养猪业发达地区常见的病毒性传染病。多发生于夏季,常在冬季开始后停息。主要感染幼龄猪,特别是乳猪。在猪的腹下部和前后肢内侧出现痘变,偶见于背侧和腹侧。

【病原】猪痘是由形态结构相似的两种病毒引起的。一种是痘苗病毒,大多是由痘苗接种的人群传播给猪的;另一种是真正的猪痘病毒。这两种病毒的抗原性不同,但引起的病变相似。

猪痘病毒是痘病毒科猪痘病毒属的成员,该属只有猪痘病毒。病毒粒子呈砖形,大小约300 nm×250 nm×200 nm。该病毒具有比较独特的抗原性。应用康复猪做交叉保护试验,可与痘苗病毒区别。

【流行病学】猪是猪痘病毒的唯一自然感染宿主。幼猪最为敏感,发病率可达30%～50%,但死亡率很低,一般不超过1%～3%,而且大多是因发生并发症而死亡。

猪虱是猪群间本病传播的主要媒介,猪痘病毒在猪虱体内可存活达1年之久。其他吸血昆虫也可能具有散播本病的作用。接种过痘苗病毒的人也可将该病毒经吸血昆虫传染给猪,引起猪发生猪痘。

【临床症状】潜伏期为5～7 d。病初猪体温略有升高,随后在下腹部或腿内侧出现小的红斑,红斑迅速增大变成丘疹、水疱和脓疱,脓疱中心凹陷呈脐状,并最后干涸成痂皮。整个病程为10～14 d。取病变部位切片检查,可见上皮增生,感染细胞质内含有嗜碱性和嗜酸性包涵体。细胞核可能发生典型的空泡化。有时病变不呈典型经过,可于红斑或丘疹上直接覆盖痂皮。

【诊断】依据临床症状和流行情况,一般可以确诊。进一步确诊时可用痘疹制作涂片,经HE染色后在镜下于变性坏死的上皮或巨噬细胞的胞浆中检出嗜酸性包涵体即可确诊。必要时可进行病毒的分离与鉴定。

【防制】本病目前尚无疫苗,但康复猪可获得坚强的免疫力。发现病猪要及时隔离治疗,仔猪可用康复猪血清或痊愈猪血治疗。皮肤局部可涂布抗菌药物,防止继发感染。对病猪污染的环境及用具要彻底消毒,垫草焚毁,对猪群要加强饲养管理,搞好卫生,彻底消灭猪血虱、蚊子和蝇等。新购入的猪应隔离观察1～2周,防止带入传染源。

几种常见母猪繁殖障碍性疾病的胎衣变化见图2-1-48、图2-1-49。

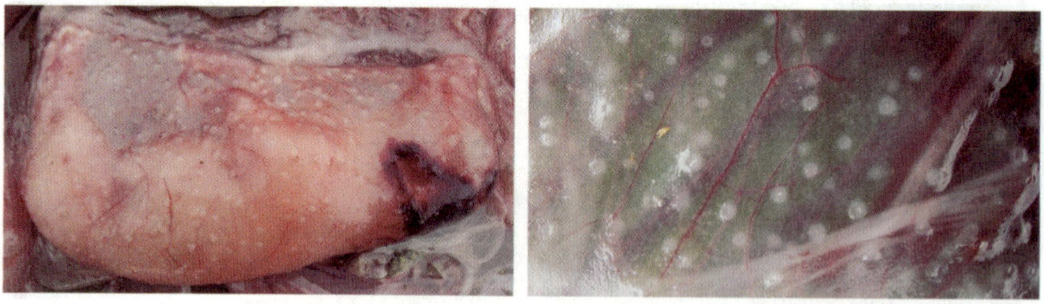

图2-1-48　胎膜镶着菜籽粒至绿豆大小的“珍珠”,是布鲁氏菌病的特征性变化

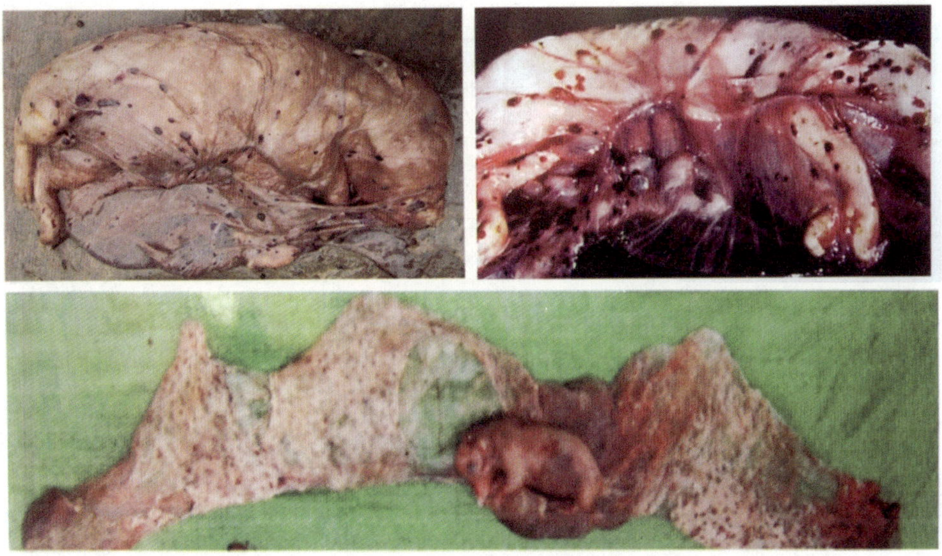

图 2-1-49　流产的胎儿新鲜，表面常见出血斑点是蓝耳病的特征性变化；胎膜变得很薄，呈灰白色、网眼状坏死，是伪狂犬病的特征性病变

【职业能力训练】

病例分析

某猪场存栏猪有 558 头，其中母猪 45 头，育肥猪 175 头，仔猪 338 头。仔猪断奶 1 周后陆续开始发病，病猪眼结膜发炎，有脓性分泌物。精神沉郁，食欲减退甚至废绝。体温升高至 41 ℃左右。应用吗啉胍（病毒灵）、青霉素、链霉素、磺胺类药物不见好转。病猪腹部、耳根、四肢内侧发绀，部分区域有出血点及少量出血斑，随后全群开始陆续发病。近半个月时间，有 6 头母猪相继出现流产、死胎和弱胎现象。仔猪和育肥猪先后死亡 82 头。请分析该猪场发病情况，并结合猪场具体情况提出合理化建议和防控措施。

【疾病诊断思路】疾病诊断五步法

第一步 问诊 → 第二步 临床症状观察 → 第三步 病理剖检 → 第四步 实验室诊断 → 第五步 诊断结论

【诊断过程】

1. 问诊

深入现场，通过问诊、现场观察，获取猪场信息后进行综合分析（表 2-1-2）。

2. 临床检查

临床检查　先对猪群进行全面观察，发现病猪后再重点检查，并对部分病猪进行整体和系统检查。结合检查结果，填写猪病现场检查表（2-1-3），然后进行综合分析，总结本案例临床症状（表 2-1-4）。对猪场具有特征性临床症状的病例给出初步诊断，对非典型病例提出可疑疾病种类，并进行后续分析鉴别，必要时对血、粪、尿进行常规实验室检查。

表 2-1-2　问诊表

问诊内容	获取信息	综合分析
疾病的流行情况	(1)猪场发病时间、发病日龄、发病猪的数量； (2)发病率、死亡率； (3)疾病的初期症状、后期症状； (4)疾病的治疗效果； (5)附近及其他猪场的发病情况。	①不同日龄的猪均有发病现象。 ②发病率高，死亡率高。 ③具有传染性。 ④6 头母猪相继出现流产、死胎和弱胎现象。 ⑤使用抗生素及抗病毒药物无效。 ⑥21 日龄用猪瘟疫苗首免，免疫后未进行抗体监测。
过去的发病情况	本场、本地及邻近地区是否有类似疾病发生。	
免疫接种及药物情况	(1)猪群免疫情况，免疫接种所用疫苗的厂家、种类、来源、运输及贮存方法； (2)免疫接种时间及剂量； (3)免疫前后有无使用抗生素及抗病毒药物； (4)免疫后是否进行免疫抗体监测。	
饲养管理情况	(1)饲料种类，饲喂情况； (2)饲养密度是否适宜； (3)猪舍的通风换气情况； (4)猪舍的环境卫生情况； (5)是否由其他猪场引进动物、动物产品及饲料。	
畜主观点	畜主估计的致病原因、疾病种类等。	

表 2-1-3　猪病现场检查表

品种：　　　　　　　　体重：　　　　　　　　检查日期：　　　　　　　　检查小组：

1.猪的整体检查	正常		精神 营养 姿势与步态	备注：
	异常			
2.被毛及皮肤	正常		色泽　　　　弹性	
			硬度	
	异常		观察猪皮肤颜色，有无出血点及出血斑、坏死、结痂和肿胀。	
3.淋巴结	正常		灰白色	
	异常			
4.眼结膜	正常		粉红色	
	异常			
3.体温	体温	正常	体温：38.0～39.5 ℃	体温计
		异常		

续表 2-1-3

4.系统检查	呼吸系统	正常	呼吸次数:18～30 次/min	
		异常	检查病猪呼吸数;是否有咳嗽、喷嚏、流鼻液及颜面部变形;是否呈腹式呼吸和犬坐姿势。	
	血液循环系统	正常	心率:60～80 次/min	听诊器
		异常		
	消化系统	检查是否有腹泻、便秘和呕吐;粪便颜色、性状及是否有血液、肠黏膜或寄生虫等。		
	神经系统	检查病猪是否有头颈歪斜或圆圈运动,是否有肢体麻痹、共济失调、强直性或阵发性痉挛等。		
	生殖系统	检查公猪睾丸、阴茎是否发热肿胀;检查母猪的外阴是否有分泌物;母猪流产、死胎或弱胎情况,产出胎儿数量;产后泌乳情况及乳房是否肿胀等。		
	运动系统	检查猪关节是否肿胀、发红,是否有肢蹄跛行等。		
初步结论				

表 2-1-4 总结本案例临床症状

临床症状	症状特点	提示疾病
病猪眼结膜发炎,有脓性分泌物。食欲减退甚至废绝。猪扎堆,体温升高至 41 ℃左右。个别猪在腹部、耳根、四肢内侧发绀,部分区域有出血点及少量出血斑。6 头母猪相继出现流产、死胎、弱胎现象,用药不见效果,仔培及育肥猪死亡 82 头。	①体温 41 ℃左右、厌食、怕冷扎堆; ②腹部、耳根、四肢内侧发绀; ③眼有脓性分泌物; ④母猪相继出现流产、死胎、弱胎现象; ⑤用药不见效果,死亡率高。	提示母猪繁殖障碍性疾病:猪瘟、猪繁殖与呼吸综合征。

3.病理剖检

首先对猪的体表做全面肉眼检查,对需要之处进行取材,然后开胸、开腹、开颅进行各器官系统全面的肉眼检查。依据剖检结果,对具有特征性眼观病理变化的病例结合临床症状可以做出初步诊断,对没有特征性眼观病理变化的提出可疑疾病,还要进行下一步实验室诊断,必要时取器官、组织固定后做病理组织学检查(表 2-1-5)。

表 2-1-5 本案例病理剖检变化

剖检病理变化	剖检特征	提示疾病
皮肤上有多量出血点,全身浆膜、黏膜和心脏可见出血点和出血斑,腹股沟淋巴结、颌下淋巴结肿胀,切面周边出血(图 2-1-50)。会厌软骨有少量出血点(图 2-1-51),小肠浆膜面有出血点,肾脏表面有大量的出血点(图 2-1-52),膀胱黏膜有出血点(图 2-1-53),有的肠系膜淋巴结呈索状肿大。	①会厌软骨有少量出血点; ②淋巴结切面周边出血; ③膀胱黏膜有出血点; ④肾脏表面有大量的出血点。	初步诊断:猪瘟

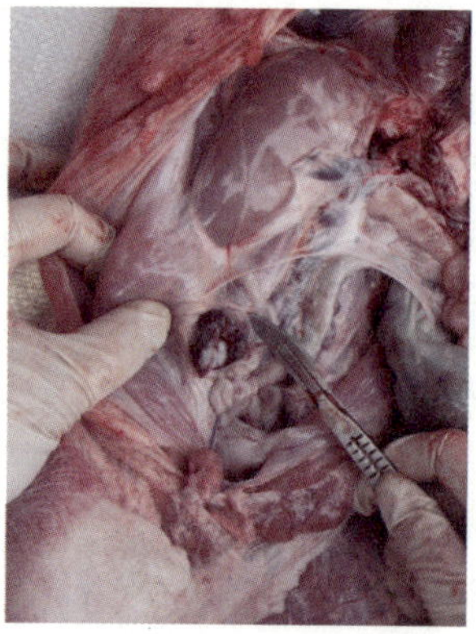

图 2-1-50　淋巴结切面周边出血

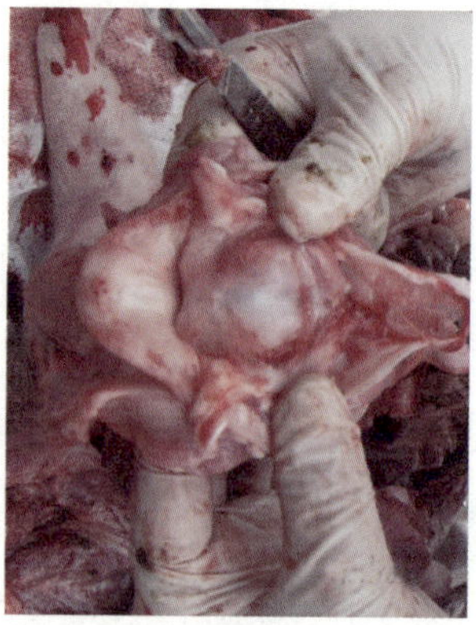

图 2-1-51　会厌软骨有出血点

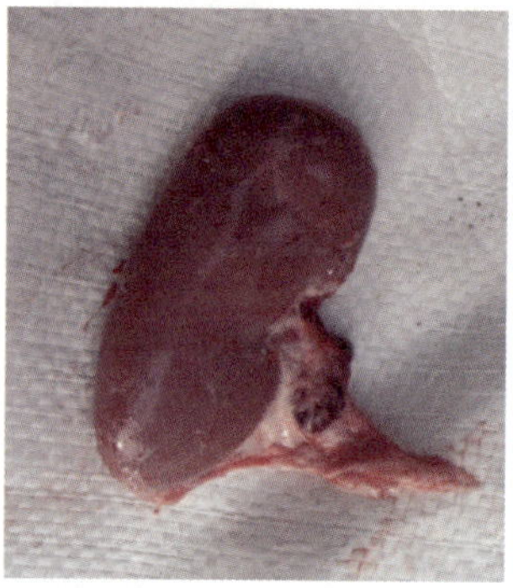

图 2-1-52　肾脏表面有出血点

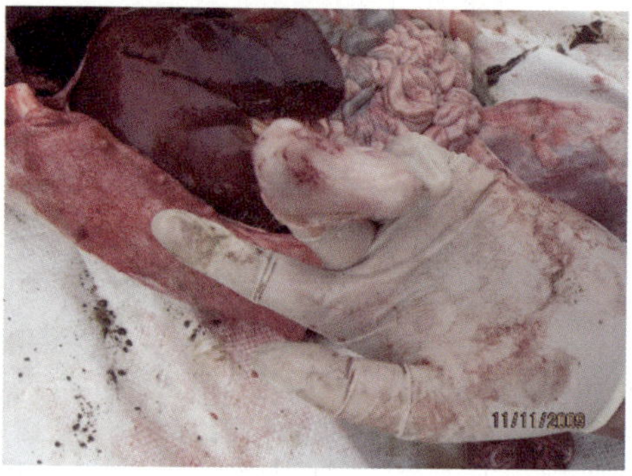

图 2-1-53　膀胱黏膜有出血点

4. 实验室诊断

采集猪血清，参照模块三“猪瘟主要检测技术”，用免疫胶体金层析技术检测猪瘟抗原。

5. 诊断结论

猪瘟。

【教师总结评价】

教师对学生疾病诊断过程进行指导、总结，提出猪瘟防控措施，参见“猪瘟”。

【拓展知识】

猪皮肤发绀的原因分析

猪皮肤发绀的原因及疾病种类

在养殖过程中，大家都很注意养、繁、防、治这 4 方面的管理，也特别强调这 4 方面的重要性，但我们必须面对的是不管怎么注重养，无论饲养条件多么好，有时还会出现防不胜防的这样或那样的疾病。养得好发病少，效益高，养得不好发病多，损失大，如果一点疾病都不发生，那几乎是不可能的。在近几年对各大猪场进行疫病调查时，经常遇到不同日龄阶段的猪出现皮肤发绀死亡的病例，发病不分猪日龄大小均有感染，小到哺乳仔猪，大到育肥猪都有不同程度的死亡现象，甚至波及母猪和种公猪，有时引起猪群的大量死亡。这些传染病在临床上发病率非常高，死亡率也非常高，是影响养殖效益较常见的一类疾病。那么是什么原因导致发生了这种病理现象呢？

每个机体的末梢都有毛细血管的血液供应，其皮肤的颜色和黏膜的颜色会随着血管内血流的颜色发生变化。正常时皮肤和黏膜的颜色是发红而且有光泽的，因为血液中红细胞内含有血红蛋白，当血液中的血红蛋白充分和氧结合后形成氧合血红蛋白，颜色就是红润、有光泽、有温度的。因此皮肤和黏膜的颜色是随着血液颜色的变化而变化的，只有血液中的血红蛋白充分和氧结合皮肤的颜色才是发红有光泽的。而血液循环不畅，通风不好或缺氧等都会使氧合血红蛋白含量下降而引起皮肤发绀，引起猪皮肤发绀的原因复杂而繁多，概括分为以下4方面：

1. 假性发绀

一般见于银质沉着症或金质沉着症。银质沉着指的是水银中毒，猪吃了体温计中的水银或是误食了含有水银的食物都会引发此病。猪出现水银中毒后，轻症表现流涎，重症会出现上吐下泻，肌肉震颤，皮肤暗红等病理表现。

2. 化学性发绀

化学性发绀是指血液中氧合血红蛋白出现了异常，即血液中正常血红蛋白变成了高铁血红蛋白或硫化血红蛋白，也就是正常机体内的二价铁离子被氧化成三价铁，变成了高铁血红蛋白，这种发绀现象常见于家畜的各种中毒，如猪的亚硝酸盐中毒、磺胺类药中毒等。猪磺胺类药物中毒后，病猪表现精神不振，采食量下降或不食，皮肤有的部分呈紫红色。体温正常或略高，背毛粗乱，喜卧，有的病猪腹泻，排出灰黄色稀粪，痉挛，后肢无力。本病最突出的症状是病猪后肢跛行或后肢无力。重者卧地不起。另外，还可见于氢氰酸中毒、敌鼠钠盐中毒等。

3. 真性发绀

真性发绀是指血液中还原血红蛋白（脱氧血红蛋白）增多，表现皮肤发绀，因为脱氧血红蛋白是紫蓝色的。心肺功能损伤、换气通道阻塞、血液中红细胞破坏以及血液循环淤血、周围末梢血流缓慢等都会引起真性发绀。真性发绀分为中心性发绀、周围性发绀和混合性发绀。

(1) 中心性发绀　多由心脏和肺脏疾病引起，主要特点是全身性发绀。猪瘟、蓝耳病、圆环病毒病会造成血管内皮细胞的损伤或毛细血管通透性的增高引起猪全身性发绀。如猪瘟病毒感染机体后在淋巴结、扁桃体、骨髓、脾脏等免疫器官内进行大量复制，还会在肝脏、肾脏进行复制，病毒的不断复制，不仅破坏机体的免疫结构还会抑制机体的免疫功能，与此同时还会损伤血管内皮细胞，导致血小板严重减少，致使机体出现多发性广泛性出血。猪死后剖检发现，心冠脂肪、肺、肠壁的浆膜和黏膜、膀胱黏膜等多处均有出血点，皮肤表面甚至皮下脂肪均有出血点，这些出血点融合成片表现为皮肤发绀。蓝耳病与猪瘟皮肤发绀现象非常相似，首先耳朵发紫，背部、腹部及四肢皮肤出血，然后进行大面积融合出现全身性发绀现象。圆环病毒有两种类型，一是多系统衰竭，另一个就是皮炎肾病综合征，皮炎肾病综合征在皮肤上出现1～20 mm圆形或不规则的红色或紫色斑块，这些斑块会随着病情的恶化连成一片，形成不规则的结节。病毒性脑心肌炎也会出现胸、腹皮肤发青发紫现象。病毒性脑心肌炎主要感染仔猪，主要表现为胸、腹部皮肤发绀，剖检后主要看到心肌炎和心肌变性，在心肌上有不连续的白色或灰黄色，呈现典型的白恶性病变。

以上提到的4种病毒,常见的是猪瘟、蓝耳、猪圆环病毒感染,不常见的是病毒性脑心肌炎,在一定程度上均会看到猪全身性发绀现象。

那么临床常见的副猪嗜血杆菌、传染性胸膜肺炎、支原体性浆膜炎为什么也会出现皮肤发绀现象呢?这几种疾病剖检看到胸腔积液,胸腔常因有纤维素渗出,而出现肺与胸膜粘连。与此同时,气管中有黏液性液体的渗出,使肺泡通气、换气发生障碍,肺泡的氧合作用不足,导致体循环中还原血红蛋白增加。

另外就是几种常见的细菌病,如链球菌、猪丹毒杆菌、沙门氏菌、巴氏杆菌等感染机体后,能很快突破机体的防御屏障进入血液,并迅速扩散到全身。如果这些细菌的毒力强、数量多,猪又出现抵抗力弱时,细菌在血液和组织中大量产生溶血素或毒素,溶解红细胞,损伤血管壁,引起败血症,导致家畜死亡,死后的病猪在胸腹下部和四肢内侧的皮肤呈紫红色并有出血点。如果细菌弱或机体抵抗力较强时,则细菌被局限在局部器官组织中,引起局部病变,如亚急性猪丹毒发作时,皮肤会出现隆起的皮肤疹块等。若猪丹毒杆菌感染的时间长了,会引起机体局部出现变态反应性病变,如心内膜炎、关节炎、皮肤坏死脱皮。沙门氏菌局限在肝脏、脾脏、肺脏、肠等器官内,形成内部局灶性损害。

附红细胞体病病原为嗜血支原体,能吸附于红细胞膜上,使红细胞的形态发生了改变,变成锯齿状。同时也会导致红细胞膜的脆性增高,甚至出现细胞的凹陷和空洞,使血浆进入红细胞内引起红细胞破裂,使其携氧功能丧失。

以上这些病毒、细菌、嗜血支原体都能引起机体全身性发绀,所以特别需要大家注意的是要提前做好猪病防控工作。

(2)周围性发绀

①淤血性周围性发绀:常见于右心衰竭、渗出性心包炎等,引起体循环淤血、周围血流缓慢的疾病。

②缺血性周围性发绀:常见于严重休克、应激,引起心排出量减少和局部血流障碍性疾病。

(3)混合性发绀　中心性发绀与周围性发绀同时存在。可见于心力衰竭等。

4.过敏性发绀

又称过敏性紫癜,由血管变应性炎症引起的皮肤及黏膜病变。临床表现为皮肤淤点、瘀斑。

通过以上4方面,阐述了引起猪皮肤发绀的原因及发生机理,如果猪场发生这种情况,首先要对这些病进行及时确诊,从多方面分析发病原因,否则会导致病情更加恶化,甚至出现猪的大批量死亡,损失极其惨重。在治疗疾病过程中配合使用转移因子、免疫增强剂、保肝护肾等药物,全面提高猪群免疫力与抗感染能力,缩短治疗周期,快速恢复产能。

【考点在线】

一、选择题

1.两只散养架子猪,患病20多天,主要表现为消瘦,贫血,全身衰竭,食欲不振,便秘腹泻交替,耳端、尾尖及四肢上有紫斑或坏死痂等症状。体温时高时低,抗生素治疗效果不明显。两只猪所患疾病可能是(　　)。

A.猪瘟　　B.猪副伤寒　　C.猪丹毒

D.猪肺疫　　E.猪繁殖与呼吸综合征

2.肾脏土黄色，有小出血点，回肠末端、盲肠和结肠有纽扣状溃疡，肺充血出血、间质增宽的病可能是(　　)。

A.猪瘟　B.猪繁殖与呼吸综合征　C.猪圆环病毒病

D.猪伪狂犬病　E.仔猪副伤寒

3.炎热季节，某规模化猪场母猪发热，流产，产死胎，发病率为 10%；公猪一侧睾丸肿大，具有传染性。可能的疾病是(　　)。

A.猪瘟　B.猪乙型脑炎　C.猪伪狂犬病

D.猪细小病毒病　E.猪繁殖与呼吸综合征

4.表现脑脊髓炎症状，剖检见肺脏、肝脏、脾脏、肾脏等实质脏器有白色坏死灶的可能是(　　)。

A.猪瘟　B.猪繁殖与呼吸综合征　C.猪圆环病毒病

D.猪伪狂犬病　E.猪瘟、猪繁殖与呼吸综合征混合感染

5.某猪场，初产母猪发生繁殖障碍、产出死胎、畸形胎、木乃伊胎和弱仔等，但母猪本身几乎无明显症状。该病最有可能是(　　)。

A.猪瘟　B.猪乙型脑炎　C.猪伪狂犬病

D.猪细小病毒病　E.猪繁殖与呼吸综合征

6.猪发生伪狂犬病时，死亡率最高的猪群是(　　)。

A.哺乳仔猪　B.断奶仔猪　C.育肥猪

D.成年公猪　E.母猪

7.引起母猪繁殖障碍的疱疹病毒是(　　)。

A.猪传染性胃肠炎病毒　B.猪细小病毒　C.猪圆环病毒 1 型

D.伪狂犬病病毒　E.猪繁殖与呼吸综合征病毒

8.4 月龄猪高热稽留，四肢内侧皮肤有出血点。剖检可见脾脏边缘梗死，肾脏有出血点，扁桃体匀浆液接种 PK-15 细胞，可分离到病毒，引起该病的病原可能性是(　　)。

A.猪细小病毒　B.猪圆环病毒　C.猪瘟病毒

D.伪狂犬病毒　E.猪繁殖与呼吸综合征病毒

9.某猪场部后备母猪不发情，后备公猪睾丸肿大；病料接种家兔后，家兔啃咬注射部位，随后死亡。该病可能是(　　)。

A.猪细小病毒病　B.伪狂犬病　C.猪蓝耳病

D.猪瘟　E.流行性乙型脑炎

10.猪乙型脑炎的主要传播途径是经(　　)。

A.饲料传播　B.蚊媒传播　C.鼠类传播

D.空气传播　E.土壤传播

11.某保育猪群出现咳嗽，打喷嚏，眼睛肿胀，体温 41～42 ℃，全身皮肤发红，剖检可见间质性肺炎和支气管淋巴结充血、肿大，磺胺和抗生素治疗无效。该病可能是(　　)。

A.猪传染性胸膜肺炎　B.猪繁殖与呼吸综合征　C.猪巴氏杆菌病

D.猪弓形虫病　E.副猪嗜血杆菌病

12.病猪尸体脱水明显，胃内充满乳凝块，胃底黏膜充血，出血。肠内充满水样粪，肠壁变薄，半透明状，病猪粪便样品经处理后电镜观察，呈冠状结构，该病可能是(　　)。

A.仔猪黄痢　B.仔猪白痢　C.仔猪副伤寒

D.猪传染性胃肠炎　　　　E.猪瘟

13.某猪场部分初产母猪发生流产、产死胎或木乃伊胎，公猪育肥症状不明显，分离的病原能凝集豚鼠红细胞，该病可能是(　　)。

A.流行性乙型脑炎　　　　B.布鲁氏菌病　　　　C.猪繁殖与呼吸综合征

D.猪瘟　　　　E.猪细小病毒病

二、病例分析

病例1　2020年4月15日，某猪场12窝仔猪中有67头仔猪突然发病，15 d内相继死亡31头。畜主曾用过庆大霉素注射液、长恩痢特注射液、长效救命针等，治疗效果均不理想。新生仔猪1周内很正常，7 d后开始不吃奶，精神沉郁，体温达40 ℃以上，部分猪只24 h内出现神经症状，全身发抖，流涎，共济失调。四肢呈游泳状划动，有的呈犬坐姿势，有的盲目转圈，有的侧卧不起，有的呕吐，拉黄色稀便。出现神经症状的仔猪死亡率可达100%，日龄越小死亡越快。主诉曾有2头怀孕母猪发生过流产，其他母猪均正常。

剖检后气管内有泡沫状液体，肺局部水肿，脑膜充血，脑水肿。肝脏有黄白色坏死灶，肾脏肿大，有少量点状出血。脾脏肿大，有黄白色坏死，小肠黏膜呈现卡他性炎症，内有黄色稀便。初步诊断什么病？

病例2　某猪场有3头初产母猪，出现食欲废绝、发热等全身症状，猪吻突、耳、四肢、腹部皮肤发绀，曾注射长效救命针、圆环·蓝耳病毒杀等药物，不见效果。死后剖检会厌软骨有出血点，肠系膜淋巴结、腹股沟淋巴结及其他淋巴结均见出血，空肠浆膜面出血，膀胱黏膜有出血点，肾脏表面有出血点、肾脏切面皮质部有出血点，其他脏器未见异常，初步诊断什么病？

三、简答题

1.母猪常见繁殖障碍性疾病有哪些？

2.简述猪瘟与非洲猪瘟的区别。

3.猪圆环病毒感染的流行病学特点、临床症状和病理变化有哪些？

4.简述猪繁殖与呼吸综合征特征及预防措施。

5.简述猪布鲁氏菌病与猪乙型脑炎的区别。

6.猪传染性胃肠炎、猪流行性腹泻和猪轮状病毒的发病特点和防控措施有哪些？

项目二

猪细菌性疾病

【知识目标】

1. 了解仔猪梭菌性肠炎、仔猪黄痢、仔猪白痢、猪水肿病、猪副伤寒、猪链球菌病、猪渗出性皮炎、布鲁氏菌病、副猪嗜血杆菌病、猪传染性胸膜肺炎、猪传染性萎缩性鼻炎、猪肺疫、猪丹毒、增生性肠病等疾病的病原形态。

2. 掌握以上多种疾病的流行病学、临床症状和病理变化。

3. 对以上多种疾病进行诊断和防治。

【能力目标】

能独立对仔猪梭菌性肠炎、仔猪黄痢、仔猪白痢、猪水肿病、猪副伤寒、猪链球菌病、猪渗出性皮炎、布鲁氏菌病、副猪嗜血杆菌病、猪传染性胸膜肺炎、猪传染性萎缩性鼻炎、猪肺疫、猪丹毒、增生性肠病等细菌病进行初步诊断。

【素养目标】

1. 能够严格按照《中华人民共和国动物防疫法》要求，认真履行职责，做好猪细菌病诊治工作。

2. 培养学生自主探究猪细菌病发生规律、团队协作意识和精益求精的细菌病防治技术。

3. 培养学生的爱岗敬业精神。

4. 做好病猪及病猪群的科学防控。

【项目导入】

某猪场有3头母猪，于2月份分娩，产下31头仔猪，仔猪出生后第2天，陆续出现精神不振、拒食现象，主要症状是排出红褐色的血便，血便中含有灰色的坏死组织碎片和气泡，类似“米粥状”，粪便腥臭，仔猪后肢沾满血便，逐渐消瘦和脱水，已死亡8头。请问仔猪患什么病？采取什么措施才能控制该病？

任务一　仔猪梭菌性肠炎

仔猪梭菌性肠炎(Clostridial enteritis of piglets)又称仔猪传染性坏死性肠炎,俗称“仔猪红痢”,是由C型产气荚膜梭菌引起的1周龄以内仔猪的肠毒血症。其特征是出血性腹泻,小肠后段有弥漫性出血或坏死,病程短,病死率极高。

【病原】C型产气荚膜梭菌,亦称C型魏氏梭菌,为革兰氏阳性、有荚膜、不运动的厌氧菌,芽孢呈卵圆形,位于菌体中央或近端。一般消毒药均易杀死本菌的繁殖体,但形成芽孢后对外界的抵抗力增强。

【流行病学】本病主要侵害1～3日龄的仔猪,1周龄以上的仔猪很少发病。在同一猪群中,各窝仔猪发病率不同,发病率40%～50%,最高可达100%,病死率一般为20%～70%。

【临床症状】猪梭菌性肠炎几乎都是产后3 d内的仔猪感染发病,病程短促,有些在出生3 d内全窝死亡。最急性的临床症状不明显,出现拒食、精神不振等症状后迅速死亡。病仔猪主要症状是排出红褐色的血便,血便中含有灰色的坏死组织碎片和气泡,类似“米粥状”,粪便腥臭,后肢沾满血便,迅速消瘦和脱水。

【病理变化】主要表现在小肠,尤其是空肠。空肠呈暗红色,肠黏膜广泛性充血和出血,有黄色或灰色坏死。肠壁为深红色,与正常肠段界限分明。肠内容物呈暗红色,有坏死组织碎片。肠内充满气体。肠系膜淋巴结充血。

【诊断】根据多发生于3 d内的仔猪呈现血痢,病程短促,很快死亡,感染率高,一般药物和抗生素治疗无明显效果,剖检见出血性肠炎等病理变化,不难得出诊断。必要时可进行细菌学检查,包括肠内容物涂片镜检、肠内容物毒素检查、细菌分离等。

【防治】

(1)做好猪舍和周围环境(尤其是产房)的卫生工作,定期消毒。产前母猪的乳头要清洗和消毒,保持饲料和饮水的清洁卫生,可以减少本病的发生和传播。

(2)有条件时,母猪分娩前一个月和半个月,各肌内注射C型魏氏梭菌氢氧化铝苗或仔猪红痢干粉菌苗,以便使仔猪通过哺乳获得被动免疫。另外,仔猪出生后,如果立即注射抗猪红痢血清(每千克体重肌内注射3 mL),可获得更好的保护作用(但注射要早,否则结果不理想)。

(3)由于本病发病迅速,病程短,发病后用药物治疗疗效不佳。对于一些病程较长,抵抗力较强的仔猪,或同窝未出现明显症状的仔猪应立即口服蒙脱石散或者鞣酸蛋白酶、抗生素等药物,每日2～3次,有一定的治疗作用。发生脱水者,可腹腔注射5%的葡萄糖溶液或生理盐水,借以补充水分和能量。

任务二　仔猪黄痢、仔猪白痢

仔猪黄痢(Yellow scour of newborn piglets)、仔猪白痢(White scour of newborn piglets)是由致病性大肠杆菌引起的猪的传染病。大肠杆菌是人和动物肠道的常驻菌,大多数无致病性,其中只有某些血清型为病原菌,如K_{88}、K_{99}、987P等致病性较强。致病性大肠杆菌特别是引起仔猪消化道疾病的大肠杆菌多能产生毒素，引起仔猪发病。

【病原】大肠杆菌属肠杆菌科，革兰氏阴性，中等大小的杆菌，有鞭毛，无芽孢，能运动，但也有无鞭毛不运动的变异株，少数菌株有荚膜。

本菌为需氧或兼性厌氧菌，pH 为 7.2～7.4。营养琼脂上生长 24 h 后，形成圆形、边缘整齐、隆起、光滑、湿润、半透明、近似灰白色的菌落，直径 2～3 mm。

在肉汤中培养 18～24 h，呈均匀浑浊（S 型菌落），管底有黏性沉淀，液面有菌环。麦康凯琼脂上 18～24 h 后形成红色菌落。

【流行病学】

1. 仔猪黄痢

常见于出生后 1 周以内的哺乳仔猪，以 1～3 日龄最常见，随日龄增加发病率降低，9 日龄以上很少发病，同窝仔猪发病率 90%以上，死亡率很高，甚至全窝死亡。

2. 仔猪白痢

发生于 10～30 日龄仔猪，以 2～3 周龄较多见，1 月龄以上的猪较少发生，其发病率约 50%，而病死率低。不同窝仔猪发病率不同，症状也轻重不一。

【临床症状】

1. 仔猪黄痢

一窝小猪出生时体况正常，12 h 后突然有 1～2 头仔猪全身衰弱死亡，1～3 d 内其他猪相继腹泻，粪便呈黄色糨糊状，捕捉时在挣扎和鸣叫中从肛门冒出稀粪，并迅速消瘦，脱水，昏迷而死亡。

2. 仔猪白痢

10～30 日龄哺乳仔猪易发生。仔猪突然发生腹泻，开始排糨糊样粪便，继而变成水样，随后出现乳白、灰白或黄白色下痢，气味腥臭。体温和食欲无明显变化，病猪逐渐消瘦，拱背，皮毛粗糙不洁，发育迟缓，病程一般 3～9 d，绝大部分猪可康复。

【病理变化】

1. 仔猪黄痢

最急性剖检常无明显病变。有的表现为败血症，一般可见尸体脱水严重。肠道臌胀，有多量黄色液状内容物和气体。肠黏膜呈急性卡他性炎症变化，以十二指肠最严重，空肠、回肠病变较轻。肠系膜淋巴结充血、肿大，切面多汁。

2. 仔猪白痢

尸体苍白，消瘦。剖检见肠内容物为糊状或油膏状，呈乳白色或灰白色，肠黏膜有卡他性炎症，有多量黏液性分泌物。肠壁菲薄，灰白色，透明，肠黏膜易剥离，肠系膜淋巴结轻度肿胀。

【诊断】

1. 临床诊断

(1)仔猪黄痢　根据新生仔猪突然发病，排黄色稀粪，同窝仔猪几乎均患病，死亡率高，而母猪健康，无异常，即可初步诊断为本病。

(2)仔猪白痢　根据 2～3 周龄哺乳仔猪成窝发病，体温不变，排白色糊样稀粪，剖检仅见有胃肠卡他性炎症等特点，即可初步诊断。

2.细菌学检查

主要是进行大肠杆菌的分离鉴定。

(1)标本采集　生前以无菌棉签肛拭子采取粪标本,死后采取心血、肝脏、脾脏、肠系膜淋巴结和肠内容物。

(2)镜检　革兰氏阴性杆状细菌,单个或成对,许多菌株有荚膜或微荚膜,有鞭毛。

(3)分离培养　选用麦康凯培养基,培养 24 h 形成红色菌落。

【防治】

1.预防

(1)加强母猪的饲养管理,合理调配饲料,增强妊娠母猪的体质和哺乳期均衡泌乳。尽量减少各种应激因素。

(2)健全产房和妊娠母猪产前、产后的兽医卫生消毒制度。认真解决猪舍排污问题,搞好猪舍环境卫生。

(3)补充适量的维生素、矿物质和微量元素硒,借以提高仔猪的免疫力。

(4)给妊娠母猪注射菌苗,仔猪通过哺乳获得被动免疫。

目前应用的疫苗有:大肠杆菌 K_{88}ac-LTB 双价基因工程苗、K_{88}、K_{99} 二价苗和 K_{88}、K_{99}、987P 三价苗。母猪产前 40 d 和 15 d 各注射 1 次。

2.治疗

选用链霉素溶于水后,每次口服 5 万~10 万 IU,每日 2 次,连续 3 d 以上。喹诺酮类药物,如恩诺沙星、环丙沙星、诺氟沙星等也有良好治疗效果。对仔猪排出水样的严重的黄痢病,可用仔猪腹泻康、氧氟沙星注射液进行肌内注射,并喂服葡萄糖液(添加少量精盐),或应用庆大霉素 8 万单位稀释于 5%的糖盐水中,20 mL 腹腔注射,每日 2 次,连用 2 d。近年来,使用活菌制剂,如促菌生、乳康生和调痢生(8501)等,也有良好效果,但治疗时应全窝给药。有条件时,最好通过药敏试验选择敏感药物治疗,并辅以对症治疗。

任务三　猪水肿病

猪水肿病(Edema disease of swine)是由致病性大肠杆菌引起的断奶仔猪的一种急性、散发性肠毒血症,其特征为仔猪头部水肿、胃壁水肿,共济失调和四肢麻痹。

【病原】本病的病原为溶血性大肠杆菌。

【流行病学】主要发生于断奶仔猪,且以体格健壮、生长快的仔猪最常见。本病春秋季常见,一般只限于个别猪群,不广泛传播。本病发病率不高,但病死率高,病猪常出现内毒素中毒的休克症状而迅速死亡。

【临床症状】断奶猪突然发病,表现精神沉郁,食欲下降至废绝,心跳加快,呼吸浅表,病猪四肢无力,共济失调。静卧时,肌肉震颤,不时抽搐,四肢划动如游泳状,触摸敏感,发出呻吟或鸣叫,后期转为麻痹死亡。整个病期体温不出现升高,同时在部分猪表现出特殊症状,头部、眼睑和脸部水肿,有时波及颈部、腹部皮下,而有些猪体表没有水肿变化。该病病程为 1~2 d,个别可达 7 d 以上,病死率约为 90%~100%。

【病理变化】患猪眼睑水肿，头颈部皮下水肿，面部皮下和眼睑皮下有淡黄色胶冻样病变；肠系膜淋巴结水肿、出血；肠壁水肿、肿胀变厚且透亮，切面呈胶冻样；结肠系膜呈透明的胶冻样水肿，有时整个肠道严重出血；胃大弯和贲门部、胃底黏膜下有厚层的透明（有时带血）的胶冻样水肿物浸润，胃底黏膜常有弥漫性出血，胃内充满凝乳块；全身淋巴结充血、水肿；脑膜充血、脑水肿。

【诊断】根据本病多发生于断奶后肥胖健壮的仔猪，病猪眼睑水肿，叫声嘶哑，共济失调，渐进性麻痹，胃贲门、胃大弯及结肠系膜胶样水肿，淋巴结肿胀等特点，即可初步诊断。必要时从小肠内容物分离大肠杆菌，鉴定其血清型。

【类症鉴别】猪水肿病的神经症状与白肌病、猪伪狂犬病、李斯特菌病、巴氏杆菌病和链球菌病有些相似，其区别点如下。

①白肌病：主要发生于仔猪，体质健壮者多发，突然发病，共济失调，但皮肤发白，骨骼肌呈鱼肉样或煮肉样，心内外膜明显出血，呈桑葚样，故名桑葚心。心脏的切面呈灰黄相间的虎斑样花纹。

②伪狂犬病：主要发生于未断奶的仔猪，有神经症状出现，表现有稽留热，胃及肠系膜没有水肿病变。

③李斯特菌病：也有共济失调，后肢不完全麻痹等症状，各年龄猪均可感染。病猪有体温升高，没有水肿现象，对外界刺激异常敏感，病死猪脑组织可分离到李斯特菌。

④急性巴氏杆菌病：在病猪的颈部也有水肿出现，但无神经症状，无结肠系膜水肿，体温升高，从病猪心血及肺组织可分离到巴氏杆菌。

⑤脑膜炎型链球菌：呈脑炎症状，卧地不起，四肢呈游泳状，但没有眼睑与结肠系膜的水肿病变，有的病猪表现为败血性链球菌病及链球菌性关节炎等症状。

【防治】

1.预防

加强断奶前后的饲养管理，断奶时不要突然改变饲养条件和饲料，防止饲料单一和饲料中蛋白质含量过高。

发现病猪时，应立即调整饲料（喂量不超体重的5%），降低能量和蛋白质饲料，适当添加维生素、矿物质和微量元素，特别应注意补亚硒酸钠VE粉。在饲料中添加阿莫西林、恩诺沙星、土霉素、新霉素等，也可添加磺胺类药物进行预防。断奶或应激时注射长效抗菌药对预防本病有很好的效果。

2.治疗

(1)肌内注射头孢混悬液、强力水肿消注射液，0.5 mL/kg体重。

(2)卡那霉素（25万IU/mL）2 mL、5%碳酸氢钠30 mL、25%葡萄糖40 mL，混合一次静脉注射，每日2次。

(3)配合利尿剂和盐类缓泻剂进行，如呋塞米（速尿）甘露醇等可收到一定效果。

任务四 猪副伤寒

猪副伤寒（Swine paratyphoid）又称猪沙门氏菌病，是由沙门氏菌属不同菌株引起的仔猪的一种传染病。急性型表现为败血症，亚急性型和慢性型以顽固性腹泻和回肠、大肠发生弥漫性坏死性肠炎为特征。

【病原】沙门氏菌为革兰氏染色阴性、两端钝圆的卵圆形小杆菌。除鸡伤寒外,其余都有鞭毛。引起猪沙门氏菌病的血清型相当复杂,主要有猪霍乱沙门氏菌和猪伤寒沙门氏菌。本菌对化学消毒剂的抵抗力不强,常用的消毒药均能将其杀死。

【流行病学】本病常发生于6月龄以下的猪。1～4月龄的猪发病最多,一般呈散发性。病猪和带菌猪是主要的传染源,通过被污染的水源、饲料经消化道传播给易感猪。本病一年四季均可发生。但在多雨、潮湿的季节发病较多。

【临床症状】

1.急性型

多见于断奶前后的仔猪,病猪体温高达41～42 ℃,精神不振,呼吸困难,腹泻,耳和四肢末端皮肤发绀。病死率较高。

2.亚急性型和慢性型

病猪逐渐消瘦,眼有脓性分泌物。长期腹泻,排出灰白色或黄绿色、带恶臭的水样粪便,其中混有大量坏死组织碎片或纤维素性分泌物。皮肤有痂状湿疹。病程持续可达数周,或死亡或成为僵猪。

【病理变化】

1.急性型

病猪耳、胸下、腹下皮肤有蓝紫斑点。全身浆膜与黏膜以及各内脏有不同程度的点状出血。全身淋巴结肿大、出血,尤其是肠系膜淋巴结索状肿大。脾脏肿大,呈蓝紫色,硬度似橡皮,被膜上可见散在出血点。肝脏肿大、充血、出血,有时肝脏实质可见针尖至小米粒大黄灰色坏死点。肾脏皮质可见出血斑点。心包和心内、外膜有点状出血。肺脏常见淤血和水肿,小叶间质增宽,气管内有白色泡沫。卡他性胃炎及肠黏膜充血和出血。

2.亚急性型和慢性型

主要表现为盲肠、结肠坏死性炎症,肠壁增厚,表面覆一层糠麸样的伪膜,有的形成圆形或椭圆形溃疡,严重者肠系膜淋巴结、肝门淋巴结、腹股沟淋巴结等明显肿大、出血、呈现髓样增生,有时形成灰黄色或干酪样坏死灶。肝脏呈不同程度的淤血和变性,有许多针尖大至粟粒大的黄白色坏死点。胆囊充盈、肿胀,个别见有胆囊黏膜坏死。脾脏肿大,被膜有散在的小点状出血和坏死。肺脏间质水肿、增宽,呈支气管肺炎变化。肾脏有灰白色坏死灶。慢性型的猪,有的关节肿胀,关节内有淡黄色积液。

【诊断】亚急性型和慢性型病例,根据临床症状、病理变化等特征病变可作出初步诊断。急性型极易与败血型猪瘟混淆,应通过细菌培养鉴别。沙门氏菌在伊红-亚甲蓝培养基上为无色菌落,在三糖铁培养基上为上红、下黄、底部黑色的条带。确诊需进行血清型鉴定。

【防治】

(1)加强饲养管理,消除发病诱因,保持饲料和饮水的清洁卫生等。在本病常发地区和猪场,对仔猪应坚持菌苗接种。目前国内猪副伤寒弱毒冻干苗,用于1月龄以上哺乳或断奶仔猪,口服或注射接种,能有效地预防猪副伤寒的发生和流行。但使用该菌苗时应注意,抗生素对本菌苗的免疫力有影响,在用苗的前3 d和用苗后7 d应停止使用抗菌药物。

(2)本病常发猪场,应在饲料或饮水中定期添加敏感抗生素(如环丙沙星)进行预防。

(3)发现本病时应立即进行隔离消毒。治疗应与改善饲养管理同时进行，用药剂量要足，维持时间要长。常用抗生素药物有多西环素(强力霉素)、盐酸土霉素、新霉素或诺氟沙星等。剂量为土霉素每日 50～100 mg/kg 体重，新霉素每日 5～15 mg/kg 体重，分 2～3 次口服，连用 3～5 d 后，剂量减半，继续用药 4～7 d。还可选择磺胺类药物进行治疗。使用前最好进行药敏试验，选择敏感药物。

任务五　猪链球菌病

猪链球菌病 (Swine streptococosis)是由链球菌引起的不同临床类型传染病的总称。其特征是急性病例表现为出血性败血症和脑炎、化脓性淋巴结炎；慢性病例表现为关节炎、心内膜炎及组织化脓性炎。

【病原】链球菌为球形菌，直径 0.5～1.0 μm，呈单个、成双和短链排列，链的长短不一，短者仅由 48 个菌体组成，长者数十甚至上百个，在液体培养物中可见长链排列。本菌革兰氏阳性，有的可形成荚膜，不形成芽孢。多数无鞭毛，只有 D 群某些链球菌有鞭毛。

本菌为需氧或兼性厌氧菌，少数为专性厌氧菌。致病性链球菌对培养条件要求较严格。在培养基中加入血清、血液才能良好生长，最适 pH 为 7.4～7.6。血清琼脂平板中 37 ℃培养 24 h 后，形成灰白色、圆形、透明、闪光、中央隆起、表面光滑的露珠状小菌落。在明胶内穿刺沿穿刺线形成一串细小珠状生长物。

本菌按其对鲜血琼脂中红细胞的作用，可分为 3 种。

(1)溶血性链球菌　又称 β 群，致病性的链球菌多属此群。溶血性链球菌产生可溶性溶血素，溶解红细胞，析出血红蛋白，在菌落周围有宽 2～4 mm 透明的溶血环，用低倍镜观察溶血环内已无完整的红细胞。

(2)草绿色链球菌　又称 α 群。致病力一般较弱，引起局部化脓性炎症。在菌落周围有草绿色溶血环，宽 1～2 mm，低倍镜下可见红细胞大部分未被溶解，呈不完全溶血。

(3)不溶血链球菌　又称 γ 群。寄生于动物黏膜，一般认为无致病力或致病力不强。在菌落周围无溶血环。

据兰氏血清学分类法，将链球菌分成 A、B、C、D、E、F、G、H、K、L、M、N、O、P、Q、R、S、T、U、V 等 20 个血清群。A 群主要对人类致病，如猩红热、扁桃体炎及各种炎症和败血症。引起猪链球菌病的主要是 C 群、D 群、E 群。

【流行病学】

各种年龄的猪都有易感性，断奶前后仔猪以及体重 30～50 kg 阶段猪多发，败血症型、脑膜炎型多见于仔猪，而淋巴结炎型多见于中猪。

病猪、临床康复猪和健康猪均可带菌而成为传染源。经呼吸道和消化道传染，病猪与健康猪接触，或由病猪排泄物(尿、粪、唾液等)污染饲料、饮水、用具等引起猪只大批发病。伤口是重要传播途径，新生仔猪可通过脐带感染。阉割时消毒不严，常造成本病发生。

本病流行无明显季节性，但在空气湿度较大的季节多发。一般呈地方流行性，本病传入之后，往往在猪群中陆续出现。

【临床症状】

1.败血症型

在流行初期常有最急性病例，往往头晚未见任何症状，次晨已死亡；或者停食一二顿，体温41.5～42 ℃以上，精神委顿，腹下有紫红斑，易出现死亡。急性型病例，常见精神沉郁，体温41 ℃左右，呈稽留热，减食或不食，眼结膜潮红，流泪，有浆液性鼻液，呼吸浅而快。少数病猪在疾病后期，于耳、四肢下端、腹下有紫红色或出血性红斑。有的病猪跛行，病程2～4 d。

2.脑膜脑炎型

多见于仔猪，病初体温升高，不食，便秘，有浆液性或黏液性鼻液。继而出现神经症状，运动失调，转圈，空嚼，磨牙，或突然倒地，口吐白沫，四肢呈游泳状划动，甚至昏迷不醒。

3.化脓性淋巴结炎型

多见于下颌淋巴结，其次是咽部和颈部淋巴结。受害淋巴结肿胀，坚硬，有热痛，可影响采食、咀嚼、吞咽和呼吸，有的咳嗽、流鼻液，待化脓成熟，肿胀中央变软，便形成白色、黏稠、无臭味的脓汁。该病型不引起死亡。

4.关节炎型

由前两型转来，或者从发病起即呈关节炎症状，表现一肢或几肢关节肿胀，疼痛，跛行，甚至不能站立，病程2～3周。

此外，链球菌还可引起猪的脓肿，子宫炎、乳腺炎、咽喉炎、心内膜炎及皮炎等。

【病理变化】

1.急性败血型

以出血性败血症病变和浆膜炎为主，血液凝固不良，皮肤呈弥漫性潮红和紫斑。全身淋巴结不同程度的肿大、充血和出血。胸腹腔液体增多，含纤维素性渗出物。心包积液，淡黄色，有时可见纤维素性心包炎。心内膜有出血斑点，心肌呈煮肉样。脾明显肿大，呈暗红色或蓝紫色，少数病例可见脾边缘有黑红色出血性梗死灶。肺充血肿胀，喉头、气管充血，内含大量泡沫。肝大，胆囊水肿、囊壁增厚。胃、肾和脑膜有不同程度的充血，偶有出血。

2.脑膜脑炎型

脑膜充血、出血，脑脊髓液混浊、增量，有多量的嗜中性粒细胞，脑实质有化脓性脑炎变化。其他病变类似败血性链球菌病。

3.关节炎型和心内膜炎型

关节囊内有黄色胶冻样液体或黄白色黏稠的脓性物。

心内膜炎病例，心脏瓣膜增厚，表面粗糙，常在二尖瓣或三尖瓣有菜花样赘生物。

【诊断】淋巴结脓肿型，症状单一而较特殊，容易得出初步诊断。其他各型症状和病变复杂，无明显特征，容易与其他疾病混淆，需进行实验室检查才能确诊。

(1)实验室检查　采取病料涂片、染色镜检；将病料接种于血液琼脂培养基进行病菌的分离培养；并进行生化鉴定及动物接种。

(2)败血症型　链球菌病易与急性猪丹毒、猪瘟相混淆；脑膜脑炎型易与李氏杆菌病相混淆，应注意区别。

1. 急性猪丹毒

死于链球菌病的猪，其脾脏显著肿大，并常伴发纤维素性脾被膜炎，多因严重出血而呈黑红色；而猪丹毒的脾脏虽然也肿大，但常因充血而呈樱桃红色，罕有发生纤维素性脾被膜炎和严重的出血者。采取脾、肾、血液涂片，染色镜检，可见到革兰氏阳性，呈紫色小杆菌。

2. 猪瘟

患猪瘟的病猪皮肤上有密集的小出血点或出血斑块，有化脓性结膜炎，脾脏不肿大，常于脾脏的边缘见到出血性梗死灶，病猪多无关节炎病，病程较长，各种治疗无效；而猪链球菌病的皮肤呈紫红色并有淤血斑和少量出血点，脾脏明显肿大，呈紫红色，边缘少见有出血性梗死灶，病猪常伴发不同程度的关节炎（尤以四肢为多见），用抗生素治疗有效。

3. 李氏杆菌病

李氏杆菌病和链球菌病在临床上都出现明显的神经症状，但李氏杆菌病性脑炎的炎性细胞是以单核细胞为主，病变部位主要在脑干，特别是脑桥、延髓和脊髓变软，有小的化脓灶。镜检见脑软膜、脑干后部，特别是脑桥、延髓和脊髓的血管充血，血管周围有以单核细胞为主的细胞浸润，或发生弥漫性细胞浸润和细微的化脓灶。而链球菌病是以中性粒细胞浸润为主，多形成化脓性脑膜脑炎，病变多位于大脑的浅层。

【防治】

1. 治疗

将病猪隔离，按不同病型进行相应治疗。患淋巴结脓肿时，待脓肿成熟变软后，及时切开，排除脓汁，用3%过氧化氢或0.1%高锰酸钾冲洗后，涂以碘酊，或用依沙吖啶纱布条引流。

对败血症型及脑膜炎型，早期大剂量使用抗菌药物，是降低病死率的关键。如青霉素、庆大霉素、氟喹诺酮类、磺胺类药、氟苯尼考、四环素、头孢噻肟、头孢曲松钠等。

重症病猪最好静脉给药：

(1)可首选青霉素，每次320万～480万IU，肌内注射或静脉注射。

(2)选择第三代头孢菌素：头孢曲松钠2.0 g，加入5%的葡萄糖液100 mL中，静脉注射，12 h 1次。或头孢噻肟2.0 g，加入5%葡萄糖液100 mL中，静脉滴注，8 h 1次。根据酸中毒的严重程度，适时补充碳酸氢钠溶液。有条件时，根据药敏报告结果调整治疗方案。

(3)脑膜炎的处理，20%的甘露醇注射液250 mL，快速静脉注射，4～8 h 1次，病情好转，改为12 h 1次。严重时，在注射甘露醇的同时，可使用呋塞米20～100 mg或50%的葡萄糖注射液40～60 mL静脉注射，并可应用地塞米松10～20 mg，每天1～2次，静脉注射，连续应用4～10 d，防治脑水肿。应用地塞米松等糖皮质激素治疗可抑制机体异常的免疫病理反应，减轻全身炎症反应，从而改善休克和脑膜炎的症状，疗效较好。

2. 预防

(1)防止创伤的发生和创口的感染　清除猪舍中的尖锐物，新生仔猪应无菌结扎脐带，并用碘酒消毒。

(2)免疫预防　目前常用的疫苗有猪链球菌灭活苗和猪链球菌弱毒疫苗（如ST171）。参考免疫程序：母猪产前14～21 d，3～5 mL/头，断奶后仔培猪3～5 mL/头。另外，使用本场分离菌株制备的链球菌灭活苗也能起到很好的预防保护效果。

任务六　猪渗出性皮炎

猪渗出性皮炎(Exudative epidermitis of pigs)又称“油性皮脂漏”“猪接触传染性脓疮病”及“油皮病”等，是由猪葡萄球菌引起的哺乳仔猪或早期断乳仔猪的一种急性致死性浅表脓性皮炎。

【病原】渗出性皮炎的病原是葡萄球菌，为革兰氏阳性球菌，在绵羊血琼脂上形成白色、不溶血的菌落。本菌分为有毒力型和无毒力型。有毒力型的菌株，主要是产生表皮脱落毒素，引起仔猪致病。本菌对结晶紫、青霉素、卡那霉素、红霉素、金霉素等高度敏感，对氯霉素、磺胺类不敏感。猪葡萄球菌抵抗力强，在外界环境中存活时间长。

【流行病学】本病在哺乳仔猪中零星发生。在初产青年母猪的仔猪和断奶仔猪当中会造成很大的损失。此病散发，发病率和死亡率均低，偶然流行达90%。本病主要是由皮肤擦伤引起。

【临床症状】

(1)急性型　多发生于乳猪和仔猪。于眼周、耳、吻突、唇扩延到四肢、胸腹下部和肛门周围的无毛或少毛部，出现红斑、结痂，或角化层的灶状糜烂，继而出现淡黄色小水泡，并在被毛基部蓄积黄褐色渗出液。靠近毛囊口处发生环绕有充血带的小丘疹，病变通常在24～48 h变为全身化。当水泡破裂后，其内的渗出液与皮屑、皮脂及污垢等混合。此时，病猪全身体表被覆特征性、厚层黄褐色油脂样恶臭渗出物(图2-2-1)；当这些物质干燥后，则形成微棕色鳞片状结痂，其下面的皮肤显示鲜明的红斑。有些患猪还呈现溃疡性口炎；四肢发生严重的渗出性表皮炎时，常可累及蹄部，此时蹄底部发现溃疡(2-2-2)。

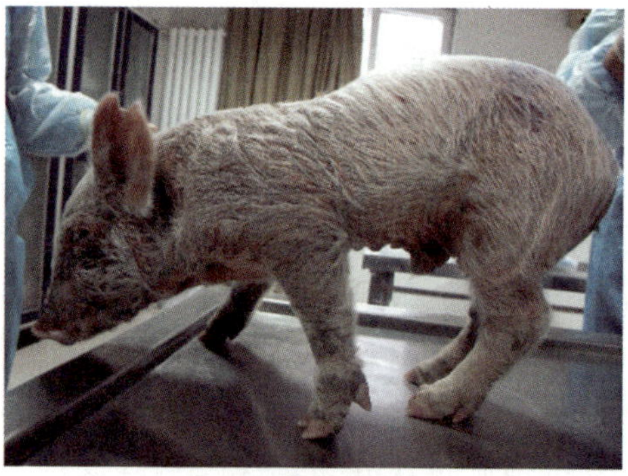

图2-2-1　皮肤表面有一层棕色油腻并有臭味的痂

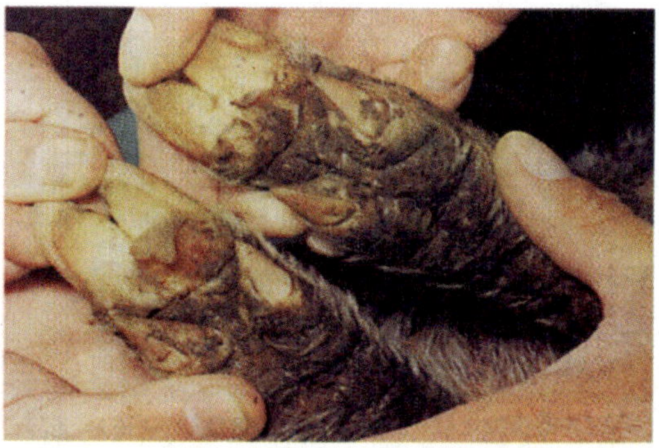

图2-2-2　蹄底溃疡形成

(2)亚急性型　病变常局限于鼻、吻突、耳、四肢及背部。受损皮肤显著增厚，形成灰褐色形状不整的红斑和结痂；当病变全身化时，有明显鳞屑脱落。

另外，本病也发生于育成猪或母猪(多见于乳房部)，通常在耳郭及背部见有污秽不洁的渗出性黑褐色结痂；病情较重、病变发展时，则形成红斑和溃疡；当继发感染后，常形成脓皮病而使病情加重。

【病理变化】

1.早期

皮肤变红，有清亮的渗出物，腹部皮肤轻刮即可剥离。

2.晚期

猪皮肤表面有层厚的、棕色、油腻并有臭味的痂。

3.恢复期

皮肤结痂，死亡猪脱水、消瘦、外周淋巴结水肿。

【诊断】依据临床症状和病理变化即可作出诊断。确诊需对患处、感染组织进行细菌分离鉴定。

易与猪渗出性皮炎混淆的疾病有螨虫（搔痒，脱毛，显微镜下可找到螨虫）、癣（扩散性的表层病变，可分离到真菌）、玫瑰糠疹（病变在形成堤状边缘和痂垢之下向周围扩展，而中央痊愈，形成一种像玫瑰样的环状扩散，不致死，病变部含有脂质），缺锌症（断奶猪有对称的干燥病变）等，应注意鉴别诊断。

【防治】

(1)改善卫生状况，减少擦伤。

(2)可选用青霉素、氨苄西林、阿莫西林、壮观霉素、林可霉素、头孢拉定等进行注射治疗，连用5 d；或根据药敏试验结果选用高敏药物进行治疗；病变处皮肤涂擦抗生素，如红霉素、金霉素或结晶紫溶液等也有很好的效果。

(3)患猪出现严重脱水时，需口服补液盐补液。

任务七　布鲁氏菌病

布鲁氏菌病(Brucellosis)简称布病，是由布鲁氏菌属细菌引起的急性或慢性的人畜共患传染病。临床上主要侵害生殖器官，引起胎膜发炎，流产，不育，睾丸炎，关节、滑液囊炎及各种组织的局部病灶。

【病原】布鲁氏菌为革兰氏阴性菌。初次分离培养时，多呈球杆状，次代培养时，猪布鲁氏菌逐渐转变成小杆状。大、小为(0.5～0.7) μm×(0.6～1.5) μm，散在，无芽孢及鞭毛，个别菌株可产生荚膜。能被常用的碱性染料着色，但对某些染料具有迟染的特点。以此原理设计的沙黄-孔雀绿(碱性亚甲蓝)染色法，本菌染成红色，其他细菌及组织细胞则呈绿色。

本菌对外界因素的抵抗力较强，在污染的土壤、水、粪尿及饲料中可生存一至数月，在胎衣、胎儿体内存活4～6个月。对热和消毒药的抵抗力不强，常用消毒药能迅速将其杀死。

【流行病学】本菌传染源主要是病畜和带菌动物，尤其是受感染的妊娠母畜。病原菌可随感染动物的精液、乳汁、脓液，特别是流产胎儿、胎衣、羊水以及子宫渗出物等排出体外，通过污染饮水、饲料、用具和草场传染。通过消化道感染，也可通过结膜、皮肤、交配感染多种动物，家畜中以牛、猪、山羊、绵羊易感性较高，其他动物如水牛、牦牛、羚羊、鹿、骆驼、猫、狼、犬、马、野兔、鸡、鸭及啮齿类等都可以自然感染。随性成熟易感性增高，孕畜最易感染。

本病无明显的季节性，在产仔季节多发，一般为散发性。在疫区，第一胎发生流产后多不再发生流产，也有连续几胎流产的。

【临床症状】潜伏期短的2周，长的可达半年。常为隐性经过，流产可发生在妊娠的任何阶段，一般发生在妊娠后第4～12周，有的在妊娠第2～3周发生隐性流产，也有的在接近妊娠期满早产。流产前常表现精神沉郁，体温升高，食欲减退，阴唇和乳房肿胀，阴道黏膜潮红、水肿，有时阴道流出灰白色黏性或脓性分泌物。羊水多清亮，有时混浊含有絮状物，胎儿多为木乃伊胎、死胎或弱胎，流产后很少发生胎衣滞留，一般产后8～10 d可以自愈。少数发生胎衣滞留，阴道流出污红色分泌物，引起子宫内膜炎和不孕。还见有皮下脓肿、乳腺炎、关节滑膜炎或腱鞘炎等。公猪感染后多发生睾丸炎和附睾炎，全身发热，局部疼痛，不愿配种。

【病理变化】流产胎儿有的是木乃伊胎，有的是死胎，死胎表面水肿、出血；有的是弱仔，可能还有正常的仔猪。这是由于猪的各个胎衣互不相连，胎儿受感染的程度和死亡时间不同所致。子宫黏膜上有许多粟粒大、黄色坏死小结节，含有脓样或干酪样物，即“珍珠胎衣”。胎盘充血、水肿，有出血点，肥厚，表面有一薄层淡黄色或淡褐色黏液脓性渗出物。胎儿皮下水肿，在脐带周围充血、出血明显，并由此渗入体腔，水肿液常被血液染成红色。睾丸、附睾明显肿大，实质上有豌豆大的坏死灶，有钙盐沉着，睾丸、鞘膜常与皮下组织粘连。

关节病变开始呈滑膜炎，进而发展为化脓性或纤维素性化脓性关节炎。皮下发生布鲁氏菌性结节性脓肿病变。

【诊断】猪场有多头母猪同时或相继发生流产，流产胎儿、子宫黏膜和胎盘有本病的特征病理变化，关节炎、公猪睾丸炎可疑为本病。本病多呈隐性感染，因此从流行病学、临床症状、病理变化对本病只能作出初步诊断。

实验室诊断的方法有细菌学检查、平板凝集试验、试管凝集试验、变态反应、补体结合试验、酶联免疫吸附试验等。

1.细菌学检查

用流产胎儿胃内容物或母猪阴道分泌物等制成菲薄的涂片，用沙黄－孔雀绿染色法染色，布鲁氏菌被染成淡红色，小球状杆菌。其他细菌或细胞为绿色或蓝色。

2.凝集反应

动物感染布鲁氏菌的第4～5天后，血液中即出现凝集素。随后凝集滴度逐渐增高，能持续1～2年或更久，以试管凝集反应检查时，猪在1∶50达“＋＋”或“＋＋”以上者，判为阳性反应，在1∶25达“＋＋”时为疑似反应。大群检疫时，为提高效率，可用玻板凝集反应，猪血清在0.04 mL处凝集，判为阳性反应；在0.08 mL处凝集时，则为疑似反应。

判为可疑的猪，3～4周后应采血重检，如仍为可疑反应。可按以下情况来确定，即该群中既无本病的流行病情况发生，也无临床病例出现，血检也无阳性时，则可判为阴性反应。

3.虎红平板凝集反应

虎红平板凝集反应是最简单实用的检测方法。虎红布鲁氏菌有色抗原呈酸性，且具有缓冲作用，并能抑制引起非特异性反应的IgM活性和增强特异性IgG的活性，使反应的敏感性提高，特异性优于常规试管凝集反应。检验时，取被检血清与虎红抗原各0.5 mL，滴加于平板上混匀，放置4～10 min观察结果。出现凝集现象，即可判为阳性反应，否则判为阴性反应。

布鲁氏菌虎红平板凝集试验

4.鉴别诊断

布鲁氏菌病主要症状是流产，而伴发流产的疾病很多，应注意与钩端螺旋体病、伪狂犬病、猪细小病毒病、化脓放线菌感染、乙型脑炎等鉴别。

布鲁氏菌与耶氏菌 O_9、土拉伦氏菌、沙门氏菌、大肠杆菌、霍乱弧菌、巴氏杆菌等可产生血清学交叉反应。另外，猪血清具有低凝集布鲁氏菌的能力。这些情况将影响血清学方法的诊断。

【防治】

1.定期检疫

猪在 5 月龄以上检疫为宜，疫区内接种过菌苗的应在免疫后 12～36 个月时检疫。疫区检疫每年至少进行 2 次。检出的病猪，应一律屠宰作无害化处理。

2.培育健康猪群

仔猪在断乳后即隔离饲养。2 月龄及 4 月龄时检验 1 次，如全为阴性即可为健康仔猪。

3.布鲁氏菌病尚无特效疗法

一般采用淘汰病猪来防止本病的流行和扩散，并且将被污染的牲畜圈养进行全面的消毒。对牲畜遗留的羊水、胎衣等物消毒，做到无害化处理。各个地区的兽医局需要对境内存在的养殖场排查，牲畜需要在每个季度都使用凝集反应对其是否患病进行严格的检测。检测结果需要牲畜群体连续 2 次出现阴性才算符合标准。严格防止疫情传播，当地的动物卫生监督机构要基于境内加大管制力度，对售卖、贮藏等人员的违法行为，进行严厉打击。

4.免疫防治

菌苗接种只能保护健康猪不受感染，并不能制止病猪排菌。最好的办法是采用淘汰病猪和菌苗接种相结合，断乳后任何日龄的猪均可应用猪二号弱毒菌苗（S2 菌苗），除怀孕母猪不能用注射法，其他猪可用口服、皮下注射、肌内注射及气雾等多种方法接种，免疫期 1 年。不受布病威胁和已控制的地区，主张不接种菌苗或不继续接种菌苗。

任务八　副猪嗜血杆菌病

副猪嗜血杆菌病（Haemophilus parasuis infection）又称革拉泽氏病，是由副猪嗜血杆菌引起的猪的多发性浆膜炎和关节炎。以胸膜炎、肺炎、心包炎、腹膜炎、关节炎和脑膜炎为特征。

副猪嗜血杆菌病(上)

副猪嗜血杆菌病(下)

【病原】副猪嗜血杆菌为革兰氏阴性、具多种不同形态的细菌，从单个的球杆菌到长的、细长的，以至丝状的菌体，通常可见荚膜，但体外培养时易受影响。该菌生长时严格需要 V 因子（烟酰胺腺嘌呤二核苷酸），其在巧克力培养基上培养 24～48 h 生长较差，为光滑型、灰白色透明、直径大约 0.5 mm 的菌落。如与金黄色葡萄球菌共同培养，在葡萄球菌条状菌苔附近呈卫星状生长，菌落直径可达 1～2 mm。

本菌对外界抵抗力不强。干燥环境中易死亡，60 ℃经 5～20 min 被杀死，4 ℃存活 7～10 d。常用消毒药可将其杀死。

【流行病学】病猪或带菌猪是主要传染源。该细菌寄生在鼻腔、扁桃体、气管等上呼吸道内，是一种条件性致病菌，主要通过猪的相互接触经空气、消化道等途径感染。本菌只感染猪，以 5～8 周龄的培育仔猪多见，尤其是断奶后 10 d 左右的猪。发病率一般在 10%～15%，病死率可达到50%。

本病的发生与环境应激有关，如气温变化、空气质量、饲料或饮水供应不足、运输等。不同的畜群混养，或在猪群中引入新种猪时，副猪嗜血杆菌是个严重的问题。合并感染也是该病发生的一个重要原因，尤其是在患有免疫抑制性疾病的猪群，如在猪繁殖与呼吸综合征、猪圆环病毒感染的猪群中很容易发生和流行，呈现继发或混合感染，并使病情加重。

【临床症状】健康猪感染3～7 d后发病，哺乳仔猪和培育仔猪多发浆膜炎和关节炎。急性病例最早出现的临床症状是发热，病猪体温一般在40～41 ℃，眼睑发红、肿胀(图2-2-3)；食欲不振，甚至厌食，反应迟钝，关节肿大，跛行(图2-2-4)，并表现疼痛；腹股沟浅淋巴结肿大；病情严重时出现呼吸困难，气喘、腹式呼吸等症状，有的病猪出现震颤、共济失调，临死前表现角弓反张或四肢划水等症状。慢性病例呈非典型症状，与链球菌、猪蓝耳病等混合感染时病死率很高，可高达50%～80%。

图2-2-3 眼睑发红、肿胀

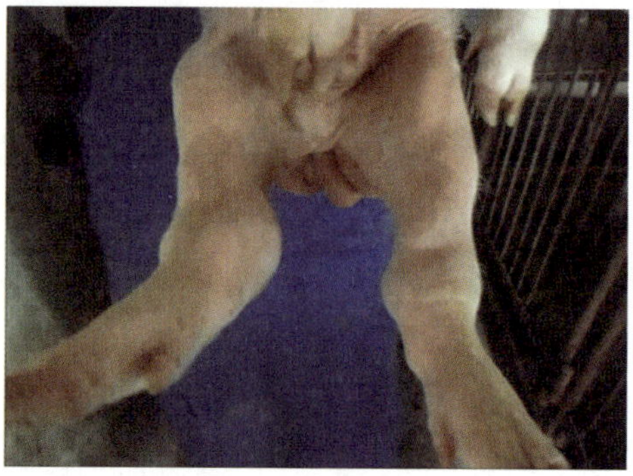

图2-2-4 关节肿大、跛行

【病理变化】主要表现为多发性浆膜炎和多发性关节炎。心包、胸腔、腹腔有大量纤维蛋白渗出物，表现为纤维素性心包炎、纤维素性肺炎、纤维素性胸膜炎、纤维素性腹膜炎(图2-2-5、图2-2-6)；淋巴结肿大，切面出血或呈灰白色；关节肿大，尤其是腕关节和跗关节肿大明显，切开关节腔，可见清亮透明或黄色胶冻样液体；脑软膜充血、淤血和出血。镜检，脑膜血管扩张、充血并有出血性变化，脑膜内有大量嗜中性粒细胞浸润，多呈化脓性炎症变化。

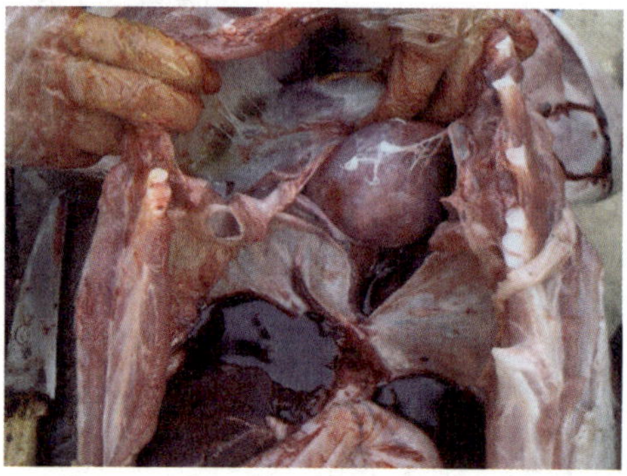

图2-2-5 胸膜粘连、纤维素心包炎

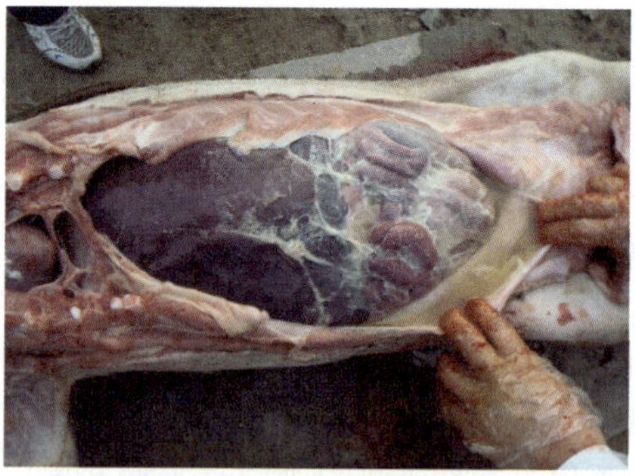

图2-2-6 纤维素性腹膜炎

【诊断】根据流行病学调查、临床症状和病理变化可做出初步诊断。主要临床表现为咳嗽、呼吸困难、消瘦、跛行和被毛粗乱。剖检病变为心包炎、胸膜炎、腹膜炎、关节炎、脑膜炎等。

要确诊需要进行细菌的分离培养、鉴定和血清学的实验室诊断。

在鉴别诊断上应注意与猪丹毒、链球菌病等相区别。

1. 慢性猪丹毒

本病除发生多发性关节炎之外，往往同时出现特征性的疣性心内膜炎和皮肤大块坏死；通常没有胸膜炎、腹膜炎和脑膜炎变化。

2. 败血性链球菌病

本病除可见纤维素性胸膜炎、心包炎和化脓性脑膜脑炎外，还可见到脾脏显著增大，并常伴发纤维素性脾被膜炎。用病变组织进行涂片检查或分离培养可发现链球菌。

【防治】

1. 治疗

药敏试验结果，副猪对头孢噻肟、头孢噻呋钠、阿奇霉素、氟苯尼考、多西环素（强力霉素）等抗生素敏感。对阿莫西林、头孢菌素Ⅴ中度敏感。对复方新诺明、磺胺异恶唑、链霉素、卡那霉素、庆大霉素、四环素、氧氟沙星、恩诺沙星等耐药。

2. 预防

许多国家研制了副猪嗜血杆菌灭活疫苗。在制定免疫程序时，应掌握以下因素：母猪接种后可对4周龄以内的仔猪产生免疫力。如果后备母猪和仔猪都接种疫苗，仔猪感染副猪嗜血杆菌的可能性就很小。母源抗体一般不影响仔猪的免疫接种。

目前市场上生产的副猪嗜血杆菌疫苗效果不稳定，因为在一个猪群中可能出现副猪嗜血杆菌的几个菌株或血清型，甚至在同一猪体内也可能发现不同的菌株或血清型。不同血清型不能产生完全的交叉保护，所以不同猪场的保护率不同。

任务九　猪传染性胸膜肺炎

猪传染性胸膜肺炎（Porcine infectious pleuropneumonia，PIP）是由胸膜肺炎放线杆菌引起的猪呼吸系统的一种严重的接触性传染病。本病以急性出血性胸膜肺炎和慢性纤维素性坏死性胸膜肺炎为特征。目前本病分布在全世界所有养猪国家，给工厂化养猪业造成巨大的经济损失，在国际上被公认为是危害现代养猪业的重要传染病之一。

【病原】本病病原体为胸膜肺炎放线杆菌（*Actinobacillus pleuropneumonia*，APP），为革兰氏阴性小球杆菌，并具有多型性，菌体表面有荚膜。在巧克力琼脂培养基上培养24～48 h，形成不透明淡灰色菌落（图2-2-7）。根据培养时对NAD（烟酰胺腺嘌呤二核苷酸）的依赖性可将APP分为生物Ⅰ型和生物Ⅱ型，其中生物Ⅰ型为NAD依赖菌株，对猪有致病性。根据荚膜抗原与细菌脂多糖的不同又将生物Ⅰ型分为12个血清型，其中血清5型又分5A和5B两个亚型。不同血清型之间的毒力有差异，其中1型最强。我国主要以血清7型为主，2、3、5、8型也存在。本菌抵抗力不强，易被一般消毒药杀灭，但对林可霉素、壮观霉素有

图2-2-7　在巧克力培养基上的胸膜肺炎放线杆菌菌落

一定的抵抗力。

【流行病学】各种年龄的猪均易感。病猪和带菌猪是本病的传染源。病菌主要从鼻腔排出后形成飞沫，经呼吸道传播，拥挤和通风不良可加速传播。种公猪在本病的传播中也起主要作用。

本病具有明显的季节性，一般多发生于春季和秋季。饲养环境突然改变、密集饲养、通风不良、气候突变及长途运输等诱因可引起本病发生，因此又称"运输病"。

【临床症状】本病根据病程经过可分为最急性型、急性型、亚急性型和慢性型。

1.最急性型

病猪突然发病，体温 41.5 ℃以上，精神沉郁，食欲不振。有明显的呼吸道症状，从口鼻流出泡沫样淡血色的分泌物，可于 24～36 h 死亡，个别猪死前见不到症状，病死率高达 80%～100%。

2.急性型

病猪体温 41.5 ℃以上，拒食，呼吸困难，有的张嘴呼吸、咳嗽，由于饲养管理及气候条件的影响，病程长短不定，可能转为亚急性型或慢性型。

3.亚急性型和慢性型

病猪轻度发热或不发热，食欲减退，间歇性咳嗽，不愿活动，有不同程度的一过性或间歇性咳嗽，生长迟缓。慢性感染猪群中，如果和其他呼吸道疾病混合感染，可使症状加重。个别患猪可发生关节炎及在不同部位出现肿胀。

【病理变化】主要病变为肺炎和胸膜炎，80%病例胸膜表面有广泛性纤维素性沉积，胸腔液增多，呈红褐色，内含较多的纤维素性渗出物及凝块，肺广泛性充血、出血、水肿和肝变。气管和支气管腔内有大量的血色液体和纤维素凝块。有的猪腹腔和关节腔有纤维素沉着。

1.最急性型

气管、支气管腔内充满血色泡沫状液体，胸腔和心包腔充满浆液性或血色渗出物，气管黏膜水肿、出血、变厚；肺炎多为两侧性，肺充血、出血、水肿，后期肺炎病灶变硬呈肝样变。

2.急性型

纤维素性出血性及纤维素性坏死性支气管肺炎变化。病变区有纤维素渗出、坏死和不规则的出血，肺间质增宽。纤维素性胸膜肺炎蔓延整个肺脏使肺和胸膜粘连。肺有小豆大至鸡蛋大的界限明显的坏死和脓肿。常伴发心包炎，肝脾肿大，色变暗，有的腹腔出现大量纤维素性渗出物。

3.亚急性和慢性病例

可见肝样变的肺炎区，表面有结缔组织化的粘连附着物，肺炎病灶呈硬化或坏死性病灶并与胸膜粘连。

病理组织学变化　最急性型病例肺炎区肺泡充满炎性水肿液或纤维蛋白和红细胞；在急性型病例肺泡和支气管腔内充满纤维蛋白和嗜中性粒细胞或纤维蛋白被成纤维细胞所机化。

【诊断】本病发生突然与传播迅速，伴发高热和严重呼吸困难，早期会发现个别猪死前从口鼻流出带血性的泡沫样分泌物，死亡率高。死后剖检见肺脏和胸膜有特征性的纤维素性胸膜肺炎、纤维素性胸膜炎，以此可进行诊断。确诊需要进行细菌检查、血清学和分子生物学诊断。

在鉴别诊断时，应注意与猪肺疫、猪支原体肺炎等相区别。

1.猪肺疫

本病与猪肺疫的症状和肺部病变都相似，较难区别，但急性猪肺疫常见咽肿胀，皮肤、皮下组织、浆膜和黏膜以及淋巴结有出血点，而猪接触传染性胸膜肺炎的病灶局限于肺和胸腔。猪肺疫的病原体为两极着染的巴氏杆菌，而猪接触传染性胸膜肺炎的病原体为球杆状或多形态的胸膜肺炎放线杆菌。

2.猪支原体肺炎

本病与猪支原体肺炎的症状有些相似，但猪支原体肺炎的体温不高，病程长，肺变对称，呈胰样或肉样变，病灶周围无结缔组织包裹，而有增生性支气管炎变化。

【防治】

(1)搞好猪舍的日常环境卫生，加强饲养管理，减少各种应激因素。

(2)对无本病的猪场，在引进猪前应进行隔离检疫，防止引进阳性猪。坚持抗体检测，淘汰阳性猪，建立净化猪群。

(3)用从当地分离的菌株制备灭活苗，对母猪进行免疫接种能有效控制胸膜肺炎的发生。

(4)饲料中添加枝原净、多西环素(强力霉素)、氟甲砜霉素或北里霉素，连续用药5～7 d，有较好的疗效。有条件的最好做药敏试验，选择敏感药物进行治疗。抗生素治疗尽管在临床上取得一定成功，但并不能在猪群中消灭感染。

任务十　猪传染性萎缩性鼻炎

猪传染性萎缩性鼻炎(Swine infectious atrophic rhinitis，AR)是由支气管败血波氏杆菌和产毒素多杀性巴氏杆菌引起的猪慢性呼吸道传染病。以鼻炎、鼻中隔扭曲、鼻甲骨萎缩、生长迟滞等为主要特征。患猪生长性能、饲料利用率、机体抗病力均下降，给集约化养猪造成巨大的经济损失。

【病原】本病的病原为支气管败血波氏杆菌和产毒性多杀性巴氏杆菌；单独感染支气管败血波氏杆菌可引起较温和的非进行性鼻甲骨萎缩，一般无明显鼻甲骨病变；感染支气管败血波特氏杆菌和非产毒性多杀性巴氏杆菌，有不同的鼻甲骨萎缩；感染支气管败血波特氏杆菌后再感染产毒性多杀性巴氏杆菌时，则常引起严重的鼻甲骨萎缩。此外，营养缺乏、拥挤、过冷、过热、通风不良、空气污浊、长期饲喂粉料，甚至遗传因素等均可促进本病发生。其他如绿脓杆菌、放线菌、猪细胞巨化病毒、疱疹病毒也参与致病时，病变加重。

支气管败血波特氏杆菌为革兰氏阴性的小球杆菌，两极浓染，常呈散在或成对排列，偶见有短链，有周身鞭毛，有的有荚膜。本菌为需氧菌，培养基中加入血液可助其生长，呈β溶血。在葡萄糖中性红琼脂平板上，菌落中等大小，呈透明烟灰色。

本菌对外界抵抗力不强，一般消毒剂如1%～2%氢氧化钠溶液、5%石灰乳溶液、1%漂白粉溶液等，均可将其杀死。

【流行病学】各种年龄的猪均可感染，发病率随年龄增长而下降。1月龄内感染，常在数周后发生鼻炎，并引起鼻甲骨萎缩。断奶后感染，一般不表现症状，只产生轻微病变，有的只有组织学变化，成为隐性带菌猪。

病猪和带菌猪为本病的传染源。其他动物如犬、猫、家畜(禽)、兔、鼠、狐及人均可带菌，甚至引起鼻炎、支气管炎等，因此也可成为传染源。本病主要是通过飞沫或与带菌母猪接触经呼吸道感染，再通过水平传播扩大感染。

本病在猪群传播缓慢，多为散发或地方流行。

【症状】本病开始出现症状时，多见于断奶以后的仔猪。表现鼻炎症状，流浆液性或黏液脓性鼻液，不断擦鼻、打喷嚏，喷嚏之后，流出少量清液或黏液脓性鼻液。有些病猪由于强力喷嚏，损伤鼻黏膜浅表血管，而发生不同程度鼻衄。由于鼻黏膜肿胀及分泌物过多，常造成鼻塞，病猪表现吸气性呼吸困难，并发出鼾声。在发生鼻炎的同时，由于鼻泪管阻塞，眼角流泪，在眼眶下皮肤出现半月形的湿润区，沾上尘土后变成黄色、灰色或黑色斑块，称为泪斑（图 2-2-8）。一些猪只若病情不再继续发展，上述症状数周后消失。若病情继续发展，则出现鼻甲骨萎缩变化，两侧鼻甲骨同时萎缩，外观鼻短缩，向上翘起，形成短鼻猪或上下颌咬合不全；由于皮肤和皮下组织发育不受影响，使鼻盘后部皮肤形成较深的皱褶；额窦不能正常发育，使两眼间距变窄和头部轮廓变形；一侧鼻甲骨萎缩严重，使鼻弯向同侧，形成歪鼻子猪（图 2-2-9）；生长发育停滞，多数成为僵猪，严重影响育肥。

图 2-2-8　眼角有黑色泪斑

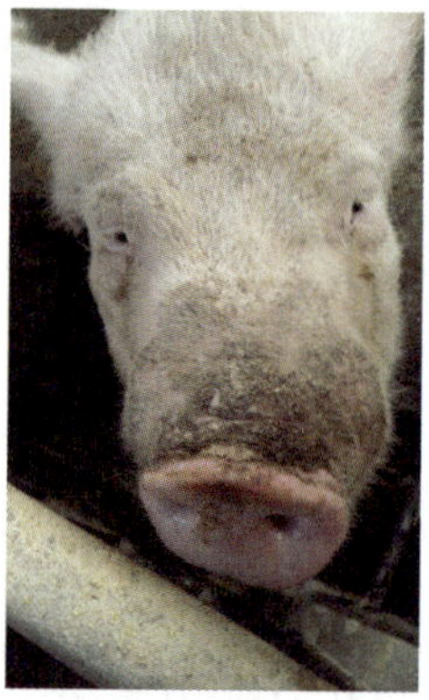

图 2-2-9　歪鼻子猪

有的病例由于病原菌侵入肺脏，引起肺炎，则发生咳嗽，呼吸更加困难；个别病猪还因病原体蔓延到脑，而出现脑炎症状。

【病理变化】剖检病变仅局限于鼻腔及附近组织。鼻黏膜发炎、充血，有时带浆液性或黏液脓性渗出物。特征病变是鼻甲骨萎缩，尤其是鼻甲骨下卷曲最为常见。严重者鼻甲骨完全萎缩，鼻中隔部分或完全弯曲，鼻腔可能呈现一个鼻腔空洞（图 2-2-10 至图 2-2-13）。

图 2-2-10　正常鼻甲骨

图 2-2-11　左下鼻甲骨萎缩

图 2-2-12 右侧鼻甲骨萎缩

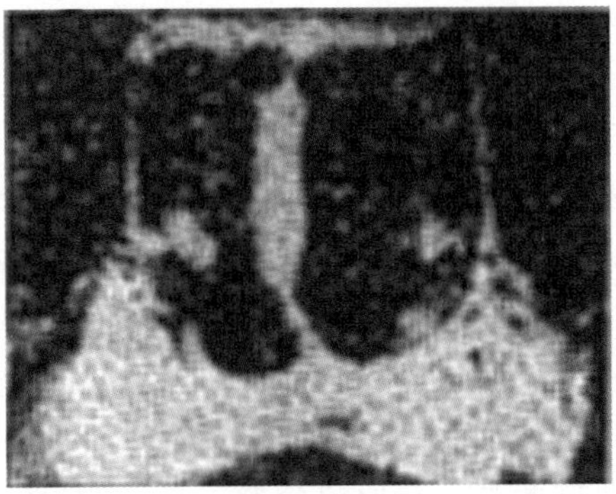

图 2-2-13 鼻腔呈空洞状，且鼻中隔也发生弯曲

【诊断】本病根据临床症状和病理变化可作出初步诊断。病理解剖学诊断方法是沿上颌第一、二臼齿间横断上颌骨，观察鼻甲骨。正常的鼻甲骨有两个弯曲，上卷曲为两个完全的弯曲，而下卷曲仅有 1 个或 1/4 个弯曲，鼻中隔正直。当鼻甲骨萎缩时，弯曲变小而直，甚至消失。可传播本病。饲养管理不严可促使本病发生。

微生物学诊断用鼻拭子采样，分离培养和鉴定病原。

血清学诊断可用已知抗原检查感染 2 周后猪血清中的凝集抗体。

【防治】坚持预防为主的方针，建立和完善防疫制度，禁止引进病猪。确需引进时，必须隔离观察 1 个月以上，检查确实未被本菌感染后方可合群。

加强饲养管理，降低密度，定期消毒。猪舍保持清洁、干燥和保暖。加强通风，减少空气中病原体、尘埃和有害气体，以减少本病的发生。

产仔、断奶和育肥猪各阶段都应该采用全进全出制度。特别敏感的猪群与相对不易感的猪群分开饲养，减少受感染的机会。

母猪产前 2 个月及 1 个月接种败血波氏杆菌灭活油剂苗或败血波氏杆菌 - 产毒性多杀性巴氏杆菌灭活油剂二联苗，以提高母源抗体滴度，保护仔猪几周内不受感染。也可给 1～3 周龄仔猪进行免疫，间隔 1 周进行二免，目前以二联苗效果最好。

对病猪在严格隔离的条件下，进行药物治疗。

(1)磺胺二甲嘧啶 100 g/d 饲料，喂服。

(2)磺胺二甲嘧啶 100 g/d、金霉素 100 g/d、青霉素 50 g/d 饲料，混匀喂服。

(3)土霉素 400 g/d 饲料，连喂 4～5 周或更长。

(4)泰乐菌素 100 g/d、磺胺嘧啶 100 g/d，混合喂服。育肥猪宰前应停药。

任务十一 猪 肺 疫

猪肺疫又称猪巴氏杆菌病(Swine pasteurellosis)，俗称“锁喉风”，是由多杀性巴氏杆菌引起的一种传染病。最急性型呈败血症变化，咽喉部急性肿胀，高度呼吸困难；急性型表现为纤维素性胸膜肺炎；慢性型伴发关节炎。

【病原】多杀性巴氏杆菌属巴氏杆菌属，为革兰氏阴性，两端钝圆，中央微凸的短杆菌。病料或体液涂片经瑞氏、吉姆萨或亚甲蓝染色，呈卵圆形，两端着色深，中央部分着色浅，很像并列的两个球菌，故称两极杆菌。培养物涂片染色，两极着色不明显。用印度墨汁等染料染色时，可看到清晰的荚膜。

本菌为需氧或兼性厌氧，普通培养基上生长不旺盛，必须加有少量血液、血清则生长良好。在加有血清的固体培养基上，菌落为圆形、隆起、光滑、湿润、边缘整齐、灰白色的中等大小菌落，并有荧光性。在肉汤培养基中生长，初呈轻度浑浊，时间稍长，则有黏稠沉淀，表面形成菌膜，轻轻振摇则形成小辫样盘旋。麦康凯培养基上不生长，血液培养基上不溶血。在生理盐水中，可出现自溶现象，稀释时应注意。

本菌按菌株间抗原成分的差异，可分为若干血清型。荚膜(K)抗原吸附于红细胞上作被动血凝试验，将本菌分为A、B、D、E和F五个血清型。利用菌体(O)抗原作凝集反应，分为12个血清型。利用耐热抗原作琼脂扩散试验，则分为16个菌体型。一般将K抗原用英文大写字母表示，将O抗原和耐热抗原用阿拉伯数字表示。因此，菌株的血清型可表示为5：A，6：B，2：D等(即O抗原：K抗原)，或A：1，B：2，A：5，D：2等(即K抗原：耐热抗原)。

根据菌落荧光分型将本菌18～24 h血清琼脂平板生成的菌落45°折光检查，菌落荧光呈蓝绿色带金光，边缘有红黄色光带者称Fg型菌株，对猪、牛等家畜是强毒，对家禽毒力弱；荧光呈橘红色带金光，边缘有乳白色光带称Fo型菌株，对家禽为强毒，而对猪、牛、羊毒力弱；无荧光者也无毒力，称Nf型。在一定条件下，Fg和Fo可以相互转变。

本菌根据菌落形态可分为黏液型(M)、平滑型(S)和粗糙型(R)，M型和S型含有荚膜物质。

本菌对环境理化因素抵抗力较弱，在干燥和直射阳光下，很快死亡。60 ℃ 10 min杀死。常用的消毒剂都有很好的杀灭作用。

【流行病学】多杀性巴氏杆菌对多种动物和人均有致病性，以猪、牛、兔、鸡和鸭最常见，猪以中猪和小猪多发。

病猪和带菌猪是主要传染源。病原体存在于病猪各组织器官和体液中，通过分泌物、排泄物排出体外，污染饲料、饮水、用具及外界环境，或由咳嗽、喷嚏排出病原体，通过飞沫经呼吸道传染，也可经皮肤、黏膜创伤和昆虫叮咬传播。当畜禽饲养管理不良，气候恶劣，使动物机体抵抗力降低时，也可发生内源性感染。

本病一般无明显的季节性，但以冷热交替、气候骤变、闷热、潮湿、多雨时期发生较多；营养不良、寄生虫、长途运输、饲养管理不良等诱因作用可促进本病发生。本病多散发或与其他传染病(猪瘟、猪支原体肺炎等)混合感染或继发感染。

【症状】潜伏期1～5 d。

(1)最急性型　常突然发病，来不及或看不到临诊表现，迅速死亡。病程稍长的，体温升高到41 ℃以上，食欲废绝，全身衰弱，卧地不起。咽喉部发热、红肿、坚硬，严重者可蔓延至耳根及颈部。猪呼吸极度困难，常呈犬坐姿势，伸颈张口呼吸，口鼻流出白色泡沫，有时发出喘鸣音。可视黏膜发绀。死前耳根、颈部、胸腹侧和四肢内侧皮肤出现红斑。一经出现呼吸症状，很快窒息死亡，病程1～2 d，病死率为100%。

(2)急性型　为最常见的病型，体温升高到40～41 ℃。病初发出短而干的痉挛性咳嗽，后为湿性痛咳，呼吸急促，流黏液性鼻液，有时混有血液。触诊胸部疼痛敏感，听诊有啰音和胸膜摩擦音。随病势进展，呼吸更为困难，张口伸舌，呈犬坐姿势。可视黏膜发绀，常有脓性结膜炎。皮肤有紫斑或小出血点。心跳加快，机体衰弱无力，卧地不起，多窒息而死。病程4～6 d。

(3)慢性型　主要表现为慢性肺炎或慢性胃肠炎的症状。病猪持续性咳嗽和呼吸困难，鼻流少许黏液性或脓性分泌物，有时皮肤出现痂样湿疹，关节肿胀。精神沉郁，食欲不振，常发生腹泻，进行性营养不良，极度消瘦，若不加治疗，多经 2～4 周，衰竭而死。

【病理变化】

(1)最急性型　咽喉部及其周围结缔组织呈出血性浆液浸润最为特征。切开颈部皮肤，可见大量胶冻样淡黄或灰青色渗出液。全身淋巴结显著肿大、出血，切面红色，呈急性淋巴结炎变化。全身黏膜、浆膜和皮下组织有大量出血点。胸、腹腔和心包腔积液，有时有纤维素渗出。心外膜和心包膜有小点出血。肺急性水肿、充血，有时可见肺组织内有散在局灶性红色肝变区。脾有出血，但不肿大。胃肠黏膜有出血性炎症。

(2)急性型　除了全身黏膜、浆膜、实质器官和淋巴结的出血性病变外，特征性病变是肺发生不同发展阶段的纤维素性肺炎变化。病变部肺组织肿大、坚实，呈暗红色或灰黄色，有时附有纤维素性薄膜。病灶部周围肺组织淤血、水肿或气肿。肺切面呈现不同色泽的肝变区，有的病灶切面呈暗红色，有的呈灰黄红色，有的病灶以支气管为中心发生坏死或化脓，使肺切面呈大理石样。气管、支气管腔内有大量白色泡沫状液体，黏膜发炎。胸膜和心外膜往往有纤维素性附着物，有斑块状或点状出血，严重时胸膜与肺发生粘连。胸腔及心包腔积液。

(3)慢性型　肺肝变区扩大，有黄色或灰黄色坏死灶，外面有结缔组织包囊，内含干酪样物质，有的形成空洞，与支气管相通。肺与胸壁和心包发生粘连，胸腔和心包腔内常积有多量含纤维素絮状物的黄色浑浊液体。肠黏膜发炎。

【诊断】根据发病急，高热，咽喉部肿大，有严重的呼吸道症状，剖检咽喉部有炎性水肿和出血变化，肺有纤维素性肺炎变化，切面呈大理石样，可进行初步诊断。

确诊需做细菌学检查，无菌采取水肿液、胸腔液、心血、肝、脾、淋巴结等组织涂片，以碱性亚甲蓝或瑞氏染色，镜检，如见有卵圆形短杆菌，两极浓染可诊断为猪肺疫。

【治疗】西药以多西环素(强力霉素)、氟苯尼考、恩诺沙星为主，中药以清肺解毒、泻肺利咽为主。

任务十二　猪丹毒

猪丹毒(Swine erysipelas)是由猪丹毒杆菌引起的一种急性、热性传染病。临床特征为急性型呈败血症状，高热；亚急性型在皮肤出现紫红色疹块；慢性型表现非化脓性关节炎和疣状心内膜炎。人类亦可被感染，称为类丹毒。

猪丹毒诊断
(交互文件，只可在 PC 端下载)

本病几乎遍及全世界，在我国许多地区也有发生，经过多年的注射预防以及饲料中抗菌药物的广泛使用，发病率逐渐减少。

【病原】猪丹毒杆菌，又名红斑丹毒丝菌，是一种纤细的革兰氏阳性小杆菌。本菌不能运动，不产生芽孢，无荚膜。在病料内的细菌常单在、成对或成丛排列；在心内膜疣状物上，多呈不分枝的长丝状。本菌为微需氧菌，能在普通营养琼脂上生长，在血液琼脂或含血清的琼脂培养基上生长更佳。

在固体培养基上培养 24 h 长出的菌落，在 45°折射光下用实体显微镜观察，有光滑型(S

型）、粗糙型（R 型）和介于二者之间的中间型（I 型）。各型的毒力差别很大，光滑型菌落的菌株毒力极强，菌落小、呈蓝绿色。粗糙型菌落的菌株毒力低，菌落较大、呈土黄色。中间型菌落呈金黄色，毒力介于光滑型和粗糙型之间。明胶穿刺，细菌呈试管刷状生长，不液化明胶，此为本菌特征。

猪丹毒杆菌的抵抗力很强，在盐腌或熏制的肉内能存活 3～4 个月，在掩埋的尸体内能存活 7 个多月，在土壤内能存活 35 d。本菌对石炭酸抵抗力较强，对热敏感。1%漂白粉、1%氢氧化钠、2%福尔马林、3%来苏儿等常用消毒剂均可很快杀死本菌。猪丹毒杆菌对青霉素、土霉素敏感，对磺胺类、卡那霉素不敏感。

【流行病学】不同年龄的猪均有易感性，3 个月以上的架子猪发病率最高，3 个月以下和 3 年以上的猪很少发病。人类可因创伤感染发病。牛、羊、马、鼠类、家禽及野鸟等也有发病报道，但非常少见。病猪、病愈猪及健康带菌猪是本病感染源。丹毒杆菌主要存在于病猪的肾、脾和肝，以肾的含菌量最多，经粪、尿、唾液和鼻分泌物排出体外，污染土壤、饲料、饮水等。健康带菌猪体内的丹毒杆菌主要存在于扁桃体和回盲口的腺体处，也可存在胆囊和骨髓里。健康猪扁桃体的带菌率为 24.3%～70.5%。多种禽类和水生动物体内可分离出丹毒杆菌，成为不可忽视的传染源。

本菌主要通过污染的土壤、饲料经消化道感染。其次是经皮肤的创伤感染。带菌猪在不良条件下抵抗力降低时，细菌也可侵入血液，引起内源性感染而发病。吸血昆虫和蜱可以成为本病的媒介。

本病的流行无明显的季节性，但在北方地区，7—9 月份发病率高，秋季以后逐渐减少。环境条件的改变以及各种应激因素（如饲料突然改变、气温变化、运输等）可以诱发本病。本病常发生在闷热和暴风雨之后，为散发或地方性流行，有时暴发流行。

【临床症状】人工感染的潜伏期为 3～5 d，短的 1 d，长的可达 7 d。

1. 急性型（败血型）

在流行初期，个别病例不表现任何症状而突然死亡，随后相继发病，体温突然升至 42 ℃以上，寒战，减食，有时呕吐，病猪虚弱，不愿走动，行走时步态僵硬或跛行。眼结膜充血，很少有分泌物。粪便干硬附有黏液，有的后期发生腹泻。发病 1～2 d 后，皮肤上出现红色或暗红色斑，其大小和形状不一，以耳后、颈、背、腿外侧较多见，开始时指压褪色，指去复原。病程 2～4 d，病死率 80%～90%。未死者转为亚急性疹块型或慢性型。

哺乳仔猪和刚断奶仔猪发生猪丹毒时，往往有神经症状，抽搐，病程多不超过 1 d。

2. 亚急性型（疹块型）

通常取良性经过。其症状比急性型轻，其特征是在皮肤上出现疹块。病初食欲减退，口渴，便干，有时呕吐，体温升高至 41 ℃以上。发病 1～2 d 后，在胸、腹、背、肩及四肢外侧等处出现方形、菱形、圆形、不规则形，稍突出于皮肤表面的疹块，少则几个，多则数十个。初期疹块为充血，呈红色，指压褪色（图 2-2-14）；后期转为淤血，暗红色，指压不褪色，严重时，部分皮肤出现干性坏疽，呈现大块痂皮脱落现象（图 2-2-15）。疹块发生后，体温恢复正常，病势减轻，几天后疹块部位的皮肤下陷，颜色减退，表面结痂，经 1～2 周康复。如果病猪极度虚弱，也可转为败血型而死亡。

3. 慢性型

一般是由急性型或亚急性疹块型转变而来，也有原发性的。在临床上表现为慢性心内膜炎、慢性关节炎、皮肤坏死三种病型。皮肤坏死一般单独发生，而关节炎和心内膜炎往往在一头病猪身上同时存在。病猪食欲无明显变化，体温正常，但逐渐消瘦，全身衰弱，生长发育不良。

(1)关节炎型 常发生于腕关节和跗关节，呈多发性。初期表现为受害猪关节肿胀，疼痛，僵硬，步态强拘，甚至发生跛行。急性炎症消失后，以关节变形为主，表现为一肢或两肢的跛行或卧地不起。病猪食欲正常，但生长缓慢，体质虚弱，消瘦，病程数周至数月。

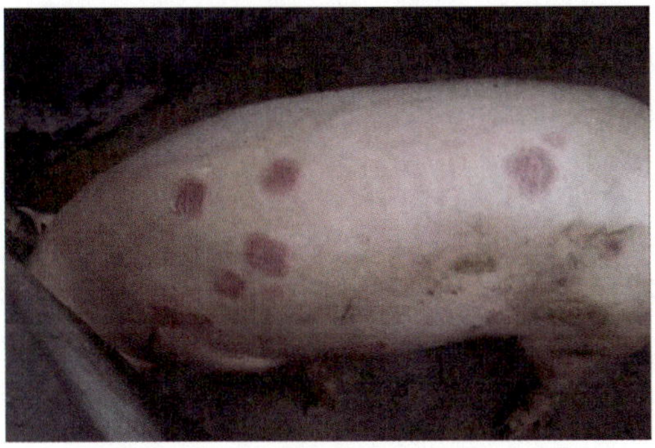

图 2-2-14 个别菱形斑块突出体表

图 2-2-15 皮肤上大块痂皮脱落

(2)心内膜炎型 病猪表现食欲时好时坏，消瘦，不愿活动，呼吸加快，体温正常或稍高。听诊有心内杂音，心跳加快，强迫快速行走时，可突然倒地死亡。

(3)皮肤坏死型 常发生于背、耳、肩、蹄、尾等处。病猪皮肤肿胀、隆起、坏死、变黑色，干硬，似皮革状。坏死的皮肤逐渐与其下层新生组织分离，犹如一层甲壳。坏死区有时范围很大，可以占整个背部皮肤，有时只在部分耳壳、尾巴末梢和蹄发生坏死，经两三个月坏死皮肤脱落，遗留一片无毛、色淡的瘢痕而愈。如有继发感染，则病情复杂，病程延长。

【病理变化】

1.急性型

主要以败血症变化和皮肤出现红斑为特征。全身淋巴结发红肿大，呈浆液性出血性炎症。肝大，暗红色。脾充血肿大，呈樱桃红色，质地柔软，切面外翻，凹凸不平，呈暗红色，脾小梁和滤泡结构模糊，红髓易刮下。肾呈出血性肾小球肾炎变化，淤血肿大，红色或暗紫红色。心内外膜出血，心冠状沟部脂肪出血，有时可见心包积液和纤维素性心包炎。肺淤血、水肿。胃肠道呈急性卡他性或出血性炎症，以胃和十二指肠较明显。

2.亚急性疹块型

多呈良性经过，内脏的变化与急性型病变相似，但程度较轻，其特征为皮肤出现疹块。

3.慢性型

慢性心内膜炎常发生于二尖瓣，其次是主动脉瓣、三尖瓣和肺动脉瓣。在瓣膜上有溃疡性或菜花样赘生物，牢固地附着于瓣膜上，使瓣膜变形。

4.慢性关节炎

初期为浆液纤维素性关节炎，关节囊肿大变厚，充满大量浆液纤维素性渗出物，呈黄色或红色。后期滑膜增生肥厚,继而发生关节变形。

【诊断】

(1)根据流行病学、临床症状和病理变化　可做出初步诊断,必要时进行实验室诊断。

(2)细菌学诊断　急性型应采取耳静脉血、肾、脾为病料,亚急性型在生前采取疹块部的渗出液,慢性型采取心瓣膜赘生物和患病关节液作病料,涂片、革兰氏染色后镜检,仍不能确诊时再进行细菌分离培养。

(3)动物接种　通过动物接诊判断。

(4)血清学诊断　用于猪丹毒诊断的血清学方法很多,如血清生长凝集试验、琼脂扩散试验、荧光抗体试验、凝集试验。

【防治】

1.治疗

早期治疗有显著疗效。首选药物为青霉素,多西环素(强力霉素)、土霉素、林可霉素、泰乐霉素也有良好的疗效。

2.预防

加强饲养管理,保持清洁,定期消毒。按免疫程序进行免疫接种,仔猪在60日龄前后进行免疫接种,常发地区或猪场,3月龄时进行二免。种猪在春秋两季各免疫接种一次。配种后20 d以内的母猪、妊娠后期母猪和哺乳母猪不接种。

任务十三　增生性肠病

猪增生性肠病(Porcine proliferative enteropathy,PPE)又称增生性肠炎,是生长育成猪常见的肠道传染病。在文献中描述相似病征的其他名称还有坏死性肠炎、增生性出血性肠病和猪回肠炎。其特征为慢性病例表现为育成猪间歇性下痢,食欲下降,生长迟缓;急性病例表现为血样下痢和突然死亡。剖检特征为小肠及结肠黏膜增厚,病理组织学变化以回肠和结肠隐窝内未成熟的肠细胞发生腺瘤样增生。

本病现已分布世界各主要养猪国家,呈地方性流行。

【病原】增生性肠病是一种专性胞内寄生菌,称之为胞内劳森菌。长1.25～1.75 μm,宽0.25～0.34 μm,多呈弯曲形、S形或逗点状,无鞭毛和纤毛。革兰氏阴性,抗酸染色阳性,能被镀银染色法着色,用改良Ziehl-Neelsen染色法细菌被染成红色。

该菌在5～15 ℃环境中至少能存活1～2周,细菌培养物对季铵盐消毒剂和含碘消毒剂敏感。

【流行病学】猪是本病的易感动物,仓鼠、豚鼠、大鼠、雪貂、狐狸、家兔、马鹿、羔羊、幼驹、狗、鹿、猴和鸵鸟等也可发生本病。但据临床和病理学观察肠腺瘤病、坏死性肠炎和局部性回肠炎多发生于断乳后的仔猪,特别是以6～16周龄生长育肥猪易感。增生性出血性肠病多见于育肥猪。

病猪和带菌猪是本病的传染源。感染后7 d可从粪便中检出病菌,感染猪排菌时间不定,但至少为10周。病原菌随粪便排出体外,污染环境,并随饲料、饮水等经消化道感染。此外,鸟类、鼠类在本病的传播过程中也起重要的作用。

本病的发生与外界环境等多种因素有关。天气突变、长途运输、饲养密度过高、转换饲料，并栏或转群等应激以及抗生素类添加剂使用不当等因素，均可成为本病的诱因。多数猪呈隐性感染。临床以慢性病例最为常见，其死亡率也不高，但可引起患病猪生长缓慢，增加饲养成本。

【症状】人工感染潜伏期为 8～10 d，自然感染潜伏期为 2～3 周，攻毒后 21 d 达到发病高峰。临诊表现可以分为以下 3 型。

1.急性型

较少见，可发生于 4～12 月龄的成年猪。表现为急性出血性贫血，呈血色水样腹泻。病程稍长时，排黑色柏油样稀粪，后期转为黄色稀粪。有些突然死亡的猪仅见皮肤苍白而粪便正常。该型常会在短时间内造成许多猪只的发病，引起高死亡率（12%～50%），尤其是后备母猪。

2.慢性型

本型最常见，多发生于 6～20 周龄的生长猪。表现为精神沉郁，食欲减退，间歇性下痢，粪便变软、变稀或呈糊状成水样，有时混有血液或坏死组织碎片。患猪消瘦，被毛粗乱，皮肤苍白。如症状较轻及无继发感染，有的猪在发病 4～6 周后可康复，但有的猪则成为僵猪而淘汰。

3.亚临床型

感染猪虽有病原体存在，但无明显症状或症状轻微而不引起人们的关注，但生长速度和饲料利用率下降。

【病理变化】猪增生性肠病剖检病变多见于小肠末端的 50 cm 和结肠上 1/3 处。肠壁增厚，肠管直径变粗，浆膜下和肠系膜常见水肿。肠黏膜形成横向和纵向皱褶，黏膜表面湿润而无黏液，有时附有颗粒状炎性分泌物，黏膜肥厚。

坏死性肠炎的病变还可见凝固性坏死和炎性渗出物形成灰黄色干酪样物，牢固地附着在肠壁上。

局限性回肠炎的肠管肌肉显著肥大，如同胶管，习惯上称“袜管肠”。打开肠腔，见肠腔狭窄，黏膜面呈不规则状，黏膜面有厚层黄白色假膜覆盖。

增生性出血性肠病很少波及大肠，回肠壁增厚，肠腔内有凝血块，结肠中可见黑色焦油状粪便。肠系膜淋巴结肿大，切面多汁。

【诊断】根据临诊症状及剖检病变可做出初步诊断。在尸体剖检时，对肠黏膜涂片，并用改良的 Ziehl-Neelsen 染色检查细胞内细菌，是一种简单的方法。对病变的肠段进行病理组织学检查，见到肠黏膜不成熟的细胞明显增生有助于诊断。

此外，还可采集猪粪便或血清，应用聚合酶链式反应、免疫荧光试验及免疫酶联免疫吸附试验等技术进行诊断。

鉴别诊断主要应与胃溃疡、猪痢疾、猪副伤寒、仔猪水肿病等相区别。

【防治】

1.加强饲养管理

(1)减少外界环境不良因素的应激，提高猪体的抵抗力。

(2)实行全进全出饲养制度。出猪空栏时，栏舍彻底冲洗消毒，空闲 7 d 后，方可进猪。

(3)有条件的猪场，采用早期断奶，多点生产。

(4)加强粪便管理。由于母体粪便是主要传染源，故哺乳期间应尽量减少仔猪接触粪便的机会，有条件的猪场要做到随时清粪。

(5)加强灭鼠等工作，切断传播途径。

(6)在流行期间和调运前或新购入的猪只，可在饲料中添加药物预防。

(7)在疫区，根据健康状况，制定保健计划。

2.免疫接种

美国已研制出猪增生肠病无毒活疫苗，并批准生产，该疫苗可阻止病菌在猪体内繁殖和引起病变。断奶仔猪及生长猪口服接种，免疫前后 3 d 停用抗生素，可控制该病。

3.药物防治

抗菌药物对本病有一定的效果。目前常用的抗生素有大环内酯类(泰乐菌素)、四环素类、硫黏菌素、林可霉素和喹诺酮类等。

【职业能力训练】

病例分析 1

一头母猪产仔 11 头，第 2 天有 2 头仔猪发病，晚上死亡 1 头，第 3 天全窝仔猪均发病，死亡 3 头，第 4 天死亡 5 头，第 5 天全部死亡。几天后第 2 头母猪又产下 12 头仔猪，产后第 2 天又有 3 头仔猪发病死亡。灌服庆大、恩诺沙星等药物，部分仔猪腹泻有些好转。病猪精神沉郁，排黄色稀粪，粪便中混有凝乳状小块，粪便带有腥臭味。

【诊断过程】

1.问诊

深入现场，通过问诊、现场观察，获取猪场信息，并进行综合分析。

问诊内容	获取信息	综合分析
疾病的流行情况	(1)猪场发病时间、发病日龄、发病猪的数量； (2)发病率、死亡率； (3)疾病的初期症状、后期症状； (4)疾病的治疗效果； (5)附近及其他猪场的发病情况。	①初生仔猪发病，发病率高，死亡率高； ②病程短； ③具有传染性； ④仔猪腹泻，使用部分抗生素有效； ⑤母猪无症状，产前未接种疫苗。
过去的发病情况	本场、本地及邻近地区是否有类似疾病发生。	
免疫接种及药物情况	(1)猪群免疫情况，免疫接种所用疫苗的厂家、种类、来源、运输及贮存方法； (2)免疫接种时间及剂量； (3)免疫前后有无使用抗生素及抗病毒药物； (4)免疫后是否进行免疫抗体监测。	

2.临床症状

临床症状	症状特点	提示疾病
病猪腹泻，粪便大多呈黄色水样，内含凝乳块，下痢严重的小母猪阴户呈红色，后肢被粪液沾污，捕捉仔猪时，粪水从肛门流出，病猪精神沉郁，脱水，两眼凹陷，昏迷而死。	排黄色水样稀粪	仔猪黄痢 猪传染性胃肠炎 猪流行性腹泻 猪轮状病毒感染

3.病理剖检

剖检病理变化	剖检特征	提示疾病
病死猪被毛粗乱，消瘦，皮肤黏膜和肌肉苍白，颈部及腹下皮肤水肿。小肠黏膜呈急性卡他性炎症，十二指肠最明显，空肠、回肠次之。肠黏膜肿胀、充血、肠壁变薄，肠管松弛。	小肠卡他性炎症	仔猪黄痢 猪传染性胃肠炎 猪流行性腹泻 猪轮状病毒感染

4.实验室诊断

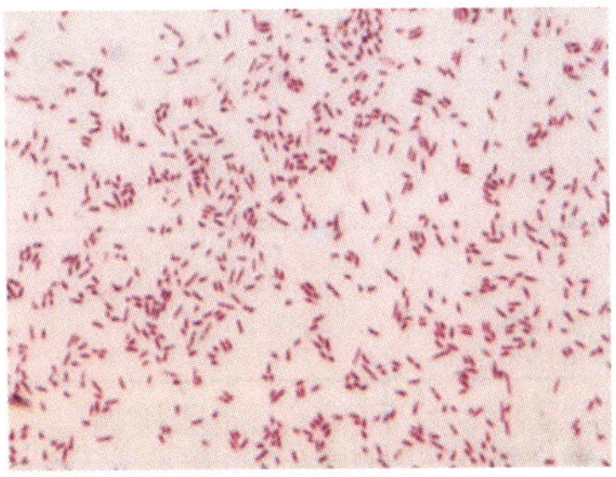

图 2-2-16 大肠杆菌病原

(1)采集病料 ①采集血液，分离血清。②采集小肠内容物，肝、脾、肾等内脏组织，用于涂片镜检。

(2)分离血清 将分离的血清用猪传染性胃肠炎、猪流行性腹泻、猪轮状病毒感染等抗原胶体金试剂卡检测，无三种病毒抗原。

(3)镜检 以病料涂片，革兰氏染色后镜检，可见两端钝圆、中等大小、无芽孢的革兰氏阴性菌(图 2-2-16)。

(4)分离培养 取病料分别接种琼脂平板培养后，挑取菌落涂布于麦康凯琼脂鉴别培养基上，形成直径 1～3 mm、边缘整齐、表面光滑的红色菌落。挑取麦康凯平板上的红色菌落接种三糖铁琼脂斜面进行生化试验鉴定和纯培养。在三糖铁琼脂斜面上生长，产酸，使斜面部分变黄，穿刺培养，于管底产酸产气，使底层变黄且混浊，不产生硫化氢。

以上各项检测结果均符合大肠杆菌特征，确诊为仔猪黄痢。

5.结论

仔猪黄痢。

【防治措施】参考仔猪黄痢、白痢，有条件的话，最好做药敏试验给予合理用药。

病例分析 2

某猪场饲养长白、大白等基础母猪 175 头，培育仔猪 540 头，育肥猪 400 余头。12 月中旬，有 25 头培育仔猪陆续发病，病猪咳嗽、气喘，呼吸困难，个别猪呈犬坐姿势，5 d 后出现死亡。至 1 月 15 日，共有 100 头猪发病，死亡 8 头。

【诊断过程】

1. 问诊

深入现场，通过问诊、现场观察，获取猪场信息。

<table>
<tr><th>问诊内容</th><th>获取信息</th><th>综合分析</th></tr>
<tr><td>疾病的流行情况</td><td>(1)猪场发病时间、发病日龄、发病猪的数量；
(2)发病率、死亡率；
(3)疾病的初期症状、后期症状；
(4)疾病的治疗效果；
(5)附近及其他猪场的发病情况。</td><td rowspan="4">①具有传染性；
②发病率高；
③死亡率 8%；
④主要表现咳嗽和呼吸困难；
⑤全场猪接种猪瘟、猪伪狂犬病、口蹄疫等疫苗；
⑥肌内注射安乃近、青霉素、链霉素，连用 3 d，不见效果；
⑦圈舍湿度大，通风不良。</td></tr>
<tr><td>过去的发病情况</td><td>本场、本地及邻近地区是否有类似疾病发生。</td></tr>
<tr><td>免疫接种及药物情况</td><td>(1)猪群免疫情况，免疫接种所用疫苗的厂家、种类、来源、运输及贮存方法；
(2)免疫接种时间及剂量；
(3)免疫前后有无使用抗生素及抗病毒药物；
(4)免疫后是否进行免疫抗体监测。</td></tr>
<tr><td>饲养管理情况</td><td>(1)饲料种类，饲喂情况；
(2)饲养密度是否适宜；
(3)猪舍的通风换气情况；
(4)猪舍的环境卫生情况；
(5)是否由其他猪场引进动物、动物产品及饲料。</td></tr>
</table>

2. 临床症状

临床症状	症状特点	提示疾病
病猪体温升高至 40～41.5 ℃，精神委顿，食欲减退，气喘、咳嗽，咳嗽时站立不动，直至将呼吸道分泌物咳出或咽下为止。有的发生间歇性、连续性甚至痉挛性咳嗽，腹式呼吸，部分猪呈犬坐姿势，呼吸困难，口鼻流出血性泡沫样分泌物。鼻、耳及四肢末梢发绀。	①体温升高； ②咳嗽、气喘、呼吸困难； ③口鼻流出血性泡沫样分泌物。	猪肺疫 猪传染性胸膜肺炎 肺炎型链球菌病 副猪嗜血杆菌病 猪支原体肺炎 猪流感 猪蛔虫病 猪肺丝虫病

3. 病理剖检

剖检病理变化	剖检特征	提示疾病
猪气管和支气管内充满泡沫样血色黏性分泌物，肺炎区有红色和灰色肝变区，切面呈大理石样，间质充满血色胶冻样液体。胸腔有混浊血色液体，胸膜和肺炎区表面有纤维素物附着，肺和胸膜粘连。肺脏膨大，有不同程度的水肿和气肿。肺门和纵隔淋巴结肿大、充血、出血。	①纤维素性胸膜肺炎； ②肺门和纵隔淋巴结肿大、充血、出血。	猪传染性胸膜肺炎 肺炎型链球菌病 副猪嗜血杆菌病 猪支原体肺炎

4.实验室诊断

(1)采集病料　无菌采集支气管、鼻腔分泌物或肺脏病变组织。

(2)镜检　病料涂片，分为两组，分别进行革兰氏染色和亚甲蓝染色，镜检，可见革兰氏阴性的小球杆菌。

(3)分离培养　将病料接种到5%犊牛或绵羊血液琼脂平板上，一组单独划线接种，37 ℃培养24 h；另一组与葡萄球菌保姆株交叉划线接种，在10% CO_2条件下37 ℃培养24 h。如在单独划线接种的培养基上无明显菌落生长，在与葡萄球菌保姆株交叉线的培养基上，在保姆株周围形成有β溶血的小菌落，远部菌落稀少或不生长，则挑取可疑菌落接种巧克力琼脂进行纯培养，并对纯培养物进行镜检及生化试验鉴定(表2-2-1)，确定为胸膜肺炎放线杆菌。

表2-2-1　胸膜肺炎放线杆菌生化特性

细菌	葡萄糖	麦芽糖	蔗糖	果糖	触酶试验	尿素酶试验	靛基质实验	MR	VP	H_2S	CAMP
胸膜肺炎放线杆菌	+	+	+	+	+	+	−	−	−	+	+

5.结论

猪传染性胸膜肺炎。

病例分析3

某猪场饲养长白和大白基础母猪97头，生长育肥猪275头，仔猪540头。8月中旬，部分4月龄育肥猪发病，皮肤表面有大小不等的方形和菱形疹块，它们有独立存在的也有连成一片的，突出于皮肤表面，严重时菱形痂皮脱落(图2-2-17)。8月21日，部分母猪也陆续发病，极度消瘦。截至10月，死亡2头母猪，4头育肥猪。

图2-2-17　猪脱落的痂皮

请问猪场发生了什么疾病?

【诊断过程】

1.问诊

深入现场，通过问诊、现场观察，获取猪场信息。

问诊内容	获取信息	综合分析
疾病的流行情况	(1)猪场发病时间、发病日龄、发病猪的数量； (2)发病率、死亡率； (3)疾病的初期症状、后期症状； (4)疾病的治疗效果； (5)附近及其他猪场的发病情况。	①夏季发病； ②发病率高； ③具有传染性； ④皮肤有方形和菱形疹块，严重时脱落； ⑤生长育肥猪及母猪均有发病； ⑥全场猪接种猪瘟、猪伪狂犬病、口蹄疫等疫苗； ⑦肌内注射安乃近、青霉素、链霉素，病情较轻的猪效果明显； ⑧猪舍密度较大，通风不好。
过去的发病情况	本场、本地及邻近地区是否有类似疾病发生。	
免疫接种及药物情况	(1)猪群免疫情况，免疫接种所用疫苗的厂家、种类、来源、运输及贮存方法； (2)免疫接种时间及剂量； (3)免疫前后有无使用抗生素及抗病毒药物； (4)免疫后是否进行免疫抗体监测。	
饲养管理情况	(1)饲料种类，饲喂情况； (2)饲养密度是否适宜； (3)猪舍的通风换气情况； (4)猪舍的环境卫生情况； (5)是否由其他猪场引进动物、动物产品及饲料。	

2.临床症状

临床症状	症状特点	提示疾病
病猪体温升高 40～42.5 ℃，精神委顿，食欲减退，皮肤表面有大小不等的方形和菱形疹块，它们有独立存在的也有连成一片的，突出于皮肤表面。疹块部位皮肤肿胀、隆起、坏死、变黑色，干硬，似皮革状，严重时菱形痂皮脱落。	①体温升高； ②皮肤表面有大小不等的方形和菱形疹块，指压褪色。	猪丹毒

3.病理剖检

剖检病理变化	剖检特征	提示疾病
皮肤发绀，舌发绀、外伸不能回缩。全身淋巴结发红肿大。肝淤血肿大，暗红色（图 2-2-18 ）。脾充血肿大，质地柔软，切面外翻，红髓易刮脱（图 2-2-19）。肾淤血肿大，红色或暗紫红色。心内外膜出血。肺淤血、水肿、肺间质增宽。胃肠道呈急性卡他性或出血性炎症，胃壁见少量出血点（图 2-2-20）。	①淋巴结发红肿大； ②肝淤血肿大，暗红色； ③脾充血肿大，切面外翻，红髓易刮脱； ④肾淤血肿大，红色或暗紫红色； ⑤胃肠道卡他性或出血性炎症。	猪丹毒

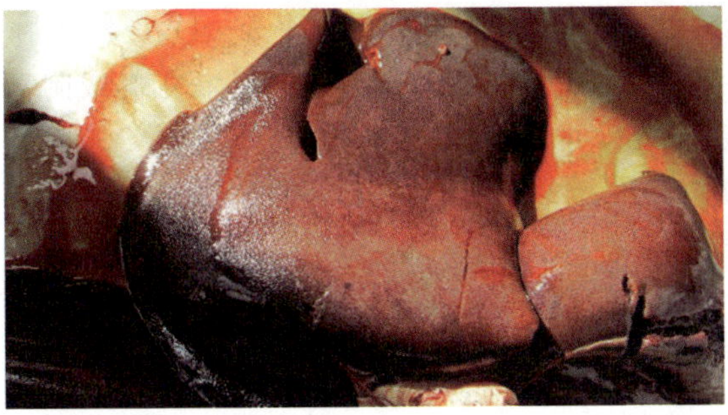

图 2-2-18 肝大、暗红色

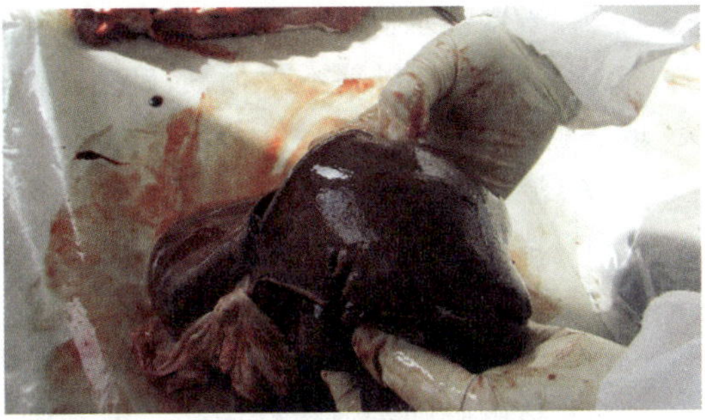

图 2-2-19 脾充血肿大，质地柔软，切面外翻，红髓易刮脱

4. 实验室诊断

(1)采集病料 无菌采集肝、脾、肾、淋巴结、骨髓等组织器官进行检测。

(2)镜检 将病料制成涂片，用革兰氏法染色，镜检呈革兰氏阳性的细长小杆菌，呈直或稍弯的杆状，常单个、链状或成丛排列。

(3)分离培养 在固体培养基上培养 48 h 后形成细小的透明菌落，表现为光滑型或粗糙型。多数菌株的菌落有完整的边缘，但有一些菌株的菌落稍大，边缘不整齐。病料内的细菌为微需氧菌，能在普通营养琼脂上生长，在血液琼脂或含血清的琼脂培养基上生长更佳。多数菌株在血琼脂上形成浅绿色溶血环，粗糙型菌落不形成溶血环。

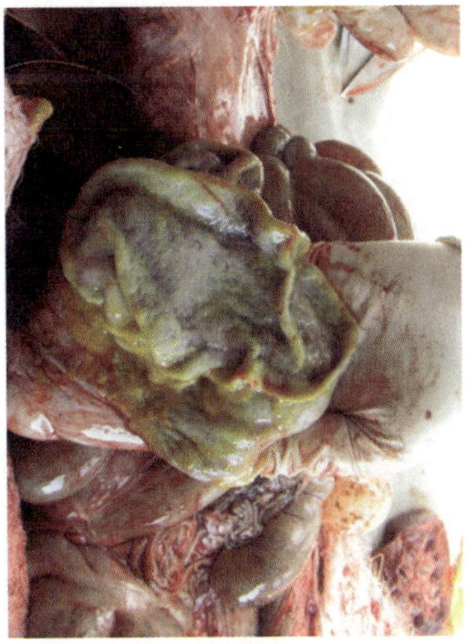

图 2-2-20 胃肠道呈急性卡他性或出血性炎症，胃壁见少量出血点

5. 结论

猪丹毒。

【防治】

1. 治疗

早期治疗首选药物为青霉素、多西环素(强力霉素)、土霉素、林可霉素、泰乐霉素等。

2. 预防

加强饲养管理，保持清洁，定期消毒。按免疫程序进行免疫接种，仔猪在 60 日龄前后进行免疫接种，常发地区或猪场，3 月龄时进行二免。种猪在春秋两季各免疫接种一次。

【考点在线】

一、选择题

1. 育肥猪，3 月龄，口、鼻流白色泡沫，颈部发红肿胀，张口呼吸，常呈犬坐姿势，急性死亡。剖检见颈部皮下呈胶冻状，肺脏水肿、出血。颈部肿胀的原因是(　　)。

A.激素性水肿　　B.神经性水肿　　C.淤血性水肿　　D.炎性水肿

2.某猪场部分母猪不孕,后肢麻痹,或妊娠后4～12周发生流产,公猪出现睾丸炎或附睾炎,取病料涂片革兰氏染色镜检,见大量红色细菌。该病可能是(　　)。

A.流行性乙型脑炎　　B.布鲁氏菌病　　C.猪繁殖与呼吸综合征

D.猪瘟　　E.猪细小病毒病

3.猪肺疫的原因是(　　)。

A.多杀性巴氏杆菌　　B.猪丹素杆菌　　C.副猪嗜血杆菌

D.猪胸膜肺炎放线杆菌　　E.猪肺炎支原体

4.急性猪肺疫的主要病理变化有(　　)。

A.出血性肠炎　　B.坏死性鼻炎　　C.间质性肾炎

D.纤维素性肺炎　　E.化脓性脑膜炎

5.某猪场,部分4月龄育肥猪突然发病,呼吸急促,体温41 ℃及四肢皮肤呈紫红色,有出血点,濒死猪口鼻中流出暗红色血液。血液涂片染色镜检,可见大量革兰氏阳性菌,该病可初步诊断为(　　)。

A.猪支原体肺炎　　B.猪巴氏杆菌病　　C.猪链球菌病

D.猪传染性萎缩性鼻炎　　E.猪传染性胸膜肺炎

6.某断奶后1周仔猪群,其中部分仔猪突然倒地惊厥,出现眼睑肿胀,大部分仔猪在1～7 d内多数死亡,本病可初步诊断为(　　)。

A.猪链球菌病　　B.猪水肿病　　C.副猪嗜血杆菌病

D.破伤风　　E.李氏杆菌病

7.某断奶后1周仔猪群,其中部分仔猪突然倒地惊厥,出现眼睑肿胀,大部分仔猪在1～7 d内多数死亡,麦康凯培养基分离病原,挑选的菌落颜色是(　　)。

A.白色　　B.黄色　　C.灰色

D.红色　　E.黑色

8.某规模化猪场中100头90日龄以上猪,部分猪突然发生咳嗽,呼吸困难,体温达41 ℃以上,急性死亡,死亡率为15%。死前口鼻流出带有血色的液体,剖检见肺与胸壁粘连,肺充血、出血、坏死,用巧克力琼脂培养基从患猪病料中分离出了病原菌,最可能的疾病是(　　)。

A.猪肺疫　　B.猪支原体肺炎　　C.猪链球菌病

D.副猪嗜血杆菌病　　E.猪传染性胸膜肺炎

9.某断奶后1周仔猪群,其中部分仔猪突然倒地惊厥,出现眼睑肿胀,大部分仔猪在1～7 d内多数死亡,进一步检查,具诊断意义的病理变化应是(　　)。

A.胃壁和肠系膜水肿　　B.小肠黏膜出血　　C.胃黏膜出血

D.回盲口扣状溃疡　　E.回肠增厚

10.某规模化猪场,断奶猪发烧、咳嗽、呼吸困难、关节肿大、跛行、皮肤苍白、被毛粗乱,渐进消瘦和死亡。剖检见心包淡黄色积液、胸腔、腹腔等有黄白色纤维素样渗出物粘连,关节腔有黄色胶冻状积液。最可能的疾病是(　　)。

A.猪肺疫　　B.猪支原体肺炎　　C.猪链球菌病

D.副猪嗜血杆菌病　　E.猪传染性胸膜肺炎

11.某猪场6～8周龄仔猪,体温无明显变化,主要症状为鼻炎,咳嚏、流涕和吸气困难、个别猪鼻出血，病猪常摇头、拱地、搔抓和摩擦鼻部。该病最可能是（　　）。

A. 猪链球菌病　　B. 猪巴氏杆菌病　　C. 猪支原体肺炎

D. 猪传染性胸膜肺炎　　E. 猪传染性萎缩性鼻炎

12. 猪丹毒传播途径不包括（　　）。

A. 饲料传播　　B. 饮水传播　　C. 伤口传播

D. 土壤传播　　E. 胎盘传播

13. 猪发病后，在皮肤上形成红斑和疹块的传染病应该是（　　）。

A. 猪肺疫　　B. 猪副伤寒　　C. 猪丹毒

D. 猪瘟　　E. 猪细小病毒病

14. 目前我国免疫预防该病所用的疫苗是（　　）。

A. 活载体疫苗　　B. 基因缺失疫苗　　C. 核酸疫苗

D. 弱毒疫苗　　E. 多价灭活疫苗

15. 2 月龄猪，被毛粗乱，消瘦，关节肿胀。关节液涂片，瑞氏染色见两极浓染的短杆菌；体外培养时须供给 X 因子和 V 因子。该病最可能的病原是（　　）。

A. 猪链球菌　　B. 布鲁氏菌　　C. 副猪嗜血杆菌

D. 金黄色葡萄球菌　　E. 多杀性巴氏杆菌

16. 冬季，某 100 日龄猪群，生长缓慢，打喷嚏，流浆液性鼻液，剧烈咳嗽时鼻孔流出多量血液，部分病猪颜面变形，有泪斑。该病最可能的病原是（　　）。

A. 肺炎支原体　　B. 链球菌　　C. 产毒多杀性巴氏杆菌

D. 胸膜肺炎放线杆菌　　E. 副猪嗜血杆菌

17. 冬季，某 100 日龄猪群，生长缓慢，打喷嚏，流浆液性鼻液，剧烈咳嗽时鼻孔流出多量血液，部分病猪颜面变形，有泪斑。对该病具有示病意义的病变是（　　）。

A. 鼻黏膜溃疡　　B. 鼻甲骨萎缩　　C. 肺脏肉变

D. 肺脏脓肿　　E. 间质性肺炎

18. 仔猪群，5 月龄，突然发病，高热，呼吸困难，病程 1～2 d；死前口吐白色或血色泡沫。剖检见纤维素性出血性肺炎，胸腔内有纤维素性渗出物。早期治疗的首选药物是（　　）。

A. 干扰素　　B. 氟苯尼考　　C. 泰妙菌素

D. 盐霉素　　E. 莫能菌素

19. 某猪场，部分 4 月龄生长育肥猪突然发病，表现血色水样腹泻。病程稍长时，排黑色柏油样稀粪，后期转为黄色稀粪。有些突然死亡的猪，剖检可见回肠壁显著肥大，如同硬管。打开肠腔，可见肠黏膜溃疡，呈条形岛屿状。该病可初步诊断为（　　）。

A. 猪链球菌病　　B. 猪巴氏杆菌病　　C. 猪支原体肺炎

D. 猪副伤寒　　E. 猪增生性肠炎

20. 4 月龄猪高热稽留，四肢内侧皮肤有出血点。剖检可见脾脏边缘梗死，肾脏有出血点，扁桃体匀浆液接种 PK-15 细胞，可分离到病毒，引起该病的病原可能性是（　　）。

A. 猪细小病毒　　B. 猪圆环病毒　　C. 猪瘟病毒

D. 伪狂犬病毒　　E. 猪繁殖与呼吸综合征病毒

二、病例分析

病例 1　2011 年，某猪场网上饲养培育仔猪 78 头，自 2 月份以来，先后有 23 头猪出现发热，食欲不振，厌食，反应迟钝，张嘴呼吸，起立困难等症状，随后注射蓝环毒克和长效土霉素注射液，仅见个别猪吃食状况有所好转，大部分仍无效果，后采用头孢噻呋注射液，症状虽有好转，仍有5头死亡。眼观耳、鼻及四肢末梢发绀。

剖检有2头猪可见胸腔和腹腔有纤维素性蛋白渗出物（图2-2-21、图2-2-22）。后肢关节切开有胶胨样液体流出，取液体涂片镜检，可见中性粒细胞增多和较少量的巨噬细胞。初步诊断猪患什么病？

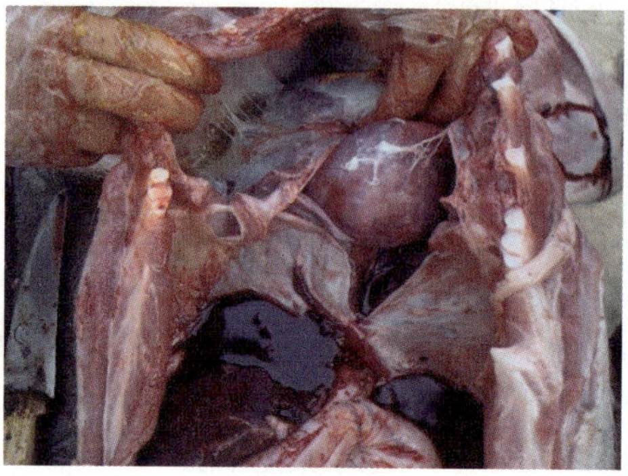

图2-2-21　胸膜粘连、纤维素心包炎

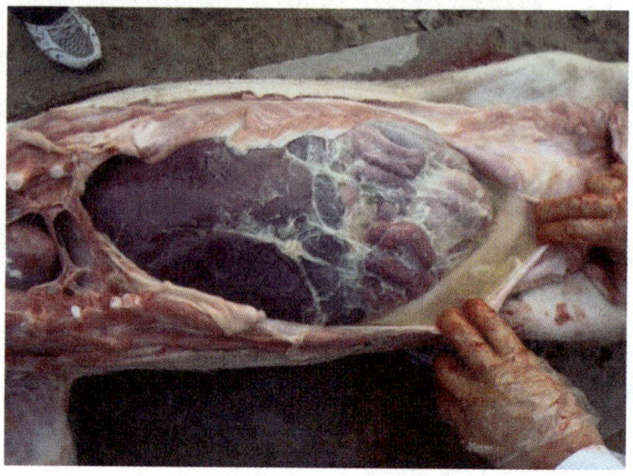

图2-2-22　纤维素性腹膜炎

病例2　2019年3月11日，某猪场连续有6头母猪分娩产下63头仔猪，产后第二天即看见有2窝仔猪圈排有黄色粪便，其中4头肛门沾有黄色稀粪的患病仔猪吮乳较差，口服庆大霉素、诺氟沙星等药物后，仍有一头仔猪出现严重脱水、消瘦，死亡。剖检可见肠内容物呈黄色，内有气体肠系膜淋巴结出血。初步诊断猪患什么病？

三、简答题

1.简述猪梭菌性肠炎的临床症状、病理变化与防控措施。

2.简述仔猪黄痢、仔猪白痢、猪水肿病的区别。

3.简述猪流行性腹泻的预防措施。

4.简述猪布鲁氏菌病临床症状、诊断和防控措施。

5.简述副猪嗜血杆菌、猪传染性胸膜肺炎和猪肺疫的区别。

6.简述猪链球菌病的诊断要点。

项目三

猪寄生虫性疾病

【知识目标】

1. 掌握猪姜片吸虫病、猪囊虫病、细颈囊尾蚴病、棘球蚴病、猪蛔虫病、猪后圆线虫病、猪毛首线虫病、猪食道口线虫病、猪肾虫病、猪旋毛虫病、猪棘头虫病、猪疥螨病、猪血虱、猪弓形虫病、肉孢子虫病的病原形态、生活史，以及诊断要点和防治措施。

2. 能够识别观察以上寄生虫病的虫体及虫卵的形态结构；能够对猪寄生虫病做出正确的诊断，并采取有效的防治措施。

【能力目标】

能独立对猪姜片吸虫病、猪囊虫病、细颈囊尾蚴病、棘球蚴病、猪蛔虫病、猪后圆线虫病、猪毛首线虫病、猪食道口线虫病、猪肾虫病、猪旋毛虫病、猪棘头虫病、猪疥螨病、猪血虱、猪弓形虫病、肉孢子虫病进行诊治。

【素养目标】

1. 样本采集过程中，既要做好个人防护，又要有不怕脏、不怕累、不怕臭的精神，更要有科学严谨的态度，认真辨析剖检中的每一处细节，做好"辨病因"的基础。

2. 做好猪寄生虫病防控，让老百姓吃上放心肉，是每位兽医人的职责。

【项目导入】

北京某猪场饲养的生长育肥猪陆续出现被毛粗乱，精神委顿，食欲减退，消瘦，排灰色带血稀便，便中可见部分脱落肠黏膜。个别猪眼结膜苍白，咳嗽，弓背。采用多种抗生素进行治疗不见效果。从饲养的800多头育肥猪中挑出7头病猪进行隔离，请问患猪出现什么问题？

任务一　猪姜片吸虫病

猪姜片吸虫病是由片形科姜片属的布氏姜片吸虫寄生于猪和人小肠内的一种人畜共患寄生虫病。猪感染后主要特征为消瘦、发育不良和肠炎。

【病原】布氏姜片吸虫（图 2-3-1），虫体外观似姜片，背腹扁平，前端稍尖，后端钝圆，新鲜

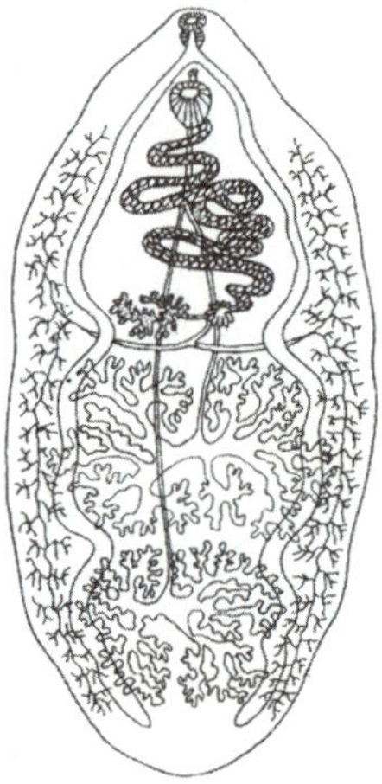

图 2-3-1　布氏姜片吸虫

虫体呈肉红色，虫体大小常因肌肉收缩而变化很大，一般长 20～75 mm，宽 8～20 mm，厚 2～3 mm。

【流行病学】本病主要流行于我国长江流域以南地区，常呈地方性流行。各个品种、各种年龄的猪均可感染，有时狗、兔也可感染。已感染的人、猪是本病的主要传染源，主要通过消化道感染。

【生活史】布氏姜片吸虫寄生于人和猪的小肠内，以十二指肠为最多。性成熟的雌虫与雄虫交配排卵后，虫卵随粪便排出体外，经 2～4 周孵出毛蚴，毛蚴于水中游动，遇到中间宿主——扁卷螺后侵入其中，发育为胞蚴、母雷蚴和子雷蚴，进一步发育为尾蚴。尾蚴离开螺体，附着在水浮莲、水葫芦、菱角、荸荠等水生植物上，脱去尾部，分泌黏液，形成灰白色、针状大小的囊蚴。猪采食了这样的植物而感染。囊蚴进入猪的消化道后，囊壁被消化溶解，童虫吸附在小肠黏膜上生长发育，经 3 个月左右发育为成虫。布氏姜片吸虫在猪体内寄生时间 9～13 个月，死后随粪便排出。

【临床症状】患猪轻度感染时症状不明显。严重感染时食欲减退，消化不良，出现胃肠炎、胃溃疡症状，异嗜，生长缓慢。有的表现腹痛，粪中带有黏液及血液。患病后期出现贫血，病猪精神委顿，甚至死亡。

【病理变化】剖检可发现姜片吸虫吸附在十二指肠及空肠上段黏膜上，肠黏膜有炎症、水肿、点状出血及溃疡。大量寄生时可引起肠管阻塞。

【诊断】结合临床症状，在猪粪便中发现虫卵，或在剖检病猪时发现大量虫体，即可做出诊断。

【治疗】

(1)兽用敌百虫，每千克体重 0.1 g，总重量不超过 7 g，口服。

(2)硫氯酚，每千克体重 0.06～0.1 g，混料内服。

(3)吡喹酮，每千克体重 50 mg，混料内服。

【防治】在流行地区，每年春、秋两季进行定期驱虫；加强猪粪管理，猪粪经发酵处理之后再用；禁止采食水生植物；搞好灭螺工作。

任务二　猪囊虫病

猪囊虫病是由带科带属的猪带绦虫的幼虫寄生于猪所引起的人畜共患寄生虫病，又称猪囊尾蚴病。其危害严重，直接影响人们的身体健康，也给养猪生产带来一定的经济损失。

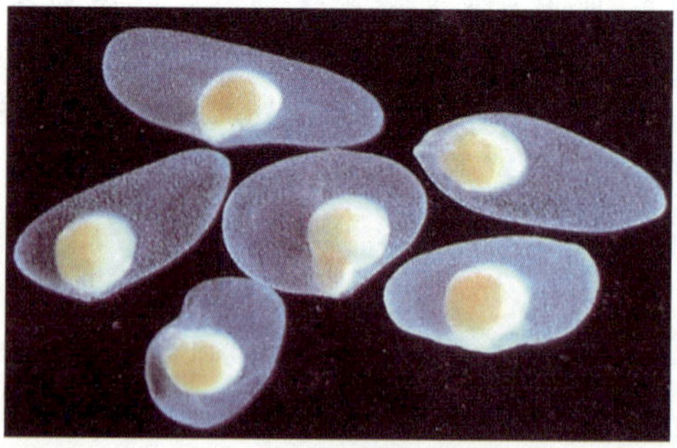

图 2-3-2　猪囊虫形态

【病原】猪囊虫是猪带绦虫的幼虫，俗称“痘”“米糁子”，呈椭圆形(图 2-3-2)，白色半透明的囊泡，囊内充满液体。大小为(6～10) mm×5 mm，囊壁上有 1 个内嵌的头节，头节上有顶突、小钩和 4 个吸盘。猪囊虫一般寄生在猪的肌肉组织，如咬肌、舌肌、心肌、膈肌、臀肌、腰肌、大腿肌最为多见，少数在脂肪和内脏器官也能见到。

成虫猪带绦虫长 2～3 m，宽 7～8 mm，乳白色，呈扁平带状，分头节、颈节和体节三部分。体节由 800～1 000 个节片组成。头节呈圆球形，直径约 1 mm，具有 4 个吸盘，并有顶突和 2 圈小钩，故称“有钩绦虫”。

【流行病学】本病多为散发。猪散养及连厕圈的地区，猪囊虫病发病率较高，主要通过消化道感染，患绦虫病病人是传染源。

【生活史】猪是猪带绦虫，亦称链状带绦虫的中间宿主。猪带绦虫寄生在人的小肠内，虫体每个孕卵节片内含 3 万～5 万个虫卵。孕卵节片不断脱落，随粪便排出体外。一个病人一个月可排出 200 多个孕卵节片。当猪吞食被孕卵节片污染的饲料或病人粪便时，虫卵进入胃肠，在猪小肠内经 24～72 h 孵出幼虫，幼虫钻入肠壁进入血液，通过血液循环到达全身各组织，在肌肉内经 2 个月左右发育成囊虫。当人吃了未经处理或没有煮熟的猪囊虫肉，或误食附在食品上的囊虫，囊虫经胃进入肠内，经 2～3 个月发育为成虫，又开始产卵，随粪便排出体外。这样人传给猪，猪又传给人，循环不已。

【临床症状】患猪少量感染时，一般无明显症状。多量囊虫寄生时，猪表现消瘦，腹泻，贫血，水肿，并伴有短促咳嗽，声音嘶哑，打呼噜。病畜肩膀宽，胸粗大，后身躯狭窄，呈“雄狮状”。寄生眼部可引起视力减退、甚至失明，寄生脑部会引起抽搐等神经症状。严重时可通过舌部触诊摸到囊虫结节。

猪带绦虫用其头节固着在人的肠壁上，可引起肠炎，导致腹痛、肠痉挛，同时可夺取大量营养。虫体分泌物和代谢物等毒性物质被吸收后，可引起胃肠机能失调和神经症状。猪囊尾蚴寄生于脑时，多数患者有癫痫发作，头痛、眩晕、恶心、呕吐、记忆力减退和消失，严重者可致死亡。寄生在眼时可导致视力减弱，甚至失明。寄生于皮下肌肉组织中，使肌肉酸痛无力。

【病理变化】严重时，猪肉呈苍白色而湿润，在咬肌、舌肌、肋间肌、臀肌等处有黄豆粒大小的半透明囊泡(图 2-3-3)，泡内有粟粒大小的头节。

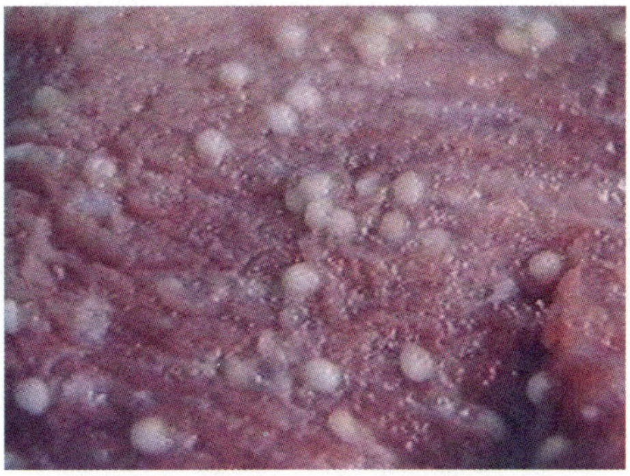

图 2-3-3 肌肉上猪囊虫

【诊断】生前诊断猪囊尾蚴病较为困难，触摸舌根或舌腹面有豆状结节可作为参考。目前，国内外正研究和推广免疫学诊断方法，如间接血凝试验、酶联免疫吸附试验、对流免疫电泳试验及其他免疫学试验等。

【治疗】在实际生产中，对猪囊尾蚴病的治疗意义不大。口服吡喹酮，每千克体重 50 mg，每天一次，连用 3 d。或用阿苯达唑每千克体重 20 mg，口服，每隔 1 天，再服 1 次，共服 3 次，效果不错。另外，还有市售的灭囊灵等药物，按说明书使用。

【防治】

(1)预防本病的根本措施是积极治疗绦虫病患者，消除传染源。

(2)要做到人有厕所猪有圈，厕所和猪圈分开，防止猪吃到人的粪便。

(3)加强肉品卫生检验，杜绝囊虫病猪肉上市。

任务三　细颈囊尾蚴病

细颈囊尾蚴病是由带科带属的泡状带绦虫的幼虫寄生于猪等多种动物肝脏浆膜、大网膜、肠系膜引起的疾病。主要特征为幼虫移行时引起出血性肝炎、腹痛。

【病原】细颈囊尾蚴，又称为“水铃铛”，是泡状带绦虫的幼虫。呈乳白色，囊泡状，囊内充满液体，大小如鸡蛋或更大，囊壁上有1个乳白色的头节。在肝、肺等脏器中的囊体，由宿主组织反应产生的厚膜包裹，故不透明(图2-3-4)。

泡状带绦虫是细颈囊尾蚴的成虫期，体长0.5～2 m以上(图2-3-5)。头节的顶突上有26～46个角质小钩，虫体孕卵节片的子宫内含有大量圆形的虫卵。虫卵内含有六钩蚴。

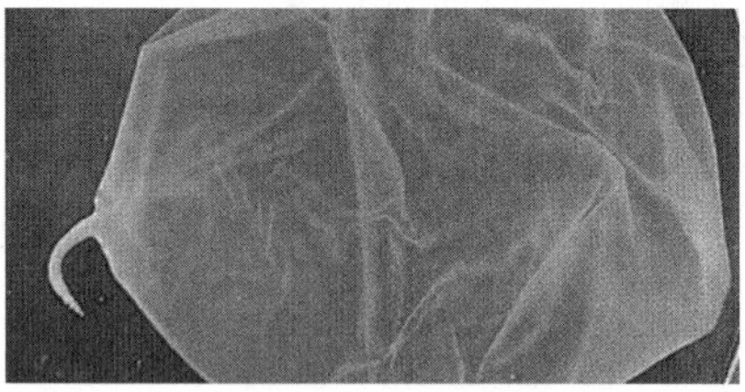

图2-3-4　细颈囊尾蚴

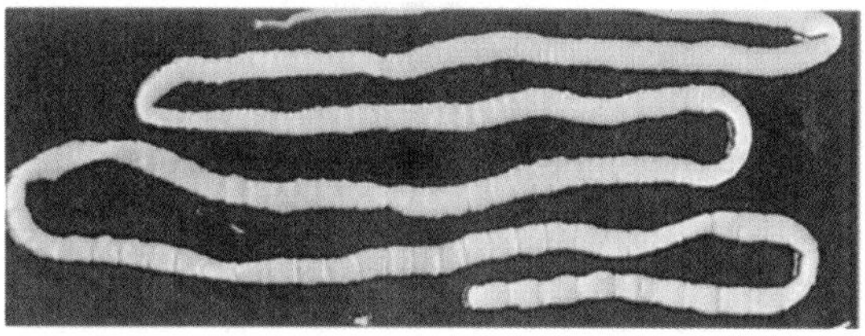

图2-3-5　泡状带绦虫

【流行病学】本病分布极广，在我国各省(市、自治区)均有报道。细颈囊尾蚴猪感染最普遍，牧区绵羊感染亦严重，山羊也可感染，牛较少。

【生活史】寄生在犬及其他食肉动物小肠内的成虫，其孕卵节片随粪便排到体外，节片崩解，则虫卵游离并污染外界环境。当猪吞食了成虫的孕卵节片或虫卵时，虫卵在猪的消化道内孵出六钩蚴。六钩蚴钻透肠壁，进入腹腔，附着在肠系膜、网膜上寄生，或随血液循环移行到肝脏并穿透肝组织，在肝表面寄生。当食肉动物吃了含有细颈囊尾蚴的内脏时，幼虫在小肠内约经3个月发育为成虫。

【症状】本病对仔猪的危害较严重，感染初期由于幼虫移行，可引起急性肝炎和腹膜炎，病猪表现消瘦，贫血，腹痛。后期随着虫体到达肝表面、网膜、肠系膜等处发育为成熟的细颈囊尾蚴时，则症状不明显。

【诊断】本病的生前诊断较为困难，一般在宰后检验或尸体剖检时发现细颈囊尾蚴而确诊。现在可用血清学方法进行生前诊断，但还未普遍应用。

【防制】目前尚无有效的治疗方法，以预防为主，可试用吡喹酮治疗，每千克体重50 mg，一次口服。

对犬定期驱虫；屠宰猪时，摘除的幼虫要销毁，严禁喂狗。

任务四　棘球蚴病

棘球蚴病是由带科棘球属绦虫的幼虫寄生于哺乳动物及人引起的疾病。可感染绵羊、山羊、黄牛、水牛、猪、牦牛、骆驼、马等动物和人，寄生部位为肝脏、肺脏及其他器官，是一种重要的人畜共患寄生虫病。

【病原】棘球蚴是细粒棘球绦虫的中绦期。棘球蚴为囊状结构，内含囊液。囊壁外层为角质层，内层为生发层。生发层向内生有许多原头蚴，还可生出子囊。子囊亦可产生孙囊。原头蚴、子囊、孙囊脱落，沉积于囊液中，称为棘球砂。棘球蚴近球形（图 2-3-6），直径小的只有黄豆大小，大的可达 50 cm，一般为 5～10 cm。

成虫细粒棘球绦虫长 2～6 mm，由一个头节和 3～4 个节片组成（图 2-3-7）。头节有 4 个吸盘，顶突上有两圈小钩，成节有一组生殖器官。虫卵大小为（32～36）μm×（25～30）μm。

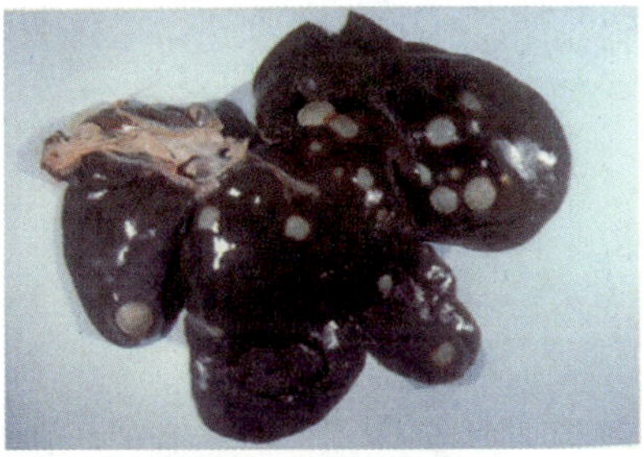

图 2-3-6 棘球蚴

图 2-3-7 细粒棘球绦虫

另一种棘球蚴为多房棘球蚴，又称泡球蚴，是多房棘球绦虫的中绦期，寄生于鼠类和人的肝脏。在牛、绵羊和猪的肝脏亦可发现多房棘球蚴寄生，但不能发育至感染阶段。

【流行病学】该病为全球性分布，尤以牧区为多。我国主要在西北牧区广泛流行，其他地区也有分布。

【生活史】成虫寄生于犬、狼的小肠中，其孕卵节片随粪便排至外界，虫卵被猪、羊等中间宿主吞食，六钩蚴在肠道逸出，进入血液循环，分布于身体各部，发育为棘球蚴。犬、狼采食了寄生有棘球蚴的动物脏器而感染。

【症状】棘球蚴除引起机械压迫外，还可引起中毒和过敏反应等，其严重程度主要取决于棘球蚴的大小、数量和寄生部位。机械性压迫使周围组织发生萎缩和功能障碍。代谢产物被吸收后，使周围组织发生炎症和全身过敏反应，严重者死亡。各种动物都可因囊泡破裂而产生严重的过敏反应而致死。

【诊断】生前诊断较困难，确诊要靠剖检。也可使用间接血凝试验和 ELISA 辅助诊断。

【治疗】可用阿苯达唑和吡喹酮进行治疗。

【防治】主要是对犬定期驱虫，不用病猪脏器随意喂犬，防止犬粪污染饲草、饲料和饮水，人与犬等动物接触时做好个人防护等。

任务五 猪蛔虫病

猪蛔虫病是由蛔科蛔属的猪蛔虫寄生于猪的小肠所引起的一种常见寄生虫病，仔猪最易感染。本病分布广泛，特别在不卫生的猪场和营养不良的猪群中感染率很高，可达 50% 以上。据调查，我国猪只的感染率为 17%～80%，平均感染强度 20～30 条。仔猪常因感染蛔虫而生长发育不良，形成“僵猪”，导致猪出栏期推迟，饲料浪费，甚至死亡等，造成较大的经济损失。

【病原】 蛔虫是一种大型线虫，呈圆柱形，淡红色或淡黄色，口孔周围有3片唇。雄虫长15～25 cm，尾端向腹面弯曲，形似鱼钩，泄殖腔开口在尾端附近，有一对小的交合刺。雌虫比雄虫粗大，长20～40cm，尾直（图2-3-8）。虫卵为椭圆形，大小为60 μm，卵壳厚，呈黄褐色，最外层为呈波浪形蛋白质膜，内容物为卵黄颗粒和空泡（图2-3-9）。

【流行病学】 猪蛔虫病的流行十分广泛，不论是规模化饲养的猪，还是散养的猪都有发生，这与猪蛔虫产卵量大、虫卵对外界抵抗力强及生活史简单有关。

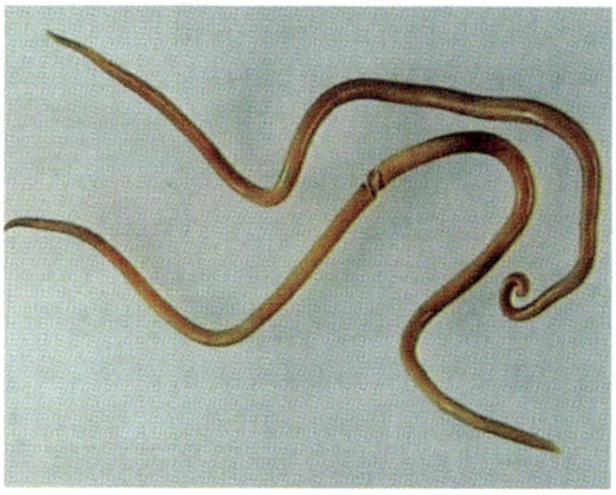

图 2-3-8　猪蛔虫雌雄虫体

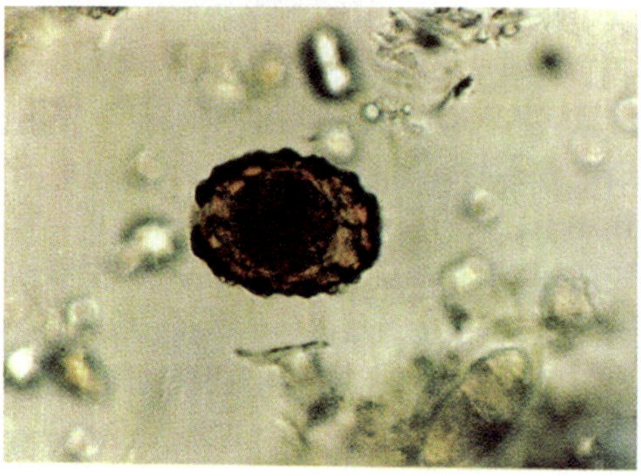

图 2-3-9　猪蛔虫虫卵

【生活史】 寄生在猪小肠中的雌虫平均每天可产卵10万～20万个，产卵旺盛时每天可达100万～200万个，虫卵表面有一层厚厚的蛋白膜，具有很强的黏附性，并可增强对外界环境的抵抗力。虫卵随粪便排出，在适宜的条件下，经11～12 d发育成具有感染性的虫卵。感染性虫卵随同饲料或饮水被猪吞食后，在小肠中孵出幼虫，并进入肠壁血管，随血液进入肝脏，再继续经心脏而移行至肺脏。幼虫由肺毛细血管进入肺泡，以后再沿呼吸道上行至咽，后随黏液进入会厌，经食道而至小肠。从感染开始到在小肠发育为成虫，共需2～2.5个月。

【临床症状】 幼虫移行至肺脏时，引起蛔虫性肺炎。临床表现为咳嗽、呼吸加快、体温升高、食欲减退和精神沉郁。病猪趴卧在地，不愿走动。幼虫移行时还可导致荨麻疹和某些神经症状。

成虫寄生在小肠时可引起小肠卡他性炎症，争夺宿主大量的营养。病猪表现食欲不振或时好时坏，消瘦贫血、生长缓慢，有异食癖。蛔虫数量多时常聚集成团，堵塞肠道，引起腹痛，严重时因肠壁破裂而致死。有时蛔虫可进入胆管，造成胆管堵塞，病猪剧烈腹痛。

【病理变化】 虫卵被猪吞食后可随门脉循环移行至肝脏，引起肝组织出血、变性和坏死，肝小叶的间质及被膜的结缔组织增生，形成云雾状的蛔虫斑（或称乳斑肝）。幼虫移行至肺脏时，可见肺炎病变，局部肺组织致密，表面有大量出血点或暗红色斑点。

【诊断要点】 根据仔猪多发，表现消瘦贫血、生长缓慢；初期有肺炎症状，抗生素治疗无效时可怀疑本病。主要诊断方法是生前粪便虫卵检查和死后尸体剖检，在小肠发现大量虫体，可确诊。

幼虫寄生期可用血清学方法诊断，目前已研制出特异性强的ELISA检测法。

【治疗】

(1)伊维菌素,每千克体重 0.3 mg,一次皮下注射;口服,20 mg/kg,连喂 5~7 d。

(2)阿维菌素,用法同伊维菌素。

(3)左旋咪唑,每千克体重 10 mg,喂服或肌内注射。

【预防】规模化猪场,对全群驱虫后,以后每年对公猪至少驱虫 2 次;母猪产前 1~2 周驱虫 1 次;仔猪转入新圈驱虫 1 次;新引进猪要驱虫后方可合群饲养。注意猪舍的清洁卫生,并加强仔猪的饲养管理。

为减少蛔虫卵对环境的污染,尽量将猪的粪便和垫草在固定地点堆积发酵。日本已有报道,猪蛔虫幼虫能引起人的内脏幼虫移行症,因此杀灭虫卵不仅能减少猪的感染,而且对公共卫生也十分有益。

任务六 猪后圆线虫病

猪后圆线虫病是由后圆科后圆属线虫寄生于猪的支气管和细支气管引起的寄生虫病,又称猪肺线虫病。本病分布于世界各地。猪的感染一般为 20%~30%,高的可达 50.4%。主要危害幼猪,引起支气管炎和肺炎,严重时造成仔猪大批死亡。若发病不死,也严重影响仔猪的生长发育和降低肉品质量,给养猪业带来一定的损失。常见的有长刺后圆线虫和复阴后圆线虫,而萨氏后圆线虫较少见。

【病原】成虫纤细、白色,长刺后圆线虫雌虫长 20~50mm,雄虫长 12~26 mm。复阴后圆线虫雌虫长 19~37 mm,雄虫长 16~18 mm。萨氏后圆线虫雌虫长 30~45 mm,雄虫长 17~18 mm(图 2-3-10)。三种虫卵相似,卵内含幼虫,卵壳厚,大小为 40~50 μm(图 2-3-11)。

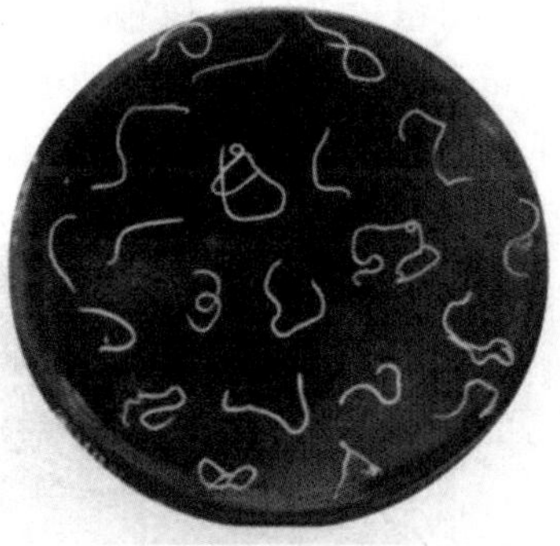

图 2-3-10 猪后圆线虫成虫

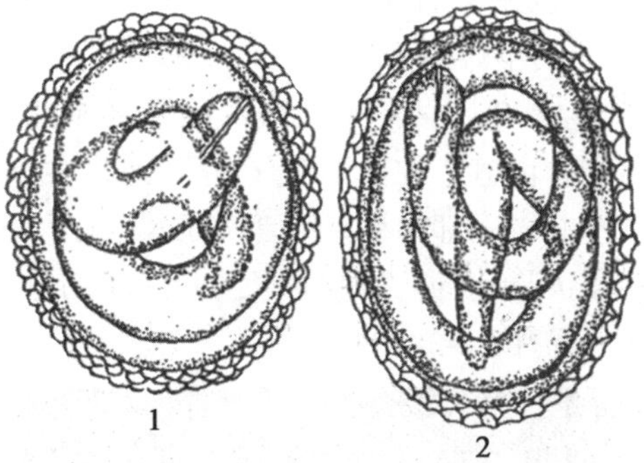

1. 长刺后圆线虫卵 2. 复阴后圆线虫卵

图 2-3-11

【流行病学】后圆线虫的发育是间接的,需以蚯蚓作为中间宿主。故本病多在夏、秋季节发生。

【生活史】雌虫在气管和支气管中产卵,随咳嗽排出体外。卵在外界孵出第 1 期幼虫,第 1 期幼虫或虫卵被蚯蚓吞食后,在其体内发育至感染性幼虫,猪吞食了带有感染性幼虫的蚯蚓或由蚯蚓体内释出的感染性幼虫引起感染。感染性幼虫在小肠内被释放出来,进入肠系膜静脉中，随血流进入右心房、右心室，再由肺动脉进入肺脏，再到支气管和气管发育为成虫。感染后 25～35 d 发育为成虫。感染后 5～9 周排卵最多。

【临床症状】轻度感染时症状不明显，但影响生长发育。严重感染时，表现强有力的阵咳，呼吸困难，特别在运动或采食后更加剧烈；病猪贫血，食欲丧失，即使病愈，易生长缓慢。

【病理变化】剖检时，膈叶腹面边缘有楔状肺气肿区，支气管增厚、扩张，靠近气肿区有坚实的灰色小结。支气管内有虫体和黏液。肺切面、支气管腔中有许多大型肺线虫。

【诊断】根据流行病学症状可怀疑本病。进行粪便检查发现虫卵，剖检病猪发现虫体即可确诊。检查虫卵用饱和盐水漂浮法效果较好（见模块三）。

【治疗】可使用左旋咪唑、伊维菌素、阿苯达唑等药物驱虫。

【预防】猪场应注意排水畅通，保持干燥，铺水泥地面，防止蚯蚓进入猪舍和运动场；墙角、墙边泥土要夯实，或换上沙质土，从而不利于蚯蚓的滋生繁殖；猪舍、运动场定期消毒（1%火碱水或 30%草木灰水喷洒），及时清除粪便并发酵处理，流行区猪群进行定期的预防性驱虫，春、秋季节各 1 次。

任务七　猪毛首线虫病

猪鞭虫病

猪毛首线虫病是由毛首科的猪毛首线虫寄生于猪的大肠（主要是盲肠）引起的一种寄生虫病，又称猪鞭虫病。分布遍及世界各地，我国各地猪均有此寄生虫病，对仔猪危害很大，小猪感染率约有 75%，成年猪 13.9%。引起肠炎，腹泻，食欲减少，贫血，严重者引起大批死亡，给养猪业造成较大损失。

猪和野猪是猪毛首线虫的自然宿主，灵长类动物（包括人）也可感染猪毛首线虫。本虫分布广泛，长期以来一直是影响养猪业的一个普遍问题。

【病原】成年雌虫长 39～53 mm，雄虫长 20～52 mm，一端粗、一端细，像鞭子一样，故称鞭虫（图 2-3-12）。此类线虫形态一致，虫体前部直径≤0.5 mm，约为体长的 2/3，内有一串单细胞围绕着的食道。在显微镜下可见到在各期虫体的口部突出一根刺，腺体和肌肉组织围绕食道周围。虫体后部短粗，直径约 0.65 mm，含有虫体的中肠和泄殖腔。虫卵呈腰鼓形，两端各有一个塞状凸起，卵壳厚，卵大小为 60 μm×25 μm，呈棕黄色，处于单细胞阶段，可在雌虫的子宫内发现（图 2-3-13）。

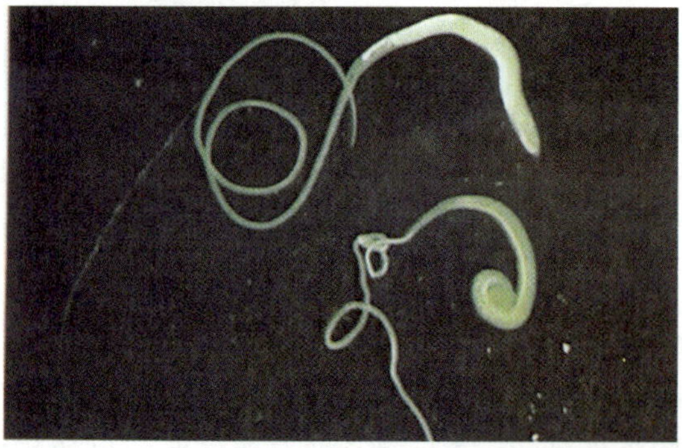

图 2-3-12　猪毛首线虫雌雄虫体

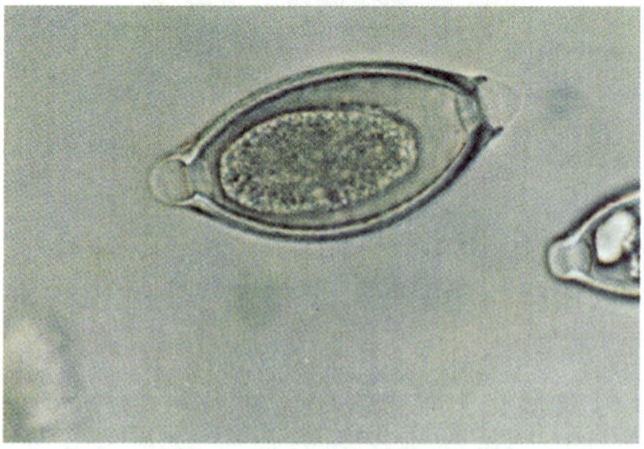

图 2-3-13　猪毛首线虫虫卵

【流行病学】 一般 2～6 月龄小猪易感，4～6 月龄感染率最高，可达 85%，以后逐渐下降。多发生于与土壤、垫料有接触机会的猪。常与其他蠕虫、特别是猪蛔虫混合感染。一年四季均可感染，以夏季感染率高。

【生活史】 猪毛首线虫的虫卵随猪粪便排出，发育为感染性虫卵，猪随饲料、饮水或掘土时吞食此种虫卵经口而感染。在猪体内经 41～51 d 发育为成虫，以头部固着于肠黏膜上发育。

【临床症状】 轻度感染症状不明显。严重感染时虫体达数千条，病猪表现消瘦，贫血，腹泻，粪中带黏液和血液，生长缓慢，发育受阻。

【病理变化】 毛首线虫的头部深入盲肠及结肠黏膜内寄生，少数寄生时仅寄生部位引起充血、出血，多数寄生时可见黏膜充血、水肿、糜烂。

【诊断】 根据临床表现主要危害幼猪，病猪表现消瘦、贫血、腹泻、粪中带黏液和血液，可怀疑本病。虫卵检查及剖检时在盲肠发现病变及虫体可确诊。

【预防】 预防参见猪蛔虫病，用羟嘧啶、左旋咪唑、阿苯达唑等药物驱虫。

任务八 猪食道口线虫病

食道口线虫病

食道口线虫病是由食道口属的多种线虫寄生于猪结肠内引起的疾病，又称为“结节虫病”。主要特征为严重感染时肠壁形成结节，破溃后形成溃疡而致顽固性肠炎。

【病原】 虫体为乳白色或暗灰色小线虫。雄虫长 6.2～9.0 mm，雌虫长 6.4～11.3 mm。虫卵随粪便排出体外，发育成感染性幼虫，猪吞食后受到感染。

【生活史】 虫卵随猪的粪便排出体外，经 6～8 d 发育为带鞘的感染性幼虫，被猪吞食后，幼虫在小肠内脱鞘，然后移行到结肠黏膜深层，在肠壁形成结节，幼虫在结节内蜕第三次皮，成为第 4 期幼虫。之后返回大肠肠腔，蜕第四次皮，成为第 5 期幼虫。感染后 38 d(幼猪)或 50 d(成年猪)发育为成虫。

【临床症状】 该虫致病力虽弱，但感染哺乳仔猪或严重感染时引起结肠炎，表现腹泻、下痢，粪便中带有黏膜。特别是幼虫寄生在大肠壁上形成 1～6 mm 的结节，破坏肠壁的结构，使肠管不能正常吸收养分和水分造成患猪营养不良、贫血、消瘦、发育不良、衰弱。

【病理变化】 典型变化为在肠壁形成结节。初次感染时很少有结节，但多次感染后，肠壁形成粟粒状结节。肠壁普遍增厚，有卡他性肠炎。感染细菌时，可能继发弥漫性大肠炎。

【诊断】 粪便检查虫卵或发现自然排出的虫体，即可确诊。粪便检查用饱和盐水漂浮法。

【治疗】 可用左旋咪唑、噻苯达唑、康苯咪唑或伊维菌素等药物进行治疗。

【预防】 猪结节虫在哺乳后期和保育期就造成危害，因此，防治关键期是抓好母猪配种前、产仔前、哺乳仔猪和保育猪四个阶段的驱虫。每个阶段内服伊维菌素或阿维菌素，猪每千克体重用药 0.3 mg，连服 5～7 d。

任务九 猪肾虫病

猪肾虫病是由猪肾虫寄生于猪的肾盂、肾周围脂肪和输尿管等处引起的一种寄生虫病，又称冠尾线虫病。主要特征为仔猪生长迟缓，母猪不孕或流产。

【病原】猪肾虫虫体较粗大，两端尖细，体壁厚。活的虫体呈浅灰褐色。雄虫长 21～33 mm，雌虫长 24～52 mm。虫卵为椭圆形，卵较大，肉眼可见。刚排出的虫卵中有胚细胞 32～64 个。

【生活史】猪肾虫虫卵随尿液排出，在外界发育成感染性幼虫，经口腔、皮肤进入猪体，在肝脏发育后进入腹腔，移行到肾、输尿管等处组织中形成包囊，发育为成虫。

【临床症状】初期出现皮肤炎，皮肤上有丘疹和红色小结节，体表淋巴结肿大，消瘦，行动迟钝。随着病程发展，后肢无力，腰背软弱无力，后躯麻痹或后肢僵硬，跛行，喜卧。尿液中有白色黏稠絮状物或脓液。公猪不明原因的跛行，性欲减退或无配种能力。母猪流产或不孕。

【病理变化】常见肾髓质、输尿管壁有包囊，结缔组织增生，内有成虫。

【诊断】根据流行病学、临床症状、尿液检查和病理变化进行综合诊断。对 5 月龄以上的猪，可在尿沉渣中检查虫卵。方法是用大平皿或大烧杯接尿(早晨第一次排尿的最后几滴尿液中含虫量最多)，放置沉淀 20～30 min 后，倒去上层尿液，再将平皿摆在平正的黑色纸面上，在光线充足处即可查到沉至底部的无数白色细小卵粒，黏附凸出在皿底表面的虫卵即可镜检确诊。5 月龄以下的仔猪，只能在剖检时，在肝、肺、脾等处发现幼虫。

【防治】按猪蛔虫病的防治措施处理。

任务十　猪旋毛虫病

猪旋毛虫病是由毛形科毛形属的旋毛虫寄生于人和猪等多种动物引起的疾病。成虫寄生在肠道，称为肠旋毛虫；幼虫寄生在肌肉，称为肌旋毛虫。是重要的人畜共患病，是肉品卫生检验重点项目之一，在公共卫生上具有重要意义。

【病原】成虫细小，前部较细，较粗的后部有肠管和生殖器官。雄虫长 1.4～1.6 mm，尾端有泄殖孔，有两个呈耳状悬垂的交配叶。雌虫长 3～4 mm，阴门位于身体前部的中央，胎生(图 2-3-14)。幼虫长 1.15 mm，蜷曲在由机体炎性反应所形成的包囊内，包囊呈圆形或椭圆形，连同囊角而呈梭形，长 0.5～0.8 mm(图 2-3-15)。

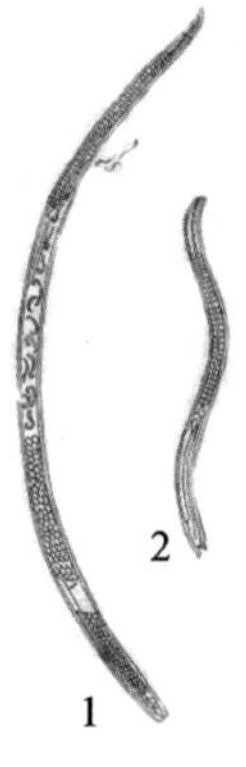

1.雌虫　2.雄虫

图 2-3-14　旋毛虫成虫

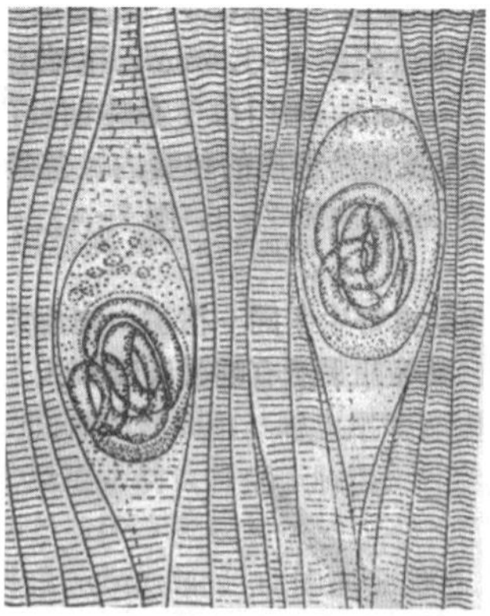

图 2-3-15　旋毛虫幼虫在肌肉中形成包囊

【流行病学】旋毛虫病属世界性分布，宿主范围广，有近50种动物，包括人、猪、鼠、犬、猫、熊、狼等。

【生活史】人和猪摄食含有感染性幼虫包囊的动物肌肉而感染，包囊进入胃内被消化溶解，幼虫在小肠经2 d发育为成虫。雌、雄虫交配后，雄虫死亡，雌虫钻入肠黏膜深部肠腺中产出幼虫，幼虫随淋巴管进入血液循环散布到全身。到达横纹肌的幼虫，在感染后17～20 d开始蜷曲，逐渐形成包囊，到第7～8周时包囊完全形成，此时的幼虫具有感染力。每个包囊一般只有1条虫体，偶有多条。到6～9个月后，包囊从两端向中间钙化，全部钙化后虫体死亡。否则，幼虫可保持生命力数年至25年之久。

【临床症状】猪有很大耐受力，少量感染时无症状。严重感染时，通常在3～5 d后体温升高，腹泻，腹痛，有时呕吐，食欲减退，后肢麻痹，长期卧睡不起，呼吸减弱，发声嘶哑。有的眼睑和四肢水肿，肌肉发痒、疼痛。有的发生强烈的肌肉痉挛，很少死亡，多于4～6周后康复。血液检查嗜酸性粒细胞显著增多。

【病理变化】成虫在胃肠道引起急性卡他性肠炎，病变轻微。可见黏膜肿胀，充血，出血，黏液分泌增多。幼虫寄生部位可见肌纤维肿胀变粗，肌细胞横纹消失，萎缩。组织学检查可见与肌纤维长轴平行的具两层囊壁的幼虫包囊，眼观呈白色针尖状。

【诊断】生前诊断困难，常在宰后检出。从膈肌脚取小块肉样，去掉肌膜和脂肪，在不同肉样处取24个麦粒大小的肉块，用玻板压片镜检或旋毛虫投影器检查，如有包囊即可确诊。

目前国内外用ELISA、间接血凝试验等方法作为猪的生前诊断手段之一。

【治疗】各种苯丙咪唑类药物对旋毛虫成虫、幼虫均有良好作用，且对移行期幼虫的敏感性较成虫更大。

(1)噻苯达唑　每千克体重25～50 mg，口服，治疗5 d或10 d，肌肉幼虫减少率分别为82%和97%。

(2)康苯咪唑　对旋毛虫成虫和各期幼虫效果分别较噻苯达唑高10倍和2倍。

(3)阿苯达唑　按0.03%比例加入饲料充分混匀，连喂10 d，良好的驱虫效果。

【防治】

(1)灭鼠，扑杀野犬。

(2)改变猪的饲养管理习惯，管好粪便，保持圈舍清洁，严禁用洗肉水喂猪。

(3)加强屠宰场及集市肉品的兽医卫生检验，严格按《肉品卫生检验试行规程》处理带虫肉(高温加工、工业用或销毁)。在旋毛虫病多发地区要改变生食肉类的习俗，对制作的一些半熟风味食品的肉类要做好检查工作。

任务十一　猪棘头虫病

猪棘头虫病是由巨吻属的蛭形巨吻棘头虫寄生于猪的小肠内引起的一种寄生虫病。该病主要发生在农村散养的猪，呈地方性流行，主要特征为下痢，粪便带血，腹痛。

【病原】虫体呈乳白色或淡红色，长圆柱形，前部较粗，后部逐渐变细。体表有横皱纹。头端有1个可伸缩的吻突，上有5～6行小棘，每列6个。雄虫长7～15 cm，雌虫长30～68 cm。

虫体无消化器官，主要依靠体表的微孔吸收营养。

虫卵呈长椭圆形，深褐色，两端稍尖，卵内含有棘头蚴。

【流行病学】呈地方性流行，8～10 个月龄猪感染率最高，在流行严重的地区感染率可高达 60%～80%。金龟子等一类甲虫是猪棘头虫发育的中间宿主，也是仔猪感染的重要来源。金龟子幼虫出现于早春至 6—7 月并存在于 12～15 cm 深的土壤中，仔猪拱土的力度差，故感染机会少，后备猪拱土力强，故感染率高。放牧猪比舍饲的猪感染率高。感染率和感染强度与地理、气候条件、饲养管理方式等都有密切关系。如气候温和，适宜于甲虫和棘头虫幼虫的发育，则感染率高，感染强度大。

【生活史】猪棘头虫寄生于猪的小肠，主要是空肠。感染后 2～3 个月雌虫即开始产出大量的虫卵(约每天 25 万个)，持续约 10 个月。虫卵被金龟子及其他甲虫的幼虫吞食后，棘头蚴即在中间宿主的肠内孵化，然后穿过肠壁进入体腔，发育为棘头体(如 6 月前感染需经 3.5～4 个月发育为棘头体，若 7 月后感染，则经过 12～13 个月才能发育为棘头体，并形成棘头囊。当中间宿主甲虫发育为蛹和成虫时，棘头囊仍留在体内，终宿主猪吞食带有棘头囊的甲虫幼虫、蛹和成虫即可引起感染。棘头囊进入猪体内，棘头体从囊中逸出，以吻突叮在小肠壁上，经 3～4 月发育为成虫。棘头虫在猪体内可存活 10～24 个月。

【临床症状】临诊表现随感染强度和饲养条件的不同而不同。感染虫体数量不多时症状不显著。若感染较多时，可见食欲减少、下痢、粪便带血、腹痛。严重者可形成肠结节状化脓灶。如果吻突钻得太深，可发生肠穿孔，诱发腹膜炎，导致体温升高(41～41.5 ℃)，腹部异常，疼痛，不食，起卧抽搐，多以死亡而告终。

【病理变化】剖检病猪可见尸体消瘦，黏膜苍白。在肠道主要是空肠和回肠浆膜面上有灰黄色或暗红色小结节，其周围有红色充血带；肠黏膜发炎，重者肠壁穿孔，吻突穿过肠壁吸附在附近浆膜形成粘连；肠壁肥厚，有溃疡病灶。严重感染时，肠道塞满虫体，可出现肠壁穿孔而引起腹膜炎。

【诊断】结合流行病学和临床症状，以猪粪直接涂片或用沉淀法检查虫卵诊断该病。

【防治】

(1)不放养猪，圈养者要防止猪吃到金龟子及其幼虫。

(2)勤清粪便，并堆集发酵处理。

(3)定期驱虫，最佳时间是每年的 9—10 月。对棘头虫目前尚无特效药，可试用左旋咪唑，每千克体重 8 mg，口服；敌百虫，每千克体重 0.1～0.15 g，口服；阿苯达唑，按 0.03% 比例加入饲料充分混匀，连喂 10 d，有较好的驱虫效果。

任务十二　猪疥螨病

猪疥螨病是由疥螨科的猪疥螨寄生于猪的皮内引起皮肤发生红点、脓疱、结痂、龟裂等的外寄生虫病。该病分布很广，是猪最重要的一种外寄生虫病。

【病原】疥螨成虫呈圆形，浅黄色或灰白色，体长约 0.5 mm，在黑色背景下肉眼可见。解剖镜下可见螨虫爬向远离光线处。成虫有 4 对短粗的足，2 对伸向前方，另 2 对伸向后方，均粗短，不超过体缘（图 2-3-16）。

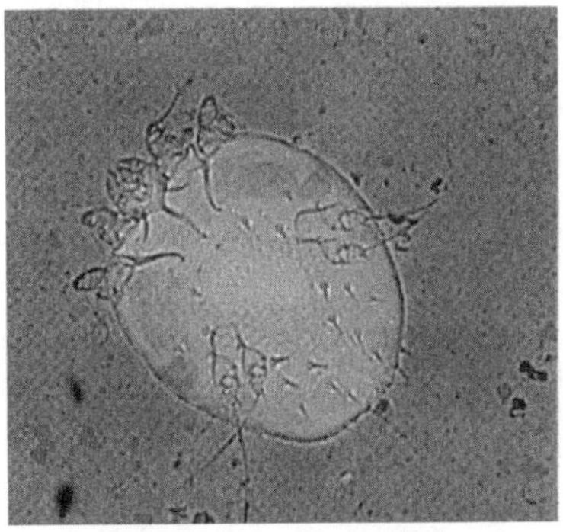

图 2-3-16　疥螨腹面

【流行病学】我国 100%的猪场均有猪疥螨感染，感染率极高。在阴湿寒冷的冬季，因猪被毛较厚，皮肤表面湿度较大，有利于疥螨发育，病情较严重。在夏季，天气干燥，空气流通，阳光充足，病势即随之减轻，但感染猪仍为带虫者。

【生活史】疥螨的发育过程包括虫卵、幼虫、若虫和成虫 4 个阶段。猪疥螨的幼虫、若虫和成虫均寄生于皮内，生活史都是在皮内完成的。从卵发育为成虫需 8～22 d。雌虫的寿命为 4～5 周。

【临床症状】猪疥螨感染通常起始于头部、眼下窝、面颊及耳部等毛少皮薄的部位，以后蔓延到背部、躯干两侧及后肢内侧，尤以仔猪的发病最为严重。患猪局部发痒，常在墙角、饲槽、柱栏等处摩擦。可见皮肤增厚、粗糙和干燥，表面覆盖灰色痂皮，并形成皱褶。极少数病情严重者，皮肤的角化程度增强、干枯，有皱纹或龟裂，龟裂处有血水流出。病猪逐渐消瘦，生长缓慢，成为僵猪。

【诊断】根据症状可初步诊断。确诊需进行实验室诊断，对有临床症状表现的猪只，刮取病变交界处的新鲜痂皮直接检查。或放入培养皿中，置于灯光下照射后检查。虫体较少时，可将刮取的皮屑放入试管中，加入 10%氢氧化钠（或氢氧化钾）溶液，浸泡 2 h，或煮沸数分钟，然后离心沉淀，取沉渣镜检虫体。

【治疗】

（1）烟叶水液疗法：取烟叶或烟梗 1 份，加水 20 份，浸泡 24 h，再煮 1 h 后涂搽患部。

（2）除癞灵适量加入废机油中涂搽患部。

（3）伊维菌素或阿维菌素，每千克体重 0.3 mg，皮下注射；口服每千克体重 20 mg，连用 5～7 d。

【预防】要定期按计划驱虫。首先要对猪场全面用药，以后公猪每年至少用药 2 次，母猪产前 1～2 周应用伊维菌素或阿维菌素进行驱虫。仔猪转群时用药 1 次，后备猪于配种前用药 1 次，新引进的猪用药后再和其他猪并群。分娩舍及其他猪舍在进猪前要进行彻底清扫和消毒。

任务十三　猪　血　虱

猪血虱是由血虱科血虱属的猪血虱引起的体外寄生虫病，又称吸血虱。主要特征为猪体瘙痒。该病分布广泛，各地均有报道，特别是饲养管理不良的猪场，容易感染，使猪的生长发育受到影响。

【病原】猪血虱属昆虫纲虱目虱科。体扁无翅，头部较胸部窄，呈圆锥形。口器刺吸式。有触角 1 对，分 5 节。胸部较宽，分为 3 节，无明显界限。腹部卵圆形，比胸部宽，分为 9 节。虫体胸、腹每节两侧各有 1 个气孔。足粗短，3 对，中、后腿比前腿大得多（图 2-3-17）。

【生活史】猪血虱属不完全变态发育，有卵、若虫和成虫 3 个阶段。家畜直接接触或间接

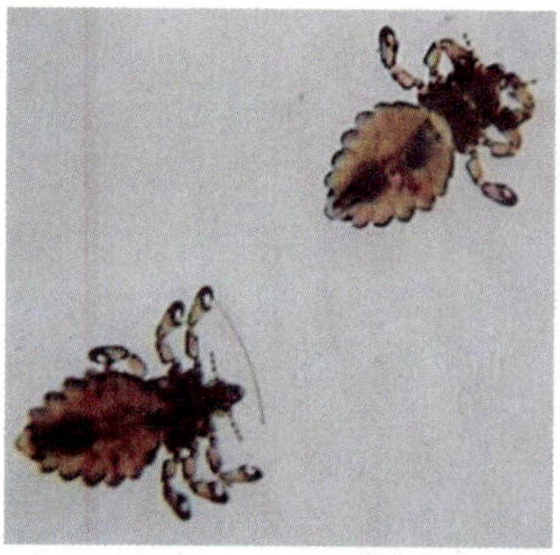

图 2-3-17　猪血虱

接触传染。吸血，唾液内含有毒素，使吸血部发痒，影响猪采食和休息。

【临床症状】病猪表现消瘦、脱毛、贫血、生长发育不良、乳量减少，甚至皮肤继发感染。在皮肤上检查到虱或虱卵即可确诊。

【治疗】用杀虫剂喷洒动物躯体。药物有溴氰菊酯、氰戊菊酯、蝇毒磷、倍硫磷等，伊维菌素皮下注射效果也很好。

【预防】应搞好畜舍及畜体的清洁卫生，保持通风干燥及定期消毒。

任务十四　猪弓形虫病

猪弓形虫病由弓形虫科弓形虫属的龚地弓形虫引起的一种寄生虫病。寄生于猪的细胞内，引起发热、呼吸困难、腹泻、皮肤出现红斑、妊娠母猪流产或分娩虚弱小猪及死胎。广泛流行于人、畜及野生动物中，是人畜共患病。

【病原】各型虫体形态：滋养体呈香蕉形，其形态大小为(4～7) μm×(2～4) μm，胞核位于中央偏钝端，见于急性病例的肝、脾、肺和淋巴结等细胞内或腹水中。包囊呈球形，直径20～40 μm，见于慢性或耐过急性期的病例的脑、眼和肌肉组织中。卵囊呈圆形，直径为10～12 μm，淡绿色，见于终末宿主的肠细胞或粪便中(图 2-3-18)。

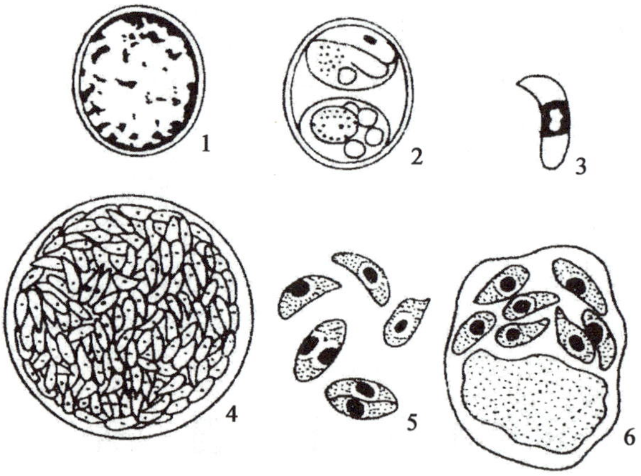

1. 未孢子化卵囊　2. 孢子化卵囊　3. 子孢子　4. 包囊　5. 滋养体　6. 假囊

图 2-3-18　弓形虫在发育过程中各种类型

【流行病学】人和动物摄食含有包囊或滋养体的肉食和被感染性卵囊污染的食物、饲草、饮水而感染；滋养体还可经口腔、鼻腔、呼吸道黏膜、眼结膜和皮肤感染；母体还可通过胎盘感染胎儿。

各种品种、年龄的猪均可感染本病，但常发于3～5月龄的猪。可以通过胎盘感染，引起怀孕母猪流产、早产。

【生活史】在整个发育过程中分5种类型，即滋养体（速殖子）、包囊、裂殖体、配子体和卵囊。弓形虫发育过程需要2个宿主，其中滋养体和包囊是在中间宿主（人、猪、犬、猫等）体内形成的，裂殖体、配子体和卵囊是在终末宿主（猫）体内形成的。猫既是终末宿主也是中间宿主。虫体在猫的肠上皮细胞内，进行裂殖生殖，重复几次裂殖生殖后，形成大量的裂殖子，末代裂殖子重新进入上皮细胞，经过配子生殖，最后形成卵囊。卵囊随粪便排出体外，在外界适宜的温度、湿度和氧气条件下，经过孢子化发育为感染性卵囊。从终末宿主排出的卵囊在外界可存活100 d至1年半，一般消毒药无作用。速殖子的抵抗力弱，在生理盐水中几小时就丧失感染力，各种消毒药均能将其迅速杀死。

【临床症状】猪弓形虫病的临床症状与猪流感、猪瘟相似。猪病初体温可升高到40～42 ℃，稽留7～10 d。食欲减少或完全不食，吻突干燥，大便干燥，耳、唇、阴户、四肢下部等皮肤发绀或淤血。呼吸加快，咳嗽，常因呼吸困难、口鼻流白沫而窒息死亡。耐过猪长期咳嗽及出现神经症状，有的耳边干性坏死，有的失明。母猪流产多发生于妊娠的早期，如果早产产出发育全的仔猪或死胎，胎盘上有圆形或圆圈样坏死灶。

【病理变化】剖检可见全身各脏器有出血斑点，全身淋巴结肿大，有大小不等的出血点和灰白色坏死灶，尤以肺门淋巴结、腹股沟淋巴结和肠系膜淋巴结最为显著。肺高度水肿，呈暗红色，小叶间质增宽，半透明胶冻样，气管和支气管内有大量黏液性泡沫，有的并发肺炎。肝脏灰红色，有散在灰白或黄色小点状坏死灶。脾脏早期肿大呈现棕红色，有少量出血点及灰白色小坏死灶。肾常见有针尖大出血点和坏死灶。

【诊断】

1. 直接镜检

取肺、肝、淋巴结作涂片，用吉姆萨氏液染色后检查；或取患畜的腹腔液、脑脊液做涂片染色检查；也可取淋巴结研碎后加生理盐水过滤，经离心沉淀后，取沉渣做涂片染色镜检。此法简单，但有假阴性，必须对阴性猪做进一步诊断。

2. 动物接种

取肺、肝、淋巴结研碎后加10倍生理盐水，加入双抗后，室温放置1 h。接种前摇匀，待较大组织沉淀后，取上清液接种小鼠腹腔，每只接种0.5～1.0 mL。经1～3周，小鼠发病时，可在腹腔中查到虫体。或取小鼠肝、脾、脑做组织切片检查，如为阴性，可按上述方式盲传2～3代，可能从病鼠腹腔液中发现虫体，也可确诊。

3. 血清学诊断

国内外已研究出许多种血清学诊断法供生前诊断用。目前国内常用的有弓形虫胶体金诊断法、IHA法和ELISA法。间隔2～3周采血，IgG抗体滴度升高4倍以上表明感染处于活动期；IgG抗体滴度不升高表明有包囊型虫体存在或过去有感染。

4. PCR方法

提取待检动物组织DNA，以此为模板，按照发表的引物序列及扩增条件进行PCR扩增，如能扩出已知特异性片段，则表示待检猪为阳性，否则为阴性。但必须设阴、阳性对照。

【鉴别】在鉴别诊断上易与急性猪瘟、猪副伤寒和急性猪丹毒病等相混淆，故应注意鉴别。

1. 急性猪瘟

猪瘟的皮肤常散发斑点状出血；肺脏缺乏肺水肿变化，触片和切片检不出弓形虫的滋养体和假囊（众多速殖子集聚在宿主细胞内，被宿主细胞膜包围）；全身淋巴结严重出血，切面呈大理石样外观，但缺乏本病时的坏死性淋巴结炎的变化；脾脏不肿大，常有出血性梗死灶，而本病脾脏多肿大，有点状出血和坏死灶；胃肠道的坏死多局限于大肠，而本病多呈现明显的出血性胃肠炎并伴发灶状坏死。

2. 猪副伤寒

全身淋巴结虽然有充血和出血变化，但主要表现为淋巴组织的增生，故切面呈灰白色脑髓样，而缺乏本病的坏死变化；肺脏缺乏水肿变化，触片中检不出弓形虫的滋养体或假囊；肝脏的副伤寒结节虽与本病的坏死灶相似，但结节的数量少，也无本病的原虫存在；盲肠和结肠有局灶性或弥漫性纤维素性坏死性肠炎变化，但缺乏本病的胃和小肠的出血性炎症并伴发灶状坏死的变化。

3. 急性猪丹毒

皮肤出现的丹毒性红斑，为微血管充血，指压时褪色，且有一定的形态，稍隆突出于皮肤表面，而本病的多为淤血伴发点状出血；全身淋巴结有出血变化，但不发生坏死性淋巴结炎；肺淤血、水肿，但无增生性肺泡隔炎的变化；脾脏肿大较本病严重，呈樱桃红色，切面在白髓周围有红晕变化，而缺乏本病的坏死性变化；肝脏中不见坏死和增生性结节。

【治疗】磺胺类药对本病有较好的疗效。

(1)常用磺胺嘧啶＋甲氧苄啶或二甲氧苄啶，磺胺嘧啶每千克体重 70 mg，甲氧苄啶或二甲氧苄啶每千克体重 14 mg，每天 2 次口服，连用 3～5 d。

(2)磺胺氨苯砜，每天每千克体重 10 mg，给药 4 d，对急性病猪有效。

(3)磺胺六甲氧嘧啶，每千克体重 60～100 mg，单独口服，或配合甲氧苄啶，每千克体重 14 mg，口服，每天 1 次，连用 4 d。

【预防】

(1)定期对种猪场进行流行病学监测。用血清学检查，对感染猪隔离，或有计划淘汰，以清除传染源。

(2)饲养场内灭鼠、禁止养猫，被猫食或猫粪污染的地方可用热水或 7%氨水消毒。

(3)保持猪舍(栏)卫生，经常及时清除粪便，发酵处理。猪场定期消毒。

(4)已流行的猪群，可用磺胺类药物连服数天，有预防效果。

任务十五　肉孢子虫病

肉孢子虫病是由肉孢子虫科肉孢子虫属的肉孢子虫寄生于猪等多种动物和人横纹肌所引起的疾病，是重要的人畜共患病。主要特征为隐性感染，严重感染时症状亦不明显，但使胴体肌肉变性、变色。

【病原】肉孢子虫寄生在宿主的肌肉，形成与肌纤维平行的包囊（米氏囊）。虫体乳白色，多呈圆柱形、纺锤形，也有椭圆形或不规则形，最大可达 10 mm，小的需在显微镜下才可见到。包囊壁由两层组成，内层向囊内延伸，将囊腔间隔成许多小室。发育成熟的包囊，小室中包藏着许多肾形或香蕉形的慢殖子，又称为雷氏小体（图 2-3-19），长 10～12 μm，宽 4～9 μm，一端稍尖，一端稍钝。

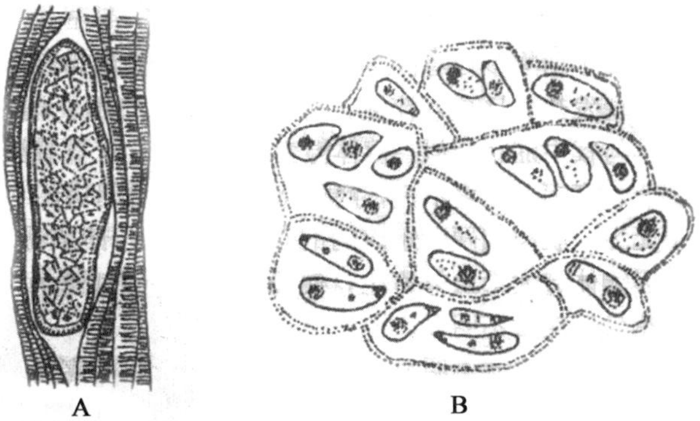

A.包囊全形 B.包囊部分结构放大

图 2-3-19 肉孢子虫

【流行病学】各种年龄和品种的动物都易感，而且随着年龄的增长，感染率增高。感染来源：终末宿主粪便中的孢子囊和卵囊可直接感染中间宿主，中间宿主还可以通过鸟类、蝇和食粪甲虫等而散播。孢子囊的抵抗力强，在适宜的温度下，可存活 1 个月以上。对高温和冷冻敏感，60～70 ℃ 10 min，冷冻 1 周或 －20 ℃存放 3 d 可灭活。

【生活史】哺乳类、禽类、鸟类、爬行类和鱼类是肉孢子虫中间宿主，人偶尔也被寄生。犬等肉食动物、猪、猫和人是其终末宿主。

终末宿主吞食含有包囊的中间宿主肌肉后，包囊被消化，慢殖子逸出，侵入小肠上皮细胞发育为大配子体和小配子体，小配子体又分裂成许多小配子，大、小配子结合为合子后发育为卵囊，在肠壁内发育为孢子化卵囊。成熟的卵囊多自行破裂，因此随粪便排到外界的卵囊较少，多数为孢子囊。孢子囊和卵囊被中间宿主吞食后，脱囊后的子孢子经血液循环到达各脏器，在血管内皮细胞中进行两次裂殖生殖，然后进入血液或单核细胞中进行第 3 次裂殖生殖，裂殖子随血液侵入横纹肌纤维内，经 1～2 个月或数月发育为成熟包囊。

【临床症状】成年动物多为隐性经过。幼年动物感染后，经 20～30 d 可能出现症状。仔猪表现精神沉郁、腹泻、发育不良。严重感染时(1 g 膈肌有 40 个以上虫体)，表现腰无力，肌肉僵硬和短时间的后肢瘫痪等。怀孕动物易发生流产。另一个危害是因胴体有大量虫体寄生，使局部肌肉变性、变色而不能食用。

人作为中间宿主时症状不明显，少数病人发热，肌肉疼痛。人作为终末宿主时，有厌食、恶心、腹痛和腹泻症状。

【病理变化】后肢、侧腹、腰肌、食道、心脏、膈肌等处，可见顺着肌纤维方向有大量的白色包囊。显微镜检查时可见到肌肉中有完整的包囊，也可见到包囊破裂释放出的慢殖子。在心脏时可导致严重的心肌炎。

【诊断】生前诊断困难，可用间接血凝试验，结合临床症状和流行病学进行综合诊断。慢性病例死后剖检发现包囊确诊。最常寄生的部位是猪的心肌和膈肌，取病变肌肉压片，检查香蕉形的慢殖子，也可用吉姆萨氏染色后观察。注意与弓形虫区别，肉孢子虫染色质少，着色不均；弓形虫染色质多，着色均匀。

【防制】目前尚无特效药物。可试用抗球虫药如盐霉素、莫能菌素、氨丙啉、常山酮等预防。

加强肉品卫生检验，带虫肉应无害化处理；严禁用病肉喂犬、猫等；防止犬猫粪便污染饲料和饮水；人注意饮食卫生，不吃生肉或未熟的肉类食品。

如何诊断猪寄生虫病

【职业能力训练】

病例分析

北京某猪场采用发酵床饲养培育仔猪和生长育肥猪两年之后，陆续有猪出现腹泻和消瘦现象。2017 年 10 月，从饲养的 800 多头育肥猪中，挑出十多头极度消瘦的生长育肥猪进行隔离（图 2-3-20），请问该猪场猪群可能的发病情况？

图 2-3-20　生产育肥猪消瘦、腹泻

【诊断过程】

1.问诊

深入现场，通过问诊和观察猪群发病情况，获取猪场信息。

问诊内容	获取信息	综合分析
疾病发生情况	(1)猪场发病时间、发病日龄、发病猪的数量； (2)发病率、死亡率； (3)疾病的初期症状、后期症状； (4)疾病的治疗效果； (5)附近及其他猪场的发病情况。	①发病持续近半年多时间； ②发病率 11.27%； ③死亡率低； ④部分生长育肥猪消瘦、生长停滞； ⑤饲养密度较高，饲喂情况未改变； ⑥全场猪接种猪瘟、猪伪狂犬病、口蹄疫等疫苗； ⑦肌内注射抗生素不见效果。
过去的发病情况	本场、本地及邻近地区是否有类似疾病发生。	
免疫接种及药物情况	(1)猪群免疫情况，免疫接种所用疫苗的厂家、种类、来源、运输及贮存方法； (2)免疫接种时间及剂量； (3)免疫前后有无使用抗生素及抗病毒药物； (4)免疫后是否进行免疫抗体监测。	
饲养管理情况	(1)饲料种类，饲喂情况； (2)饲养密度是否适宜； (3)猪舍的通风换气情况； (4)猪舍的环境卫生情况； (5)是否由其他猪场引进动物、动物产品及饲料。	

2.临床症状

临床症状	症状特点	提示疾病
病猪体温不高，精神委顿，食欲减退。病猪表现消瘦，生长受阻，被毛粗乱，排灰色带血稀便，便中可见部分脱落肠黏膜。个别猪眼结膜苍白，咳嗽，弓背。	①病猪体温不高； ②排灰色带血稀便。	猪寄生虫病 细菌性传染病 病毒性传染病 中毒 衣原体 猪痢疾密螺旋体

3.病理剖检

剖检病理变化	剖检特征	提示疾病
遂取2头猪宰杀剖检,一头猪结肠浆膜面有散在粟粒样结节(图2-3-21),盲肠黏膜呈卡他性炎症,有明显出血点,可见零星几条猪鞭虫虫体,不仔细观察容易漏诊。另一头猪结肠浆膜面多处可见灰白色、灰黄色粟粒样结节。盲、结肠黏膜有出血性坏死、水肿、溃疡灶,肠内寄生大量具明显特征(一端粗一端细)的线状虫体(图2-3-22)。两头猪的直肠黏膜出血都较重。	①盲、结肠黏膜有出血性坏死、水肿、溃疡灶;结肠浆膜面有霉粒样结节; ②肠内寄生大量具明显特征(一端粗一端细)的线状虫体,似鞭子; ③直肠黏膜出血较重; ④其他脏器未发生病变。	猪结节虫 猪鞭虫

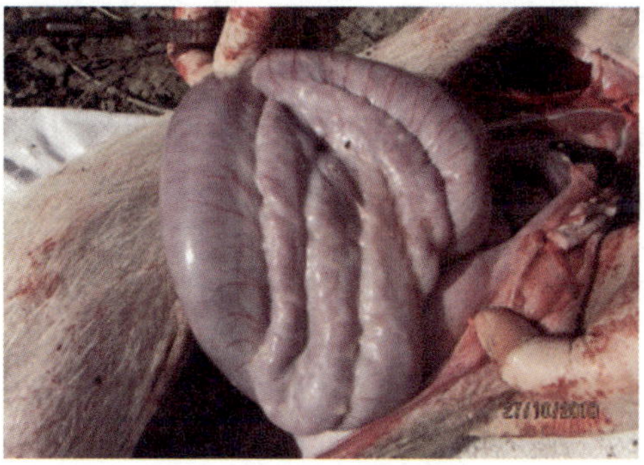

图 2-3-21 结肠浆膜有较多灰白结节

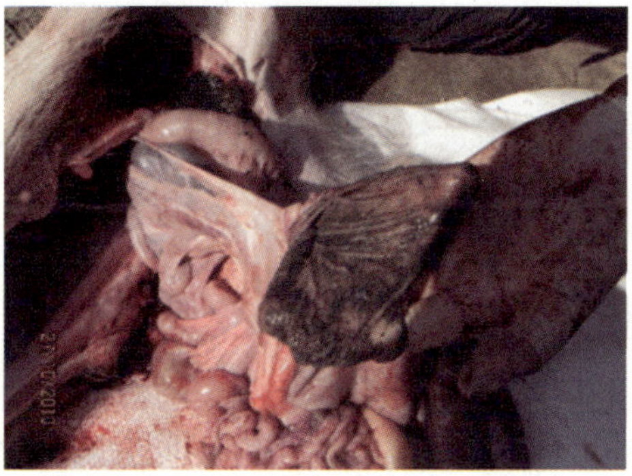

图 2-3-22 盲肠内有大量白色线状虫体

4.实验室检测

将肠内容物用水漂洗、75%酒精固定后,可见具有典型特征的猪鞭虫(图2-3-23)。雄虫长约30 mm,镜检尾端有1根交合刺,雌虫虫体约43 mm。成虫前端细处为食道部,约34 mm;后端短粗,内有肠道和生殖器,约8 mm。镜下可见雌虫阴门位于粗细交界处,有许多虫卵排出。子宫内充满大量虫卵。将雌虫虫体剪碎,压片镜检,明显可见具有典型特征的鞭虫卵。虫卵呈黄褐色,腰鼓状,两端有塞状构造,内含未发育卵胚(图2-3-24)蘸取盲结肠粪便饱和盐水漂浮液置于载玻片上,盖上盖玻片,400倍显微镜观察到腰鼓状鞭虫卵形态。另外,在发酵床垫料中也查到了大量的鞭虫卵。

图 2-3-23 盲结肠中收集到大量猪鞭虫

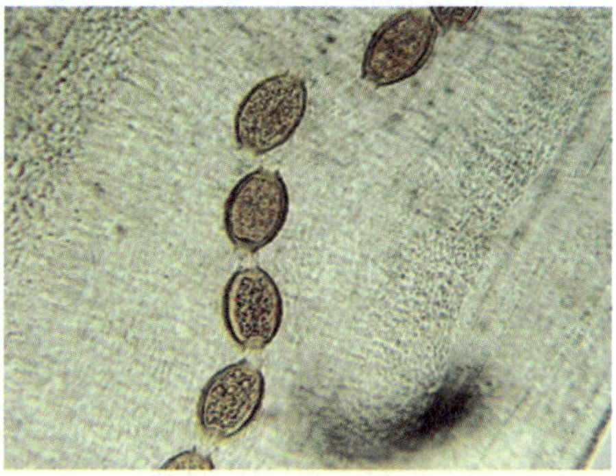

图 2-3-24 子宫碾压后镜检腰鼓状鞭虫卵,400倍显微镜

5.诊断

猪鞭虫与猪结节虫混合感染。

【防治】

基于发酵床这样的饲养环境条件，所有猪只饲料中连续7 d添加新型、广谱、高效、安全的阿苯达唑等驱虫药物，对结节虫和鞭虫移行期的幼虫及虫卵都有较强的驱杀作用。同时，结合使用伊维菌素和阿苯达唑等复方驱虫药进行驱虫，使猪群腹泻现象得以缓解。

通过该病例分析，提示发酵床养猪户，使用垫料前应进行前处理，如暴晒或熏蒸消毒以减少虫卵带入的机会；猪群进入发酵床饲养之前必须彻底驱虫；注意水源管理，防止寄生虫虫卵污染；饲养猪群的密度要适合，不宜超过发酵床的最高饲养密度等。一旦有虫卵污染，其床内30～50 ℃的温度便给虫卵发育提供了温床，较难根除。若发酵床长期使用，垫料不能进行定期更换，则需进行垫料和粪便的虫卵检查，并据猪场情况适量增加驱虫药量和驱虫次数，轮换使用多种驱虫药物，增加驱虫效果。

【考点在线】

一、选择题

1.猪囊尾蚴在猪体内的主要寄生部位是(　　)。

A.肠道　B.肝脏　C.肾脏　D.肌肉　E.胃

2.某猪群，部分3～4月龄生长育肥猪出现消瘦，顽固性腹泻，用抗生素治疗效果不佳，剖检死亡猪在结肠壁上见到大量结节，肠腔内检出长为8～11 mm的线状虫体。可能发生的寄生虫病是(　　)。

A.蛔虫病　B.肾虫病　C.旋毛虫病　D.后圆线虫病

E.食道口线虫病

3.病猪出现精神沉郁，虚弱，消瘦，黄疸和体温升高等症状，经磺胺药物治疗无效。剖检病猪发现肝脏肿大，有小出血点，且肝脏和肠系膜上有黄豆至鸡蛋大的白色囊泡。经镜检囊泡内含有透明的液体和一个向内凹入具有细长颈部的头节。可判断该猪可能感染有(　　)。

A.豆状囊尾蚴病　B.旋毛虫病　C.细颈囊尾蚴病　D.蛔虫病

E.胎生网尾线虫病

4.某农户养的猪出现精神沉郁，虚弱，消瘦，黄疸和体温升高等症状，经磺胺药物治疗无效。剖检病猪，发现肝脏肿大，有小出血点，且肝脏和肠系膜上有黄豆至鸡蛋大的白色囊泡。经镜检囊泡内含有透明的液体和一个向内凹入具有细长颈部的头节。下列不属于预防该寄生虫的措施是(　　)。

A.严禁犬类进入屠宰场　B.对犬定期驱虫　C.防止犬粪污染饲料及水源

D.捕杀野犬　E.消灭中间宿主淡水螺

5.猪蛔虫幼虫移行期引起的主要症状是(　　)。

A.流泪　B.便秘　C.尿频　D.咳嗽　E.血尿

6.蛭形巨吻棘头虫在猪体内的寄生部位是(　　)。

A.胃　B.食道　C.小肠　D.大肠　E.肾脏

7. 猪毛尾线虫寄生于猪的什么部位？（　　）

A. 食道　　B. 胃　　C. 小肠　　D. 盲肠　　E. 大肠

二、看图说出是什么寄生虫引起的病理变化

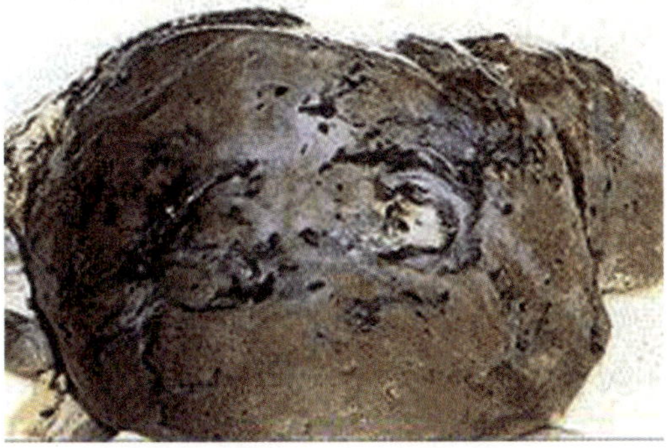

图 1 ________

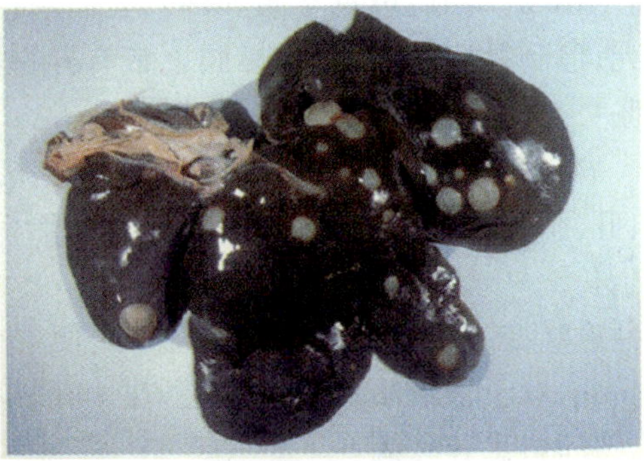

图 2 ________

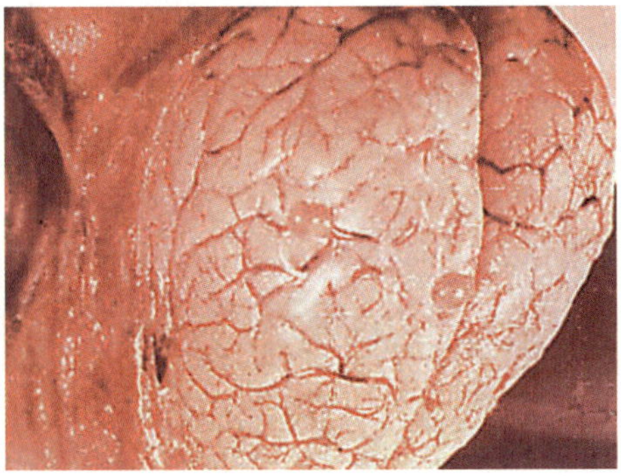

图 3 ________

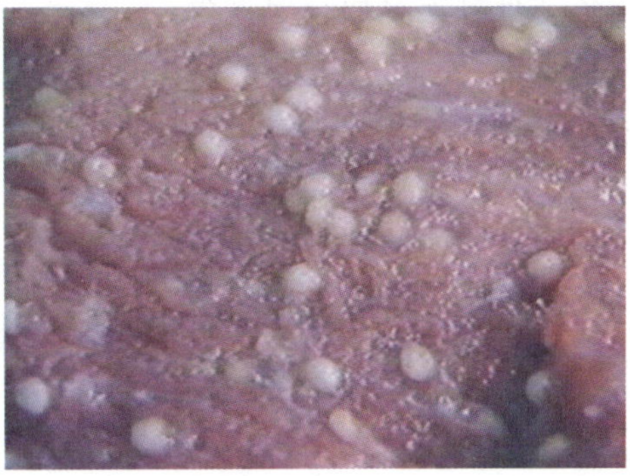

图 4 ________

三、案例分析

病例 1　2017 年 1 月 1 日，在扑杀气喘病患猪时，在数头 6 月龄的种猪小肠中发现大量虫体，虫体长 24.5～34.0 cm，虫体呈乳白色，长圆柱形，体表有横皱纹（图 5），以吻突和角质小钩（图 6）牢牢地叮在肠黏膜上，使肠壁形成火山口状的坏死、溃疡灶，问猪患有什么寄生虫病？

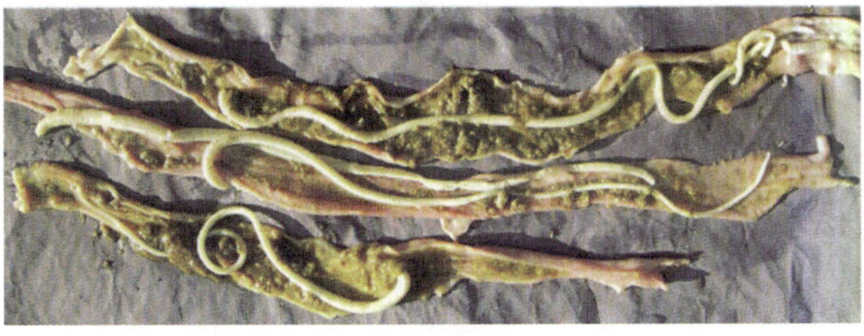

图 5

图 6

病例2 某种猪场饲养哺乳仔猪218头，10日龄后仔猪开始排黄色或灰色稀便，先后使用痢菌净、土霉素、诺氟沙星、环丙沙星、氟苯尼考等拌料、饮水或注射，均不见效。后改用抗病毒药物利巴韦林等也不见效果，之后全群陆续发病。断奶后，仔猪病情更加严重，死亡率达6%～15%。剖检可见空肠和回肠充满灰色稀薄的水样粪便，肠腔膨胀、透明，黏膜出现纤维性坏死，但肠黏膜不出血，肠黏膜上常有异物覆盖。空肠、回肠绒毛萎缩、融合、滤泡增生和坏死性肠炎。

取病死仔猪心血、肝、脾等脏器，涂片后，经革兰氏染色后镜检，未发现细菌；无菌采取心血、肝、脾分别接种于普通琼脂、鲜血琼脂和麦康凯琼脂平板上，37 ℃培养24 h后，均未有细菌生长。

取病变部位肠内容物或新鲜粪便10～20 g，加入50 mL饱和食盐水中，搅拌后静置10 min，取上清液滴在载玻片上，在400倍显微镜下观察，视野里有许多圆形、花生米大小的卵囊，请问猪患什么病？

四、简答题

1.规模化猪场常见哪些寄生虫病？

2.猪常见寄生虫病病原形态？

3.猪寄生虫病常用哪些药物？

项目四

其他病原微生物性疾病

【知识目标】

1.了解猪支原体肺炎、猪衣原体病、猪钩端螺旋体病、猪附红细胞体病和猪痢疾等疾病的病原形态。

2.掌握以上多种疾病的流行病学、临床症状和病理变化。

3.对以上多种疾病进行诊断和防治。

【能力目标】

能独立对猪支原体肺炎、猪衣原体病、猪钩端螺旋体病、猪附红细胞体病和猪痢疾等进行诊治。

【素养目标】

1.能够严格按照动物防疫法要求,认真履行职责,做好猪其他病原微生物的诊断和防控工作。

2.培养学生自主探究不同病原微生物的发病特点。

3.培养学生团队协作意识和不怕脏、不怕苦的爱岗敬业精神。

4.磨炼耐心,精修技艺,培养精益求精的猪病诊治技术。

【项目导入】

某猪场饲养300头5～10周龄猪,有30头表现慢性干咳,尤其在夜间或运动后最明显,体温一般不升高。随着病情发展,出现不同程度的呼吸困难,病程持续7～12 d,死亡5头。剖检可见肺门淋巴结、肠系膜淋巴结、腹股沟淋巴结肿大,肺脏有散在出血点,肺脏尖叶、心叶、膈叶出现对称性肉变。请问患猪初步诊断结论是什么?

任务一　猪支原体肺炎

猪支原体肺炎(Swine mycoplasmal pneumonia)又称猪地方性流行性肺炎,俗称猪气喘病,是猪的一种高度接触性、慢性呼吸道传染病。本病分布于世界各地,发病率高,死亡率低,临床主要症状为咳嗽和气喘,病猪生长缓慢。

【病原】本病的病原为猪肺炎支原体，具有多形性，其中常见的有球状、球杆状和杆状等。菌落小，通常凸起，表面为颗粒状，较老的菌落产生稍为凹陷的中心，呈油煎蛋状。

该病原对外界抵抗力低。3%氢氧化钠、20%的草木灰等常用消毒药均可在数分钟内将其灭活。病原菌寄居于猪的呼吸道。

【流行病学】此病仅见于猪。不同年龄、性别和品种的猪均能感染，以哺乳仔猪最易发病，其次是妊娠后期和哺乳期的母猪，成年猪呈隐性感染。本病无明显的季节性，但在寒冷、多雨、潮湿或气候骤变时较为多见。新疫区多呈暴发性流行，病势剧烈，传染迅速，发病率和死亡率都比较高，且多为急性经过，而老疫区多为慢性经过。如有猪繁殖与呼吸综合征病毒及巴氏杆菌、链球菌、支气管败血波氏杆菌等继发感染，将造成严重的损失。饲养管理和卫生条件是影响本病发生和发展的主要因素，尤以饲料质量、猪舍（拥挤、阴暗潮湿、寒冷、通风不良）和环境突变等影响较大，能诱发本病。

【临床症状】本病的主要临床症状为咳嗽和气喘。根据病程经过，可分为急性型、慢性型和隐性型3种类型。

1. 急性型

比较少见。当病原菌首次传入易感猪群时，很可能会严重暴发急性型。所有年龄的猪均易感，发病率可达100%。伴有特征性发热或不发热的急性呼吸困难。持续时间约为3个月，然后转为较常见的慢性型。

2. 慢性型

很常见。小猪多在3～10周龄时出现第一批病状，潜伏期10～16 d。反复明显干咳和频咳是本型的特征，在早晨饲喂和剧烈运动后咳嗽特别严重，严重病例表现呼吸高度困难。病猪一般食欲正常，但生长发育不良。在外表康复之后，当猪达到16周龄时可能复发或“第二次暴发”。一些患慢性型疾病的猪由于巴氏杆菌或其他微生物的继发侵入可能发生急性肺炎。

3. 隐性型

病猪没有明显症状，有时发生轻咳，全身状况良好，生长发育几乎正常。

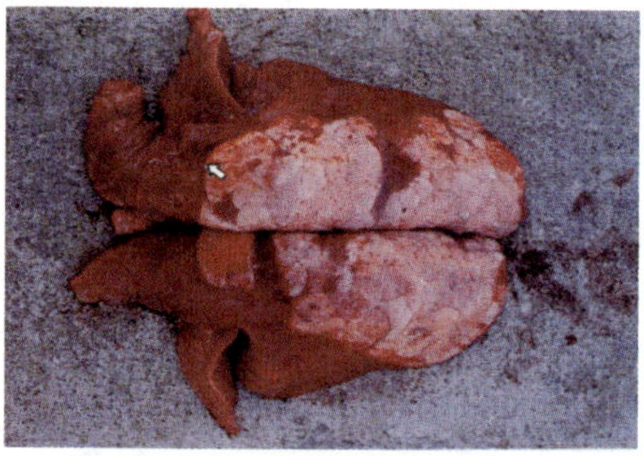

图 2-4-1　肺脏尖叶、心叶和膈叶下缘呈对称性肉变

【病理变化】特征病变是肺脏尖叶、心叶和膈叶下缘呈对称性肉变或胰样变（图2-4-1），与正常肺组织界限明显，支气管和纵隔淋巴结明显肿大。在急性病例可见肺严重水肿和充血以及支气管内有带泡沫的渗出物。当继发感染时，常见胸膜炎和心包炎。

【诊断】根据肺呈对称性肉样或胰样病变，临床上以慢性干咳、生长发育迟缓、死亡率低、反复发作等可作出诊断。X线检查有重要的诊断价值，实验室检测抗体常用ELISA方法或微粒凝集试验，检测抗原可采用PCR试验。在鉴别诊断上，应与猪流行性感冒、猪肺疫区别。猪流行性感冒突然暴发，传播迅速，体温升高，病程较短，流行期短。猪支原体肺炎体温不升高，病程较长，传播较缓慢。与猪肺疫鉴别，可根据细菌分离培养来区分。

【防治】

(1)无病猪场坚持自繁自养，对新引进的猪只应隔离观察。对有本病的猪场，可利用康复母猪培育无本病的后代，建立健康猪群。加强饲养卫生管理，避免各种应激反应的发生。

(2)药物治疗关键是早期用药。常用枝原净、盐酸土霉素、泰乐菌素、硫酸卡那霉素、林可霉素、土霉素碱等药物，大剂量连续用药 5～7 d，均有较好的治疗效果。

(3)目前，美国辉瑞生产的猪支原体肺炎灭活疫苗(瑞富特)，肌内注射。乳猪：7～10 日龄时接种 2 mL，2～3 周后加强接种 1 次。育肥猪：入栏时接种 2 mL，2～3 周后加强接种 1 次。种猪：易感猪或免疫状况不明的猪应接种 2 次，间隔 2～3 周。首次接种应在 6 月龄时进行，以后每半年加强接种 1 次。

任务二　猪衣原体病

猪衣原体病(Swine chlamydiosis)是由衣原体引起的猪的一种接触性传染病。主要引起猪的肺炎、肠炎、胸膜炎、心包炎、关节炎、睾丸炎、子宫感染和流产等。

【病原】衣原体是介于细菌和病毒之间的一类微生物，呈球状，革兰氏染色阴性。引起猪衣原体病的主要是鹦鹉热衣原体，对土霉素、红霉素及螺旋霉素敏感。对庆大霉素、卡那霉素、新霉素、链霉素和磺胺嘧啶钠均不敏感。

【流行病学】不同品种、日龄的猪均可感染。但以妊娠母猪、幼龄仔猪最易感。病猪和隐性带菌猪是主要传染源。病原体通过交配、消化道传播，也可通过飞沫或污染的尘埃经呼吸道传播，本病常呈地方流行性。

【临床症状】

1. 母猪流产

自然感染的潜伏期为 3～15 天，有的长达 1 年。鹦鹉热衣原体引起怀孕母猪的早产、死胎、流产、胎衣不下、不孕症及产下弱仔。初产母猪发病率可高达 40%～90%，流产多在临产前几周发生，无任何前驱症状，体温正常，很少拒食或产后有不良病症。产出仔猪有部分或全部死亡。活仔体弱，出生重量小，拱奶无力，多数在生后数小时死亡，死亡率高达 70%。

2. 睾丸炎

种公猪衣原体感染多表现为尿道炎、睾丸炎、附睾炎。配种时，排出带血的分泌物，精液品质差，精子活力明显下降。母猪受胎率下降，即使受孕，流产死胎率明显升高。

3. 肺炎

多见于断奶前后的仔猪。患猪表现体温上升，精神不振，颤抖，干咳，呼吸迫促，听诊肺部有啰音，从鼻孔流出浆液性分泌物，进食较差，影响生长发育。

4. 肠炎

临床表现腹泻、脱水、吮乳无力，死亡率高。

5. 多发性关节炎

多见于架子猪。病猪表现关节肿大，跛行，患病关节触诊敏感，有的体温升高。

6. 脑炎

患猪出现神经症状，表现兴奋、尖叫，盲目冲撞或转圈运动，倒地后四肢呈游泳状划动，不久死亡。

7.结膜炎

多见于饲养密度大的仔猪和架子猪。临床表现畏光、流泪，视诊结膜充血严重，眼角分泌物增多，有的角膜混浊。

【病理变化】剖检可见流产母猪的子宫内膜水肿充血，分布有大小不一的坏死灶(斑)，流产胎儿水肿，头颈和四肢出血，肝充血、出血和肿大。患病种公猪睾丸变硬，有的腹股沟淋巴结肿大。输精管出血，阴茎水肿、出血或坏死。

对衣原体性肺炎猪剖检，可见肺肿大，肺表面布有许多出血点或出血斑，有的肺充血或淤血，质地变硬，在气管、支气管腔内有多量分泌物。

对衣原体性肠炎仔猪剖检，可见肠系膜淋巴结充血、水肿；肠黏膜充血出血；肠内容物稀薄；有的红染，肝、脾肿大。

对多发性关节炎病猪局部剖检，可见关节周围组织水肿、充血或出血，关节腔内渗出物增多。

【诊断】根据该病的流行病学、临床症状和剖检变化等可作出初步诊断，确诊需进行实验室检查，如胶体金、ELISA等实验室检测方法。

【防治】

(1)引进种猪时必须严格进行检疫。猪群定期进行检测，随时淘汰阳性猪，建立健康猪群。

(2)可选用药敏试验筛选敏感药物，如四环素、青霉素、氟苯尼考、金霉素、泰乐菌素、土霉素和红霉素等进行猪衣原体的预防和治疗。公、母猪配种前1～2周及产前2～3周在饲料中按0.02%～0.04%比例添加土霉素，可预防新生仔猪感染本病。

任务三　猪钩端螺旋体病

猪钩端螺旋体病(Leptospirosis)是由致病性钩端螺旋体引起的一种人畜共患传染病。猪感染钩端螺旋体后，大多数呈隐性感染，少数感染猪呈急性经过，出现发热、贫血、血红蛋白尿、黄疸等症状。母猪患病可发生流产、产死胎、木乃伊胎、弱仔。

【病原体】本病的病原为螺旋体科钩端螺旋体属的问号钩端螺旋体(简称钩体)，革兰氏染色呈阴性。暗室野显微镜观察菌体两端弯曲成钩状，通常呈“C”或“S”形弯曲，运动活泼并沿长轴旋转。在干燥涂片或固定培养基中呈多形结构，难以辨认。

钩体对干燥、冰冻、加热(50 ℃经10 min)、胆盐、消毒剂、腐败或酸性环境敏感，能在潮湿、温暖的中性或稍偏碱性的环境中生存。

【流行病学】本病多在南方发病，夏秋季节呈散发或地方性流行。可发生于各种年龄的猪，但以幼猪发病较多。病猪和鼠类是主要传染源，主要通过损伤的皮肤、黏膜和消化道感染。本病可以传染人。

【发病机理】钩端螺旋体具有较强的侵袭力，能通过皮肤的微小损伤、眼结膜、鼻或口腔黏膜、消化道侵入机体，然后迅速到达血液，在血液中繁殖，几天后出现钩体血症，波及脾脏、肝脏、肾脏和脑等全身器官与组织，损伤血管和肝、肾的实质细胞，引起一系列临床症状或尚未表现出症状而猝死。钩体血症出现几天后，机体便产生抗体，在补体与溶酶的参与下，杀死血液和组织内的钩体。抗体不能到达或抗体效价较低的机体部位为残留钩体的存活与定居提供了理想的环境。

【临床症状】潜伏期多为2～20 d。

中、大猪感染钩端螺旋体常呈现急性黄疸型。表现体温升高、厌食、皮肤干燥，1～2 d内可视黏膜和皮肤发黄，尿呈茶褐色或血尿，病死率高。断奶前后的仔猪感染钩端螺旋体后体温升高，眼结膜潮红、苍白、发黄，眼睑浮肿；皮肤发红、瘙痒、有的轻度发黄；有的头、颈部出现水肿，俗称“大头瘟”，甚至全身水肿；尿呈黄色或茶色，甚至血尿。病程10多天至1个月以上。病死率50%～90%。母猪患病可发生流产、产死胎、木乃伊胎、弱仔。

【病理变化】大多数病猪的皮下组织、浆膜、黏膜有不同程度的黄疸；心内膜、肠系膜、肠出血；膀胱黏膜有出血，内积有浓茶样胆色素尿；胸腔、心包积液；肝、肾肿大，肝呈棕黄色。水肿型病例头、颈及胃黏膜水肿。

【诊断】母猪怀孕后期流产，产下弱仔、死胎，仔猪黄疸、发热以及有较大仔猪与断奶仔猪死亡可提示本病。病猪剖检与组织学检查，尤其是肾脏的病变具有诊断意义。但确诊需做病原学检查和血清学诊断。

本病的黄疸型应注意与黄脂猪、阻塞性黄疸及黄曲霉毒素中毒相区别。

1. 黄脂猪

黄脂猪又称黄膘猪，其特点是只有脂肪组织黄染，而黄疸猪则除脂肪组织外，其他组织（可视黏膜、巩膜、血管内膜和组织液等）也呈黄染状，特别是关节滑液囊内的液体黄染明显，易于观察，故在诊断上颇有价值。钩端螺旋体病猪肝脏和胆道常有病变；而黄脂猪的肝脏和胆道一般无异常变化。

2. 阻塞性黄疸

猪患蛔虫病时，由于胆道被蛔虫阻塞，使胆汁排出受阻，也常出现全身性黄疸变化，但在剖检时可检出胆道被虫体阻塞。

3. 黄曲霉毒素中毒

给猪饲喂污染产毒黄曲霉菌株的饲料，易引起中毒而发生“黄肝病”和黄疸。此种中毒常易与黄疸型钩端螺旋体病相混淆，但镜检时中毒的肝细胞常发生严重的变性和坏死，伴有广泛的结缔组织增生和胆小管增生，胆汁色素沉着；用镀银染色也检不出钩体。

【防治】本病必须采取灭鼠、搞好厩舍卫生、消毒（用漂白粉、火碱）等综合性措施，常发病地区用钩端螺旋体多价苗免疫接种，每年1次。

发现病猪要及时隔离治疗或淘汰，并对厩舍、污染物等严格消毒。对可疑猪群投服土霉素，每吨饲料加入土霉素750～1500 g，连喂7 d。治疗病猪可用链霉素、青霉素，3～5 d一个疗程，补液、强心、加用维生素C及强心利尿剂等对提高治愈率具有重要作用。

任务四 猪附红细胞体病

猪附红细胞体病（Eperythrozoonosis）是由附红细胞体寄生于红细胞表面、游离于血浆或者骨髓中而引起的一种以贫血、黄疸、发热为主要特征的传染病。本病常与其他猪病混合感染，表现多种临床症状，是严重危害养猪业的传染病之一。

【病原】附红细胞体属立克次氏体目，无浆体科，附红细胞体属。迄今为止，已发现的附红细胞体有14种。附红细胞体是一种多形态微生物，呈环形、月牙形、点状、杆状、哑铃状、星状等。附红细胞体发育过程中形状和大小可以发生改变。大小为(0.3～1.3) μm×(0.5～2.6) μm。常单独或呈链状附着于红细胞表面，或游离血浆中，但以球形附着于红细胞表面静止的状态比较多见。被寄生的红细胞变形，细胞膜皱缩，呈现出锯齿状或者不规则状，也可围绕在整个红细胞上。附红细胞体对苯胺染料易于着染，革兰氏染色阴性，吉姆萨染色呈紫红色，瑞氏染色为淡蓝色。在油镜下，调节微调螺旋时折光性较强，附红细胞体中央发亮，形似空泡。

附红细胞体在红细胞上以直接分裂及出芽方式进行裂殖，不能用无细胞培养基培养，也不能在血液外组织繁殖。

附红细胞体的运动不受红细胞溶解的影响，在1%稀盐酸或5%的醋酸溶液中加入新鲜血液使红细胞破坏后，仍可见附红细胞体的活力不减，但加入0.1%的碘液后，附红细胞体立即停止了活动，再次滴加生理盐水洗涤后，附红细胞体的活性也不恢复。这一生物特点区别于其他的血液病原微生物，具有鉴别意义。

附红细胞体对干燥、热和化学消毒剂抵抗力较弱，对低温有一定的抵抗力，可用10%甘油、10%马血清于－70 ℃保存。附红细胞体对青霉素类不敏感，而对多西环素(强力霉素)敏感。有报道指出附红细胞体可长期寄生于动物体内，病愈后的动物可终身带毒。

【流行病学】附红细胞体寄生的宿主有猪、马、牛、兔、羊、骡、驴、狐、水貂、美洲驼、犬、鸡、鼠、猫和人等。虽然多种动物易感染，但附红细胞体有相对的宿主特异性。对野猪进行间接凝集试验表明野猪的附红细胞体全为阴性。对家猪来说，各种年龄猪均易感，仔猪的发病率和病死率较高。

病猪和隐性携带猪是主要传染源。免疫防御功能健全的猪体内可能有附红细胞体寄生，通常附红细胞体和猪之间能保持一种平衡，附红细胞体在血液中的数量保持相当低的水平，猪受到强烈应激时才表现出明显的临床症状。

本病的传播途径尚不完全清楚。吸血昆虫如蚊子、厩蝇、虱子等叮咬被认为是一种主要传播方式；摄食血液或含血的物质(如舔食断尾的伤口，互相斗殴或喝被血污染的尿)，使用被污染的医疗器械可以引起血源性传播；通过胎盘发生垂直传播会导致乳猪死亡率升高；在交配时，公猪也可通过被血污染的精液传染给母猪。

本病的隐性感染率极高，常可达90%以上。引起机体抵抗力下降的各种因素如恶劣的天气、分娩、过度拥挤、长途运输或发生慢性传染病时会导致本病暴发。本病可与猪传染性胸膜肺炎、链球菌病、大肠杆菌病、弓形虫病、猪副伤寒、猪圆环病毒感染以及猪瘟等并发。

【临床症状】潜伏期，在人工感染的切除脾脏的猪中，平均潜伏期为7 d。

1.母猪

怀孕母猪在临产前后发生急性感染，表现厌食、发热(40～41.7 ℃)，乳房以及外阴部水肿。分娩后母猪极度虚弱，产乳量低，母性缺乏。所产下的仔猪发育不良，呈贫血状态，以致仔猪成活率极低。母猪可于分娩后逐渐痊愈。

慢性感染母猪可呈现繁殖障碍，如不发情或发情延迟，受胎率降低，产弱仔等。

2.哺乳仔猪

表现为皮肤和黏膜苍白，黄染，发热，体质虚弱。在哺乳前期，虽然通过注射铁剂来补充，但仔猪仍然呈贫血状态。发病后一至数日死亡,或抵抗力降低而易染其他疾病,一旦有继发病或混合感染损失更加严重。

3.断奶仔猪

断奶应激、互相殴斗、饲料更换均可诱发急性临床型附红细胞体病。主要表现为皮肤和黏膜苍白,黄疸,发热,精神沉郁,食欲不振,该阶段猪常因继发其他疾病而死亡。

4.育肥猪

育肥猪发病初期皮肤潮红,尤以耳部最明显,耳朵表皮易脱落。体温高达40 ℃以上,精神萎靡,食欲不振。粪干,尿黄,或渐呈茶色尿。慢性附红细胞体病会引起猪的消瘦、苍白,有时出现麻疹型皮肤变态反应。发病率高而死亡率低。

【病理变化】急性期剖检可见淋巴结肿大、潮红。肺淤血水肿。肝、脾肿大,胆汁黏稠。肾肿大,质地脆弱。膀胱内尿液呈黄色。

病程较长的可见皮肤毛孔处有黄色或红褐色渗出物。皮肤、黏膜、浆膜苍白或黄染,皮下组织弥漫性黄染。心肌苍白松软。肾肿大,质地脆弱,外观黄染。肝、脾肿大,肝呈土黄色或棕黄色。胆囊内有浓稠的胆汁。肺脏呈暗红色,切面有大量渗出液,表面有灰白色坏死灶。全身淋巴结肿大、棕黄色或黄褐色。胃黏膜出血,水肿。膀胱黏膜有点状出血。肠道有针尖大小的出血点,肠壁菲薄,黏膜脱落。胸腔、腹腔及心包液体增多。血液稀薄,不粘附试管壁。将收集在含抗凝剂试管中的血液冷却到室温后倒出来,可见试管壁有粒状的微凝血。将血液冷却时,这种现象更明显,当血液加热到37 ℃时这种现象几乎消失。

【诊断】本病临床症状为发热、贫血、黄疸、尿黄或茶色尿、对外界反应迟钝、耳郭边缘变色和皮肤变态反应。本病的临床症状和病理变化与猪巴贝斯虫病相似,应注意鉴别。

实验室可通过镜检法检查附红细胞体的存在和感染程度,附红细胞体呈球形、逗点形、杆状或颗粒状。寄生有附红细胞体的红细胞呈菠萝状、锯齿状、星状等不规则形状。

动物试验也是确认猪附红细胞体病的方法之一。常用的试验动物是小白鼠,用小猪为试验动物时则需摘除脾脏。怀疑为猪附红细胞体病的猪在切除脾脏后观察3～20 d,若是带菌猪则会出现急性附红细胞体的症状,此时可通过查找血涂片中的虫体进行诊断。

【治疗】常用的治疗药物一般有抗菌药物(土霉素、氟苯尼考、卡那霉素等)、抗血液原虫类药物(贝尼尔、黄色素、磷酸伯氨喹、纳加诺尔等)、砷制剂(新胂凡纳明、对氨基苯砷酸)、中药及其他制剂(青蒿素、蒿甲醚、大蒜素、华蟾蜍素等)。上述治疗药物,以长效土霉素碱、贝尼尔、砷制剂效果较好。

对发热猪给以退热药,并配合葡萄糖、多种维生素饮水,临床治疗效果较好。当附红细胞体病与其他的细菌性、病毒性、寄生虫等疾病混合感染时,在临床上应给予相应的对症治疗,从而降低病死率,减少经济损失。

【预防】严格执行综合性卫生防疫措施,杀灭蚊、蝇、蜱、虱、蚤和疥螨等。加强饲养管理,给予全价饲料保证营养,增加机体抗病能力,减少不良应激。在流行季节,可用药物拌料进行预防。对猪只进行定期血液检查可以了解猪场内该病的感染情况,以便及时采取有效措施进行控制,减少损失。

任务五 猪 痢 疾

猪痢疾(Swine dysentery)又称血痢,是由致病性猪痢疾蛇形螺旋体引起的一种肠道传染病。临床上以消瘦、腹泻、黏液性或黏液出血性下痢为特征。剖检病变为盲肠、结肠黏膜发生卡他性、出血性、纤维性和坏死性肠炎。

【病原】猪痢疾蛇形螺旋体,呈螺旋状,有4～6个缓慢旋转的螺旋状弯曲,两端尖锐。取肠内容物做压片镜下观察,以长轴为中心旋转运动。革兰氏阴性,着色力差,苯胺染料或吉姆萨染液着色良好,组织切片以镀银染色更好。

本菌为严格厌氧菌,对培养基要求严格。常用酪蛋白胰酶消化大豆鲜血琼脂或酪蛋白胰酶大豆汤培养基在1 Pa、80%H_2和20% CO_2以冷钯为催化剂的条件下进行培养,在37～42 ℃培养6 d,在鲜血琼脂上可见明显的溶血,在溶血带的边缘,有云雾状薄层生长物或针尖状透明菌落。

猪痢疾蛇形螺旋体对外界环境抵抗力较强。在粪便中5 ℃存活61 d,25 ℃7 d,在土壤中4 ℃能存活18 d,纯培养物在厌氧条件下4～10 ℃最少存活102 d。对一般消毒剂、热、氧和干燥等敏感。

【流行病学】自然条件下仅猪感染,各种年龄的猪均可发病,但以2～4月龄的猪最为常见。

病猪和带菌猪为本病的传染源。从粪便中排出大量病原体,污染饲料、饮水、猪舍、饲槽和用具等,经消化道感染。此外,人和其他动物如犬、鼠类、鸟类等都可传播本病。

本病一年四季均可发生。猪群一旦发生本病,流行缓慢,持续时间很长,且经常反复发病,很难根除,给防治带来很大困难。

【临床症状】潜伏期一般为7～8 d,长的可达2～3个月。

(1)最急性型　比较少见,一般见于新疫区本病流行的初期。个别猪无任何症状,突然死亡是猪群暴发本病的征兆。多数病例表现厌食、剧烈下痢,开始时为黄灰色软便,随后变成水泻,内有黏液和带有血液或血块,随病程发展,粪便混有脱落的黏膜或纤维素渗出物碎片,腥臭。病猪迅速衰弱,于抽搐状态下死亡,病死率很高。

(2)急性型　临床上最为常见。病猪精神沉郁,食欲减退,体温升高到40～40.5 ℃。病初排软便或稀便,继则排出含有大量半透明的黏液、血液和坏死组织碎片的红褐色黏性粪便,恶臭。病猪迅速脱水消瘦,因极度衰弱而死亡或转为慢性,病程7～10 d。

(3)慢性型　慢性型病例症状较轻,病程较长,2～6周。下痢时重时轻,反复发作,粪便中混有较多量的黏液、坏死组织碎片和少量黑色血液。病猪食欲正常或稍减退,呈渐进性消瘦、贫血、生长迟滞,呈恶病质状态。

【病理变化】病变仅局限于大肠。结肠和盲肠黏膜肿胀、充血、出血,肠内容物稀薄,其中混有黏液及血液而呈酱色或巧克力色。

病情严重者,肠黏膜表面形成黄色或灰色假膜,呈糠麸样或豆腐渣样外观,剥去假膜露出浅表糜烂面。肠内容物混有大量黏液和坏死组织碎片,肠系膜淋巴结肿胀,切面多汁。

【诊断】根据本病多发生于2～4月龄的猪,以排黏液性血便为主要症状;剖检时,急性病例为大肠黏液性出血性炎症，慢性病例为坏死性大肠炎，其他器官无明显变化，可得出初步诊断。

病原学诊断，可采取急性病猪新鲜粪便的黏液或血液压片，暗视野显微镜观察，每个视野见到猪痢疾蛇形螺旋体达3～5条，可作为诊断的依据之一。

血清学诊断有凝集试验、酶联免疫吸附试验、间接免疫荧光试验和琼脂扩散试验等。

【防治】禁止从疫区引进猪。必须引进时，应隔离检疫2个月。猪场实行全进全出饲养方式，进猪前应按消毒程序与要求对猪舍进行消毒。发病猪场最好全群淘汰，彻底清理和消毒，空舍2～3个月，再引进健康猪。

一旦发现病猪，立即给予药物治疗可取得很好的效果。痢菌净为治疗本病的常用药物，效果很好。其他如土霉素、硫酸新霉素、硫酸庆大霉素等也有较好的疗效。

【职业能力训练】

病例分析

陕北某猪场，饲养300头5～10周龄猪，有30头表现慢性干咳，尤其在夜间或运动后最明显，体温一般不升高。随着病情发展，可出现不同程度的呼吸困难，病程持续7～12 d，死亡5头（图2-4-2）。

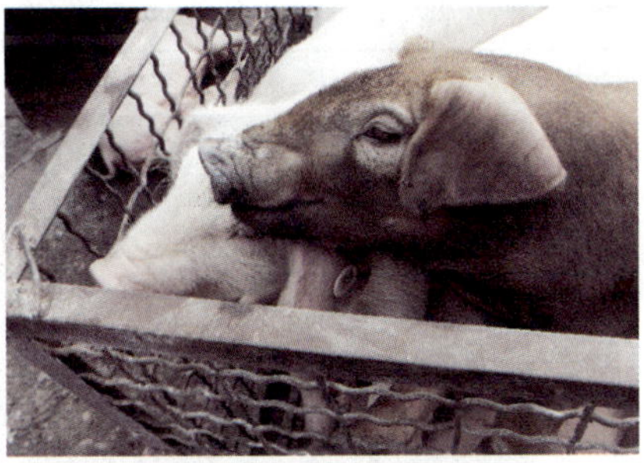

图2-4-2 患猪呼吸困难

【诊断过程】

1.问诊

深入现场，通过问诊和观察猪群发病情况，获取猪场信息。

<table>
<tr><th>问诊内容</th><th>获取信息</th><th>综合分析</th></tr>
<tr><td>疾病发生情况</td><td>(1)猪场发病时间、发病日龄、发病猪的数量；
(2)发病率、死亡率；
(3)疾病的初期症状、后期症状；
(4)疾病的治疗效果；
(5)附近及其他猪场的发病情况。</td><td rowspan="4">①发病持续7～12 d；
②发病率10%；
③病死率低；
④饲喂情况未改变；
⑤全场猪接种猪瘟、猪伪狂犬病、口蹄疫等疫苗；
⑥肌内注射抗生素和支原净，部分猪有好转，个别猪出现死亡。</td></tr>
<tr><td>过去的发病情况</td><td>本场、本地及邻近地区是否有类似疾病发生。</td></tr>
<tr><td>免疫接种及药物情况</td><td>(1)猪群免疫情况，免疫接种所用疫苗的厂家、种类、来源、运输及贮存方法；
(2)免疫接种时间及剂量；
(3)免疫前后有无使用抗生素及抗病毒药物；
(4)免疫后是否进行免疫抗体监测。</td></tr>
<tr><td>饲养管理情况</td><td>(1)饲料种类，饲喂情况；
(2)饲养密度是否适宜；
(3)猪舍的通风换气情况；
(4)猪舍的环境卫生情况；
(5)是否由其他猪场引进动物、动物产品及饲料。</td></tr>
</table>

2. 临床症状

临床症状	症状特点	提示疾病
干咳，尤其在夜间或运动后最明显，体温一般不升高。随着病情发展，可出现不同程度的呼吸困难。	①干咳，尤其在夜间或运动后最明显； ②呼吸困难。	细菌性传染病，如猪肺疫、猪链球菌病、副猪嗜血杆菌病、传染性胸膜肺炎等 支原体

3. 病理剖检

剖检病理变化	剖检特征	提示疾病
①肺门淋巴结、肠系膜淋巴结、腹股沟淋巴结肿大； ②肺两侧均显著膨大，有出血点和不同程度的水肿； ③肺的心叶、尖叶、膈叶有对称性肉变(图 2-4-3)； ④小肠壁变薄，里面有黄色稀薄液体(图 2-4-4)。	肺的心叶、尖叶、膈叶有对称性肉变。	猪气喘病

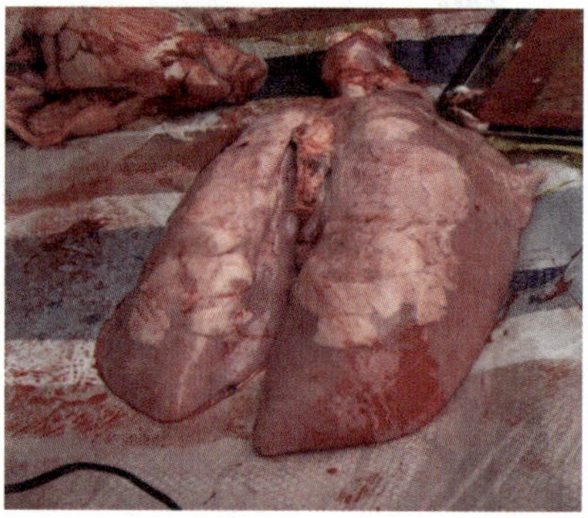

图 2-4-3　肺的心叶、尖叶、膈叶有对称性肉变

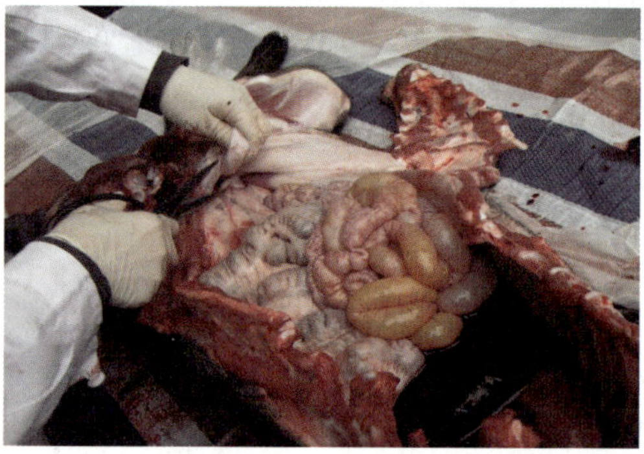

图 2-4-4　小肠壁变薄，里面有黄色稀薄液体

4. 初步诊断

猪支原体肺炎(气喘病)。

【防治】

未发病地区的预防措施。贯彻自繁自养，全进全出的原则，尽量不从外地购入猪只。对引进的种猪或购进的商品猪要进行严格隔离和检疫，防止病猪及隐性感染猪混入猪群。同时，还要防止猪群过度拥挤，对猪群进行定期驱虫，对猪舍定期消毒，对排泄物及废弃物要进行无害化管理，保持舍内新鲜空气和适当温度，尽力排除应激因素。

发病猪场的预防措施。早诊断，早隔离，及时清除传染源。加强日常的管理工作，加强对猪群的观察，从猪群中检出早期病猪，特别注意在夜间清晨喂食和运动时，猪有无咳嗽喷嚏现象；猪群休息时注意猪的呼吸次数和呼吸深度，确定病猪及早挑出并集中隔离饲养，进行有效的药物治疗和消毒处理，迅速控制本病发展的重要环节。

药物治疗关键是早期用药。选择敏感的抗菌药物，可减缓疾病的临床症状，并避免继发感染，尤其是在易感阶段，用药可以收到较好的效果。常用的药物有喹诺酮类、大环内酯类、四环素类、林可胺类等。还可采用多西环素(强力霉素)、泰乐菌素或泰万菌素，拌料，连用 5 d。

【考点在线】

一、选择题

1. 某猪场的一批 5 月龄育肥猪，体温和食欲正常，但生长缓慢，个体大小不一；经常出现咳嗽、气喘等症状。剖检见肺部尖叶、心叶、膈叶前缘呈双侧对称性肉变，其他器官未见异常。该病最可能的病原是（　　）。

A. 巴氏杆菌　　B. 布鲁氏菌　　C. 猪链球菌
D. 肺炎支原体　　E. 副猪嗜血杆菌

2. 五月龄公猪，因怀疑患猪肺疫，用头孢噻呋肌内注射治疗 3 d，疗效欠佳，经实验室诊断为支原体肺炎混合感染巴氏杆菌，进一步治疗应加用的药物是（　　）。

A. 磺胺对甲氧嘧啶　　B. 乙酰甲喹　　C. 阿莫西林
D. 泰妙菌素　　E. 喹乙醇

3. 母猪，3 岁，皮肤和黏膜发黄，血尿，流产，见弱仔、死胎。确诊其是一种互源性人畜共患病，该病最可能是（　　）。

A. 狂犬病　　B. 结核病　　C. 猪丹毒
D. 旋毛虫病　　E. 钩端螺旋体病

4. 仔猪群，1 月龄，眼结膜泛黄，头颈部水肿，排红棕色尿液，粪便干硬有腥臭味。发病初期体温升高，后期恢复正常。该病最可能的诊断是（　　）。

A. 钩端螺旋体病　　B. 猪瘟　　C. 猪肺疫
D. 副猪嗜血杆菌病　　E. 猪圆环病毒感染

5. 仔猪群，1 月龄，眼结膜泛黄，头颈部水肿，排红棕色尿液，粪便干硬有腥臭味。发病初期体温升高，后期恢复正常。实验室检查可能呈现的结果是（　　）。

A. 尿液血红蛋白试验阳性　　B. 尿液含有大量尿酸盐　　C. 尿液硫酸铵盐析试验阳性
D. 尿液荧光照射呈红色　　E. 尿液呈云雾状

6. 仔猪群，1 月龄，眼结膜泛黄，头颈部水肿，排红棕色尿液，粪便干硬有腥臭味。发病初期体温升高，后期恢复正常。治疗该病的首选药物是（　　）。

A. 盐霉素　　B. 庆大霉素　　C. 青霉素 G
D. 莫能菌素　　E. 核黄素

7. 仔猪群，2 月龄，排黄色稀便，表面附有条状黏液。2 d 后粪便充满血液和黏液，恶臭，逐渐消瘦死亡，死亡前体温降至常温以下。该病最可能的诊断是（　　）。

A. 巴氏杆菌病　　B. 猪痢疾　　C. 大肠杆菌病
D. 猪传染性胃肠炎　　E. 猪流行性腹泻

8. 仔猪群，2 月龄，排黄色稀便，表面附有条状黏液。2 d 后粪便充满血液和黏液，恶臭，逐渐消瘦死亡，死亡前体温降至常温以下。剖检的典型病变位于（　　）。

A. 胃　　B. 脾　　C. 肾
D. 小肠　　E. 大肠

9. 仔猪群，2 月龄，排黄色稀便，表面附有条状黏液。2 d 后粪便充满血液和黏液，恶臭，逐渐消瘦死亡，死亡前体温降至常温以下。用于该病快速检测的方法是（　　）。

A. 暗视野显微镜检查　　B. 麦康凯琼脂分离　　C. 空斑试验
D. 血凝试验　　E. 平板凝集试验

10. 猪屠宰检疫发现，肺的尖叶、心叶、膈叶前半部呈肉样红色，无弹性，病变与周围组织界限明显，左右肺病变对称：支气管淋巴结肿大、多汁，呈黄白色。该病最可能的诊断是(　　)。

A. 炭疽　　B. 猪丹毒　　C. 猪肺疫

D. 猪支原体炎　　E. 高致病性猪蓝耳病

二、简答题

1. 简述猪支原体肺炎的诊断要点。

2. 简述猪附红细胞体实验室诊断要点。

3. 简述猪衣原体病的临床症状和防控措施。

模块三

综合技能实训

【知识目标】

在养猪业走向规模化发展的进程中，猪病也表现出多元化、复杂化的动态发展趋势，非典型、混合型疫病越来越多，为确诊带来了很大困难。随着现代科学技术的快速发展，很多新兴分子生物学技术被应用到养殖业中，各种快速准确的诊断和检测技术在猪病防治中发挥着重大的作用。

本模块从病猪现场观察入手，要求学生掌握猪各种注射操作技术；公猪去势术；猪的静脉采血和血清分离；猪的血液常规检查；猪的尿液常规检查；猪的病理剖检与诊断；病猪剖检材料的选取、包装与运送；猪病毒性疾病检测技术；猪细菌性疾病检测技术；猪附红细胞体病诊断；猪寄生虫病实验室检查；检查猪寄生虫的剖检技术等方面综合技能。

【能力目标】

能进行病猪现场观察；各种注射方法操作；从猪前腔静脉采血，分离血清；进行猪的血液常规和尿液常规检查；进行猪的病理剖检与诊断、猪病毒性疾病检测、猪细菌性疾病检测、猪附红细胞体病诊断、猪寄生虫病实验室检查、感染猪寄生虫的剖检等，按照由浅入深，逐步递进的探究式认知规律，使学生掌握与之对应的多项岗位技能。

【素养目标】

1. 能够严格按照《中华人民共和国动物防疫法》要求，认真履行职责。
2. 具有动物疫病防控意识、安全意识、责任意识、团队协作意识和精益求精的劳动精神。
3. 热爱所从事的兽医职业，具有拓展、创新等可持续发展能力。

【项目导入】

猪病诊断是通过问诊、临床症状观察、病理剖检、实验室诊断，最后提出防治方案的探究式推理过程。其中，实验室诊断结论是对病猪诊断的科学依据。对病猪进行采血、血清分离、血液检测、尿液检测、细菌的分离鉴定、病毒的胶体金检测、病毒的 ELISA 检测、病毒的 PCR 检测、猪寄生虫病的实验室检查等综合实训项目，对培养学生病猪诊断能力尤为重要。本模块采用视频与综合实训知识相结合的方式，由浅入深，逐步加深学生对综合实训内容的理解，使学生掌握与之对应的多项岗位技能。

【科学史话】

酶联免疫吸附技术(ELISA)的前世今生

1896 年，Widal 发现在伤寒杆菌中加入伤寒病人的血清可致伤寒杆菌发生特异的凝集现象，利用这种凝集现象可有效地诊断伤寒病，此即最早用于病原体感染诊断的免疫凝集试验。

1897 年 Kraus 发现将细菌培养液与其相应的抗血清混合后可发生肉眼可见的沉淀反应。

1900 年 维也纳大学病理解剖系年仅 32 岁的助教 Landsteiner 发现一些人的血浆能使另一些人的红细胞凝集，这种同种凝集现象的发现，成为人类血型分类的基础，促使免疫血液学的诞生，Landsteiner 因此获得 1930 年的诺贝尔生理学或医学奖。

1941 年 Coons 建立荧光素标记抗体技术用于定位组织和细胞中的抗原物质。

1946 年 Rosalyn Sussman Yalow 和 Solomon Berson 报道利用发射免疫测定技术测定内源性血浆胰岛素，解决了以前难以测定的微量生物活性物质的问题，在免疫学发展史中具有里程碑意义，因此其发明者之一 Yalow 获得 1977 年的诺贝尔生理学或医学奖（1972 年 Berson 去世）。

1967 年 美国 Nakane PK 和 Pierce GB 报道用酶替代荧光素，用于抗原在组织中的定位，可通过光学显微镜和电子显微镜来观察。

1969 年 法国巴斯德研究所的 Avrameas 和 Uriel 报道将酶通过戊二醛方法标记抗原和抗体，应用于免疫组织化学。

1971 年 瑞典斯德哥尔摩大学的 Engvall 和 Perlmann 发展了一种酶标固相免疫测定技术，即酶联免疫吸附试验（Enzyme-linked immunosorbent assay，ELISA），定量检测兔血清中的 IgG。同年，荷兰 Organon 公司的 VanWeeman 和 Schuurs 等以辣根过氧化物酶（Horseradish peroxidase，HRP）作为标记物，建立定量检测人尿中 hCG 的 ELISA 方法。

1975 年 Georges J. F. Kohler 和 Cesar Milstein 合作创立了杂交瘤技术，成功制备单克隆抗体，是生物技术发展的里程碑。二人因此获得 1984 年诺贝尔医学与生理学奖。

20 世纪 80 年代 研究人员发现胶体金可以作为抗体的标记物，建立简便快速的免疫渗滤层析试验，即所谓的金标试纸条。

2012 年 英国伦敦帝国理工学院的 Molly Stevens 和 Roberto de la Rica 发明了新型 ELISA 技术，仅用肉眼即可读取检测结果。

酶联免疫吸附试验是一种免疫测定技术。测定中，先是抗原吸附在固相载体上，然后加待测的抗体，再用某种酶标记抗体形成抗原-抗体-酶标记抗体，此时，酶仍保有活性，同时标记抗体亦有免疫活性。之后再加入酶的底物，在酶的催化下产生反应，并产生有色物，颜色深浅与物质的量直接相关，至此，酶的催化作用与免疫反应的特异性完美结合，提高了测定的准确性与灵敏度，此项技术在临床疾病诊断领域应用极其广泛。

实训一　病猪现场观察

【实训目的】

1. 了解猪病个体的检查方法、检测内容和诊断程序。

2. 掌握猪群发病的诊断思路。

3. 观察病猪临床症状。

【实训条件】

器材　体温计、听诊器、记号笔等。

【相关知识】

一、猪病个体的检查

猪病个体检查分别介绍猪病个体检查方法、猪病个体诊断程序、猪病个体检查内容等。

(一)猪病个体的检查方法

猪病个体检查是通过查看病猪的临床症状，了解饲养管理情况、发病史等异常变化，全面系统地进行分析，判断出疾病发生的病因，并做出客观的评价，提出合理的诊断方案。这是一个由现象到本质的认识过程。症状是猪在发病时的外在表现，掌握正确的猪病个体检查方法，就是要透过疾病的外在表现深入认识疾病的本质，以便提出正确诊断结论。

建立正确的诊断方法，通常采取论证诊断法和鉴别诊断法。

1. 论证诊断法

论证，就是用论据来证明一种客观事物的真实性。论证诊断法，就是对在病猪检查中所搜集的症状，分出主要症状和次要症状，按照主要症状推测一个疾病，再把临床上所见的主要症状与所设想的疾病互相对照印证。如果用所设想的疾病能够解释主要症状，且又和多数其他症状不相矛盾，便可得出结论而建立诊断。

一般有经验的兽医，都使用论证诊断法，因为此法比较简便，尤其当症状暴露得比较充分或出现综合症状和特征性症状时，运用论证诊断法就比较适宜。反过来，如果症状暴露得不够充分，或缺乏临床经验又不善于进行逻辑推理，则以鉴别诊断法为宜。如果只是随便提出一个疾病就建立诊断，难免会造成错误。

2. 鉴别诊断法

在疾病的早期、症状不典型或疾病比较复杂，找不出可以确定诊断的依据来进行论证诊断时，可采用鉴别诊断法。其具体方法是先根据一个主要症状(如呕吐)或几个重要症状，提出多个可能的疾病。这些疾病在临床上比较近似，但究竟是哪一种，须通过相互鉴别，逐步排除可能性较小的疾病，逐步缩小鉴别的范围，直至剩下一个或几个可能性较大的疾病。此种诊断法就叫鉴别诊断法，也叫排除诊断法。在提出待鉴别的疾病时，应尽量将所有可能的疾病都考虑在内，以防止遗漏而导致错误诊断。但是，考虑全面并不等于漫无边际，而是要从实际所搜集的临床资料出发，抓住主要矛盾来提出病名。一般是先想到常见病、多发病和传染病，因为这些病的发病率高；然后还要想到少见病和稀有病，特别是与常见病、多发病的普遍规律和临床经验有矛盾时，更应注意。

在实行鉴别诊断时，主要根据所提出的疾病能不能解释病猪所呈现的全部临床症状，是否存在或出现过该病的固定症状与示病症状，如果提出的疾病与病猪呈现的临床症状有矛盾，则所提出的疾病就可以被否定。经过这样的几次淘汰，可筛选出一个或几个可能性较大的疾病。如果用一个疾病不能解释所有的症状，就可能存在着并发病或伴发病。

3.论证诊断法与鉴别诊断法的关系

临床上，一般是先用鉴别诊断法，后用论证诊断法，但也有先用论证诊断法的。这不是一成不变的，而是要根据疾病的复杂性和个人的临床经验来决定。为了求得诊断的准确性，对于用鉴别诊断法得来的诊断，最好再通过论证诊断法加以证实，两种诊断法不是对立的，而是互补的。

不论用哪种方法建立的诊断，都必须根据疾病的发展变化，经常加以核对。因为疾病的病理过程是不断变化的，在此过程中有的症状消失，有的症状出现，或在此过程中矛盾的主次地位发生变化，这些都需要我们用发展的观点观察疾病，修正诊断。

(二)猪病个体检查的内容

一般情况下，猪对捕捉的应激反应非常大，为避免因抓捕、刺激等造成的生理变化的影响，应尽可能在其自由状态下进行检查，除临床检查、一般检查外，还要做系统检查。必要时可在观察之后再将猪捕捉保定，做进一步检查。

1.临床检查的方法

在对猪发病的临床检查中，最常用的是问诊和视诊，必要的时候配合触诊、听诊等进行检查，收集有关资料，综合分析判断，进行诊断。

(1)问诊　以交谈和启发的方式，向防疫员、饲养员、管理人员调查，了解猪或猪群生活史和患病史。一般在着手检查前进行，也可边检查边询问。

问诊时，首先询问病猪的日龄、性别、发病的数量、发病时间、病后的主要表现，免疫接种情况，是否经过治疗，用过什么药物，用药剂量、次数和效果如何。再了解猪舍的卫生状况，饲喂日粮的种类、数量和质量以及饲喂方法。最后询问猪群过去曾发生过什么病，其他猪或邻近地区的猪有无类似的疾病发生，其经过与结局如何，以及畜主所估计的致病原因等。

(2)视诊　是检查猪时最主要的方法，而且获得的资料最为真实可靠。视诊时，先对猪群进行全面观察，发现病猪后再重点检查。检查时，先观察猪的精神状态、食欲、体格发育、姿势和运动行为等有无异常，借此发现病猪。然后仔细检查病猪的皮肤、被毛、可视黏膜(如眼结膜、口腔、鼻腔等)、咳嗽、呼吸、粪尿及眼和鼻分泌物等有无异常变化。

(3)触诊　是用手对被检部位进行触摸，以判断有无病理改变。对猪进行触诊，主要检查皮肤的温度、局部肿胀、腹股沟淋巴结的大小，以及骨骼、关节和有关器官的敏感性等。

(4)听诊　一般直接听取猪的咳嗽和喘鸣音，必要时可听取心音、呼吸音和胃肠蠕动音等。

2.一般检查

对猪进行一般检查时,主要检查猪的精神状态、营养状态、被毛与皮肤、眼结膜、腹股沟淋巴结、体温等。

(1)精神状态的检查　健康育肥猪贪吃好睡,仔猪灵活好动,不时摇尾。精神沉郁是各种热性病、缺氧及其他许多疾病的表现。病猪表现卧地嗜睡、眼半闭、反应迟钝、喜钻草堆、离群独处或扎堆。昏睡时,病猪躺卧不起,运动能力丧失,只有给予强烈刺激才突然觉醒,但又很快陷入昏睡状态,多见于脑膜脑炎和其他侵害神经系统的疾病。昏迷时,病猪卧地不起,意识丧失,反射消失,甚至瞳孔散大,粪尿失禁,见于严重的脑病、中毒等。精神兴奋时,表现容易惊恐,骚动不安,甚至前冲后撞,狂奔乱跑,倒地抽搐等,见于脑及脑膜充血、脑膜脑炎、中暑、伪狂犬病和食盐中毒等。

(2)营养状态的检查　临床上主要根据肌肉丰满度、皮下脂肪蓄积量和被毛状态来确定。营养良好的猪表现体躯浑圆,肌肉丰满,皮下脂肪充盈,皮肤红润,被毛光泽润滑。营养不良的猪,表现消瘦,皮肤干燥,被毛粗乱无光泽,多见于各种慢行消耗性疾病,长期腹泻,寄生虫病等引起。短时间突然消瘦,多见于剧烈腹泻和急性高热性疾病等。

(3)皮肤的检查　着重检查皮温、颜色、丘疹、水泡、皮下水肿、脓肿和被毛等。

皮温　检查皮温时,可用手触摸耳、四肢和股内侧。全身皮温增高,多见于感冒、组织器官的重剧性炎症及热性传染病;全身皮温降低,四肢发凉,多见于严重腹泻、心力衰竭、休克和濒死期。

皮肤颜色　检查皮肤颜色只适用于白色皮肤猪。皮肤有出血斑点,用手指按压不褪色,常见于非洲猪瘟、猪肺疫、猪副伤寒、弓形虫病等;皮肤有淤血斑块时,指压褪色,常见于猪丹毒等传染病;皮肤发绀见于亚硝酸盐中毒及重症心、肺疾病;猪耳尖、鼻镜发绀,见于猪副伤寒、猪繁殖与呼吸综合征等。

丘疹　为皮肤上出现米粒大到豌豆大的圆形隆起,见于猪痘及湿疹的初期。

水泡　为豌豆大,内含透明浆液的小泡,若出现在口腔、蹄部、乳房部皮肤,见于口蹄疫和猪传染性水泡病;如果出现在胸、腹部等处皮肤,见于猪痘以及湿疹。

皮下水肿　其特征是皮肤紧张,指压留痕,去指后慢慢复平,呈捏粉样硬度。额部、眼睑皮肤水肿,主要见于猪水肿病。体表炎症及局部损伤,发生炎性水肿时,有热、痛反应。

脓肿　猪皮肤脓肿十分常见,主要为链球菌病或注射时消毒不严、皮肤划伤感染化脓菌引起。初期局部有明显的热、痛、肿胀,而后从中央逐渐变软,穿刺或自行破溃流出脓汁。

局部脱毛　主要见于猪疥螨和湿疹。

(4)眼结膜的检查　主要是检查眼结膜颜色的变化。眼结膜弥漫性充血发红,除结膜炎外,见于多种急性热性传染病、肺炎、胃肠炎等组织器官广泛炎症;结膜小血管扩张,呈树枝状充血,可见于脑炎、中暑及伴有心机能不全的其他疾病;可视黏膜苍白提示各种类型贫血;结膜发绀(呈蓝紫色)为病情严重的象征,如急性猪肺疫、胃肠炎后期,也见于猪亚硝酸盐中毒;眼结膜黄染,见于肝脏疾病、寄生虫病、钩端螺旋体病、附红细胞体病等。眼结膜炎性肿胀,分泌物增多,常见于猪瘟、流感和结膜炎等。

(5)腹股沟淋巴结的检查　猪淋巴结大多都深在,不易进行检查,只有腹股沟浅淋巴结便于检查。腹股沟浅淋巴结肿大,可见于猪瘟、猪副伤寒、猪丹毒、猪圆环病毒感染、猪弓形虫病等多种传染病和寄生虫病。

(6)体温的检查　许多疾病,尤其是患传染病时,体温升高往往较其他症状的出现更早,因此,体温反常是猪患病的一个重要症状。猪的正常体温为 38～39.5 ℃。体温升高,见于许多急性热性传染病和肺炎、肠炎疾病过程中;体温降低,多见于大出血、产后瘫痪、内脏破裂、休克及某些中毒等,多为预后不良的表现。

3.系统检查

(1)心跳次数的检查　猪正常心跳数为 60～80 次/min。心跳次数增加,主要见于传染病等急性发热性疾病。心跳次数减少比较少见,可见于高胆红素血症、某些引起颅内压升高的疾病和某些中毒。

(2)呼吸系统的检查　检查猪的呼吸系统时,着重检查呼吸次数、呼吸运动、鼻液、咳嗽和喉部有无肿胀等。

呼吸次数的检查　健康猪的呼吸数为 18～30 次/min。呼吸次数增多,见于肺部疾病,如各型肺炎、肺充血、肺水肿、肺气肿、胸膜炎及胸腔积液,以及各种高热性疾病、疼痛性疾病和亚硝酸盐中毒。呼吸缓慢主要为呼吸中枢高度抑制,见于生产瘫痪、某些脑病、中毒等。

呼吸类型的检查　健康猪呼吸时胸壁与腹壁的运动协调,起伏强度大致相等,为胸腹式呼吸。若呼吸时胸壁的起伏特别明显,而腹壁运动微弱,称为胸式呼吸。可见于膈肌破裂、腹壁创伤、腹膜炎和腹腔大量积液等;若呼吸时腹壁的起伏特别明显,而胸壁运动微弱,称为腹式呼吸,多见于胸壁创伤、肋骨骨折、胸膜炎、胸膜肺炎、胸腔大量积液、气喘病等。

鼻液的检查　健康猪鼻孔有少量鼻液,如有大量鼻液流出,为呼吸器官患病的表现。若流无色透明、水样的浆液性鼻液,可见于呼吸道炎症、猪传染性萎缩性鼻炎、感冒的初期。鼻流黏稠、蛋清样,灰白色不透明,呈牵丝状的黏性鼻液,可见于呼吸道卡他性炎症、猪传染性萎缩性鼻炎和感冒的中后期。鼻流黏稠浑浊,呈糊状、膏状、灰白色或黄白色脓性鼻液,可见于感冒、流行性感冒的中后期。猪在打喷嚏时发生鼻出血,是猪传染性萎缩性鼻炎的特征,若为粉红色鼻液,除见于肺水肿、肺充血外,是猪传染性胸膜肺炎的特征。

咳嗽的检查　健康猪不发生咳嗽或仅发生一二声咳嗽,连续咳嗽,则是呼吸器官患病的表现,如支气管炎、肺炎、各种呼吸器官传染病。猪低头弓腰,连续发咳,直到将呼吸道中的渗出物咳出咽下为止,为慢性气喘病的特征。

(3)消化系统的检查　消化系统疾病是常见多发病。其他系统疾病也常会导致消化系统机能紊乱。因此,消化系统的检查有着重要的临床意义。检查猪消化系统,应着重检查食欲、呕吐、腹围、排粪状态及粪便性状。

食欲　健康猪食欲旺盛,而病猪往往表现食欲不振,甚至食欲废绝。废绝后又出现食欲,表示病情好转。异嗜是食欲紊乱的另一种表现,病猪喜吃垫草、泥土、灰渣、碎布、麻绳等。多由于消化不良、慢性腹泻、维生素和微量元素缺乏症等。

呕吐　多由于咽、食道、胃肠黏膜或腹膜受到刺激后发生。猪胃食滞、胃炎、仔猪蛔虫病、肝炎、脑炎及某些中毒病过程中,都可能发生呕吐。某些传染病,如猪传染性胃肠炎、流行性腹泻等也常见呕吐。

腹围的检查 腹围较正常增大，特别是左肋下区突出，病猪呼吸困难，表现不安或犬坐，多为胃臌气或过食，触诊左肋下区紧张而抵抗明显。

排粪及粪便性状的检查 排粪异常表现为腹泻、便秘、失禁、里急后重等。检查粪便着重注意其形状、颜色及有无寄生虫。3 日龄以内的仔猪排血样稀便，为仔猪红痢的特征；育肥猪排黏液性血样稀便，为猪痢疾的特征；3 日龄以内仔猪排黄色水样稀便，是仔猪黄痢的表现；而 20～30 日龄的仔猪排灰白色糊状粪便，常见于仔猪白痢；猪排灰色腥臭的稀便，多见于猪瘟、猪副伤寒等。

(4)泌尿生殖系统检查 检查泌尿生殖系统时，着重检查排尿动作、尿量、颜色和生殖器等。

尿量检查 排尿减少，颜色加深，可见于热性病、各种原因引起的脱水和急性肾炎。病猪停止排尿称为无尿，可见于重剧肾炎、膀胱破裂、某些中毒等。排尿时猪表现不安、疼痛、摇尾、弓背、两后肢张开，见于膀胱炎、尿道炎及结石等疾病。膀胱充满尿液而不能排出叫作尿闭，常见于尿道结石、尿道阻塞、膀胱括约肌痉挛等。排尿淋漓不畅，常见于尿道结石、膀胱及尿道炎。排尿失禁，见于膀胱括约肌麻痹及脊柱受到损伤，也见于昏迷和濒死期的病猪。

尿质检查 尿中带血称为血尿，静置后红细胞沉积于容器底部，多由于肾脏、膀胱和尿道受到损伤引起；血红蛋白尿时，尿呈红褐色，静置后容器底部无沉积的红细胞，可见于猪钩端螺旋体病、附红细胞体病及新生仔猪溶血病等，使红细胞大量破坏。膀胱炎时，尿液浑浊，有氨臭味。

生殖器检查 检查公猪生殖器官，注意有无阴囊疝、隐睾；睾丸肿大、疼痛、发热，多见于日本乙型脑炎，也可能为布鲁氏菌病。母猪如果阴道黏膜潮红、肿胀、糜烂或溃疡、分泌物增多，是阴道炎的表现。

(5)神经系统的检查

中枢神经机能的检查 中枢神经机能异常，在临床上表现为抑制和兴奋两种形式。抑制是中枢神经机能降低，动物对刺激的感受性减弱或消失。按其程度可分为沉郁、昏睡和昏迷。兴奋为大脑皮质兴奋性增高的状态。病猪表现狂躁不安，不断鸣叫，乱走乱撞等症状，见于脑炎、中毒和某些传染病。

感觉机能的检查 在临床上主要检查痛觉，针刺时，健康猪有回头竖耳、躲闪等反应。皮肤感觉减弱，见于脑炎、产后瘫痪、濒死期等；皮肤感觉增高，可见于脊髓炎、皮肤局部炎症等。

运动机能的检查 注意病猪有无圆圈运动，向前暴进或后退、运动失调、痉挛和瘫痪等表现，见于各型脑炎、猪瘟、猪伪狂犬病、猪水肿病、有机磷和食盐中毒等。持续性痉挛，使肌肉呈现僵硬的状态，见于破伤风。

(三)猪病个体诊断程序

1.调查病史，搜集临床症状

对猪只既往病史，现病史进行调查，完整的病史对于建立正确的诊断是非常重要的。要得到完整的病史资料，应全面、认真地进行调查，同时要克服调查的主观性和片面性，避免造成诊断上的错误。

搜集症状要依据疾病的发展进程随时观察和补充。因为每一次对病猪的检查，都只能看到疾病全过程中的某个阶段的变化，只有综合各个阶段的变化，才能获得对疾病较完整的认识。在搜集症状的过程中，还要善于及时归纳，不断分析，以便发现新线索，进一步分析要探索检查的内容。具体来说，在调查病史之后，要对畜主或饲养员讲述的材料进行分析，以便大体确定是普通内、外科病，还是传染病与中毒病，然后在一般检查、系统检查、特殊检查与实验室检查之后，及时归纳与小结，为最后的综合分析做准备。

2. 分析症状，建立初步诊断

临床工作中，所调查的病史材料或临床症状，都是比较零乱和不系统的，必须进行整理归纳。或按时间先后顺序排列，或按各系统进行归纳，这样才便于发现问题。此外还必须经过科学的分析，区别主要的和次要的、局部的和整体的、特殊的和一般的，还要注意考虑它们之间有无内在联系，彼此有无矛盾。只有把一般检查所搜集到的临床症状与实验室检查和相应的特殊检查进行纵横剖析，连贯起来思索、分析各种检查结果之间的内在联系，才能提出正确的诊断。

建立诊断，就是对病猪所患疾病提出病名。这一病名，应能指出患病器官、疾病性质和发病原因。要想提出恰当的病名，建立比较正确的初步诊断，除了上面所说分析症状应注意的几个关系外，还要求能够善于发现综合症状或示病症状，最后再运用论证诊断法或鉴别诊断法，建立初步诊断。在建立诊断时，首先要考虑常见多发病，注意猪的年龄、地区和环境条件等。如 30 日龄以内的仔猪多发大肠杆菌病，2～4 月龄的猪多发猪副伤寒，在某些传染病流行地区首先要考虑这些传染病，土质含氟过多的地区要考虑氟中毒，缺硒地区要考虑硒缺乏等。所以，对于复杂的临床症状，必须去粗取精，去伪存真；由此及彼，由表及里，由现象到本质，抓住主要矛盾。从相互联系中进行细致深入分析，不放过一个微小的细节，才能避免诊断错误。

3. 实施防治，验证诊断

在运用各种检查手段，全面客观地搜集病史、症状的基础上，通过思考加以整理、建立初步诊断之后，还须拟订和实施防治计划，并观察这些防治措施的效果，以此验证初步诊断的正确性。一般来说，防治措施显效时，证明初步诊断是正确的；无效时，要重新认识，修订诊断。

综上所述，从调查了解病史、搜集临床症状到分析症状、建立初步诊断，直至实施防治、验证诊断，是认识疾病的 3 个过程，这三者互相联系，相辅相成，缺一不可。调查了解病史、搜集临床症状是认识疾病的前提；分析症状是揭示疾病本质、制定防治措施的关键；实施防治、观察效果是验证诊断、纠正错误诊断和发展正确诊断的必须过程。如果搜集症状不全面，或先入为主，主观臆断，根据片面的或主、客观相分离的症状作诊断，必然要犯片面性的或主观性的错误；如果对搜集到的症状主次不分、本质不明，那么对疾病的认识就只能停留在表面现象上，无法深入到本质；如果建立初步诊断之后就万事大吉，不去验证，那就无从纠正错误的认识，不能达到正确诊断的目的。

二、猪病群体的检查

猪群发性疾病的诊断，分 4 个步骤进行。

大类归属诊断 → 症状鉴别诊断 → 病变鉴别诊断 → 病性论证诊断

(1)大类归属诊断　当猪群中一部分、大部分乃至全群同时或相继发生，在临床症状和剖检病变上基本一致的疾病时，即可考虑群发病。

猪群发病归类诊断的主要依据：

①传播方式是水平传播、垂直传播还是不能传播？

②起病和病程是起病急、病程短还是起病缓、病程长？

③体温是发热还是无发热？

④是否有足够数量肉眼可见的寄生虫存在？

群发病具体归类诊断思路如图 3-1-1 所示：

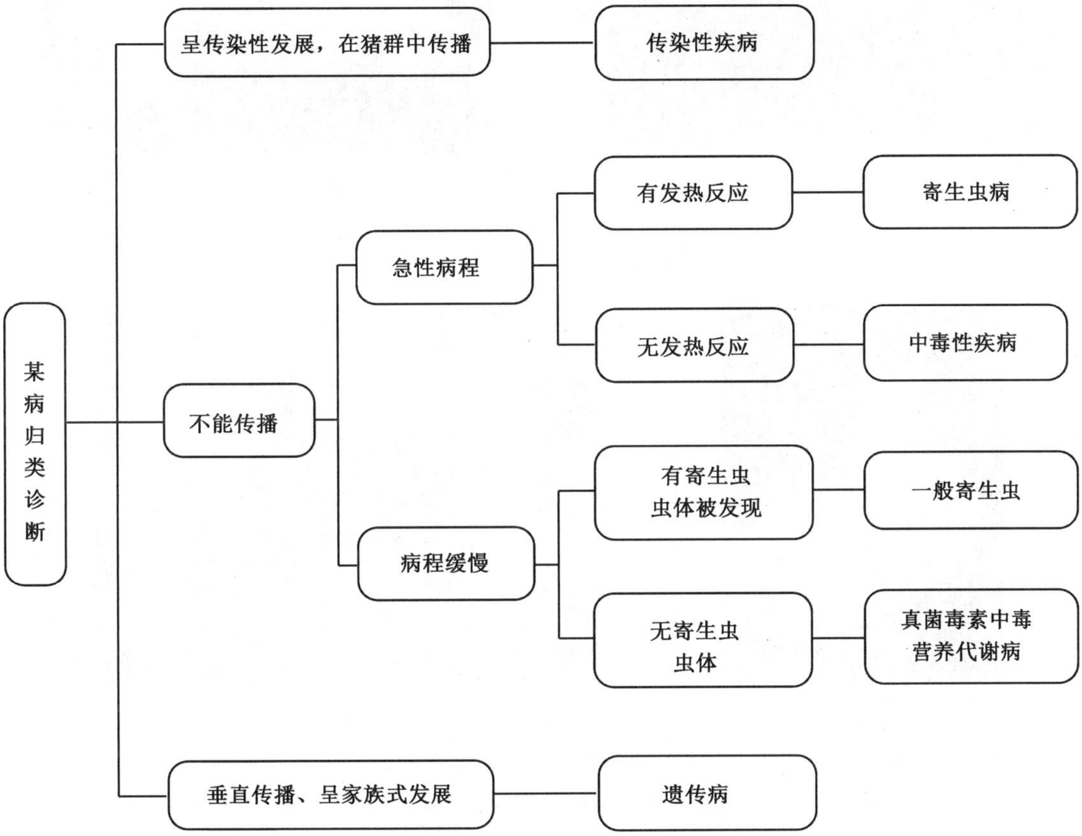

图 3-1-1　猪群发病归类诊断

(2)症状鉴别诊断　症状鉴别诊断是以主要症状或体征为线索，将一大堆相关疾病联系起来，为疾病鉴别诊断提供依据。

(3)病变鉴别诊断　病变鉴别诊断是从剖检变化出发，以基本病变为线索，将若干相关疾病串在一起，再逐步把它们区分开来。病变鉴别诊断法和症状鉴别诊断法相辅相成，是猪病尤其是猪的群发病鉴别诊断常用的两根拐杖。其中，病变鉴别诊断法是兽医独享的一个法宝。

(4)病性论证诊断　猪群发病在经过大类归属诊断、症状鉴别诊断和病变鉴别诊断之后，还必须完成诊断的终末程序—病性论证诊断加以认定。

【职业能力训练】

一、病猪的现场观察

1. 观察猪营养状态是否正常（图 3-1-2、图 3-1-3）。

图 3-1-2　猪 A

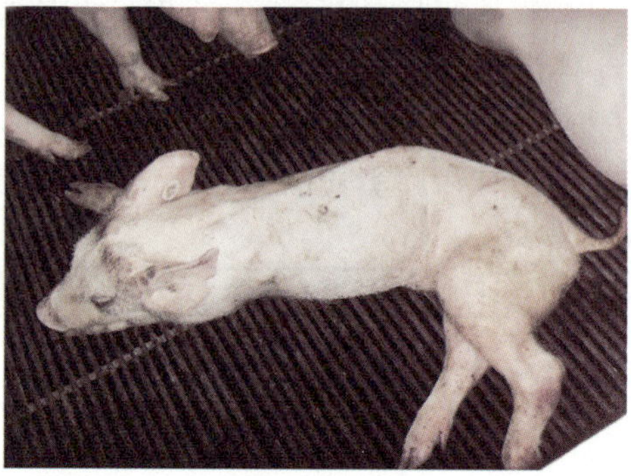

图 3-1-3　猪 B

2. 观察猪体表、皮毛是否正常（图 3-1-4、图 3-1-5）。

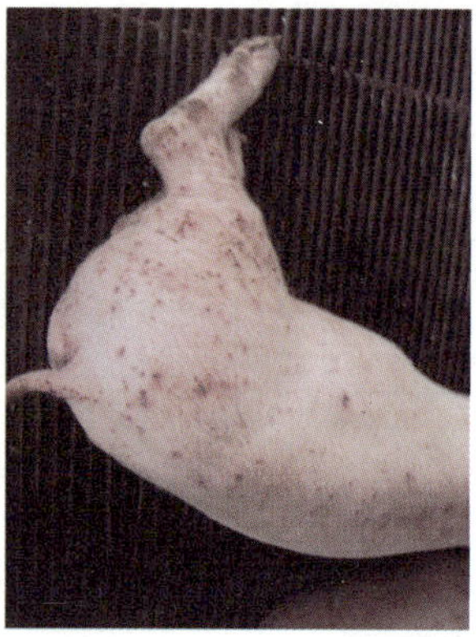

图 3-1-4　猪 A

图 3-1-5　猪 B

3. 观察猪睡觉的姿势是否正常（图 3-1-6 至图 3-1-9）。

图 3-1-6　猪 A

图 3-1-7　猪 B

图 3-1-8　猪 C

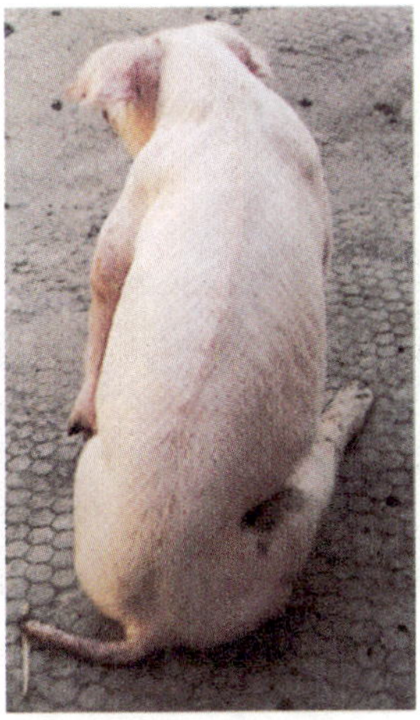

图 3-1-9　猪 D

4. 观察猪眼睛是否正常(图 3-1-10 至图 3-1-11)。

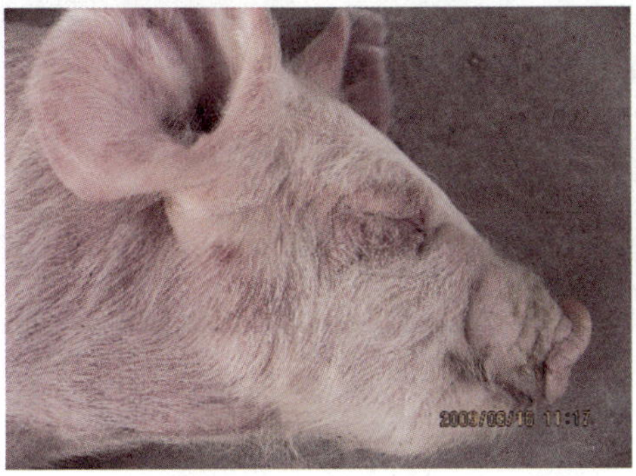

图 3-1-10　猪眼睛 A

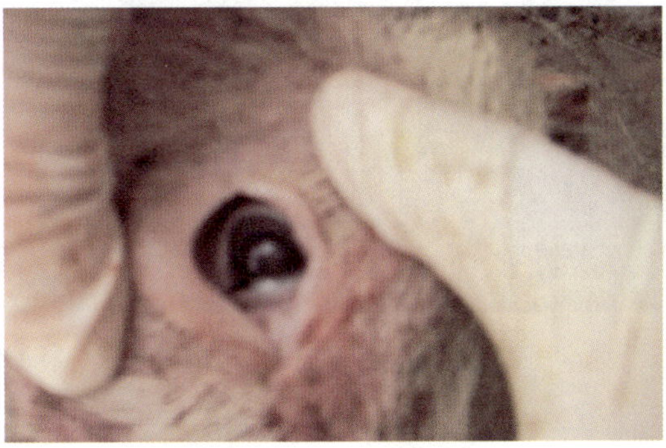

图 3-1-11　猪眼睛 B

5. 观察猪吻突、耳朵和尾巴是否正常(图 3-1-12 至图 3-1-17)。

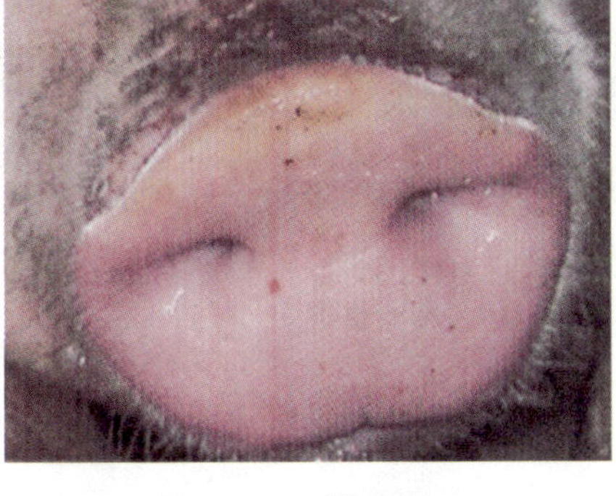

图 3-1-12　猪吻突 A

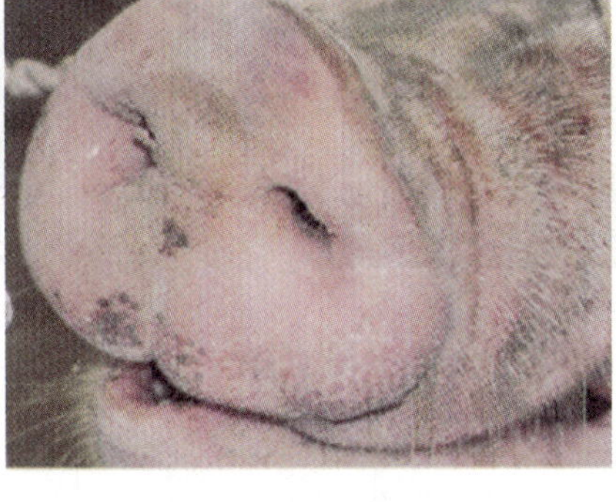

图 3-1-13　猪吻突 B

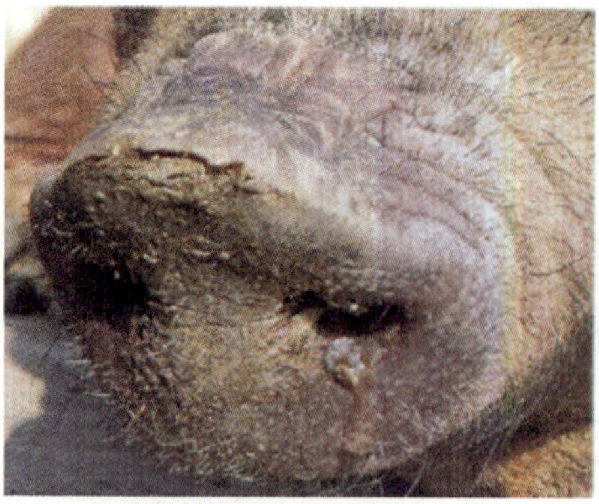

图 3-1-14　猪吻突 C

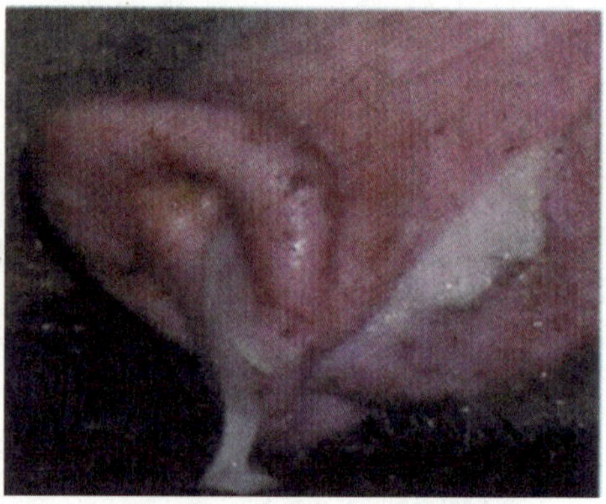

图 3-1-15　猪吻突 D

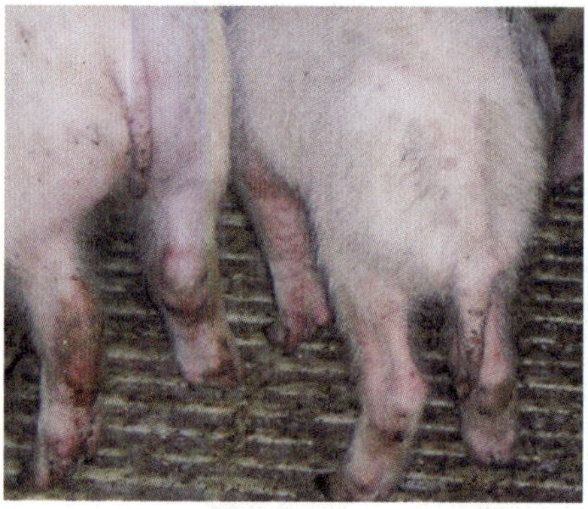

图 3-1-16　猪尾巴 E

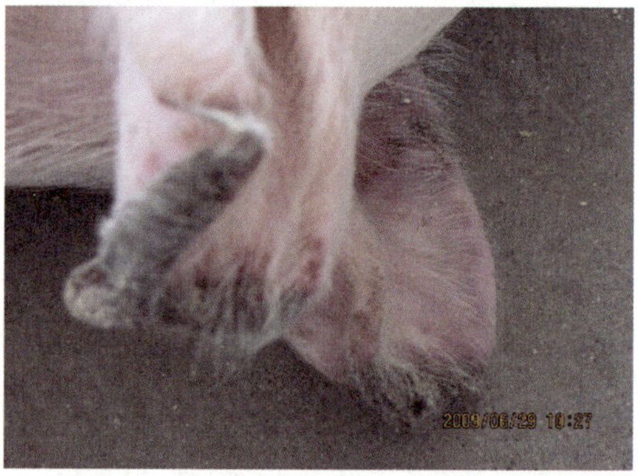

图 3-1-17　猪耳朵 F

6. 看肛门、查粪便是否正常(图 3-1-18 至图 3-1-19)。

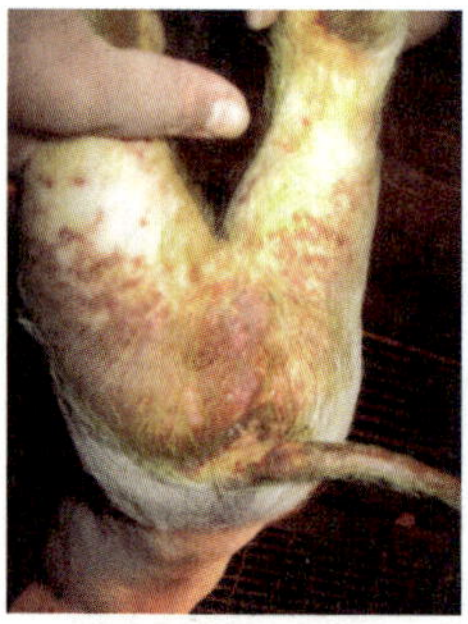

图 3-1-18　猪粪便 A

图 3-1-19　猪粪便 B

7.观察猪尿是否正常(图 3-1-20 至图 3-1-22)。

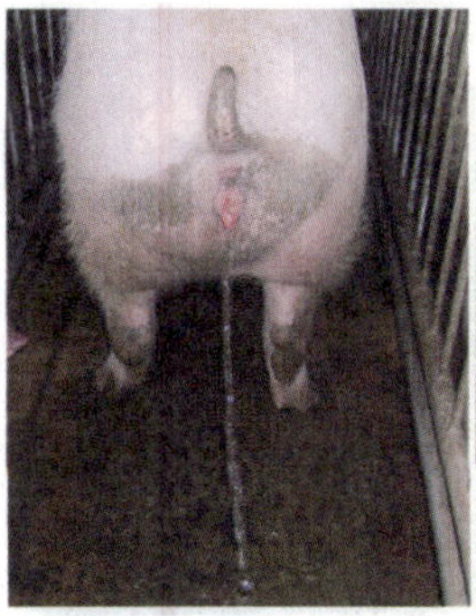

图 3-1-20　猪尿 A(色清亮)

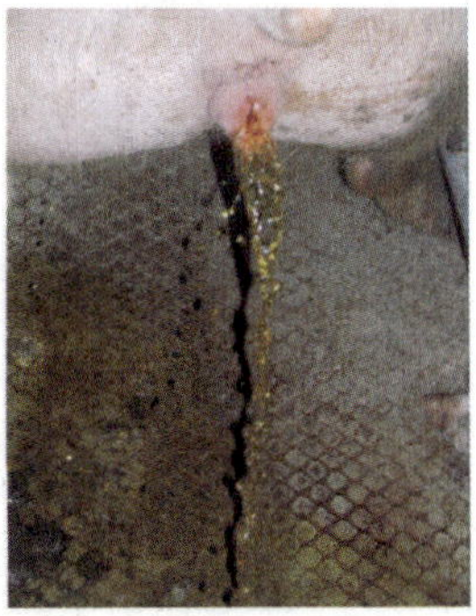

图 3-1-21　猪尿 B(色黄)

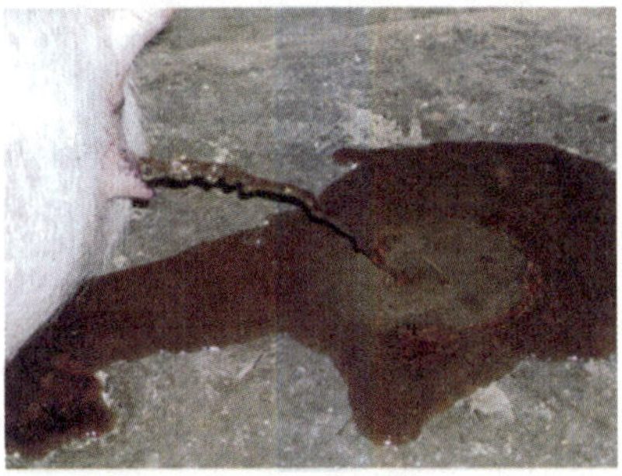

图 3-1-22　猪尿 C(色红)

8.看阴户是否正常(图 3-1-23 至图 3-1-25)。

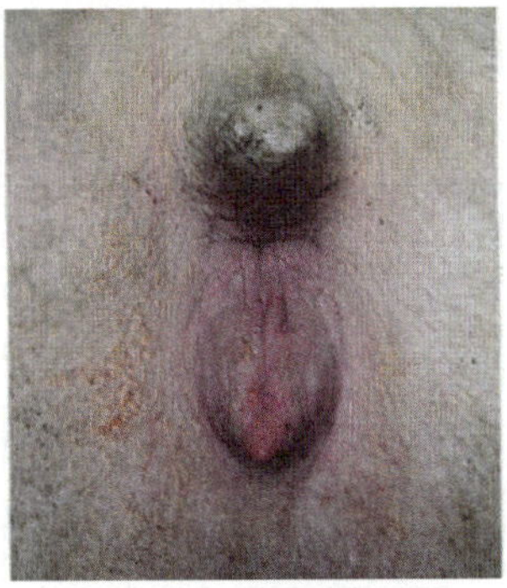

图 3-1-23　猪阴户 A

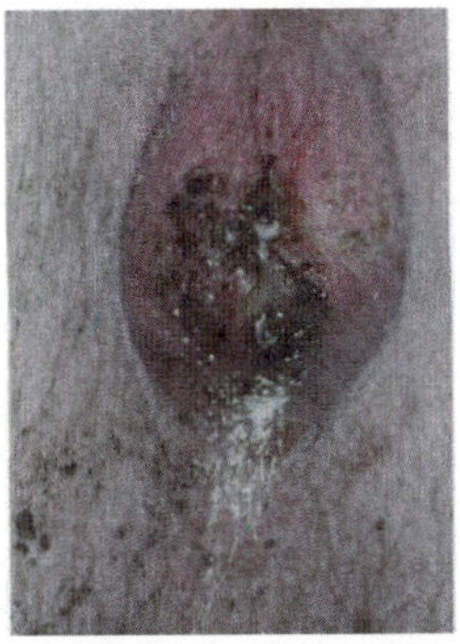

图 3-1-24　猪阴户 B

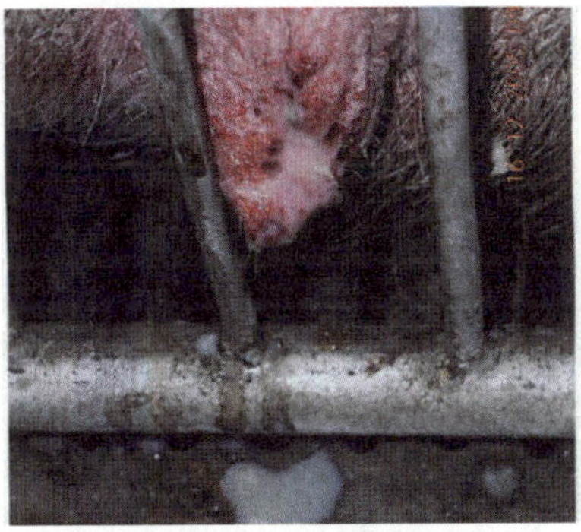

图 3-1-25　猪阴户 C

9.观察猪呼吸状态有无变化(图 3-1-26 至图 3-1-27)。

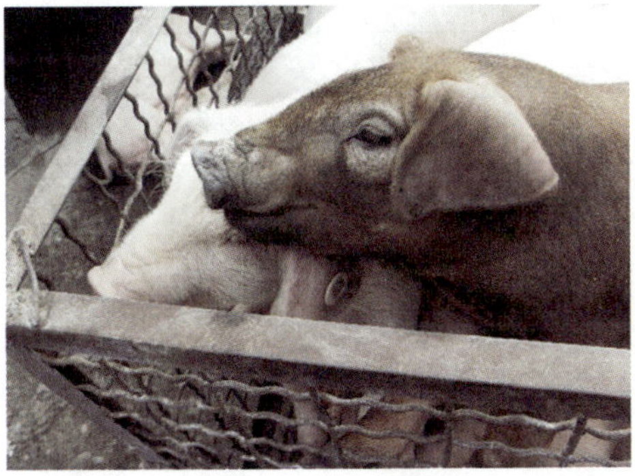

图 3-1-26　猪呼吸 A

图 3-1-27　猪呼吸 B

10. 观察猪阴囊有什么变化？（图 3-1-28、图 3-1-29）。

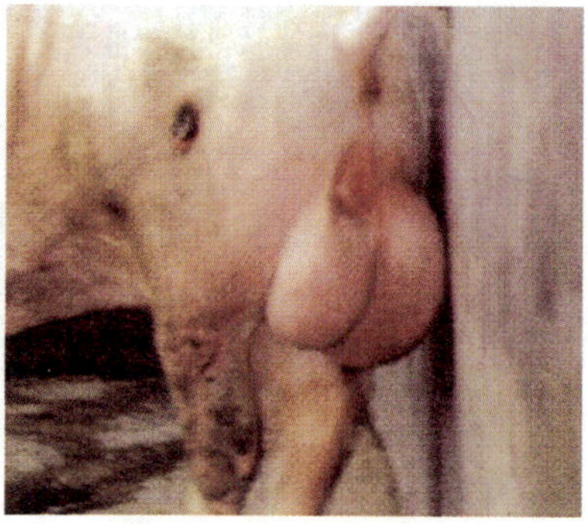

图 3-1-28 猪阴囊 A

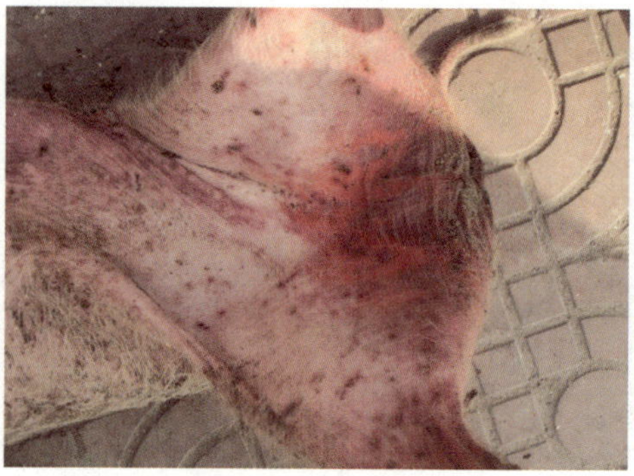

图 3-1-29 猪阴囊 B

二、填写病猪现场检查报告（表 3-3-1）

表 3-3-1 病猪现场检查报告

班级：________ 小组：________ 成员：____________________

	测定项目	正常猪	测定猪
一般临床检查	精神状态		
	营养状况		
	姿势与步态		
	被毛检查		
	皮肤检查		
	眼结膜检查		
	浅表淋巴结的检查		
	脉搏测定		
	体温测定		
	呼吸测定		

实训二 猪注射操作技术

【实训目的】

1. 熟练进行猪肌内注射、皮内注射、皮下注射、静脉注射、腹腔注射和胸腔注射。
2. 熟练进行猪穴位注射，如百会穴注射、交巢穴注射等。
3. 熟练进行猪直肠灌注。

【实训条件】

1. 器材　酒精棉球、5 mL 注射器、20 mL 注射器、输液器、镊子、帽子、手套等。

2. 试剂　75%酒精、碘伏、0.9%生理盐水。

【相关知识】

一、猪各种注射技术

(一)肌内注射

(1)耳根后方颈部三角区内。

(2)臀部靠近髋骨(十字骨)的上方。注射点不要向后下方移,防止刺伤坐骨神经,导致刺伤坐骨神经,同侧后肢立即拖地而行,不能负重而残废。

因猪皮下有较厚的脂肪层,如将药液注射在其内,因其脂肪层内血管很少,很难被吸收,不仅不能发挥治疗作用,而且延误了病情。肌内注射时,一定要根据猪的大小、肥瘦,选用一定长度的针头。原则上针头的长度应大于猪的皮厚加脂肪层的厚度,至少还要长 1 cm,才能保证将药液注射在肌肉内。

(二)皮下注射

猪多选择大腿内侧皮薄而皮下较疏松处,用较细长的 5、7、9 号针头注射。将药液注入皮下结缔组织内,经毛细血管、淋巴管吸收而进入血液循环,再送至各组织器官。故吸收较慢,一般需经 5～10 min 呈现药效。注射药量过多时,应分点注射。

注射时先用左手将皮肤捏起,使成皱褶,再右手持针从皱褶三角区部插入针,并将针头轻轻拨动,如感十分轻便,证明针头在皮下,可注药。注射完毕后,拔出针头时,用棉球压住针孔,轻轻揉按。

(三)皮内注射

猪选择在耳根部。皮内注射位于皮肤的浅表层,即在表皮下真皮内。

皮内注射是用非常细的针头注射药物,来测试过敏反应,同时还可以用于麻醉药的注射等,如:结合菌素皮内诊断。在注射药物时,为了防止过敏,需要进行药物的测试,先将药物少量地稀释以后注射到皮下,观察药物反应。如果药物发生反应,就不能再用此药。

(四)静脉注射

猪站立或侧卧保定,一人用手压住猪耳背面根部,使耳缘静脉怒张,或用酒精棉球反复涂擦耳缘静脉血管处,用手指头弹叩,使血管充盈。

注意:水合氯醛、氯化钙、高渗盐水防止漏于血管外,造成血管损伤。

(五)腹腔注射

(1)腹腔注射　一般适用于哺乳仔猪,大猪一般很少使用,大猪基本采用站立位和侧卧位,需要保定。主要用于预防腹泻造成的脱水。

(2)操作方法　倒提仔猪,将针头(9 号以下消过毒的针头)于倒数第 2 个乳头外侧,距离腹白线 2～5 cm 刺入,若回抽针头无血液,无污物,再缓慢注入药液。

(3)药物选择　腹腔给药宜用等渗药液,如 5%的葡萄糖溶液,或 0.9%的氯化钠。适当配伍无刺激性的药物，如肌苷、维生素 B_1、维生素 C、ATP、辅酶 A。

(4)哺乳仔猪(尤其是发生腹泻的仔猪)，腹腔补液所用的溶液最好置于 37～40 ℃水浴锅中预热。补液剂量应控制在 20～50 mL。

(六)猪胸腔注射

采取站立保定，助手骑在猪背上，两腿夹住病猪，双手抓住猪耳。术者在猪的右侧倒数第 6～7 肋间与坐骨结节的水平线交界点，沿倒数第 6 肋前缘与胸壁垂直插入较细长的针头。注射前需先剪毛消毒，左手将注射点处皮肤向前移动 0.5～1 cm，用针头垂直刺入，进针后若有空洞感，回抽为真空，缓慢注入药液。如注射猪气喘病疫苗。

(七)穴位注射

(1)交巢穴　用于治疗各种原因的腹泻、麻醉直肠及阴道、减少猪的努责、注射猪传染性胃肠炎和流行性腹泻二联灭活苗。

部位：交巢穴位于尾巴提起后，尾根腹侧面与肛门之间的凹陷的中心点。

(2)增食穴注射　用于治疗猪消化不良，食欲不振，厌食。

增食穴位于猪耳后方无毛区向下的凹陷内，左右各一穴。消毒后，针头垂直皮肤刺入约 3 cm 即可。常用药物有 10%葡萄糖液、10%樟脑磺酸钠、新斯的明、复合 B 族维生素等药物。

(3)百会穴注射　百会穴位于腰荐十字部凹陷处。注射前局部剪毛、消毒，针头垂直刺入穴位处，注入药液。常用的药物有硝酸士的宁，用于治疗后肢麻痹、腰胯痛、泌尿生殖道感染等。

二、注射法操作的注意事项

注射前，先排净注射器内空气，仔细核对药品名称、用途、用法、剂量、性状、有无配伍禁忌、是否过期等。还要注意防止针头折断。

【职业能力训练】

采用多种注射方法给仔猪进行注射操作。

要求：5 人一组，将注射过程进行视频编辑，每组提交 1 份代表作品。

实训三　公猪去势术

【实训目的】

1. 了解公猪去势的意义。
2. 熟练掌握公猪阴囊结构。
3. 熟练进行公猪去势操作。

【实训条件】

1. 器材　刀片、刀柄、镊子、手术线、针、止血药、离心管、离心机、帽子、手套等。
2. 试剂　75%酒精、5%碘酊。

【相关知识】

一、公猪阴囊结构

阴囊是呈袋状的腹壁囊，内有睾丸、附睾和部分精索。附睾为贮存精子和精子进一步成熟的场所。

二、阴囊壁的结构

阴囊壁的结构和腹壁相似，由外向内依次分为皮肤、肉膜、阴囊筋膜和鞘膜。

1. 皮肤

阴囊皮肤薄而柔软，富有弹性，表面生有短而细的毛，内含丰富的皮脂腺和汗腺。阴囊表面的腹侧正中有一条阴囊缝，将阴囊从外表分为左、右两部分。阴囊缝是去势定位的标志。

2. 肉膜

肉膜紧贴于皮肤的里面，相当于皮下组织，内含有弹性纤维和平衡肌纤维的致密结缔组织。肉膜在阴囊的正中矢状面形成阴囊中隔，将阴囊分为左、右互不相通的两个腔。肉膜的收缩和舒张有调节阴囊内温度的作用。天冷时收缩，天热时松弛。公猪去势时切开阴囊中隔，可挤出另一侧的睾丸。

3. 阴囊筋膜

阴囊筋膜位于肉膜深面，将肉膜与总鞘膜较疏松地连接起来，其深面有睾外提肌，睾外提肌的收缩与舒张，可调节阴囊和睾丸与腹壁的距离，以获得有利于精子发育和生存的适宜温度。

4. 鞘膜

分总鞘膜和固有鞘膜。在总鞘膜和固有鞘膜之间的腔隙称为鞘膜腔，内有少量浆液。鞘膜腔上段细窄形成鞘膜管，里面包有精索。精索内有睾丸动脉、静脉、神经、淋巴管、输精管，外表包有固有鞘膜，通过腹股沟管以鞘膜管口或鞘环与腹膜腔相通。当鞘膜口过大时，小肠脱入鞘膜管或鞘膜腔内，形成腹股沟疝或阴囊疝，严重时需手术治疗。

固有鞘膜的里面为一层由致密结缔组织构成的白膜。在胚胎时期，睾丸位于腹腔内，肾脏附近。出生前后，睾丸和附睾一起经腹股沟管下降至阴囊中，这一过程，称阴囊下降，如果有一侧或两侧睾丸没有下降到阴囊，称单睾或隐睾，无生殖功能，不宜做种畜用。

【职业能力训练】

一、公猪去势术

公猪去势术

(一)小公猪去势术

将仔猪头朝后保定在操作人两腿之间，腹部朝下，左手捏住小猪的睾丸使睾丸鼓起，右手拿手术刀。将小猪阴囊部用0.5%碘酒全面消毒，操作人员用左手拇指和食指捏住小猪的一只睾丸，使睾丸和阴囊紧密结合。右手用手术刀沿睾丸下1/3处垂直进刀，顺势将阴囊切开1～2 cm的开口，用左手拇指和食指轻挤睾丸使睾丸暴露在阴囊外面。右手抓住暴露在阴囊外的睾丸,用左手拇指和食指指甲前后刮精索,同时右手轻轻使劲往外拉睾丸,直到精索断裂为止;用同样的方法摘除另一只睾丸。两只睾丸摘除后用0.5%碘酊对伤口进行消毒,将小猪放回原圈。

猪只观察:必须对去势后的小猪进行观察,一是看是否继续出血,如有大量出血应及时处理,否则会引起死亡;二是看精索是否露在阴囊外面,如阴囊外面能看到精索必须重新切断精索,否则会引起感染甚至死亡。

(二)大公猪去势术

(1)消毒　用75%酒精—碘伏—75%酒精对阴囊进行消毒。

(2)保定　左侧侧卧,背向术者。术者用左脚踩住颈部,右脚踩住尾根。公猪去势不用麻醉。

(3)固定睾丸　术者用左手腕部按压猪右后肢股后,使该肢向上紧靠腹壁,以充分显露两侧睾丸。用左手中指、食指和拇指捏住阴囊颈部,把睾丸推挤入阴囊底部,使阴囊皮肤紧张,将睾丸固定。

(4)切开阴囊　术者右手持刀,在平行阴囊缝际两侧1～1.5 cm处,采用执笔式或反挑式,垂直刺破皮肤固有鞘膜,显露出睾丸。左手握住睾丸,食指和拇指捏住阴囊韧带与附睾尾连接部,剪断或用手撕断附睾尾韧带,向上撕开睾丸系膜,充分显露精索后,用结扎法除去睾丸,然后按同样操作方法去掉另一侧睾丸。切口部碘酊消毒,皮肤切口一般不缝。

注意:最适宜的去势日龄为7～10日龄,因为此阶段对仔猪应激小并且伤口容易恢复。大公猪则不受年龄和体重的限制。在传染病的流行期和阴囊及睾丸有炎症时可暂缓去势,对阴囊疝可结合去势进行治疗。

实训四　猪的静脉采血和血清分离技术

【实训目的】

1. 了解猪静脉采血部位,独立进行猪耳静脉或前腔静脉采血。
2. 分离血清。

【实训条件】

1. 器材　灭菌的采血针或注射器、离心管、镊子、离心机。
2. 试剂　常用的药品有抗凝剂、2%碘酊、75%酒精。

【相关知识】

一、血液的抗凝

血液由液体成分血浆和有形成分血细胞共同组成,二者合起来称为全血。如果将加有抗凝剂(草酸钾或枸橼酸钠)的血液静置后,能明显地分成3层:上层淡黄色液体为血浆;下层为深红色的红细胞层;在红细胞与血浆之间有一白色薄层为白细胞和血小板。血液如不作抗凝处理，将很快凝固成胶冻状的血块，并析出淡黄色的透明液体，称为血清。血清与血浆的主要区别在于血清中不含纤维蛋白原。

血检项目需要全血或血浆时，都应加入一定量的抗凝剂，可选用下列抗凝剂。

1. 乙二胺四乙酸二钠（EDTA-2Na）

本品可夺取血液中的钙离子而阻止血液凝固，不改变血细胞的形态和体积，最适于血液学检验。配成10%溶液，每0.1 mL可使5 mL血液不凝固。

2. 草酸盐合剂

草酸盐可与血液中的钙离子结合，形成不溶性的草酸钙而阻止血液凝固。其配方为草酸铵6.0 g，草酸钾4.0 g，蒸馏水加至100 mL。此液0.1 mL（约2滴）可使5 mL血液不凝固。此剂对血细胞体积影响不大，可用于血液学检验。

3. 枸橼酸钠

本品与血液中的钙离子形成非离子的可溶性化合物而阻止血液凝固。配成3.8%溶液，每0.5 mL可使5 mL血液不凝固。除供血沉检查外，其他项目一般不用此抗凝剂。

4. 肝素

本品可阻止血液中凝血酶原转变为凝血酶而阻止血凝。配成0.5%～1.0%溶液，每0.1 mL可使3～5 mL血液不凝固。适用于血液有机、无机成分的测定。但要在冰箱内保存，每次配量不宜过多。

二、血样的保存

血样采集后，如不能按要求立即检验时，应先涂好血片，并加以固定，其全血样在4 ℃冰箱内保存。如要分离血清（事前不加抗凝剂），采血后将试管斜置在装有25～37 ℃温水的杯子内。或先离心数分钟，然后斜置于装有温水的杯子内，这样可加快血清析出的时间，保证质量。分离血清后，如不能及时检验，应置于冰箱内保存。

【职业能力训练】

给学生提供仔猪，让学生采用耳静脉和前腔静脉两种方法进行采血，分离血清。

1. 耳静脉采血

耳静脉在猪耳背。采血时让猪站立或横卧保定，耳静脉局部按常规消毒处理。

（1）助手用手指按压耳根部静脉管处或用胶带于耳根部结扎，使静脉怒张（或用酒精棉反复于局部涂擦以引起其怒张）。

（2）术者用左手把持猪耳，将其托平并使采血部位稍高。

（3）右手持连接针头的采血器，沿静脉管使针头与皮肤呈30°～45°角刺入血管内，轻轻抽注射器活塞，如见回血即为已刺入血管，再将针管放平并沿血管方向顺入针头并固定，确保针头位于血管内，防止针头刺透血管。

猪的前腔静脉采血技术

2. 前腔静脉采血

采血部位在左右第一肋骨与胸骨结合处直前侧方有两个明显的凹陷窝

处。由于左侧靠近膈神经而易致其损伤，故多于右侧进行采血。具体采血方法如下：

(1)大猪站立保定时，针头刺入部位在右侧由耳根至胸骨柄的连线上，距胸骨端 1～3 cm 处，稍斜向中央并刺向第 1 肋骨间胸腔入口处，见有血液即标志已刺入。

(2)小猪取仰卧保定时，可见其胸骨柄向前突出并于两侧第 1 肋骨与胸骨结合处的直前侧方呈两个明显的凹陷窝，并稍偏斜刺向中央及胸腔方向，刺入过程见回血后即可，采完后拔出针头，局部按常规消毒处理(图 3-4-1)。尽量在右侧凹陷处进行穿刺采血。

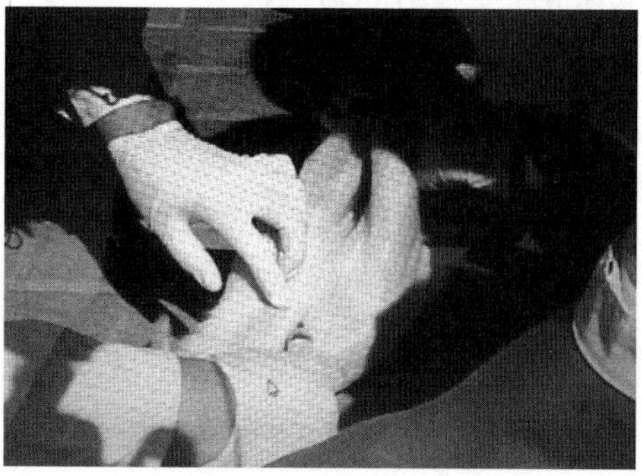

图 3-4-1　前腔静脉采血部位

3. 静脉采血注意事项

(1)应严格遵守无菌操作规程，对所有采血用具、采血局部，均应进行严格消毒。

(2)要看清采血局部的血管，明确采血部位，防止乱扎，以免局部血肿。

(3)要注意检查针头是否通畅，当反复穿刺时针头常被血凝块堵塞，应即时更换。

(4)针头刺入脉管后，要再顺入 1～2 cm。

(5)采血过程中，要经常注意动物表现，如有骚动不安、出汗、气喘、肌肉战栗等现象时应及时停止；当发现采血局部明显肿胀时，应检查回血，再用另一只手在血管下部突然加压并随即放开，利用产生的一时性负压，看其是否回血。如针头已滑出血管外，则应理顺或重新刺入。

4. 分离血清

无离心机时，血液采集后立即沿试管壁注入试管内，倾斜放置，使血液面形成斜面，待血液自凝后，收取透明上清液，即血清。有离心机时，静脉采血后不加抗凝剂，以 3 000 r/min 离心 10 min，使红细胞与血清分离。也可将采集的血液放在 37 ℃恒温箱内，加速血液凝固。

实训五　血液常规检查

【实训目的】

1. 了解血液常规检查的目的和意义。
2. 理解各项检查的原理。
3. 能熟练进行血液的各项检查。

【实训条件】

1. 器材　注射器、载玻片、盖玻片、计数板、试管、离心机、显微镜等。
2. 试剂　75%酒精、5%碘酊、醋酸、盐酸等。

【相关知识】

血液是由液体的血浆和悬浮于其中的有形成分血细胞所组成的，其中血细胞又分为白细胞、红细胞和血小板三种。血液充满心血管系统之中，在心脏搏动的推动下在全身血管系统中流动。从血管中抽出的血液如果不经过抗凝处理，在自然状态下，数分钟后将会凝集成胶冻状的血块，而后血块逐渐收缩，并析出淡黄色液体，称之为血清。如果将血液从血管中抽出后即加入抗凝剂处理，血液将不会凝集，静置或离心后，会发生沉淀，上层淡黄色液体，称之为血浆，其与血清的区别为血浆中含有纤维蛋白原，而血清中则不含；下层沉淀为深红色，是红细胞，其上覆盖一薄层灰白色的白细胞和血小板。

哺乳仔猪的血浆常由于含有的脂肪较多而表现混浊或不透明。血液通过循环系统与全身各组织器官密切联系，可以运输营养物质、代谢产物以及激素等物质。因此，血液的重要生理功能就是物质运输、保护机体、维持内环境稳定、参与神经及体液调节等，对整个机体的生命活动起着重要作用。

动物机体的任何一处变化，都会在血液指标上有所体现。因此血液检查不仅是诊断各种畜禽血液疾病的主要依据，而且对其他系统疾病的诊断以及在判断动物机体状态、观察疗效、预后等方面有着很大的帮助。血液的常规检查是兽医临床工作者必须掌握的基本知识和技能。

【职业能力训练】

一、血液的采集

猪的血液采集通常可以根据检验项目和用血量的多少，分为静脉采血和末梢采血。

1.材料工具

注射器、75%酒精、5%碘酊。

2.操作方法

(1)静脉采血　适用于用血量较多，现场不方便检查的项目。如血沉的测定、红细胞压积测定等。包括耳静脉采血、前腔静脉采血、颈静脉采血。

①耳静脉采血　成年猪一般在耳静脉采血。取猪耳背部的静脉血管，先对采血部位进行清洗消毒，然后由助手将猪的耳根部静脉血管捏紧，待静脉怒张时，由采血者左手执猪耳，使其展平且耳尖稍抬高，以右手持一针头较细的注射器，使针尖与猪耳表面呈 10°～15°，沿血管走向刺入血管，轻轻拉动活塞，见有血液回流即可开始采血，采够所需血量后拔出针头，以消毒棉球压迫针孔止血即完成耳静脉采血。

②前腔静脉采血　当所需血量大或者有特殊需要时可采用这种采血方法。

采血时，可根据猪的大小采用不同的保定方法。20 kg 以下的仔猪或中等大小的猪一般可采用仰卧保定法，育肥猪则采用站立保定法。

仔猪和中等大小的猪通常以仰卧式保定为主。由两名助手同时进行保定，一名助手抓握两后肢，尽量向后牵引，另一助手用手将下颌骨下压，使头部贴地，并使两前肢与体中线基本垂直，此时身体两侧第一对肋骨与胸骨结合处的前侧方呈现的两个明显的凹窝，消毒后，自右侧凹窝处，由上而下，偏中央及胸腔方向刺入 3～6 cm，见有回血即可采血，采血后进行消毒即可。

育肥猪则采用站立保定法。用保定器拴住上颌，将猪头上举，尽可能抬得高些，使猪的头颈与水平面呈30°以上，身体平直，前肢伸向后方，在胸腔入口前下方两侧的凹陷处（由胸骨柄、胸头肌和胸骨舌骨肌的起始部位构成）向心脏位置的胸腔方向进针1～3 cm，边进针边抽吸，当有大量血液进入针管时，说明刺中了前腔静脉，此时停止进针，采到足量血样后进行消毒即可。

前腔静脉采血时以选择颈右侧入针为宜，此处不易刺到神经，安全性较高。

③颈静脉采血　此法适用于采血期长、采血要快的经常性采血，如激素的代谢特点研究等。待采猪只的体重在30 kg以上且采血量在3 mL以上。

育成猪用保定绳套住上颌犬齿骨后方，斜向上用力拉紧，使颈部皮肉组织拉紧，于耳基部与胸骨段的交汇线线上颈部下方1/3气管的1～2 cm的凹陷处，消毒后持注射器采血。

3.末梢采血

末梢采血一般适用于需要的血量少，不需要加抗凝剂，采血后需要立即检验的项目。如制备血涂片、血细胞计数、血红蛋白测定、出血时间和凝血时间测定等项目。猪一般在耳朵边缘采血即可，仔猪也可通过剪去尾尖部进行采血取样。

采血时先做好保定工作，局部进行剪毛和消毒，以无菌针头刺入皮肤0.5 cm或刺入小静脉，使血液自然流出，第一滴血中因为含有大量的组织液，可能影响检测结果，因此需要用灭菌干棉球擦去，用吸管吸取第二滴血进行检测即可。如果血液凝固了，可重新穿刺，不要用力挤压，防止组织液混入。如果用于寄生虫的检测，则要用第一滴血。

二、血液的处理

血液离开血管后数分钟，如果不进行抗凝处理，将会凝集成块。如果进行血液的常规检查及全血分析，需对血液进行抗凝处理。通常用物理或化学方法除去或者抑制血液中的某些凝血因子的活性，以达到阻止血液凝固的目的。如果血液样品供血清学检验，则不需要进行抗凝处理。

（一）血液的抗凝处理

血液的抗凝处理包括化学抗凝处理和物理抗凝处理两种方法。

1.材料工具

抗凝剂、抗凝管。

2.操作方法

（1）化学方法抗凝　采血时将适量的抗凝剂吸入注射器针管中，然后再进行抽血，即可防止血液凝固。也可将抽出的血液注入抗凝管中，同样可以达到抗凝的目的。

不同的抗凝剂在血液的常规检查中都有其弊端，实际操作时要根据需要进行选择。

（2）物理方法抗凝　将采集的血液注入有玻璃珠的容器中，及时转动容器；或用竹签、木片轻轻搅动血液，这两种方法均可除去血液中的纤维蛋白，以达到血液抗凝的目的。常用于制作血液培养基的羊血的采集，猪血抗凝较少使用。

（二）血液的促凝处理

血液的促凝主要用于血清学检查项目，也包括化学方法和物理方法。

促凝时将采集的血液注入血清促凝管中即可，也可使血液自然凝固析出血清，或将盛血的试管斜置于25～37 ℃的水浴中，以加快血液的凝固。牛、羊、猪的血液可先离心数分钟后再加热。表3-5-1为常用化学抗凝剂与促凝剂的用途与特点。

表3-5-1　常用化学抗凝剂与促凝剂的用途与特点

试剂	反应原理	适用项目	注意事项
EDTA-2Na	与血液中的 Ca^{2+} 结合成螯合物，从而使 Ca^{2+} 失去活性	全血细胞计数	采血后立即混匀，需注意抗凝剂用量与血液的比例，浓度过高易引起溶血
草酸盐	草酸根与血液中的 Ca^{2+} 形成草酸钙沉淀	血浆标本检查	常将草酸钾与草酸铵联合使用，因草酸钾可使红细胞体积减小6%，不适用于红细胞压积测定，而草酸铵可使红细胞膨胀
枸橼酸钠	与血液中的 Ca^{2+} 结合为枸橼酸钙复合物，使 Ca^{2+} 失去活性	血沉、凝血试验、输血时的抗凝液	抗凝能力较弱，抗凝剂浓度、与血液的比例较严格
肝素	加强抗凝血酶Ⅲ活性，灭活丝氨酸蛋白酶活性，阻止凝血酶原形成凝血酶	血气分析、红细胞渗透脆性试验	抗凝作用强，不影响红细胞大小，基本不适合血常规检查
促凝剂	激活凝血蛋白酶，加速血液凝固	缩短血清分离时间，适用于急诊化学检查	常用促凝剂有凝血酶、蛇毒、硅石粉、硅碳素等
分离胶	高黏度凝胶在血清和血块间形成隔层，达到分离血清和血细胞的目的	快速分离血清	成本较高，分离胶质影响分离效果和检查结果

三、血液的保存与送检

血液样本采集后应尽快送检，如不能及时送检，应将其制备成血涂片并固定，或置于冰箱内2～8 ℃保存，并尽快检查。血液的保存时间如表3-5-2所示。

表3-5-2　血液的保存

检查项目	保存时间/h	检查项目	保存时间/h
红细胞计数	24	血红蛋白含量	48
白细胞计数	2～3	红细胞压积	24
白细胞分类计数	1～2	血沉	2～3
血小板计数	1	网织红细胞计数	2～3

四、血沉测定

血沉是红细胞沉降率的简称，是血液抗凝处理后，吸入特定的血沉测定管中，在血沉架上放置，一定时间内红细胞下降的毫米数。血沉的测定可以帮助诊断贫血、脱水等疾病。血沉的

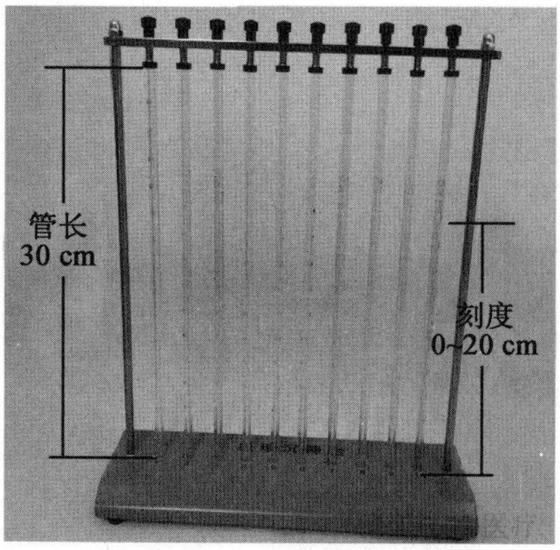

图 3-5-1　魏氏血沉检测架

测定包括魏氏法、涅氏法、温氏法、潘氏法、倾斜法和微量法等。在兽医临床中，魏氏法和涅氏法使用较多。

1. 材料工具

魏氏血沉检测架(图 3-5-1)。

2. 操作方法

用血沉管吸取被检枸橼酸钠抗凝血至刻度“0”，用干棉球拭净血沉管外壁血液，将血沉管垂直固定于血沉架上，在室温条件下静置。分别在 15 min、30 min、45 min、60 min 各观察一次红细胞下降的毫米数，即为血沉值。

表 3-5-3　猪的血沉值　　mm

15 min	30 min	45 min	60 min
0.6	1.3	1.94	3.26

3. 测定原理

血液中红细胞和血浆蛋白带负电荷，而血浆中的球蛋白、纤维蛋白原和胆固醇带正电荷，正常血液中正负电荷处于相对稳定的状态，使血细胞能够悬浮在血浆中，其沉降速率保持在正常范围内。当机体发生疾病时，血液中红细胞的数量和血浆中的化学成分都可能发生改变，从而导致正负电荷的稳定性遭到破坏，血细胞的沉降速率也会发生改变。如果负电荷相对减少，则导致红细胞之间吸引力加大，相互吸附，形成串钱状，导致血沉加快；反之，血沉则会减慢。另外，红细胞的形状、大小、比重、采血时间、室温变化(20 ℃为宜)、血沉管倾斜等均会影响血沉的快慢。

4. 血沉检测的意义

血沉检测是非特异性检查，只能说明体内存在病理过程，而不能单独用于诊断疾病。但是，血沉的快慢变化，依然可以发现机体的某些疾病。

(1)血沉加快：见于各种贫血，急性全身性感染，各种急性局部炎症，创伤、手术、骨折，某些毒物中毒等。

(2)血沉减慢：见于各种脱水、高热性疾病、心力衰竭等。

(3)血沉加快而无明显症状，表示疾病仍存在，或尚处于发展中。

(4)炎症发展期血沉加快，稳定期趋于正常，消退期则恢复正常。

(5)机体患有肿瘤时，若为良性肿瘤，则血沉基本正常，若为恶性肿瘤，则血沉加快。

五、红细胞压积的测定

红细胞压积是红细胞在血液中所占容积的比值，与血液中红细胞数量及大小有关。兽医临床上常用来判定是否贫血及血液的浓缩程度，并以此来作为补液量的参考。

红细胞压积测定的方法包括比重测定法、折射计法、放射性核素法、血细胞分析仪法、温氏法和毛细血管高速离心法等。以下为温氏测定法。

1. 材料工具

温氏测定管、细长的毛细吸管或长针头（图 3-5-2）。

图 3-5-2　材料工具

2. 操作方法

以长针头或长的毛细吸管吸取 EDTA-2Na 抗凝血，由温氏管底部加入至刻度“10”处。再将温氏管置于水平离心机中，以 3 000 r/min 离心 60 min，观察并判定结果

3. 结果判定

离心后的血液分为五层，淡黄色血浆层为最上层；灰白色为血小板层；灰红色为白细胞和有核红细胞层；紫黑色为还原血红蛋白的红细胞层；最底层为鲜红色含氧血红蛋白的红细胞层。读取红细胞层的柱高的毫米数，即为每 100 mL 血液中红细胞体积的百分数。不同年龄猪的红细胞压积值见表 3-5-4。

表 3-5-4　不同年龄猪的红细胞压积值　　%

猪龄	测定头数	平均值±标准差
哺乳期仔猪	50	40.68±5.15
后备小猪	30	39.47±3.81

4. 测定原理

抗凝血置于特定的温氏管中经过离心沉淀，红细胞下沉并压紧到最小容积，可测得每升血液中红细胞所占容积的比值。

5. 红细胞压积测定的意义

（1）红细胞压积增高　多见于各种原因的机体脱水，例如急性胃肠炎、猪流行性腹泻、猪传染性胃肠炎、仔猪渗出性皮炎、猪传染性胸膜肺炎、猪球虫病等。

（2）红细胞压积降低　多见于各种类型的贫血，例如仔猪缺铁性贫血等。

六、血细胞数量的检查

血细胞数量的变化并不一定是由于病理的原因引起的，但很多疾病都会导致血细胞数量的增加或减少，因此，血细胞计数在临床诊断中具有重要的意义。血细胞的计数可通过血液分析仪进行，可以提高检测速度。但在临床上，如果不具备条件，也可通过显微镜对血细胞数量进行计数。

（一）红细胞计数

1. 材料工具

血细胞计数板、沙利氏吸管、血盖片、小试管、计数器、显微镜、0.9%生理盐水或赫姆氏液（氯化钠 1 g、氯化汞 0.5 g、结晶硫酸钠 5 g，加蒸馏水溶解并定容至 200 mL，过滤备用。可加石炭酸品红溶液数滴与白细胞稀释液区别）、乙醚、乙醇。

2. 操作方法

（1）在小试管中以生理盐水或赫姆氏液将血液稀释至 200 或 400 倍，混匀备用，吸取血液时要将吸管外壁的血液擦净，以免影响结果的准确性。

(2)取干净的血细胞计数板，加血盖片，用吸管吸取混匀稀释的血液少量，使吸管尖端接触血盖片边缘和计数室交界处，让稀释血液自然流入计数室。

(3)充液后，将计数板静置 1～2 min，使红细胞下沉至底部后开始在显微镜下计数。

(4)低倍镜下找到计数室后，转为高倍镜计数。计数原则为计左不计右、计上不计下。

(5)计算：$M = R \times 5 \times 10 \times 200(400) \times 10^6$，其中"$R$"为 5 个中方格内红细胞总数，"5"为计数的 5 个中方格的面积为 1/5 mm^2，计算时需换算为 1 mm^2，故应乘以 5；"10"为计数室深度为 0.1 mm，计算时需换算为 1 mm，故应乘以 10；"10^6"为将 1 mm^3 转换为 1 L；在计数时任意 2 个中方格的红细胞数值之差不可超过 20 个(图 3-5-3)。

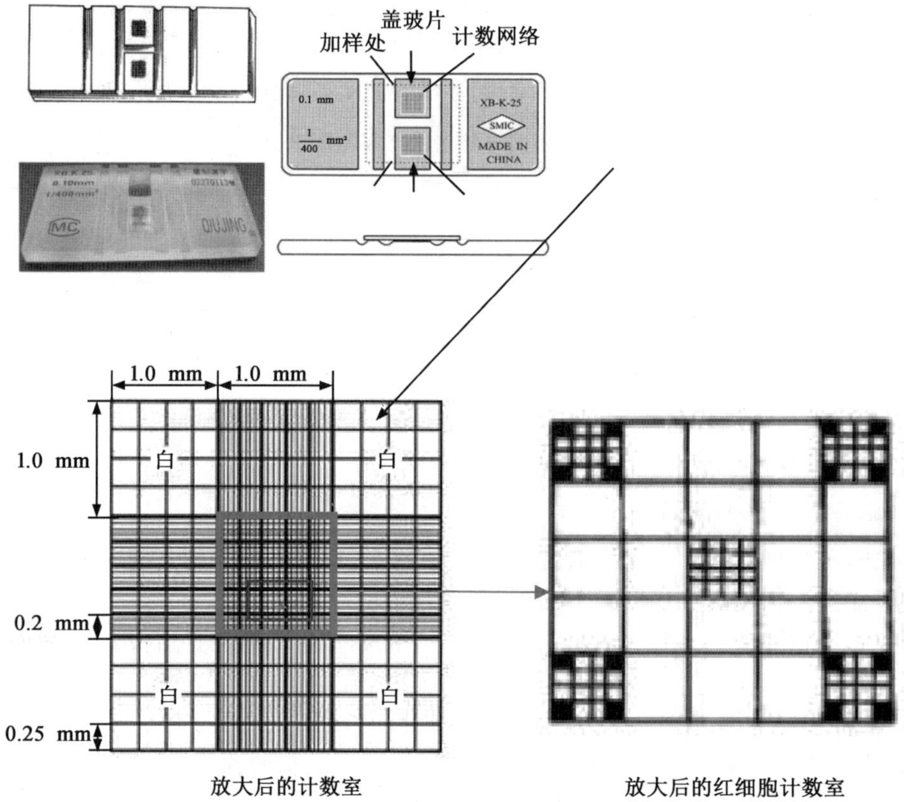

图 3-5-3　血细胞计数板构造

(6)参考数值：成年猪的红细胞数量为$(6.0 \sim 8.0) \times 10^{12}$ 个/L

3.测定原理

将一定量的供检血液经一定倍数稀释后(200 或 400 倍)，滴入计数室，在显微镜下计数，经过换算即可求得每升血液中的红细胞数。红细胞计数所用的稀释液不会破坏白细胞，因此，白细胞也可能会计数到总数中，但因其数量相比红细胞非常少，因此其造成的影响可以忽略。

4.红细胞计数的临床意义

(1)相对性增多　主要是血浆减少所致，见于呕吐、腹泻、多尿、多汗、急性胃肠炎、肠梗阻、渗出性胸膜炎、某些传染病及发热性疾病等。

(2)绝对性增多　包括原发性和继发性两种。原发性增多主要是促红细胞生成素产生过多,见于肾癌、肝细胞癌、雄激素分泌细胞肿瘤、肾囊肿等病。继发性增多主要是由于代偿作用使红细胞数量增多,见于缺氧、高原、一氧化碳中毒、机能不全的心脏病及慢性肺部疾病。

(3)红细胞减少　主要见于多种原因引起的贫血。

(二)白细胞计数

白细胞计数是兽医临床最常用的检查项目之一。

1.材料工具

1%～3%冰醋酸或1%盐酸、血细胞计数板、沙利氏吸管、血盖片、小试管、计数器、显微镜

2.操作方法

(1)在干净小试管中以冰醋酸或盐酸将抗凝血稀释20倍,因白细胞数量比红细胞数量少很多,因此,计数时血液的稀释倍数需相应减小。

(2)同红细胞计数方法在计数室中充液后在显微镜的低倍镜下计数,但是计数的位置在白细胞计数的大方格内。

(3)计算:$M = W/4 \times 10 \times 20 \times 10^6$,其中“$W$”为4个大方格内白细胞总数;“$W/4$”是1 mm^2内的白细胞数量;“10”为计数室深度为0.1 mm,计算时需换算为1 mm,故应乘以10;“20”为血液的稀释倍数;“10^6”为将1 mm^3转换为1 L。

(4)参考数值:成年猪为$(14.02 \pm 0.93) \times 10^9$个/L,仔猪为$(12.10 \pm 2.94) \times 10^9$个/L。

3.测定原理

用1%～3%冰醋酸或1%盐酸将血液中的红细胞破坏后,只保留白细胞,在显微镜下计数,最后计算出1 L血液中的白细胞数。

4.临床意义

(1)白细胞总数增多　见于多数细菌性感染疾病,如猪链球菌病,以及中毒等疾病。

(2)白细胞总数减少　见于某些病毒性疾病,如伤寒、副伤寒等,或重症细菌感染、造血系统障碍等疾病。

(三)血红蛋白含量的检查

血红蛋白是红细胞在成熟的过程中从早幼红细胞期开始合成的蛋白质,存在于红细胞内,是一种呼吸载体,每克血红蛋白可以携带1.34 mL氧气,随红细胞循环于机体各组织中,为组织细胞的生理活动送去氧气,并带走组织细胞产生的二氧化碳。当红细胞衰老、破坏时,血红蛋白会从红细胞中游离出来而分解。因此,检查血红蛋白含量同红细胞计数有着同样的意义。主要的测定方法是沙利氏比色法、氰化高铁血红蛋白分光光度计法或血液分析仪法。

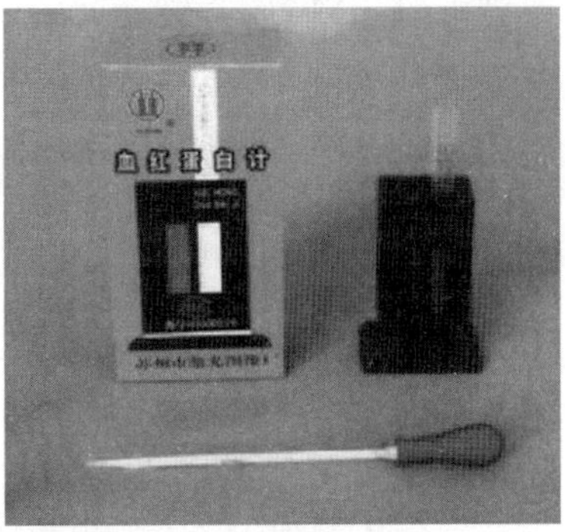

图3-5-4　沙利氏血红蛋白计

1.沙利氏比色法

(1)材料工具　沙利氏血红蛋白计(图3-5-4)、0.1N或1%盐酸

(2)操作方法　在沙利氏比色管中加入盐酸至测定管的“2”或“20%”处，取 20 μL 血液加入测定管混匀，静置 10 min 待血液变为棕色，加蒸馏水稀释测定管内颜色，直至与标准比色柱一致为止，读数。

计算：$M = R \times 10$，“R”为液体凹面刻度数字，表示每 100 mL 血液中血红蛋白的含量。

(3)沙利氏血红蛋白测定法的原理　血液与 0.1 mol/L(1%)的盐酸作用后，血红蛋白变为棕色的盐酸高铁血红蛋白，与标准比色柱比色，求出每升血液中的血红蛋白含量或百分数。

(4)血红蛋白测定的意义　同红细胞数量测定，均对贫血的诊断及鉴别诊断有重要的意义。

2.氰化高铁血红蛋白分光光度计法

(1)材料工具　光电比色计、试管、吸管、沙利氏吸管、氰化高铁血红蛋白稀释液、氰化高铁血红蛋白标准液、0.1 mol/L 盐酸。

(2)操作方法

①用氰化高铁血红蛋白稀释液对标准液作 1∶100、1∶400、1∶800、1∶1 600 倍稀释，并计算出各管的光密度，再以光密度为纵坐标，血红蛋白含量为横坐标，在方格纸上绘制标准曲线。

②向测定管中加入氰化高铁血红蛋白稀释液 5 mL；用沙利氏吸管吸取被检血液 20 μL，擦净管壁，将血液置于测定管中与稀释液混匀；放置 5 min 后，用 540 nm 波长分光光度比色，以氰化高铁血红蛋白稀释液调“0”点，分别测出测定管和标准管(经稀释的氰化高铁血红蛋白标准液)光密度。

③计算：血红蛋白含量(g/L) = $K \times$ 测定管光密度

其中，$K = \frac{\sum OD_s}{\sum OD_u} \times 367.7$；$\sum OD_s$ 表示标准液光密度总和；$\sum OD_u$ 表示标准液中校正值光密度总和。

这一方法因其需要使用含有剧毒的氰化钾，现在各国已多不使用。

(四)血小板计数

血小板计数是诊断出血性疾病必做的检查项目之一。

1.材料工具

血小板稀释液(尿素 10 g、枸橼酸钠 0.5 g，40%甲醛 0.1 mL、加蒸馏水至 100 mL)，其余与白细胞所用材料一致。

2.操作方法

(1)在干净小试管中以血小板稀释液将抗凝血稀释 20 倍。

(2)反复吹吸血液数次混匀，静置 15 min，使红细胞和白细胞溶解，再混匀。

(3)计数方法同白细胞计数，但是计数室充液后应静置 15 min 左右，以使血小板下沉，在高倍镜下计数 1 个白细胞计数的大方格内的血小板数量或计数 5 个红细胞计数的中方格内血小板总数。

(4)计算：$M = S_1 \times 200 \times 10^6$，“$S_1$”为 1 个白细胞计数的大方格内血小板数量

或 $M = S_2 \times 1\,000 \times 10^6$，“$S_2$”为 5 个红细胞计数的中方格内血小板总数

(5)参考数值：$(1.5 \sim 5.0) \times 10^{11}$ 个/L。

3.测定原理

尿素能使白细胞和红细胞遭到破坏而血小板仍能保持形态的完整。血小板稀释液中含有尿素,可破坏白细胞和红细胞,枸橼酸钠可以抗凝,甲醛可以固定血小板的形态。经此稀释液稀释后的血液注入计数室后,在显微镜下计数,可以计算出每升血液中血小板的数量。

4.血小板计数的临床意义

(1)血小板增多包括原发性和继发性两种。原发性增多属于一种原因不明的出血性疾病,而继发性增多则是暂时的,多见于一些急慢性出血、创伤或手术后,以及其他的骨髓增生性疾病,当病因去除后,增多现象也会得到缓解。

(2)血小板减少包括生成减少和破坏过多两种。生成减少常是因为某些如穗状葡萄球菌中毒、真菌毒素中毒、蕨类植物中毒等中毒性疾病,破坏过多则是免疫性血小板减少性紫斑(同族免疫性、自体免疫性)、感染以及伴有弥散性血管内凝血过程的各种疾病。

(五)白细胞的分类计数

白细胞的数量远比红细胞少,猪的白细胞与红细胞数量的比值约为 1∶400。其对机体具有防御和保护的作用。白细胞既可吞噬从外界侵入机体的病原,也可吞噬机体本身各种坏死的组织细胞。其数量可随机体的生理和病理状况的不同而发生较大的变化。在生理状态下,一天中,晚上的白细胞数量比早晨多;剧烈运动时比安静时多;妊娠末期也会增多,分娩时达到最高峰,这些数量上的变化,都是为了更好地保护机体。白细胞分为 5 种,包括嗜中性白细胞、嗜酸性粒细胞、嗜碱性粒细胞、单核细胞和淋巴细胞。每种白细胞都有各自不同的功能。

白细胞分类计数是将血液制成血涂片,染色后在显微镜下观察,求出各种白细胞所占的百分比数值,进而计算出每升血液中各类白细胞的绝对值。

1.材料工具

载玻片、显微镜、瑞氏染色液及 pH 6.8 缓冲液、染色缸及染色架、吸水纸、白细胞分类计数器

2.操作方法

(1)血涂片的制备

①推片 取血 1 小滴,置于载玻片右侧距离边缘 1 cm 处。左手持载玻片的窄边两端,右手持推片接近血滴,使血液沿展开适当的宽度,使推片与载玻片呈 30°～45°,匀速、平稳地向前推动制成血涂片。

②风干 将推好的血涂片在空中晃动,使其迅速干燥。

(2)染色 瑞氏染色(也可用瑞-姬氏染色法)。

①标记 在血涂片的一端空白处用记号笔标注记号。

②滴加染液 用蜡笔在血涂片的两端画线,以防止染色液流出,再将血涂片平放于染色架上,滴加 3～5 滴染色液,以将血膜完全覆盖。

③加缓冲液 染色 1 min 后,滴加等量多的缓冲液,轻轻摇动血涂片或利用洗耳球对准血涂片上的染色液轻吹,以使染色液混匀。

④冲洗 染色 5～10 min 后,用流动的蒸馏水从血涂片的一端冲去染色液,血涂片的背面擦干净,待干。

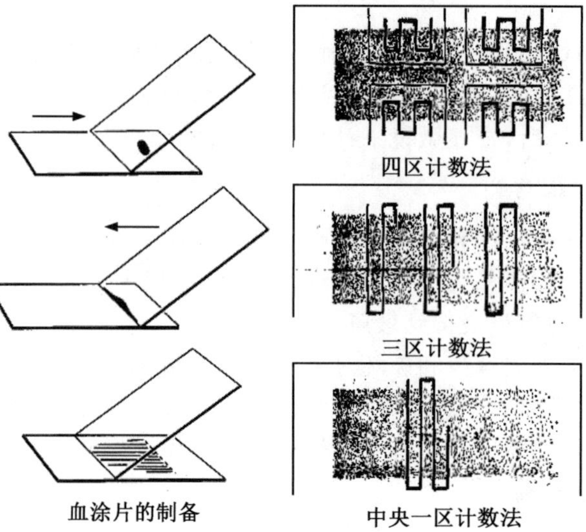

图 3-5-5 血涂片的制备

(3)镜检 低倍镜下,细胞分布均匀,血膜头端细胞较多,血膜较厚,体端细胞数量略少,分布均匀,适于观察。

如果血涂片制备合格,可在油镜下进行观察计数。每张血涂片至少应计数100个白细胞,以保证结果的准确性。

(4)测定结果(表3-5-5)

表 3-5-5 猪白细胞分类平均值 %

嗜碱性粒细胞	嗜酸性粒细胞	嗜中性白细胞				淋巴细胞	单核细胞
		中幼细胞	晚幼细胞	杆状核	分叶核		
0.5	2.5		1.0	5.5	32.0	55.0	3.5

3.白细胞分类计数的临床意义

在病理状态下,不同的白细胞会有数量上的不同变化。

(1)嗜中性白细胞数量增多 细菌性的炎症,不仅白细胞总数显著增加,嗜中性白细胞数量相对于其他白细胞也会明显增加,这主要来自骨髓储存和黏附在血管壁上的。例如,炭疽、猪丹毒、化脓性胸腹膜炎等,大手术后一周内也可见嗜中性白细胞的增多。随着炎症的不断发展,骨髓的造血过程将会加速,新生的带杆状核的嗜中性白细胞会大量进入血液中,这被称为"核左移",它表明了机体的造血机能是旺盛的,抵抗力是强的,但同时也说明,感染正处于严重的时期;如果分叶核细胞数量显著增多,且细胞核分为4~5叶或更多时,这被称为"核右移",它表明了机体的造血机能处于减退的状态,例如,重度贫血或严重的化脓性疾病,机体往往预后不良。

在分析嗜中性白细胞的增、减变化时要结合白细胞总数的增、减变化,特别是核指数的变化应格外注意。所谓核指数是指未完全成熟的嗜中性白细胞与完全成熟的嗜中性白细胞之比。即：

$$核指数 = \frac{中幼细胞 + 晚幼细胞 + 杆状核细胞}{分叶细胞}$$

当核指数大于 0.1 时，则称为核左移，反之小于 0.1，则称为核右移。无论核左移还是核右移，当严重时均表示病情处于危重或机体的高度衰竭。

（2）嗜中性粒细胞数量减少　当大多数病毒病感染猪体时，例如猪瘟、流行性感冒等，则表现为嗜中性粒细胞数量的减少。

（3）嗜酸性粒细胞数量增多　猪体感染某些寄生虫，如猪球虫、猪旋毛虫等，或处于过敏状态时，嗜酸性粒细胞的数量将会明显增加。

（4）嗜酸性粒细胞数量减少　毒血症、严重创伤也可导致嗜酸性粒细胞数量减少，大手术后的 5～8 d 嗜酸性粒细胞常会消失不见。

（5）淋巴细胞数量增多　猪体感染结核或布氏杆菌病，急性传染病恢复期，猪瘟、猪丹毒，则会导致淋巴细胞增加。

（6）淋巴细胞数量减少　如果血液中的肾上腺皮质激素增多时，则会使淋巴组织萎缩，从而导致淋巴细胞的破坏，数量减少；在嗜中性白细胞数量绝对增多，常常伴随着淋巴细胞数量的减少，此时机体与病原处于激烈斗争阶段，而这一时期过后，淋巴细胞逐渐增多时，则是预后良好的表现。

（7）单核细胞数量增多　一些原虫感染，如猪球虫病；某些慢性细菌性疾病，如猪结核病、猪布鲁氏菌病等均可引起单核细胞的增多。

（8）单核细胞数量减少　多见于急性传染病初期和各种疾病的危险期。

（9）嗜碱性粒细胞　因其数量很少，因此其增多和减少的情况比较少见，未发现明显的临床意义。

（六）血细胞形态学检查

血细胞形态学检查，主要是通过显微镜下观察血涂片，对红细胞和白细胞的形态、着色、结构进行评估，以辅助对疾病的诊断。猪的血细胞形态特征见表 3-5-6。异常红细胞形态特征见表 3-5-7。

表 3-5-6　猪的血细胞形态特征

血细胞种类	形态特征
红细胞	平均直径 6.2 μm，可形成串钱状，细胞中央染色淡；3 周龄时可见多染性红细胞和有核红细胞
嗜中性粒细胞	成熟型核分叶，各叶之间有细丝相连，但不明显，细胞质淡蓝色至蓝色
嗜酸性粒细胞	嗜酸性颗粒呈圆形或卵圆形，橙红色，均匀分布于细胞质中，核为肾型、杆状或分叶状
嗜碱性粒细胞	嗜碱性颗粒蓝紫色，颗粒大，细胞核淡紫色
淋巴细胞	有大中小之分，细胞核与细胞质之间有一淡染区，细胞质内有小而细长的嗜天青颗粒
单核细胞	核边缘不整齐，细胞质淡灰蓝色，几乎看不到颗粒
血小板	小的卵圆形，也可见到细长的巨型血小板

表 3-5-7 异常红细胞形态特征

异常红细胞	形态特征	原因
大小	红细胞过大或过小的数量很多	巨幼红细胞症可见大细胞数量多,表示骨髓再生能力强;小红细胞症表示骨髓再生能力减退
星形	边缘皱缩,呈不规则星状或刺状突起; 细胞表面有点状、链状物附着	血涂片制备时未干燥或红细胞的高渗溶液中 猪附红细胞体病
镰状	镰状或半月状细胞	
靶形	细胞中心染色深,周围淡,边缘深,类似射击的靶	低色素性贫血等病
球形	细胞呈球形	溶血性疾病
着色	着色浅	贫血性疾病
结构	细胞内有多量蓝黑色小点 细胞内有紫红色圆形或 8 字形卡伯特氏环 细胞内有 1～2 个紫红色圆形或椭圆形粗颗粒,称何-乔氏小体,直径 1～2 μm 血涂片用 0.5% 甲基紫生理盐水染色后,可见细胞边缘或细胞质内有一至数个深紫或蓝黑色小点,称为海茵茨小体 有核	重金属中毒 重金属中毒、溶血性贫血等 重症贫血或脾脏切除后 中毒及溶血性贫血 骨髓受刺激或严重贫血疾病

(七)其他血液常规检查项目

除了对以上项目进行检查,以帮助兽医进行疾病诊断及预后判断外,还可以对出血时间、凝血时间、血凝块收缩时间、红细胞渗透脆性等项目进行检查。

(八)血细胞分析仪的使用

目前,兽医实验室检查中多采用血细胞分析仪进行血常规检查。血细胞分析仪又叫血液细胞分析仪、血球仪、血球计数仪等,是医院临床检验应用非常广泛的仪器之一。

血细胞分析仪使用时的注意事项:

1. 血样

由于静脉血受外界因素影响较小,成分比较稳定,检测结果准确度高、重复性好,因此除婴儿外,建议取血者均应采用静脉血。如果采集末梢血时,注意不可局部过度挤压,避免血液中混入大量的组织液,而且易激活凝血系统产生局部凝血,导致检测结果的误差;第一滴血由于细胞成分不稳定应弃掉,用第二滴血进行检测。

2. 抗凝

使用枸橼酸盐抗凝剂时间过长易结晶,细胞形态易发生变化,影响计数结果的准确性;草酸盐易使血小板产生凝集,并可使白细胞形态发生变化,影响计数结果及分类;而肝素抗凝过量易引起白细胞凝集和血小板减少;EDTA-2Na 较 EDTA-2K 的可溶性低,血小板凝集的可能性大。因此国际血液学标准委员会(ICSH)1993年发表的文件中建议使用EDTA-2K作为血细胞分析仪的抗凝剂,用量为1.5～2.2 mg/mL血。

3.保存

采血后用塞子密闭,室温保存不超过6 h。

4.稀释

稀释器、吸样管要经过校准。吸血后吸样管外的血液要完全擦干净。血液稀释后要尽快测定,否则易引起"稀释性溶血"。

5.混匀

检测前混匀很重要,如果无旋转式混匀器应颠倒混匀至少8次。

图3-5-6　血细胞分析仪

6.试剂

血细胞分析仪对试剂的要求非常严格,要求有严格的渗透压标准、稳定的导电率、高标准的纯净度以及对仪器管道和阀路无腐蚀作用。因此溶血剂、稀释液及清洗剂等最好选用原厂配套产品。

7.白细胞分类

首先必须明确,迄今为止,世界上无论多先进的血细胞分析仪,进行的白细胞分类都只是一种过筛手段,并不能完全取代人工镜检分类。要坚决纠正有些单位用了血细胞分析仪就丢掉镜检的错误思想。

8.质量控制

血液分析必须建立严格的质量控制制度,才能保证结果的可靠性。

实训六　尿液常规检查

【实训目的】

1.了解尿液常规检查的目的和意义。

2.理解各项检查的原理。

3.能熟练进行尿液的各项检查。

【实训条件】

1.器材　试管、酒精灯、试管夹、离心管、离心机等。

2.试剂　75%酒精、5%碘酊。

【相关知识】

一、肾脏的功能

肾脏是机体重要的排泄器官之一,参与维持机体内环境的相对稳定。动物生命活动过程中不断产生一些对自身无用甚至有害的代谢终产物，这些物质都存在于血液中，需要及时排出体外，否则将会影响机体的各项生理功能。在肾脏形成的尿液中含有体内大部分的代谢产物，以及进入体内的各种异物和药物等，这些均是来自于肾脏对血液的滤过作用。因而肾脏通过尿液实现了将机体内的代谢产物和异物等排出体外、维持体内水及各电解质稳定及酸碱平衡的生理功能。

二、尿液的生成

肾单位是肾脏的基本结构和功能单位。而肾单位又是由肾小球、肾小囊和肾小管构成。肾小球由毛细管构成，两端分别与入球小动脉和出球小动脉相连。肾小囊是包裹在肾小球外的囊状结构，与肾小管相连，是肾小管盲端膨大凹陷形成的结构。肾动脉是由腹主动脉直接分支，血流量大，占心输出量的20%～30%。

血流在经过肾小球的毛细血管时，血浆中的水、小分子物质及少量小分子蛋白质会在有效滤过压大于零的条件下发生超滤作用，进入肾小囊内形成原尿。原尿的成分除不含血浆蛋白以外，其他成分与血浆基本相同，因此在其中不仅含有需要排出体外的代谢终产物和异物等，还含有血浆中各种对机体有用的物质及大量的水。这些需要通过肾小管和集合管的重吸收作用被重新吸收入血，被机体利用，此时生成的尿液为终尿。

三、尿液检查的意义

尿液是由血液经滤过和重吸收形成的，对血液起到净化的作用。而血液又通过循环系统与全身各组织器官发生紧密联系。各组织器官生理活动所需要的物质以及代谢产物都是通过血液来进行运输的。肾脏及泌尿系统的其他器官与身体各部位器官的病变都可能引起尿液成分和性状的改变，通过尿液常规检查后可作为临床诊断、治疗和预后判定的重要依据。

【职业能力训练】

一、尿液标本的采集与保存

尿液的采集可以通过自然排尿、膀胱压迫、导尿或膀胱穿刺等方法。自然排尿一般采取中段的尿液，这样可以通过前段的尿液把尿道口、母猪阴道或者公猪阴茎包皮中的污物冲洗干净，避免造成尿液的污染，影响检查结果。猪一般不采用膀胱压迫的方法进行尿液的采集。导尿的方法也因为无菌操作具有较大的难度，且操作不当容易使动物受伤而较少使用。膀胱穿刺法可以避免对猪的尿道、阴道等造成损伤，也最大限度地减少了尿液的污染，但可能会造成医源性的血尿，一般在生产中也不会使用。

1.材料工具

一次性纸杯或塑料口杯、干净玻璃瓶、采样单、封存袋、1～1.5 m长竹竿、铁丝。

2.操作方法

(1)用铁丝做一个圆环，并将其固定在准备好的竹竿一头，圆环的直径为20 cm左右，刚好能套住塑料口杯。

(2)发现有猪四肢展开、两后肢稍下弯，即可将竹竿伸过去接尿。

3.注意事项

(1)公母猪的取尿部位不同，公猪在腹下、母猪在身后。接等尿液时，动作要敏捷，做到不慌不忙，完成操作。

(2)进入养殖场、养殖小区、散养户的圈舍时，动作轻柔、避免刺激猪群，慢慢地把猪驱赶到平时排尿的区域。早晨天亮的时候，猪一般会有排尿的习惯，这个时间段尿液最好采集。采样人员早晨尽可要能早一点到猪舍，否则猪运动后就难采集到尿液了；也可在猪饲喂后 0.5 h 左右，要排尿后准备休息时采集尿液。下午采集尿液，在猪躺下休息 3～4 h 起身时，一般会排尿，这个时期易采到尿液。长途运输，到达圈舍后，猪会自然放松，一般会有排尿的习惯，这个时候采集尿液也较容易。个别重点怀疑的猪必须采集尿液，但猪始终不排尿时，可对其进行膀胱穿刺采集。

4.尿液的保存

尿液采集后应尽快检查，但如果不能及时送检，需要将尿液放置在冰箱中保存，防止微生物的生长。4 ℃的条件下可以保存 6～8 h，如需保存时间较长，则需要加入防腐剂，一般能保存 12～24 h，如果尿液需要做微生物检查，则不能加入防腐剂。

一般常用于尿液保存用的防腐剂有：硼酸、麝香草酚、甲苯、福尔马林等。可根据不同需要进行添加。

二、尿液的物理学检查

尿液的物理学检查包括：尿量、颜色、气味、透明度、密度等项目，不同项目的检查在临床上有不同的意义。

1.尿量的检查

健康成年猪每 24 h 的排尿量为 2 000～5 000 mL，经产母猪可达 9 000 mL。正常情况下，猪排尿量与饮水量成正比，不过，饲料种类、饲料含水量、环境湿度及外界气温、运动状况等都与猪的排尿量密切相关。猪 24 h 内排尿总量过多或过少，称为尿量异常。尿量异常多为泌尿系统疾病或某些全身性疾病的重要症状之一。尿量异常可分为少尿、无尿及多尿两大类。

(1)材料工具　代谢笼。

(2)操作方法　取干净的代谢笼，插入用于收集尿液的托盘，在水料槽中添加饲料和饮水。待 24 h 后或实验时间到达后取出托盘，收集尿液并进行测量。

图 3-6-1　代谢笼

排尿次数减少，每次排尿量也会减少，多见于急性肾炎或机体严重脱水。若频频努责但排不出尿，多为膀胱破裂，输尿管或尿道阻塞。

2.颜色的检查

正常动物尿液的颜色一般为深浅不同的黄色，这与动物尿液中尿色素和尿胆色素的浓度大小有关，尿量大时，颜色一般较浅，尿量少时，颜色一般较深。正常猪尿为清水样、无颜色或带浅黄色、无异物的液体。尿液的颜色发生改变，除了可能是某些疾病的原因以外，还有可能是摄入了不同浓度和类型的饲料或药物，这可使尿液的颜色发生由浅黄到深褐色变化。例如，服用甲硝唑、呋喃妥因等会引起尿液呈现深褐色或浓茶色；而利福平则会引起尿液呈现红色。因此，当发现猪尿液颜色异常时，应首先分析其是否摄入可能导致尿液颜色变化的药物或饲料，排除这些因素后，则引起颜色变化可能是某些病变。

(1)酱油色　这种颜色的尿，一般为血红蛋白尿。尿液呈茶色或酱油色，放置后无沉淀产生，显微镜下检查也无红细胞，但存在血红蛋白。多见于寄生虫病、如钩端螺旋体病和附红细胞体病。这主要由于疾病所导致的急性红细胞溶血。

(2)红色　尿液为血红色云雾状时，称为血尿。若开始排尿时，尿为血红色，而排尿中间或排尿后期尿液为无色，常为前尿道炎；若血尿鲜红，多为尿道损伤；若排尿后期为血尿，常为急性膀胱炎或膀胱结石；若整个排尿过程尿液均呈血红色，表明出血部位在上部尿道或膀胱、肾脏；排血尿有痒痛表现者，多见于泌尿道结石。血尿中含有完整红细胞，因此离心后可在尿沉渣中检测到红细胞。

(3)白色浑浊尿　排出的尿液呈白色、浑浊，静置后无沉淀物的多为菌尿；放置后有白色絮状沉淀物的为脓尿，多见于泌尿系统感染。当猪氯丙嗪、氨茶碱、噻嘧啶(驱虫灵)中毒时，尿液也呈白色。

若白色尿中含有石灰样白粉或细沙样白色物，并常附着在尿道口的长毛上，则多为膀胱或尿道结石的症状。

(4)深黄色　这多为胆红素尿，主要是胆色素代谢障碍引起的，见于阻塞性或肝细胞性黄疸。

3.透明度检查

尿液的透明度，即为其浑浊度。通常将尿液置于玻璃试管中，透过光线进行观察。

猪的新鲜尿液正常情况下为清亮、透明状，放置后可呈现轻微浑浊，这主要是因为其中所含有的黏膜分泌物、少量上皮细胞、磷酸盐、尿酸盐、碳酸盐等由于尿液的 pH 或温度发生了改变而析出所导致的。但当动物患有糖尿病时，尿液因其含有大量的水分而呈现清晰透明状。如果新鲜尿液即出现浑浊，则提示其中所含物质的数量和种类可能发生了改变。

尿液按不同程度可以分清晰透明、轻微浑浊(雾状)、浑浊(云雾状)、明显浑浊四个等级。如果尿液经过滤可变为透明状，多是因为含有细胞、管型及各种不溶性的盐类所致；当尿中因为含有脂肪而引起透明度下降时，加入乙醚振荡，则会呈现透明；向尿液中加入醋酸而产生气泡，且浑浊转为透明时，多为含有大量的碳酸盐，但如果不产生气泡而转为透明的，多为含有大量的磷酸盐；浑浊的尿液加热或加碱后透明，则可能含有较多尿酸盐，而加热后仍然不透明，再加稀盐酸后透明，则含有草盐酸；如果向尿液中加入 20%NaOH 或 KOH，尿液呈透明的胶冻状，则是因为其中含有脓汁；如果因为尿液中含有细菌，则处理后尿液依然浑浊。

4.气味的检查

动物新鲜尿液的气味来自其中的挥发性有机物，不同动物因其饲料的不同，而使得尿液中的挥发性有机物有所不同，因此，气味会有一定的差异。通常尿中会略有芳香族气味，这与饲料中的蛋白质含有芳香族氨基酸有关。放置一段时间的尿液会因为尿素的分解产生氨而具有刺激的气味。

操作时，可将尿液置于小烧杯中，一手持杯，一手扇动烧杯上方，检测者通过闻气味进行判定。

病理状态下，尿液的气味可能会有不同的变化。

(1)新鲜尿液具有氨臭味，则可能是膀胱炎或尿道阻塞，导致膀胱尿潴留从而引起尿素的分解所产生的。

(2)如果膀胱或者尿道出现化脓菌或者厌氧菌引起的感染时，则尿液会出现腐败的臭味。

(3)如果患有糖尿病引起酮尿症时，尿液具有烂苹果味。

三、尿液的化学检查

尿液的化学成分检测包括其酸碱度、蛋白质、潜血、葡萄糖、酮体、胆红素、尿胆原、尿胆素、亚硝酸盐等。

(一)尿液酸碱度检查

猪的尿液酸碱度一般在6.5～7.8，其数值的大小与饲料种类、服用的药物特性，以及疾病的类型有密切的关系。哺乳期的仔猪尿液呈酸性。尿液的酸碱性反映肾脏调节体液酸碱平衡的能力。机体可通过尿液排出大量酸性和碱性物质，以维持酸碱平衡。

1.材料工具

pH试纸、pH计、石蕊试纸。

2.操作方法

(1)pH试纸法　将pH试纸的一端浸入新鲜尿液中浸湿，取出后立即与标准比色板进行比较，以确定被检尿液的pH，这一测定值并不精确。

(2)pH计法　将pH计的玻璃电极插入新鲜尿液中，读出pH计屏幕上显示的pH，这一测定值属于精确测定值。

(3)石蕊试纸法　将蓝色或红色石蕊试纸一片浸入新鲜尿液中浸湿，取出观察。碱性尿液会使红色试纸变蓝，而酸性尿液会使蓝色试纸变红，若试纸不变色，则尿液为中性。

动物的尿液有生理性酸性和碱性特点，一般在哺乳期仔猪、过量饲喂蛋白质、长期饥饿或者长时间运动为酸性尿液；碱性尿液一般是草食动物的生理特点。除此之外，尿液酸碱性的改变均为机体发生了病理变化。

各种发热性疾病、严重的腹泻、呼吸性酸中毒、糖尿病和尿毒症的酸中毒、口服酸性盐类药物(包括酸性磷酸盐、氯化钡等)均可使尿液呈现酸性的特点。

膀胱炎和膀胱麻痹等会造成尿潴留现象，这与碱中毒、口服碱性盐类药物(碳酸氢钠、柠檬酸钠、乳酸钠)等因素均可使尿液呈现碱性的特点。

(二)尿液中蛋白质的检查

动物尿液中含有微量的蛋白质，常规的方法是不能检测到的。

猪蛋白尿不仅反映了猪肾脏疾病的发生，同时也反映了肾脏疾病的进展程度。健康的猪在高温环境、高热、寒冷、剧烈运动、精神过度紧张、交感神经高度兴奋等情况下，可使肾小球的毛细血管通透性增加而导致蛋白尿，在诱因去除以后，蛋白尿很快会消失，因此单次检出蛋白尿并不一定说明肾脏的病变。持续性尿蛋白则代表了肾脏出现病变，但是肾小球病变的晚期，由于大量的肾单位受损，也可使尿蛋白的滤出减少，这并不能证明肾脏疾病的减轻。

尿蛋白的检测方法可以分为定性检测和定量检测两种，其中定性检测又分为加热煮沸法、磺基水杨酸法、硝酸法等，而定量检测则包括试纸法、双缩脲法。

1.材料工具

蛋白质检测试纸、35%硝酸、10%硝酸、10%醋酸、50%醋酸、10%磺基水杨酸甲醇溶液试管、试管夹、试管架、酒精灯、滴管。

2.操作方法

尿蛋白的检查要求尿液必须是清亮透明的，碱性尿或不透明的尿，需进行过滤、离心处理，或加入10%醋酸使之酸化和透明，然后再进行尿蛋白的检测。

(1)试纸法　将蛋白质检测试纸浸入被检尿液中10～20 s，立即与标准比色板进行比色，根据试纸不同颜色的变化按说明书读取蛋白质的含量。

(2)磺基水杨酸法　取磺基水杨酸20 g，加蒸馏水至100 mL，再加入甲醇100 mL即可制成10%磺基水杨酸甲醇溶液。取酸化的尿液于试管中，加入10%磺基水杨酸甲醇溶液5～10滴，待3～5 min后，在黑色背景下观察，如果若中有蛋白质，即可出现浑浊或沉淀。

①测定原理　蛋白质与磺基水杨酸结合，生成不可溶的蛋白质盐，从而析出，呈现浑浊或沉淀现象。

本方法灵敏度高，易出现假阳性的检测结果，可对出现浑浊或沉淀的尿液进行加热处理，如含有蛋白质则浑浊不消失，如为尿酸或酮体等，则加热浑浊会消失。

②结果判定　根据浑浊或沉淀出现的程度，可对检测结果进行判定。

－：尿液澄清透明，未见浑浊，说明无蛋白，尿蛋白含量＜0.1 g/L，结果为阴性；

±：可见白色轻度浑浊，仅在黑色背景时可以看到，尿蛋白含量为0.1～0.2 g/L结果为可疑；

＋：可见轻微白色浑浊，说明尿中有中等量蛋白，尿蛋白含量为0.2～1.0 g/L结果为阳性；

＋＋：可见稀薄乳样浑浊，说明尿中有较多量蛋白，尿蛋白含量为1.0～2.0 g/L结果为阳性；

＋＋＋：可见乳样浑浊或少量絮状沉淀，说明尿里有多量蛋白，尿蛋白含量为2.0～4.0 g/L结果为强阳性；

＋＋＋＋：可见絮状沉淀，说明尿里有大量蛋白，尿蛋白含量＞4.0 g/L，结果为强阳性。

(3)加热煮沸法　取酸化的尿液5～10 mL于试管中，在酒精灯上对尿液的上部进行加热至沸腾，观察。

若煮沸部分的尿液出现白色絮状沉淀而未煮沸部分未出现沉淀，则待尿液冷却后，原尿液为碱性，向试管中滴加10%硝酸1～2滴；原尿液为酸性或中性的，向试管中滴加10%醋酸1～2滴，观察。

如果沉淀不消失，则证明尿液中含有蛋白质；如果沉淀消失，则证明碱性尿液中的沉淀为磷酸盐，而酸性尿中含有的是碳酸盐，均为假阳性反应，而蛋白质检测为阴性。

①测定原理　蛋白质加热后会凝固变性，从而出现白色絮状沉淀或浑浊。加酸可使溶液的 pH 接近蛋白质的 pI，促进其凝固。因此如果尿液中含有蛋白质，加入酸后，其浑浊或沉淀不会消失，且更加明显。而若其中的沉淀或浑浊是由磷酸盐或碳酸盐引起的，加酸后，沉淀或浑浊会消失。

②结果判定　根据沉淀出现的程度，可对检测结果进行判定

－：尿液澄清透明，未见浑浊，结果为阴性；

＋：可见白色浑浊，但未见颗粒状沉淀，结果为阳性；

＋＋：可见明显白色颗粒状浑浊，但不见絮状沉淀，结果为阳性；

＋＋＋：可见大量絮状浑浊，但不见凝块，结果为强阳性；

＋＋＋＋：可见凝块，并有大量絮状沉淀，结果为强阳性。

(4)硝酸法　取一试管，在其中加入 35%硝酸 1～2 mL，然后沿试管壁缓慢滴加尿液，使两液重叠，静置 5 min 后观察结果。

若两液重叠处产生白色环状，则为阳性反应。白色环愈宽，表示尿中蛋白质的含量愈高。

这一方法的原理是蛋白质遇酸变性凝固。

3.尿液中蛋白质检查的临床意义

病理性的蛋白尿主要见于急慢性肾炎，此外，膀胱、尿道的炎症也可出现轻微的蛋白尿。多数急性热性传染病，如猪瘟、猪丹毒等，某些饲料中毒、毒物及药物中毒均可出现蛋白尿，尿中蛋白含量达到千分之五且持续不下降者，表示病情严重，预后多不良。

(三)尿液中潜血的检查

健康猪的尿液中不含有红细胞或血红蛋白。尿液中有不能用肉眼直接观察出来的红细胞或血红蛋白叫作潜血。

1.材料工具

检测试纸、联苯胺、冰醋酸、3%过氧化氢、乙醚、95%乙醇、有盖试管、试管夹、滴管、普通滤纸、酒精。

2.操作方法

(1)试纸法　将检测试纸按说明书要求浸入尿中 40 s 后取出，立即观察颜色变化。本方法检测尿中血红蛋白的灵敏度很高。可检测出非溶血性微量、溶血性微量、少量(＋)、中等量(＋＋)和大量(＋＋＋)潜血等。本方法可检测 0.015～0.060 mg/dL 游离血红蛋白。

(2)联苯胺法　取少量联苯胺(约一刀尖)溶于 2 mL 冰醋酸中，加 3%过氧化氢 2～3 mL，混合均匀。混匀后加入等量的尿液，观察颜色变化。如液体变为绿色或蓝色，则表明尿液中含有血红蛋白。

本方法的原理为尿液中游离的血红蛋白或红细胞被酸破坏后释放出来的血红蛋白，有过氧化氢酶的作用，可以分解过氧化氢而产生新生态的氧，使联苯胺被氧化成为蓝色的联本胺蓝。

本方法简单且灵敏，但易受尿中磷酸盐的影响，当尿中含有大量的磷酸盐时，该反应可产生乳白色的沉淀，使绿色或蓝色变化无法准确显示出，改良联苯胺法则可以去除这个影响。

(3)改良联苯胺法　先取尿液 10 mL 置于试管中，加热煮沸以破坏尿液中可能存在的过氧化氢酶，防止产生假阳性的结果。冷却后，加入冰醋酸 10～15 滴，使尿液呈酸性。再加入乙醚 3 mL，加盖充分振摇混匀。然后静置使液体分层，如果乙醚层呈胶冻状不易分层时，可加入 95%乙醇数滴促使其分层。

另取滤纸一片，滴加联苯胺冰醋酸饱和溶液数滴，再在此处滴加乙醚浸出液数滴，待乙醚蒸发后，再滴加新鲜的过氧化氢 1～2 滴，观察滤纸上颜色的变化。如果滤纸上显示蓝色或绿色，其颜色的深度与血红蛋白的含量呈正比。

这一方法主要原理在于如果尿液中含有血红蛋白，则可在酸性环境下溶于乙醚内，将乙醚滴于滤纸上并挥发后，则留下血红蛋白与过氧化氢发生反应，从而避免了其他物质对该反应的干扰。

(四)尿液中葡萄糖的检查

健康猪的尿液中含有微量的葡萄糖，用常规的方法不能检测到。

如果用常规方法可以检测到葡萄糖时，则该尿为糖尿。表示机体的糖代谢障碍或肾脏的滤过机能可能遭到严重破坏。

但是尿中出现葡萄糖并不一定都是病理性的变化。动物一时性的恐惧、兴奋、饲喂大量含糖的饲料都会发生生理性的糖尿。当这些原因去除后，糖尿症状也会消失。病理性的糖尿可见于肾脏疾病(如肾小管的重吸收能力下降)，脑神经疾病(如脑出血、脑脊髓炎)、化学药品中毒(如松节油、汞、水合氯醛等)以及肝脏疾病均会引起糖尿。一般不会出现胰岛素不足引起的糖尿。猪在运输过程中因应激反应可导致代谢障碍，出现糖尿。

尿液中的葡萄糖可以通过试纸或班氏试剂法检测。

1.材料工具

检测试纸、班氏试剂、试管、滴管、试管夹、酒精灯。

2.操作方法

(1)试纸法　按说明书要求，将尿糖试纸浸入尿中 2～4 s 后取出，一般 1 min 后与标准板进行比较，以确定尿中葡萄糖的含量。

(2)班氏试剂法　取班氏试剂 5 mL 于试管中，加尿液 0.5 mL 充分混合，将试管在酒精灯上煮沸 1～2 min，然后静置 5 min，观察结果。

①测定原理　葡萄糖含有醛基，在热碱性溶液中可将硫酸铜还原成黄色的氧化铜和黄红色的氧化亚铜沉淀，呈现肉眼可见的变化。

在使用水杨酸类、水合氯醛、维生素 C 及链霉素治疗时，尿中可能含有还原物质，从而出现假阳性反应。

②结果判定　静置后试管底部出现黄色或黄红色沉淀为阳性反应，根据沉淀的多少可以判定葡萄糖的含量。

-：尿液为澄清透明的蓝色，说明尿中不含糖，结果为阴性；

+：冷却后可见微量的黄绿色沉淀，判定尿中含糖为 0.5 g/100 mL 以下；

+ +：静置后管底有多量黄绿色沉淀，判定尿中含糖为 0.5～1 g/100 mL；

+ + +：静置后管底有多量黄色沉淀，判定尿中含糖为 1～2 g/100 mL；

+ + + +：静置后管底有多量黄红色沉淀，判定尿中含糖为 2 g/100 mL 以上。

（五）尿液中的酮体检测

尿中的酮体包括乙酰乙酸、β-羟丁酸和丙酮 3 种物质，是动物体脂肪代谢的中间产物，在肝脏产生，经血液运输至肝外组织被利用。

一般在健康动物尿中含有微量的酮体，常规检测方法无法检测出来，当尿中含有多量的酮体时，称为酮尿。酮尿的发生是机体在饥饿或糖代谢障碍时引起脂肪分解增加，产生酮体的量超过机体利用的速度时，引起酮血症，继而引发酮尿症。仔猪低血糖症可引起尿酮阳性反应。

尿中酮体的检测方法包括：试纸法、硝普钠法和 Rothera 改良法。

1.材料工具

检测试纸、5%硝普钠、10%氢氧化钠、20%醋酸、硫酸铵、无水碳酸钠。

2.操作方法

（1）试纸法　取检测试纸按说明书要求浸入尿液中按规定时间与标准比色板进行比较，并判定结果。本方法可以检测出尿中乙酰乙酸含量为微量（5 mg/dL）、少量（10 mg/dL）、中量（40 mg/dL）和大量（80～160 mg/dL）四个级别。

（2）硝普钠法　取试管 1 支，加入尿液 5 mL，随即加入 5%硝普钠溶液和 10%氢氧化钠溶液各 0.5 mL 颠倒混合均匀，再滴加 20%醋酸 1 mL，再颠倒混合均匀，观察结果。

①测定原理　尿液中的乙酰乙酸、丙酮在碱性溶液中与硝普钠作用产生红紫色的亚铁五氰化铁，这种物质在酸性溶液中不褪色，且颜色还会加深。

②结果判定　尿液呈现红色反应为阳性结果，但当加入 20%醋酸后红色消失的为阴性结果，根据颜色的深浅不同，可判定酮体的大约含量。

+：尿液呈现浅红色，判定酮体的含量为 3～5 mg/100 mL；

+ +：尿液呈现红色，判定酮体的含量为 10～15 mg/100 mL；

+ + +：尿液呈现深红色，判定酮体的含量为 20～30 mg/100 mL；

+ + + +：尿液呈现黑红色，判定酮体的含量为 40～60 mg/100 mL。

（3）Rothera 改良法　称取硝普钠粉末 1 g 和硫酸铵 100 g，无水碳酸钠 100 g，研磨混合后密封保存。将混合的试剂粉末 1 g 置于白色瓷凹板上，滴加 2～3 滴尿液混合，观察，数分钟内出现不褪色的紫红色则为阳性。

这一方法的原理为硝普钠在碱性溶液中与丙酮或乙酰乙酸作用，生成紫色的化合物。

（六）其他检查

尿液的化学检查还包括尿蓝母检查、尿胆红素检查、尿胆原及尿胆素的检查、亚硝酸盐检查、尿肌红蛋白检查、尿液磷酸盐检查、尿黑色素检查等项目，这些项目有些因其方法陈旧、结果不准等因素在临床上被淘汰，有些在猪的尿常规检查中不具有临床意义，需要根据实际需要决定是否进行检查。

四、尿液的显微镜检查

尿液的显微镜检查主要目的是检查尿中的有形成分，即尿沉渣。尿沉渣主要包括有机沉渣和无机沉渣两类。有机沉渣包括上皮细胞、红细胞、白细胞、脓细胞、各种管型及微生物等；无机沉渣则包括各种盐类的结晶。尿沉渣的显微镜检查可以补充尿液的物理和化学检查的不足，查明物理和化学检查所不能发现的病理变化，不仅可以确定病变的部位，还可以阐明疾病的性质，对肾脏和尿道疾病的诊断、鉴别、预后判断、治疗等具有特殊意义，是完整尿液分析不可或缺的重要组成部分。

1. 材料工具

5%鲁格氏碘液（碘片 5 g、碘化钾 15 g，加蒸馏水定容至 100 mL）、尖底离心管（图 3-6-2）、载玻片、盖玻片、滴管、尿沉渣计数板（图 3-6-3）、离心机、显微镜。

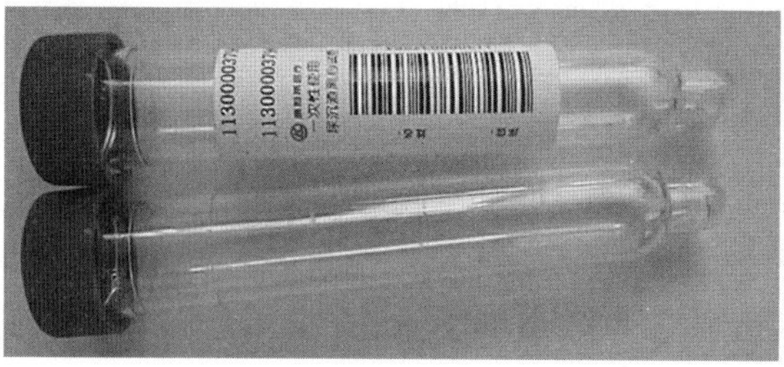

图 3-6-2　尖底离心管

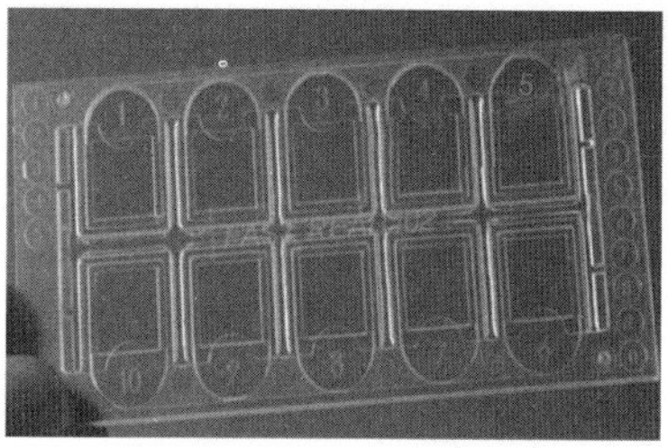

图 3-6-3　尿沉渣计数板

2. 操作方法

取新鲜尿液于 10 mL 离心管中，以 1 000 r/min 离心 5～10 min，弃去上清液，留沉淀物 0.5 mL 混匀。可将沉渣滴于载玻片或尿沉渣计数板的计数室内进行镜检。

①滴于载玻片上观察　取沉淀物一滴，置于载玻片上，并将其涂布分散，滴加 1 滴 5%鲁格氏碘液后盖上盖玻片，放于显微镜载物台上准备镜检。

镜检时，宜将聚光器降低，缩小光圈，使视野稍暗，以利于观察无色或者透明的成分。先用低倍镜（10×10）检察整体，再换成高倍镜（10×40）观察，依据每个视野中沉渣成分的多少进行报告。

细胞检查 10 个高倍视野，管型检查 20 个低倍视野。报告时可以用多少（R）个细胞/高倍视野或多少（M）个管型/低倍视野。其他可以用“偶见、少量、中等量、大量”的方式报告。其中“偶见”为标本中仅见几个；“少量”是每个视野可见到几个；“中等量”是每个视野数十个；“多量”是每个视野中大量甚至布满整个视野。

②尿沉渣计数板　这一方法可以更精确地确定尿液中沉渣的数量。

用微量毛细吸管吸取 15～20 μL 尿沉渣，注入计数板的计数池中。在放大 400 倍的显微镜下观察。

报告方式：红细胞（白细胞、上皮细胞、管型）x 个/ μL

3. 尿沉渣的分类

尿沉渣可以分为有机沉渣和无机沉渣。

（1）尿中的有机沉渣　尿中的有机沉渣主要包括：上皮细胞、管型、红细胞、白细胞等病理产物，并且往往是肾脏和尿道患病的可靠指标。

①上皮细胞（表 3-6-1、图 3-6-4）。

表 3-6-1 尿中上皮细胞形态特征和病因

类型	形态特征	出现原因
肾上皮细胞	呈圆形或多角形。细胞核大而明显，核呈圆形或椭圆形，位于细胞中央。细胞质中有小颗粒。	大量出现在尿中，且有肾上皮细胞管型，则表示肾实质病变严重。猪的胸膜肺炎、流感、大叶肺炎等也可在尿中发现肾上皮细胞。
肾盂及尿道上皮细胞	比肾上皮细胞大，肾盂上皮细胞呈高脚杯状，核较大，偏心；而尿道上皮细胞多呈纺锤形，也有多角形和圆形，核大，位于中央或略偏心。	肾盂肾炎和输尿管炎时可见这些细胞在尿中大量出现。
膀胱上皮细胞	大而多角的扁平上皮细胞。	膀胱炎时多出现在尿中。

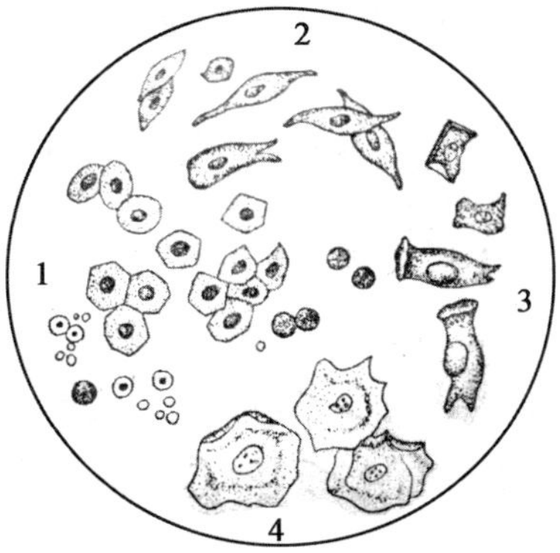

1. 肾上皮细胞 2. 尿道上皮细胞 3. 肾盂上皮细胞（高脚杯形） 4. 膀胱上皮细胞

图 3-6-4 尿沉渣中的上皮细胞

②红细胞、白细胞、脓细胞及黏液（表 3-6-2）。

表 3-6-2 尿中细胞形态特征及出现原因

类型	形态特征	出现原因
红细胞	新鲜尿液中的红细胞小而圆，淡黄褐色；碱性尿中多膨胀，酸性尿中多皱缩。	红细胞在健康动物尿中不会出现，若出现则为病理状态，表明泌尿系统有出血。
白细胞	新鲜尿中的白细胞易识别；酸性尿中白细胞形态较完整；碱性尿中白细胞多膨胀不清。	大量嗜中性白细胞，表示泌尿系统的炎症病变。健康尿液中可有少量白细胞出现。
脓细胞	多为嗜中性分叶核白细胞，结构模糊不清，聚集成堆，细胞核隐约可见。	泌尿系统化脓性炎症。
黏液	多为轻雾状，有时呈圆柱状，需与管型区别。	尿道炎症时显著增多。

③管型 包括上皮管型、颗粒管型、透明管型、红细胞管型、脂肪管型、蜡样管型。管型出现在尿中，表示泌尿系统的炎症病变（表 3-6-3）。

表 3-6-3 尿管型特征

类型	形态特征
上皮管型	与透明管型相似，但可见多上皮细胞组成。
颗粒管型	上皮细胞变性、崩解所形成，表面散在大小不等的颗粒，不透明、短而粗、常断裂成节。
透明管型	结构细致、均匀、边缘明显，几乎透明，长短不一，多伸直而少弯曲，易被染色。除可见于肾脏疾病，还可见于大循环淤血的心脏病。
红细胞管型	红细胞构成，或由透明管型及颗粒管型中红细胞沉积所致。
脂肪管型	上皮管型和颗粒管型脂肪变性的产物所形成，是较大管型，表面覆盖脂肪滴和脂肪酸结晶，有较强的屈光性。不溶于酸、碱，易溶于乙醚中。
蜡样管型	质地均匀，轮廓明显，透明，有毛玻璃样闪光，表面似蜡块，长而直、少弯曲。

管型在碱性尿中易崩解，检查时可在碱性尿中滴加适量10%醋酸，使其酸化，以达到保存管型的目的。观察尿沉渣当中的各种管型时还要与类圆柱体和假管型，以及玻璃划痕、纤维丝、动物皮毛等区分。

(2)尿中的无机沉渣　尿中的无机沉渣主要包括各种盐类结晶。草食动物尿多呈碱性，而肉食和杂食动物的尿液呈酸性或弱酸性。见表 3-6-4、图 3-6-5、图 3-6-6、图 3-6-7。

①碱性尿中的结晶

主要包括碳酸钙结晶、磷酸铵镁结晶、磷酸钙(镁)结晶、尿酸铵结晶、马尿酸结晶。其中碳酸钙结晶、磷酸钙(镁)结晶为碱性尿中的正常组成成分，而马尿酸结晶则是马尿的正常组成成分。磷酸铵镁结晶和尿酸铵结晶则表明膀胱或肾盂有炎症。

②酸性尿中的结晶

主要包括：草酸钙结晶、硫酸钙结晶、尿酸结晶、尿酸盐结晶等。其中草酸钙结晶是各种动物尿中的正常成分(表 3-6-4)。

表 3-6-4 酸性尿结晶的形态特征

类型		形态特征
碱性	碳酸钙结晶	圆形，有放射状线纹；还有哑铃状、磨刀石状、饼干状
	磷酸铵镁结晶	多角棱柱体及棺盖状；还有雪花状、羽毛状
	磷酸钙(镁)结晶	无定形浅灰色颗粒；也有三棱形聚集成束
	尿酸铵结晶	黄色或褐色，圆形，表面有刺突，类似曼陀罗果穗状
	马尿酸结晶	棱柱状或针状结晶，有时成束如交错针状、扇形或小帚状
酸性	草酸钙结晶	四角八面体，信封状，有十字形折光体
	硫酸钙结晶	长棱柱状或针状，有时聚集成束状、扇形
	尿酸结晶	棕黄色磨刀石状，叶簇状，菱形片状，十字状或梳状
	尿酸盐结晶	棕黄色小颗粒状，聚积成堆

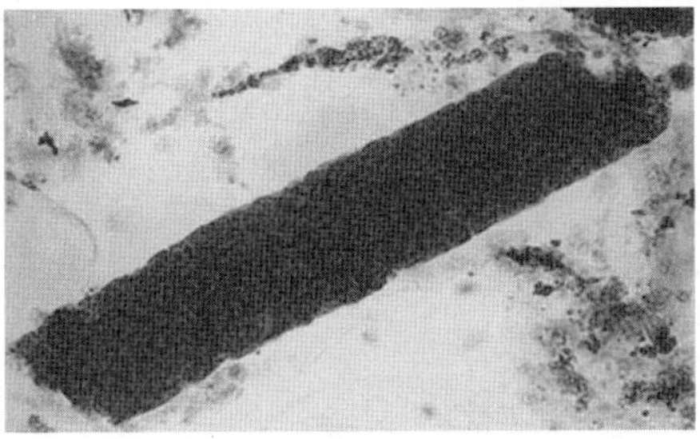

颗粒管型(S 染色)

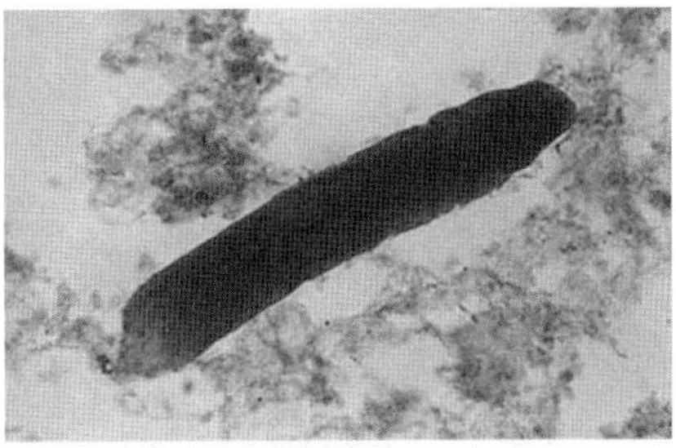

透明管型(S 染色)

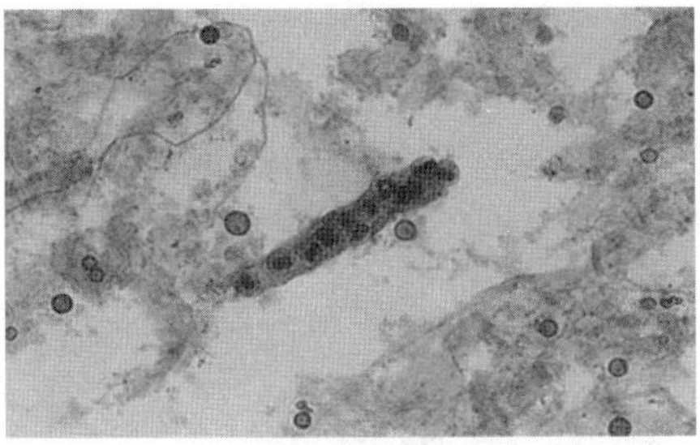

白细胞管型(S 染色)

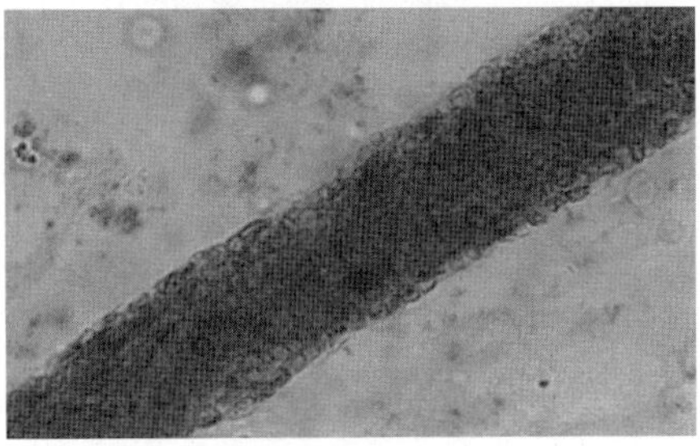

红细胞管型(S 染色)

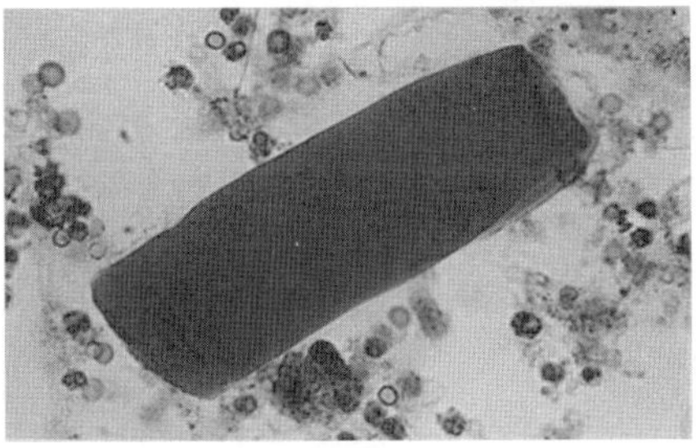

蜡样管型(S 染色)

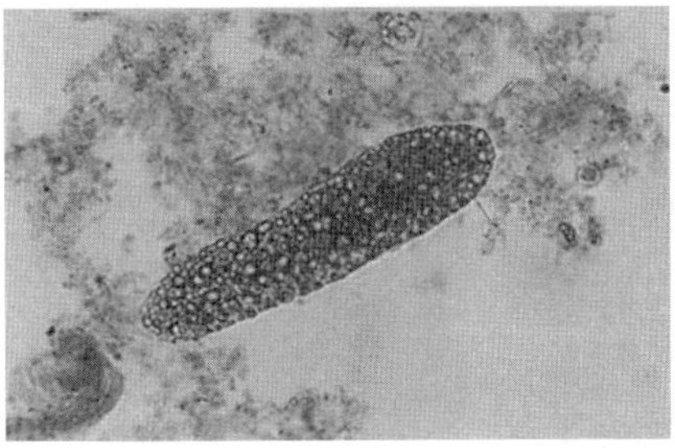

脂肪管型(S 染色)

图 3-6-5 尿液中的各类管型

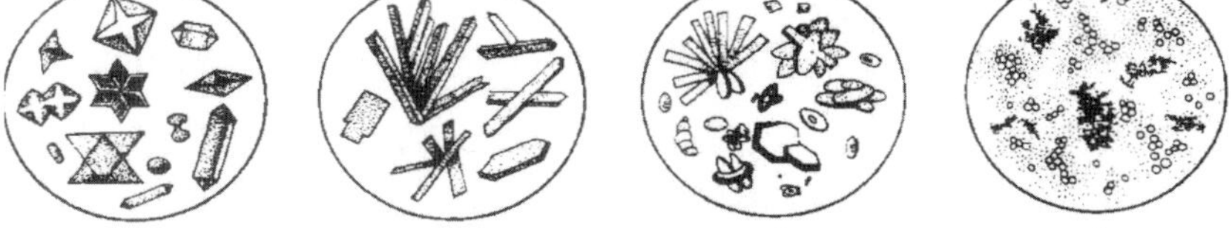

1　　2　　3　　4

1. 草酸钙结晶　2. 硫酸钙结晶　3. 尿酸结晶　4. 尿酸盐结晶

图 3-6-6 酸性尿中的无机沉渣

(3)其他尿沉渣　尿沉渣中还可以发现细菌、酵母、寄生虫、精子、脂肪滴等。当猪感染毛滴虫病时可在尿沉渣中发现毛滴虫。感染猪肾虫病的 5 月龄以上的猪,可在尿沉渣检查时发现虫卵。

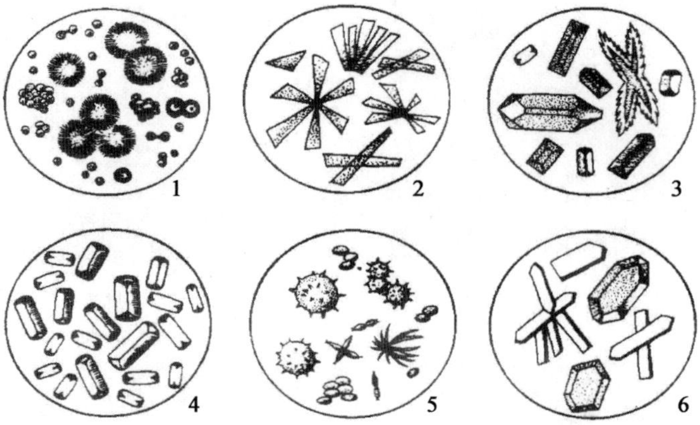

1.碳酸钙结晶　2.磷酸钙结晶　3、4.磷酸铵镁结晶　5.尿酸铵结晶　6.马尿酸结晶

图 3-6-7　碱性尿中的无机沉渣

实训七　猪的病理剖检与鉴别诊断

【实训目的】

1.掌握猪尸体剖检方法和尸体剖检注意事项。

2.做好病理剖检记录。

3.进行病猪剖检诊断。

【实训条件】

1.器材　剥皮刀、剖检刀、手术剪、肠剪、镊子、手术刀、酒精灯、试管、注射器、针头、青霉素瓶、广口瓶、高压灭菌器、载玻片、灭菌纱布、脱脂棉。

2.药品　3%来苏儿、0.1%新洁尔灭、5%碘酊、75%酒精。

3.新鲜动物尸体。

4.其他　工作服、口罩、帽子、毛巾、肥皂、脸盆、火柴。

【相关知识】

一、猪的尸体剖检方法

剖检时对器官检查的一般顺序为:体表检查—皮下检查—淋巴结检查—腹腔和盆腔脏器的检查—胸腔脏器检查—肌肉、关节及骨骼检查—脑组织检查等。

猪的病理剖检

(一)体表检查

猪死亡后,受体内存在的酶和细菌的作用以及外界环境的影响,逐渐发生一系列的死后变化,包括尸冷、尸僵、尸斑、血液凝固、尸体自溶及腐败等。

正确地辨认尸体的变化，可以避免把某些死后变化误认为是生前的病理变化。

（二）皮下检查

剖检多采用仰卧位。为了使尸体保持背位，需切断四肢内侧的所有肌肉和髋关节的圆韧带，使四肢平摊在地上，然后再从颈、胸、腹的正中侧切开皮肤。

检查皮下有无充血、炎症、出血、淤血、水肿等病变，并观察皮下脂肪组织的多少、颜色、性状及病理变化等。检查体表淋巴结的大小、颜色，有无出血、充血，有无水肿、坏死、化脓等病变。对断奶前小猪还要检查肋骨和肋软骨交界处，有无串珠样肿大。

（三）淋巴结检查

注意下颌淋巴结、颈浅淋巴结、腹股沟浅淋巴结、腹股沟深淋巴结、肠系膜淋巴结、肺门淋巴结和肝门淋巴结等，观察其大小、颜色、硬度、与其周围组织的关系及横切面的变化。

（四）腹腔检查

（1）肝脏检查　先检查肝脏的形态、大小、色泽、包膜性状、有无出血、结节、坏死等，然后检查肝门部的动脉、静脉、胆管和淋巴结，最后切开肝组织，观察切面的色泽、质地和含血量等情况。注意切面是否隆突，肝小叶结构是否清晰，有无血栓、结石、寄生虫性结节和坏死等。

（2）胃检查　先观察其大小，浆膜面的色泽，有无粘连，胃壁有无破裂和穿孔等，然后由贲门沿大弯剪至幽门。胃剪开后，检查胃内容物的数量、性状、含水量、气味、色泽、成分，有无寄生虫等。最后检查胃黏膜的色泽，注意有无水肿、充血、溃疡、肥厚等病变。

（3）肠管检查　对肠道进行分段检查。在检查时，先检查肠管浆膜面的色泽，有无粘连、肿瘤、寄生虫结节等。然后剪开肠管，检查肠内容物的数量、性状、气味，有无血液、异物、寄生虫等。除去肠内容物后，检查肠黏膜的性状，注意有无肿胀、发炎、充血、出血、寄生虫和其他病变。

（4）脾脏检查　脾脏摘出后，检查脾门血管和淋巴结，测量脾的长、宽、厚度，称其重量；观察其形态、色彩、包膜的紧张度，检查脾头、脾尾、边缘有无出血、坏死和梗死，有无肥厚、脓肿形成；用手触摸判断脾的质地（坚硬、柔软、脆弱）及有无病灶，然后做一两个纵切，观察脾切面的色泽、血量、质度，检查脾髓、滤泡和脾小梁的状态和比例关系，有无结节、坏死、梗死和脓肿等。

（5）胰脏检查　观察形态、颜色、质地、大小。胰脏最早出现死后变化，此时胰呈红褐色、绿色或黑色，质地极软，甚至呈泥状。

（6）肾脏　先检查肾脏的形态、大小、色泽和质地。注意包膜的状态是否光滑透明和容易剥离。包膜剥离后，检查肾表面的色泽，有无出血、瘢痕、梗死等病变，然后由肾的外侧向肾门部将肾纵切成两等份，检查皮质和髓质的厚度、色泽，交界部血管状态和组织结构纹理。最后检查肾盂，注意其容积，有无出血、积尿、积脓、结石以及黏膜的性状等。

（7）肾上腺检查　确定肾上腺外形、大小、重量、颜色，然后纵切检查肾上腺皮质与髓质的厚度比例，再检查有无出血变化。

（8）膀胱检查　先检查其充盈情况，浆膜有无出血等变化，然后从基部剖开检查尿液色泽、性状、有无结石，翻开膀胱检查黏膜有无出血、溃疡等。

（9）生殖器官检查　公猪检查睾丸和附睾，检查其外形、大小、质地和色泽，观察切面有无充血、出血、瘢痕、结节、化脓和坏死等。母猪检查子宫、卵巢和输卵管，先注意卵巢的外形、大小，卵泡的数量、色泽，有无充血、出血、坏死等病变。观察输卵管浆膜面有无粘连、膨大、狭窄、囊肿，然后剪开，注意腔内有无异物或黏液、水肿液，黏膜有无肿胀、出血等病变。检查阴道和子宫时，除观察子宫大小及外部病变外，还要用剪刀依次剪开阴道、子宫颈、子宫体，直至左右两侧子宫角，检查内容物的性状及黏膜的病变。

(五)胸腔脏器检查

(1)胸膜腔检查　观察有无液体，液体的数量、透明度、色泽、性质、浓度和气味，注意浆膜是否光滑，有无粘连及粘连的质地和颜色等。

(2)肺脏检查

首先，观察肺的大小、色泽、重量、质地、弹性，有无病灶及表面附着物等。然后用剪刀将支气管剪开，注意观察支气管黏膜的色泽，表面附着物的数量、黏稠度。最后将整个肺脏横向切割数刀，观察切面有无病变，切面流出物的数量、色泽变化等。

其次，进行舌、喉头、气管检查。观察扁桃体是否有肿胀、化脓、坏死，检查舌有无出血溃疡，喉头是否有出血，检查气管有无出血，气管内有无黏液。

(3)心脏检查　先检查心包，用剪刀剪开一切口，观察其心包液的数量、性状、色泽、透明度以及有无粘连、肿瘤等，再检查心脏纵沟、冠状沟的脂肪量、性状，有无出血，检查心脏的外形、大小、色泽及心外膜的性状，有无白色条纹状的心肌变性坏死等，最后进行心脏内部检查。

心脏切开方法是沿左纵沟左侧的切口，切至肺动脉起始处；沿左纵沟右侧的切口，切至主动脉的起始处；然后将心脏翻转过来，沿右纵沟左右两侧作平行切口，切至心尖部与左侧切口相连接；切口再通过房室口切至左心房及右心房。经过上述切线，心脏全部剖开。

检查心脏时，注意检查心腔内血液的含量及性状。检查心内膜的色泽、光滑度、有无出血，各个瓣膜、腱索是否肥厚，有无血栓形成和组织增生或缺损等病变。对心肌的检查，应注意心肌各部的厚度、色泽、质地，有无出血、萎缩、变性和坏死等。

(六)关节肌肉及骨骼检查

(1)关节肌肉检查　在剥皮后检查四肢关节有无异常，同时检查骨骼肌的色泽、硬度、有无出血、变性、脓肿及萎缩，并检查肌间结缔组织的状态。

(2)骨和骨髓的检查　将长骨纵切开，注意观察骨端和骨干的状态，红骨髓与黄骨髓的分布，同时注意骨密质与骨松质的状态。

脑

(七)脑组织检查

检查硬脑膜和软脑膜的状态，脑膜的血管充盈状态，有无充血、出血等变化。检查脑回和脑沟的状态，是否有渗出物蓄积、脑沟变浅、脑回变平等。然后切开大脑，查看脉络丛的性状和脑室有无积水，最后横切脑组织，查看有无出血及溶解性坏死等。必要时取材送检。

二、做好病理剖检记录

在剖检的过程中，应随时填写病理剖检记录。通过对病变的观察和鉴别，综合分析，做出病理学诊断。病理剖检记录概括为临床病历摘要、器官病变记录、病理诊断、结论四个方面。

(一)临床病历摘要

①一般情况登记，包括畜别、性别、年龄、病例号、送诊日期。

②主诉。

③发病经过，记述本病起始及各期的经过情形。

④实验室检查结果，包括细菌培养、毒物化验等。

⑤临床诊断。

(二)器官病变记录

(1)观察记录

可采用文字叙述、填表及画图等方式记录剖检所见病理变化。

(2)剖检记录内容

①为了减少遗漏和错误，应在剖检时记录下所有可见的病理变化；并在剖检后由剖检人再进行修改、补充和整理。

②叙述文字力求简洁明确，对各器官的位置、大小、形态、表面、切面、颜色、硬度都要如实记录。

③记录病变时不可滥用病理诊断和病理组织学名词。

④对于各器官的描述，不仅要说明其阳性变化，凡与临床诊断不符的阴性情况也要注明。

⑤对器官硬度及器官的固有结构描述，应注意有空腔时要说明其腔壁及内容物的性状；有溃疡时要说明溃疡边缘及基底的性状。

⑥叙述大小时，须准确测量其轻重及长短。应对脏器的边缘、切面的变化情况进行客观描述。

⑦对器官颜色变化的描述应准确客观，因为器官的颜色变化常能提示某些病变，在判断颜色时切面较表面正确，因为表面有包膜，当包膜有改变时可影响其下组织的色泽。

(3)剖检记录内容

记录应反映剖检当时的情况，故其顺序应和剖检的次序一致。

(三)实验室诊断

(1)病理组织学检查　对于一些肉眼难以确诊的病变，有条件的地区应做病理组织学检查。各器官切片检查可按照肉眼观察记录内所列的次序排列。也可按病变的重要性依次排列，与死亡有直接关系的列在最前面，将次要的排列于后。

(2)病原学检查结果记录　病原学检查结果可列于显微镜检查记录之后，不仅包括鉴定结果，还应简述细菌的培养情况及染色性状。

(四)结论

由剖检人根据各种重要病理变化，综合临床及其他化验结果，分析各种病变的关系、临床和病理联系以及死亡的原因，对本病例作一简要的结论。做好以上记录后，最好将结果登记在尸检诊断登记册上，以便日后查阅作统计。

三、猪病理剖检的注意事项

(一)在进行尸体剖检前

先仔细了解死猪的生前状况，主要包括临床症状、流行病学、防治情况等。通过对病史的了解，缩小对所患疾病的怀疑范围，以确定剖检的侧重点。

(二)现场剖检时注意

(1)场地的选择和尸体处理　剖检场地应选择便于消毒和防止病原扩散的地方,最好在专设的具有消毒条件的解剖室内进行剖检。若条件不具备,可选在距房舍、猪群、道路和水源较远,地势较高燥的地方进行。剖检后按动物防疫法要求对尸体做无害化处理。

剖检前应在尸体体表喷洒消毒药液。死于传染病的尸体,可采用深埋或焚烧法处理。搬运尸体的工具及尸体污染场地也应注意清理消毒。

(2)被检对象的选择　剖检猪最好是濒死猪,或死后不久的猪。被剖检猪生前症状具有代表性,为了客观准确可多选择几头在疾病流行期间不同时期出现的病、死猪。

(3)剖检时间　剖检应在病猪死后尽早进行。死后时间过长(夏天不得超过 12 h)的尸体,因发生自溶和腐败而无法判断原有病变,失去剖检意义。剖检最好在白天进行,因为灯光下很难把握病变组织的颜色。

(4)要正确认识尸体变化　动物死后,逐渐发生一系列的死后变化。正确地辨认尸体的变化,可以避免把某些死后变化误认为生前的病理变化。

(三)剖检人员的防护

剖检者要穿工作服,戴胶皮手套和线手套以及工作帽、口罩、防护镜,穿胶靴,采取各种防护手段,防止感染各种微生物、寄生虫。剖检完毕应将器械及地面清洗干净,若疑为传染病必须进行消毒。

【职业能力训练】

1.观察病猪剖检的器官病变,提出可能涉及的疾病(表 3-7-1)。

表 3-7-1　病猪剖检观察的器官病变可能涉及的疾病

器官	病理变化	可能涉及的疾病
眼	眼角有泪痕或眼屎 眼结膜充血、苍白、黄染 眼睑水肿	流感、猪瘟、非洲猪瘟、萎缩性鼻炎 热性传染病、贫血、黄疸 水肿病
口鼻	鼻孔有炎性渗出物流出 鼻歪斜、颜面部变形 上唇吻突及鼻孔有水疱、糜烂 齿龈、口角有点状出血 唇、齿龈、颊部黏膜溃疡 齿龈水肿	流感、气喘病、萎缩性鼻炎 萎缩性鼻炎 口蹄疫、水疱病 猪瘟 非洲猪瘟 猪水肿病
皮肤	胸、腹和四肢内侧皮肤有大小不一的出血斑点 皮肤出现红紫色斑块并肿胀 皮肤弥漫性潮红 方形、菱形红色疹块 耳尖、鼻端、四蹄呈紫色 下腹和四肢内侧有痘疹 蹄部皮肤出现水疱、糜烂、溃疡 咽喉部明显肿大	猪瘟、非洲猪瘟、湿疹 皮炎肾病综合征 链球菌病、胸膜肺炎 猪丹毒 沙门氏菌病、猪繁殖与呼吸综合征、中毒病等 猪痘 口蹄疫、水疱病等 链球菌病、猪肺疫等
肛门	肛门周围和尾部有粪污染	腹泻性疾病

2. 内脏器官的病理剖检变化与相关疾病(表 3-7-2)。

表 3-7-2　各器官病理变化及可能发生的疾病

器官	病理变化	可能发生的疾病
淋巴结	颌下淋巴结肿大,出血性坏死	猪炭疽、链球菌病
	全身淋巴结有大理石样出血变化	猪瘟、非洲猪瘟
	咽、颈及肠系膜淋巴结黄白色干酪样坏死灶	猪结核
	淋巴结充血、水肿、小点状出血	急性猪肺疫、猪丹毒、链球菌病
	支气管淋巴结、肠系膜淋巴结髓样肿胀	猪支原体肺炎、猪肺疫、传染性胸膜肺炎、副伤寒
	淋巴结肿大,无明显出血变化	附红细胞体病、圆环病毒病、弓形虫病
肝	坏死灶	猪副伤寒、弓形虫病、李氏杆菌病、猪伪狂犬病
	胆囊出血	猪瘟、胆囊炎
	胆囊肿大,内含黏稠胆汁	附红细胞体病
脾	脾边缘有出血性梗死灶	猪瘟、链球菌病
	稍肿大,呈樱桃红色	猪丹毒
	淤血肿大,灶状坏死	弓形虫病
	脾边缘有小点状出血	仔猪红痢
	脾肿大	非洲猪瘟、附红细胞体病
胃	胃黏膜斑点状出血,溃疡	猪瘟、非洲猪瘟、胃溃疡
	胃黏膜充血、卡他性炎症,呈大红布样	猪丹毒、食物中毒
	胃黏膜下水肿	水肿病
小肠	黏膜小点状出血	猪瘟、非洲猪瘟
	节段状出血性坏死,浆膜下有小气泡	仔猪红痢
	以十二指肠为主的出血性、卡他性炎症	仔猪黄痢、猪丹毒、食物中毒
大肠	盲肠、结肠黏膜灶状或弥漫性坏死	猪副伤寒
	盲肠、结肠黏膜扣状溃疡	猪瘟
	卡他性、出血性炎症	猪痢疾、胃肠炎、食物中毒
	黏膜下高度水肿	水肿病
肺	出血斑点	猪瘟、非洲猪瘟
	纤维素性肺炎	猪肺疫、传染性胸膜肺炎、副猪嗜血杆菌病
	心叶、尖叶、中间叶肉变或胰样变	气喘病
	水肿,小点状坏死	弓形虫病
	粟粒样、干酪样结节	结核病
心脏	心外膜斑点状出血	猪瘟、非洲猪瘟、猪肺疫、链球菌病
	心肌条纹状坏死带	口蹄疫
	纤维素性心外膜炎	猪肺疫
	心瓣膜菜花样增生物	慢性猪丹毒
	心肌内有米粒大灰白色囊泡	猪囊尾蚴病

续表3-7-2

器官	病理变化	可能发生的疾病
肾	苍白，小点状出血 高度淤血，小点状出血	猪瘟、非洲猪瘟 急性猪丹毒
膀胱	黏膜层有出血斑点	猪瘟、非洲猪瘟
浆膜及浆膜腔	浆膜出血 纤维素性胸膜炎及粘连 积液	猪瘟、非洲猪瘟、链球菌病 猪肺疫、气喘病、副猪嗜血杆菌病、 传染性胸膜肺炎、弓形虫病
睾丸	一侧或两侧睾丸肿大、发炎、坏死或萎缩	乙型脑炎、布鲁氏菌病
肌肉	臀肌、肩胛肌、咬肌部外有米粒大囊泡 肌肉组织出血、坏死、含气泡 腹斜肌、大腿肌、肋间肌等处见有与肌纤维平行的毛根状小体	猪囊尾蚴病 恶性水肿 住肉孢子虫病
血液	血液凝固不良	链球菌病、中毒性疾病、附红细胞体病

3. 主要猪病剖检诊断见表3-7-3。

表3-7-3 主要猪病剖检诊断

病名	主要病变
仔猪红痢	空肠、回肠有节段性出血性坏死
仔猪黄痢	主要在十二指肠有卡他性炎症
轮状病毒感染	胃内有乳凝块，大、小肠黏膜呈弥漫性出血，肠管菲薄
传染性胃肠炎	主要病变在胃和小肠，呈现充血、出血并含有未消化的小凝乳块，肠壁变薄
流行性腹泻	病变在小肠，肠壁变薄，肠腔内充满黄色液体，肠系膜淋巴结水肿，胃内空虚
仔猪白痢	胃肠黏膜充血，含有稀薄的食糜和气体，肠系膜淋巴结水肿
沙门氏菌病	盲肠、结肠黏膜呈弥漫性坏死，肝、脾淤血并有坏死点，淋巴结肿胀、出血
猪痢疾	盲肠、结肠黏膜发生卡他性、出血性炎症，肠系膜充血、出血
猪瘟	皮肤、浆膜、黏膜及肾、喉、膀胱等器官有出血点，淋巴结出血、水肿，回盲瓣口扣状溃疡
非洲猪瘟	脾脏明显肿大呈深色或黑色；淋巴结肿大出血坏死；肾、胃肠黏膜明显出血；皮肤有出血斑
猪丹毒	体表有充血疹块；肾充血，有出血点；脾充血，心内膜有菜花状增生物，关节炎
猪肺疫	全身皮下、黏膜、浆膜明显出血，咽喉部水肿，出血性淋巴结炎，胸膜与心包粘连，肺肉变
猪水肿病	胃壁、结肠系膜和下颌淋巴结水肿，下眼睑、颜面及头颈皮下有水肿
气喘病	肺尖叶、心叶及部分膈叶的下端出现肉变，肺门及纵隔淋巴结肿大
附红细胞体病	血液稀薄、皮肤和黏膜贫血状、黄疸、淋巴结肿大、脾肿大、胆囊内充满浓稠胆汁

4.剖检病死猪，记录剖检病理变化，进行初步诊断。

(1)器械和消毒药的准备

①器械　剥皮刀、解剖刀、外科刀、外科剪、肠剪、镊子、骨锯、凿子、斧子、磨刀棒、量杯、搪瓷盘和桶、酒精灯、注射器、针头、青霉素瓶、广口瓶、高压灭菌器、载玻片、灭菌纱布、脱脂棉花等。

②药品　2%碘酊、75%酒精、0.1%新洁尔灭等。

③其他　毛巾、脸盆、工作服、口罩、帽、胶鞋、乳胶手套、肥皂。

(2)猪的尸体剖检(参考相关知识)。

(3)做好剖检记录(参考相关知识)。

实训八　病猪剖检材料的选取、包装和运送

【实训目的】

能够掌握病料的采集、固定、送检包装和运送方法。

【实训条件】

1.器材　剥皮刀、剖检刀、手术剪、肠剪、镊子、手术刀、酒精灯、试管、注射器、针头、青霉素瓶、广口瓶、高压灭菌器、载玻片、灭菌纱布、脱脂棉。

2.药品　3%来苏儿、0.1%新洁尔灭、5%碘酊、75%酒精。

3.新鲜动物尸体。

4.其他　工作服、口罩、帽子、毛巾、肥皂、脸盆、火柴。

【相关知识】

病料的采集、固定、送检包装和运送方法，具体方法参见表3-8-1。

表3-8-1　病料的采集、固定、送检包装和运送

工作程序	操作要求
采样准备	采集病理材料的基本要求是防止被检材料的细菌污染和病原扩散，因此采集病料时要无菌操作。 1.取料时间要求在病猪死后即行采取，最好不超过6 h。剖开胸、腹腔后，先取材料，再作检查，因时间拖长后肠道和空气中的微生物都可能污染病料。 2.所用的容器和器械都要经过灭菌处理。刀、剪、镊子用火焰消毒或煮沸消毒；玻璃器皿(如试管、吸管、注射器及针头等)要洗干净，用纸包好，高压灭菌。
采样操作	采集病料要有一定的目的性，按照怀疑的疾病范围采集病料，否则应尽可能地全面采集病料。取病料的方法如下： 1.实质器官(肝、脾、肾、淋巴结)。先将手术刀在酒精灯上烧红后，烧烙取材器官的表面，再用灭菌的刀、剪、镊从组织深部取病料(1～2 cm)，放在灭菌的容器内。

续表3-8-1

工作程序	操作要求
采样操作	2. 血液、胆汁、渗出液、脓汁等液体病料。先烧烙心、胆囊或病变处的表面，然后用灭菌注射器插入器官或病变组织内抽取，再注入灭菌的试管或小瓶内，同时应作涂片2～3张。猪死后不久血液就凝固，无法采血样，但从心室内尚可取出少量（多数为血浆）。若死于败血症或某些毒物中毒，则血液凝固不良。 3. 全血。全血是指加抗凝剂的血液。无菌操作法从耳静脉采血3～5 mL，盛于灭菌的小瓶内，瓶内先加抗凝剂（20%枸橼酸钠或10%乙二胺四乙酸钠）2～3滴，轻轻振摇，使血液与抗凝剂充分混合。 4. 血清。无菌操作法从耳静脉采集3～5 mL血液，置于干燥的灭菌试管内，经1～2 h后即自然凝固，析出血清。必要时可进行离心，再将血清吸出置于另一灭菌的小管内，冰冻保存。 5. 肠内容物及肠壁。烧烙肠道表面，将吸管插入肠壁，从肠腔内吸取内容物，置于试管内，也可将肠管两端结扎后送检。 6. 皮肤、结痂、皮毛等。用刀、剪割取所需的样品，主要用于真菌、疥螨、痘疮的检查。 7. 脑、脊髓等病料。常用于病毒学的检查，无菌操作法采集病死猪的脑或脊髓，冰冻保存和送检。
病料固定	1. 及时取材，及时固定，以免自溶，影响诊断。 2. 选取的组织不宜太大，一般为3 cm×2 cm×0.5 cm或1.5 cm×1.5 cm×0.5 cm。尸体检取标本时可先切取稍大的组织块，待固定一段时间（数小时至过夜）后，再修整成适当大小，并换固定液继续固定。常用的固定液是10%福尔马林，固定液量为组织体积的5～10倍。容器可以用大小适宜的广口瓶。 3. 将固定好的病理组织块，整理好的尸检记录及有关材料一同送检，并在送检单中说明送检的目的和要求。
材料送检的包装和运送要求	1. 涂片自然干燥，用火焰、乙醇或丙酮充分固定，在玻片之间垫上半截火柴棒，避免摩擦，将最外的一张倒过来使涂面朝下，然后捆扎，用纸包好。 2. 装在试管、广口瓶或青霉素瓶内的病料，均需盖好盖，或塞好棉塞，然后用胶布粘好，再用蜡封固，放入保温箱中。盛病料的容器均应保持正立，切勿翻倒，每件标本都要写明标签。 3. 病料送检时，远道应航空托运或专人送检，并附带说明。内容包括送检单位、地址、动物种类、何种病料、检验目的、保存方法、死亡时间、剖检取材时间、送检日期、送检者姓名及电话号码，并附上临床病例摘要。

【职业能力训练】

猪瘟的病料采集

采集病料前需要进行器械的灭菌消毒，使用一次性针头和注射器及真空采血管；做好计划，采集足够的数量及采集的部位、种类等；还要准备采集后的用具消毒液、清洗液及容器等用品。

（1）前腔静脉采血　参考相关知识。

（2）扁桃体的采集　气管与肺脏连接处向前5～10 cm位置，顺着气管向咽喉部剪开，在舌根靠近上腭的左右两边看到两个扁桃体。小心采集扁桃体放置于干净的保鲜袋中，并做标记。

(3)肺门淋巴结的采集　在支气管分支，与肺脏连接处，找到分别位于左右两侧的肺门淋巴结，小心摘取，放置于另一个干净的保鲜袋中，并做标记。

(4)肺脏样品的采集　采集介于病变和正常组织之间的部分，放置于一个干净的保鲜袋中，并做标记，当然也可以将整个肺脏保存。

(5)腹股沟淋巴结的采集　将两个后腿向下向外压，在两侧凹陷的腹股沟处，可看到明显隆起腹股沟淋巴结，小心切开淋巴结表面的被膜，采集后放置于一个干净的保鲜袋中，并做标记。

(6)脾脏的采集　在腹腔的左侧位于胃和回肠下面，找到脾脏，采集后放置于一个干净的保鲜袋中，并做标记。

(7)肠系膜淋巴结的采集　从腹腔的右侧位于肝脏和胃下面，找到肠系膜，在肠系膜靠近肠道的末端，可以看到很多结节，即肠系膜淋巴结，小心摘取，放置于一个干净的保鲜袋中，并做标记。

(8)流产胎儿的采集　通常木乃伊胎不能作为检测样品。对于新鲜流产的胎儿，可作为检测样品。对于流产日龄较早的胎儿，可取整个胎儿保存；如果是晚期流产的胎儿，最好根据上述步骤，摘取相应组织，保存送检。胎儿的保存方法同上。

检测病料的运输注意事项 死亡的猪应尽快采集，夏天不应超过 2 h，冬天不超过 6 h(还要视具体温度)。采集猪的病料必须新鲜，内脏组织块不必太大，尽可能减少污染。无论是运送新鲜的病料还是冰冻的病料，保证整个过程中，病料始终处于低温状态。对每一器官，应在各个不同部位多取几块组织，并且病变部分应尽量附带一些周围的健康组织。

实训九　猪瘟抗体免疫胶体金层析检测技术

【实训目的】

1.使用“猪瘟抗体”快速检测卡检测猪瘟抗体。

2.检测抗体阳性表示动物曾感染过病原或进行了疫苗免疫，线条颜色深浅反映了临床治疗中抗体的变化趋势，或疫苗免疫后的抗体保护水平。

【实训条件】

“猪瘟抗体”快速检测卡 1 份（内装干燥剂和吸样管）、检测对照卡、使用说明书。

【相关知识】

猪瘟抗体免疫胶体金层析技术检测原理

若样品中有猪瘟病毒抗体，当血清滴入加样孔后，猪瘟病毒抗体会与胶体金包被抗原反应，形成抗原抗体复合物，复合物随溶液一起层析移动。在显示窗口的检测线(T)位置，复合体中的抗体被预先包被的纯化抗原捕获截留，随后复合体中的胶体金颗粒形成一条紫红色线，如此则判定为阳性。

线的颜色深浅直接与抗体量的多少成正比。

若样品中没有猪瘟病毒抗体，则胶体金标记的抗原将直接层析流过检测线(T)位置，检测线(T)位置也就与其他位置一样保持白色，如此则判定为阴性。

溶解在样品溶液中的胶体金标记抗原被携带前往至质控线(C)时，与预先包被的兔抗猪瘟病毒抗体结合，形成一条紫红色线，证明本试纸有效。整个试验仅需 20 min。

【职业能力训练】

猪瘟抗体免疫胶体金层析技术检测方法

一、检测步骤

(1)取 1.5 mL 离心管，采血 0.5～1 mL，1 000 r/min，离心 3 min 或静置分离血清。

(2)取出测试卡，置于水平桌面，取样本逐滴滴加 3 滴（约 100 μL）至加样孔，20 min 后观察结果，根据显示窗内 T 线反应情况判定结果(图 3-3-1)。

(3)反应 20 min 后，可将检测线(T)色带与对照卡的色带滴度进行对比参照，从而判断抗体效价水平。

①被检样品检测线(T)条带的色泽≥对照卡中 1∶16(效价)位置条带色泽时(图 3-3-2)，说明样品中猪瘟病毒抗体的滴度较高；1∶32(效价)位置条带色泽时，说明注射猪瘟疫苗产生抗体的滴度可以抵御猪瘟病毒强毒攻击，不用补注疫苗见图 3-9-2。

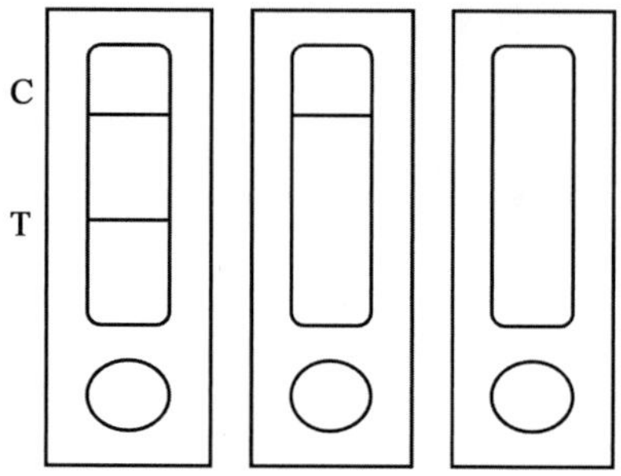

图 3-9-1　阳性　阴性　无效

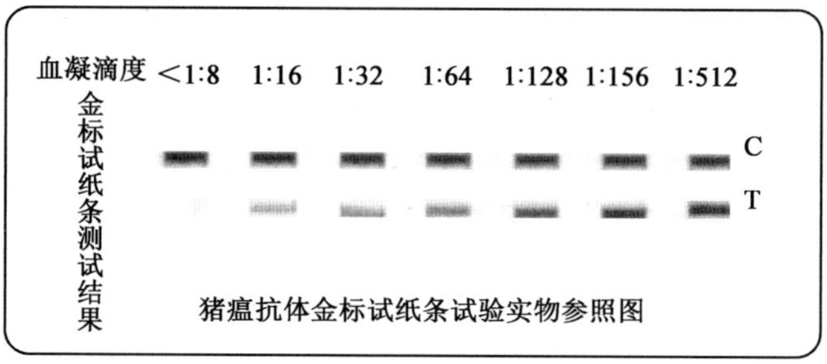

图 3-9-2　猪瘟抗体金标试纸条比对表

②被检样品检测线(T)条带的色泽＜对照卡中 1∶16(效价)位置条带色泽时，说明样品中猪瘟病毒抗体效价偏低，不够抵御猪瘟病毒强毒攻击的最低保护抗体滴度；

③被检样品检测线(T)处无明显色带出现，说明样品中可能不含猪瘟病毒抗体；

④当被检样品检测线(T)条带的色泽特别深时，被检猪即使接种了疫苗，也可能已被强毒感染。

二、检验方法的局限性

本试剂是定性筛选试剂，试验结果仅说明被检样品中含有猪瘟抗体，与其他的诊断试验一样，应该由兽医师根据临床诊断及实验室的结果综合评估。使用过程中，不同厂家的操作要求可能有所不同，要看好说明书。

三、注意事项

(1)本品如果购买时发现过期、破损、污染、无效的产品,请在购买处进行更换。

(2)测试样品来自动物,可能有潜在感染性,样品和使用过的试剂应被看作微生物危险品处理。

(3)所有试纸启封后马上使用,此前不要随意打开;本品为一次性产品,请勿二次使用。

(4)勿使用水作阴性对照。

实训十　猪瘟正向间接血凝试验

【实训目的】

学生通过学习,能够掌握猪瘟正向间接血凝试验。

【实训条件】

96孔110°V型医用血凝板,与血凝板大小相同的玻板,微量移液器(50 μL、25 μL),移液器吸头,微量振荡器,猪瘟血凝抗原,猪瘟阴性对照血清,猪瘟阳性对照血清,稀释液,待检血清(每头猪约0.5 mL血清,56 ℃水浴灭活30 min)。

【相关知识】

一、猪瘟正向间接血凝实验原理

用已知致敏抗原检测未知血清抗体的试验,称为正向间接血凝试验(IHA)。

抗原与其对应的抗体相遇,在一定条件下会形成抗原抗体复合物,但这种复合物的分子团很小,肉眼看不见。若将抗原吸附在经过特殊处理的红细胞表面,只需少量抗原就能大大提高抗原和抗体的反应灵敏性。这种经过猪瘟抗原致敏的红细胞与猪瘟抗体相遇,红细胞便出现清晰可见的凝集现象。

二、实验目的

正向间接血凝试验是一种用已知致敏猪瘟抗原检测未知猪瘟血清中抗体的试验方法,它的操作方法相对简单,实验原理也易于理解,在基层实验条件和技术相对落后的情况下经常被应用到,因此,正确熟练地操作应用,在一些动物疫病的免疫抗体检测、疫病诊断上具有现实意义。

【职业能力训练】

猪瘟正向间接血凝试验检测技术

一、检查试剂性状

(1)液体血凝抗原　摇匀呈棕红色(或咖啡色),静置后,红细胞逐渐沉入瓶底。

(2)阴性对照血清　淡黄色清亮稍带黏性的液体。

(3)阳性对照血清　微红或淡黄色稍混浊带黏性的液体。

(4)稀释液　淡黄或无色透明液体,低温下放置,瓶底易析出少量结晶,在水浴中加温后即可全溶,不影响使用。

二、检查试剂包装

(1)液体血凝抗原　摇匀后即可使用,5 mL/瓶,每瓶检测 30～40 头份血清。

(2)阴性血清　1 mL/瓶,直接稀释使用。

(3)阳性血清　1 mL/瓶,直接稀释使用。

(4)稀释液　100 mL/瓶,直接使用,4～8 ℃保存。

三、具体操作步骤

1.加稀释液

在血凝板 1～6 排的 1～9 孔;第 7 排的 1～3 孔、5～6 孔;第 8 排的 1～12 孔各加稀释液 50 μL。

2.稀释待检血清

取 1 号待检血清 50 μL 加入第 1 排第 1 孔,并将枪头插入孔底,右手拇指轻压活塞 7 次混匀(避免产生过多的气泡),从该孔取出 50 μL 移入第 2 孔,混匀后取出 50 μL 移入第 3 孔……直至第 9 孔混匀后取出 50 μL 丢弃。此时第 1 排 1～9 孔待检血清的稀释度(稀释倍数)依次为:1∶2(1)、1∶4(2)、1∶8(3)、1∶16(4)、1∶32(5)、1∶64(6)、1∶128(7)、1∶256(8)和 1∶512(9)。

取 2 号待检血清加入第 2 排、取 3 号待检血清加入第 3 排……均按上法稀释,注意每取一份血清时,必须更换一个吸头。

3.释阴性对照血清

在血凝板的第 7 排第 l 孔加阴性血清 50 μL,倍比稀释至第 3 孔,混匀后从该孔取出 50 μL 丢弃。此时阴性血清的稀释倍数依次为 1∶2(1)、1∶4(2)、1∶8(3)。第 5～6 孔为稀释液对照。

4.稀释阳性对照血清

在血凝板的第 8 排第 1 孔加阳性血清 50 μL,倍比稀释至第 12 孔,混匀后从该孔取出 50 μL 丢弃。此时阳性血清的稀释倍数依次为(1∶2)～(1∶4096)。

5.加血凝抗原

被检血清各孔、阴性对照血清各孔、阳性对照血清各孔、稀释液对照孔(即 1～8 排孔)均各加血凝抗原 25 μL(充分摇匀,瓶底应无红细胞沉淀)。

6.振荡混匀

将血凝板置于微量振荡器上振荡 1～2 min,如无振荡器,用手轻轻摇匀亦可,然后将血凝板放在白纸上观察各孔红细胞是否混匀,不出现血球沉淀为合格。盖上玻板,室温下或 37 ℃

下静置 1.5～2 h 判定结果，也可延至次日判定。

7. 判定标准

移去玻板，将血凝板放在白纸上，先观察阴性对照血清 1∶8 孔，稀释液对照孔，均应无凝集（红细胞全部沉入孔底形成边缘整齐的小圆点），或仅出现“+”凝集（红细胞大部沉于孔底，边缘稍有少量红细胞悬浮）。

阳性血清对照(1∶2)～(1∶256)各孔应出现“++～+++”凝集为合格（少量红细胞沉入孔底，大部红血细胞悬浮于孔内）。

在对照孔合格的前提下，再观察待检血清各孔，以呈现“++”凝集的最大稀释倍数为该份血清的抗体效价。例如1号待检血清 1～5 孔呈现“++～+++”凝集，6～7 孔呈现“++”凝集，第 8 孔呈现“+”凝集，第 9 孔无凝集，那么就可判定该份血清的猪瘟抗体效价为 1∶128。

接种猪瘟疫苗的猪群免疫抗体效价达到 1∶16（即第 4 孔，呈现“++”凝集）为免疫合格。

注意事项：

(1)为使检测获得正确结果，请在检测前仔细阅读本说明书。

(2)严重溶血或严重污染的血清样品不宜检测，以免发生非特异性反应。

(3)勿用 90°和 130°血凝板，严禁使用一次性血凝板，以免误判结果。

(4)用过的血凝板应及时在水龙头下冲净，再用蒸馏水或去离子水冲洗 2 次，甩干水分放 37 ℃恒温箱内干燥备用。检测用具应煮沸消毒，37 ℃干燥备用。血凝板应定期浸泡在洗液中也可浸泡在 5%盐酸液内，48 h 捞出后清水冲净。

(5)每次检测只做一份阴性、阳性和稀释液对照。

“-”表示完全不凝集或 0～10%血球凝集

“+”，表示 10%～25%血球凝集

“++”，表示 50%血球凝集

“+++”表示 75%血球凝集

“++++”表示 90%～100%血球凝集

(6)用不同批次的血凝抗原检测同一份血清时，应事先用阳性血清准确测定各批次血凝抗原的效价，取抗原效价相同或相近的血凝抗原检测待检血清抗体水平的结果是基本一致的，如果血凝抗原效价差别很大用来检测同一血清样品，肯定会出现检测结果不一致。

(7)收到本试剂盒时，应立即打开包装，取出血凝抗原瓶，摇动后使黏附在瓶盖上的红细胞摇下，否则易出现沉渣，影响使用效果。

(8)注意试剂保存条件及保存期

①液体血凝抗原：4～8 ℃保存（切勿冻结），保存期 4 个月。

②阴性对照血清：-20～-15 ℃保存，有效期 1 年。

③阳性对照血清：-20～-15 ℃保存，有效期 1 年。

实训十一　猪瘟病毒抗体阻断 ELISA 检测方法

【实训目的】

学生通过学习，能够掌握猪瘟病毒抗体阻断 ELISA 检测方法。

【实训条件】

猪瘟病毒抗体阻断 ELISA 检测试剂盒、使用说明书。

【相关知识】

猪瘟病毒抗体阻断 ELISA 检测原理

用于检测猪血清或血浆中猪瘟病毒抗体的一种阻断 ELISA 方法。通过待测抗体和单克隆抗体与猪瘟病毒抗原的竞争结合，采用辣根过氧化物酶与底物的显色程度来进行判定。

【职业能力训练】

猪瘟病毒抗体阻断 ELISA 检测方法

一、操作步骤

在使用时，所有的试剂盒组分都必须恢复到室温 18～25 ℃。使用前应将各组分放置于室温至少 1 h。

(1)分别将 50 μL 样品稀释液加入每个检测孔和对照孔中。

(2)分别将 50 μL 的阳性对照和阴性对照加入相应的对照孔中，注意不同对照的吸头要及时更换，以防污染。

(3)分别将 50 μL 的被检样品加入剩下的检测孔中，注意不同检样的吸头要分开，以防污染。

(4)轻弹微量反应板或用振荡器振荡，使反应板中的溶液混匀。

(5)将微量反应板用封条封闭置于湿箱中(18～25 ℃)孵育 2 h，也可以将微量反应板用封条封闭置于湿箱中孵育过夜。

(6)吸出反应孔中的液体，并用稀释好的洗涤液洗涤 3 次，注意每次洗涤时都要将洗涤液加满反应孔。

(7)分别将 100 μL 的抗猪瘟病毒酶标二抗(即取即用)加入反应孔中，用封条封闭反应板并于室温下或湿箱中孵育 30 min。

(8)洗板(见 6)后，分别将 100 μL 的底物溶液加入反应孔中，于避光、室温条件下放置 10 min。加完第一孔后即可计时。

(9)在每个反应孔中加入 100 μL 终止液终止反应。注意要按加酶标二抗的顺序加终止液。

(10)在 450 nm 处测定样本以及对照的吸光值，也可用双波长(450 nm 和 620 nm)测定样本以及对照的吸光度值，空气调零。

(11)计算样本和对照的平均吸光度值。计算方法如下：

计算被检样本的平均值 OD_{450}（$=OD_{TEST}$）、阳性对照的平均值（$=OD_{POS}$）、阴性对照的平均值（$=OD_{NEG}$）。

根据以下公式计算被检样本和阳性对照的阻断率；

$$\text{阻断率}=\frac{OD_{NEG}-OD_{TEST}}{OD_{NEG}}\times 100\%$$

二、试验有效性

阴性对照的平均 OD_{450} 应大于 0.50。阳性对照的阻断率应大于 50%。

三、结果判定

如果被检样本的阻断率大于或等于 40%，该样本被判定为阳性（有猪瘟病毒抗体存在）。

如果被检样本的阻断率小于或等于 30%，该样本被判定为阴性（无猪瘟病毒抗体存在）。

如果被检样本阻断率为 30%～40%，应在数日后再对该动物进行重测。

实训十二　猪瘟荧光抗体试验

【实训目的】

学生通过学习，能够掌握猪瘟实验室诊断方法。如猪瘟荧光抗体试验、猪瘟正向间接血凝试验、猪瘟抗体免疫胶体金层析技术和猪瘟病毒抗体阻断 ELISA 检测方法。

【实训条件】

1. 器材　荧光显微镜、冰冻切片机、载玻片、盖玻片。

2. 试剂　丙酮、缓冲甘油、猪瘟荧光抗体、伊文思蓝溶液。

0.01 moL/L pH 7.2 磷酸盐缓冲液（PBS）：NaCl 8 g、KCl 0.2 g、Na_2HPO_4 1.15 g、KH_2PO_4 0.2 g、蒸馏水 1 000 mL。

3. 待检病料　扁桃体或脾、肾、淋巴结等。

【相关知识】

用猪瘟荧光抗体检测猪瘟病毒，特异性强，快速、准确。但有时易受病料选择和试剂效价等影响，且弱毒疫苗免疫后一段时间也影响检测结果。

【职业能力训练】

一、猪瘟荧光抗体检测技术

1. 扁桃体冰冻切片或组织压片的制备

采取活体或新鲜尸体的扁桃体，按常规方法用冰冻切片机制成 4 μm 切片，吹干后在预冷的纯丙酮中于 4 ℃固定 15 min，取出风干。

制作压片时，先切取病猪的扁桃体、淋巴结、脾或其他组织一小块，用滤纸吸去外面的液体，取干净载玻片一张，稍微烘热，将组织小块的切面触压玻片，做成压印片，置室温内干燥。

2.染色

用 1/40 000 伊文思蓝溶液将荧光抗体稀释 8 倍，将稀释的荧光抗体滴加到标本片上，于 37 ℃温箱内感作 30～40 min。再用 0.01 mol/L pH 7.2 PBS 充分漂洗，分别于 2 min、5 min、8 min 更换 PBS，最后用蒸馏水漂洗两次，风机吹干，滴加缓冲甘油数滴，加盖玻片封片，用荧光显微镜检查。

3.镜检

在腺窝（隐窝）上皮细胞内可见到明显的猪瘟病毒感染的特异性荧光。在 100 倍荧光显微镜观察时能清楚地看到腺窝的横断面，上皮细胞部分呈现新鲜的黄绿色，腺腔呈红色，其他组织呈淡棕色或黑绿色。高倍放大观察时细胞核呈黑色圆形或椭圆形，细胞质呈明亮的黄绿色。

注意废弃物的处理，防止散毒。

二、猪瘟(VP)荧光定量 qPCR 试剂盒诊断技术

1.猪瘟（VP）荧光定量 qPCR 试剂盒组成（表 3-13-1）

表 3-13-1　试剂盒组成

反应数：16 反应数/管；96 反应数/盒		
名称	数量	成分
CSFV(VP) qPCR 冻干包	6 个独立密封铝箔包装，每包含 1 管冻干管（标记：qVP）；16 反应数/管	包含特异引物、探针、酶以及 dNTPs
冻干回溶液	450 μL/管，6 管	为回溶 CSFV(VP) qPCR 干粉的缓冲液
CSFV (VP)阳性对照	1 管	含有特异序列的人造质体，作为阳性标准品
阳性回溶液	1 管	回溶阳性对照的缓冲液
使用说明书	1 份	

2.储存条件

试剂需保存于 4°C 以下。本产品于－20°C 条件下可稳定保存至标签上有效期。

产品特点

本试剂为预先混好的冻干形式，一管 CSFV(VP) qPCR 冻干粉包含有 16 个反应，回溶后立即可用。用户只需回溶 CSFV(VP) qPCR 冻干粉，将其和模板混合即可开始反应。

储存与稳定度

本试剂应储存在 4°C 以下环境。

干粉包内的冷冻干燥管，应保存在妥善密封的铝质包装袋中，避免发生水解现象。

干粉包在使用前，应回复至室温状态。一旦开封回溶 CSFV(VP) qPCR 冻干粉后需保存于－20 ℃，可反复冻融 4 次。

3.试剂配置

按照表 3-13-2 回溶 CSFV(VP) qPCR 冻干粉与 CSFV (VP)阳性对照。

表 3-13-2　阳性对照

成分	回溶缓冲液	回溶体积	反应数	备注
CSFV(VP) qPCR 冻干粉	冻干回溶液	360 μL	16	初次使用前回溶
阳性对照	阳性回溶液	100 μL	20	

按照表 3-13-3 准备 Real Time PCR 反应液,确保整个准备过程在冰上进行。

* 本试剂含终浓度 45 nmol/L ROX Passive Reference Dye,适用于 Applied Biosystems® 7500、Applied Biosystems® ViiA™ 7、Agilent Mx3000P™、Agilent Mx3005P™、Agilent AriaMx、Bio-Rad CFX96 Touch™、Roche LightCycler® 480 等机型。

其他仪器请依照 Real Time PCR 设备建议参比染料是否添加及使用量。

反应条件见表 3-13-4。

表 3-13-3　制备反应液

反应成分	反应体积/μL
CSFV(VP) qPCR 溶液	20
模板	5
总体积	25

表 3-13-4　反应条件

循环次数	温度/ ℃	时间
1	94	2 min
45	94	15 s
	60 (收集荧光)	30 s

4.配置步骤

依据样本数量,按试剂配置比例配好反应体系。

将配好的反应试剂以 20 μL/反应,分装到 0.2 mL 的荧光 PCR 专用反应管或反应盘中。

取 5 μL 的核酸样品、阳性标准品或 NTC (No Template Control,或 tRNA),加入已添加反应试剂的反应管或反应盘内。

依据反应条件,进行扩增反应。

5.结果判定

反应结束后保存检测数据文件。根据仪器使用说明进行数据分析。使用软件默认的 Ct 设置进行阈值设定。在 FAM (520 nm)通道扩增曲线有明显对数增长期(Ct≤45),则为 CSFV (VP)阳性结果 ;在 FAM (520 nm)通道扩增曲线无对数增长期(Ct>45),则为 CSFV (VP)阴性结果:* Positive:阳性结果;Negative:阴性结果。见表 3-13-5。

表 3-13-5　结果判定

样本	阳性标准品	NTC	结果
Positive	Positive	Negative	样本为 CSFV (VP)　阳性
Negative	Positive	Negative	样本为 CSFV (VP)　阴性
Positive	Positive	Positive	实验污染,建议重做检测
Positive /Negative	Negative	Negative	实验失败,建议重做检测

实训十三 猪伪狂犬病毒PCR检测技术

【实训目的】

1. 了解PCR原理。
2. 掌握伪狂犬病毒PCR检测技术。

【实训条件】

1. 仪器及药品

组织研磨器、眼科剪、眼科镊、一次性注射器、琼脂糖、灭菌1.5 mL离心管和吸头(10 μL、200 μL、1000 μL)。

2. 试剂盒

裂解液8 mL;蛋白酶K 110 μL;抽提液8mL;异丙醇7mL;洗涤液12 mL;无菌水500 μL;阴性对照300 μL;阳性对照;0.2 mL薄壁PCR管15个;PCR反应液A 180 μL;(11) PCR反应液B 50 μL;

50倍TAE电泳缓冲液20 mL;染色液10 μL。

注:塑料袋内试剂(阳性对照、蛋白酶K、PCR反应液A和B)-20 ℃冻存,其他室温保存。

【相关知识】

一、什么是PCR技术

PCR技术,即聚合酶链式反应(Polymerase Chain Reaction,PCR),是指在DNA聚合酶催化下,以母链DNA为模板,以特定引物为延伸起点,通过变性、退火、延伸等步骤,体外复制出与母链模板DNA互补的子链DNA的过程。

PCR技术是一项DNA体外合成放大技术,能快速特异地在体外扩增任何目的DNA。

二、PCR原理

DNA的半保留复制是生物进化和传代的重要途径。双链DNA在多种酶的作用下可以变性解旋成单链,在DNA聚合酶的参与下,根据碱基互补配对原则复制成同样的两分子拷贝。在实验中发现,DNA在高温时也可以发生变性解链,当温度降低后又可以复性成为双链。因此,通过温度变化控制DNA的变性和复性,加入设计引物,DNA聚合酶、dNTP就可以完成特定基因的体外复制。

【职业能力训练】

猪伪狂犬病毒PCR检测技术

(一)样品制备

1. 样品采集

病死或扑杀的猪,取大脑海马背侧皮层、中脑、脑桥、扁桃体、淋巴结等组织;待检活猪,用棉拭子取鼻腔分泌物，置于50%甘油生理盐水中，或用注射器取血5 mL，2～8 ℃保存。要求送检病料新鲜，严禁反复冻融。

2. 样品处理

(1)组织样品的处理　称取组织0.1 g于研磨器中磨碎，再加1 mL生理盐水继续磨至无块状物；然后将样品转至1.5 mL灭菌离心管中，8 000 r/min离心5 min，取上清液100 μL于1.5 mL灭菌离心管中，加入500 μL裂解液和10 μL蛋白酶K，混匀后37 ℃温育1 h。

(2)全血样品的处理　待血凝后取血清放于离心管中，8 000 r/min离心5 min，取上清液100 μL于1.5 mL灭菌离心管中，加入500 μL裂解液和10 μL蛋白酶K，混匀后37 ℃温育1 h。

(3)阳性对照的处理　混匀后取100 μL于1.5 mL灭菌离心管中，加入500 μL裂解液和10 μL蛋白酶K，混匀后37 ℃温育1 h。

(4)阴性对照的处理　混匀后取100 μL于1.5 mL灭菌离心管中，加入500 μL裂解液和10 μL蛋白酶K，混匀后37 ℃温育1 h。

(二)病毒DNA的提取

(1)取出已处理的样品、阴性对照和阳性对照，分别加入600 μL抽提液(用抽提液之前不要晃动，不要吸到上层保护液)，用力颠倒10次混匀，12 000 r/min离心10 min。

(2)取500 μL上清液置于灭菌离心管中，加入500 μL异丙醇，混匀，置液氮中3 min或-80 ℃冰箱中30 min。取出样品管，室温融化，13 000 r/min离心15 min。

(3)弃上清液，沿管壁缓缓加入1 mL洗涤液，轻轻旋转一周后倒掉，将离心管倒扣于吸水纸上1 min，再将离心管真空抽干15 min或37 ℃烘干。

(4)用30 μL无菌水溶解沉淀，作为模板备用。

(三)PCR

1. 反应体系

分别取16 μL PCR反应液A(用前混匀)、2 μL PCR反应液B(用前混匀)和2 μL模板DNA，混匀。

2. 反应程序

在PCR仪上运行以下程序：94 ℃ 3 min；94 ℃ 30 s、55 ℃ 30 s、72 ℃ 30 s，35个循环；72 ℃延伸10 min。

(四)电泳

1. 制胶

用50倍稀释的TAE电泳缓冲液配制1%琼脂糖凝胶。

2. 电泳

待胶凝固后，取5 μL PCR扩增产物点样于琼脂糖凝胶孔中，以5V/cm的电压于50倍稀释的TAE电泳缓冲液中电泳。

3. 染色

取50倍稀释的TAE电泳缓冲液30 mL，加入10 μL染色液，混匀后将胶浸泡30 min，于紫外线灯下观察结果。

(五)结果判断

阳性对照出现400bp扩增带，阴性对照无带出现(引物带除外)时，实验结果成立。被检样品出现 400 bp 扩增带为猪伪狂犬病毒阳性，否则为阴性。

（六）注意事项

（1）本试剂盒有效期为 6 个月，不要使用超过有效期限的试剂，试剂盒之间的组分不要混用。使用过程中，注意不同厂家试剂盒的操作要求。

（2）所有试剂应在规定的温度贮存，使用时拿到室温下，使用后立即放回。

（3）注意防止试剂盒组分受污染。使用前将塑料袋内试剂瞬离 15 s，使液体全部沉于管底，放于冰盒中，吸取液体时移液器吸头尽量在液体表面层吸取。

（4）严格按试剂盒说明书操作可以获得最好的结果。操作过程中移液、定时等全部过程必须精确。

（5）所有接触病料的物品均应合理处理，以免污染实验室。

PCR 检测原理

常见猪病 PCR 检测操作步骤（上）

常见猪病 PCR 检测操作步骤（下）

实训十四　猪传染性胃肠炎病毒抗体免疫组化检测技术

【实训目的】

1. 了解免疫组化染色原理。
2. 掌握猪传染性胃肠炎病毒抗体免疫组化检测方法。

【实训条件】

1. 试剂　不同浓度梯度的乙醇、PBS 缓冲液、3% 牛血清白蛋白、0.01 mol/L 的磷酸盐缓冲液、DAB 显示液、二甲苯和抗体，猪传染性胃肠炎病毒抗体免疫组化试剂盒等。
2. 器材　移液器、微波盒、医用微波炉、载玻片、切片架、显微镜等。

【相关知识】

免疫组织化学染色原理

动画：免疫组织化学染色方法

免疫组织化学又称免疫细胞化学，是通过共价键将酶连接到抗体上，制成酶标抗体，再利用酶对底物的特异催化作用，生成有色的不溶性产物或具有一定电子密度的颗粒，于显微镜或电镜下进行细胞表面及细胞内各种抗原成分的定位。目前通常选用免疫酶组化间接染色法进行实验，利用该技术可进行细胞、亚细胞水平检测各种抗原物质，如蛋白质、多肽、酶、激素、病原体以及受体等。由于免疫组化具有特异性强、灵敏度高和定位准确等特点，并且能将形态研究与功能研究有机地结合在一起，这门新技术已被广泛应用于生物学与医学研究的许多领域，在病理学研究中，免疫组化用于疾病诊断的意义更为重要。

【职业能力训练】

猪传染性胃肠炎病毒抗体免疫组化检测技术

(一)切片和脱蜡

切 5 μm 的薄片贴于载玻片上，脱蜡后进行后续反应。步骤如下：将切片放入二甲苯Ⅰ中静置10 min，取出切片，放入二甲苯Ⅱ中(注意从二甲苯Ⅰ移到二甲苯Ⅱ要静置一会儿，防止Ⅰ中的液体过多地带入Ⅱ中)，静置 10 min，二甲苯是有机溶剂可以溶解切片上的蜡，从而暴露组织。

脱蜡后将组织切片进行梯度酒精水化，分别是无水酒精、95%酒精、85%酒精、75%酒精、50%酒精各浸泡 2 min，最后移至蒸馏水中，水化过程完成。倒入 0.1 mol/L 的 PBS 工作液，从蒸馏水中取出切片，轻轻磕去多余水分，逐一放入 PPS 液中，共冲洗 3 次，每次 5 min。

(二)微波修复抗原

取一定量 pH 6.0 的柠檬酸盐缓冲液加入微波盒中，微波高温加热 5 min 至沸腾。从 PBS 液中逐一取出切片，磕掉水分，放入已沸腾的缓冲液中，中档微波处理 10 min，取出微波盒自然冷却至室温，冬季冷却时间较短，夏季冷却时间较长，与外界温度有关。从缓冲液中取出玻片先用蒸馏水冲洗两次，再用 PBS 冲洗 3 次，每次 5 min。

(三)过氧化氢封闭内源性过氧化物酶

将切片从 PBS 液中取出，擦去多余水分，在组织周围 0.5 cm 左右，用疏水笔画圈，每张切片在疏水圈中滴加 3%过氧化氢甲醇溶液 100～200 μL，以完全覆盖组织为主，放入免疫组化湿盒中，避光封闭 30 min，以阻断内源性过氧化物酶的活性。取出切片，用 PBS 冲洗 3 次，每次 5 min。

(四)血清封闭

血清封闭目的就是防止切片对特异性抗体的吸附作用。血清的选择一般跟二抗的来源一致。PBS 洗涤结束后，将切片从 PBS 液中取出，轻磕出多余水分，每张切片滴加含 3%牛血清白蛋白和 1%NGS 的 0.01 mol/L PBS 液，室温孵育 30 min。取出切片，用 PBS 冲洗 3 次，每次 5 min。

(五)滴加一抗(鼠抗猪传染性胃肠炎病毒抗体)

PBS 洗涤结束后，将切片从 PBS 液中取出，每张切片滴加含抗体 3%牛血清白蛋白和 1% NGS 的 0.1 mol/L PBS 液稀释，4 ℃ 室温孵育过夜。

(六)滴加二抗

次日 8 点，取出湿盒，室温放置 20 min 进行复温，随后放入 PBS 液，冲洗 3 次，每次 5 min，取出切片，磕出多余 PBS 液，每张切片滴加酶标抗鼠聚合物(过氧化物酶抗鼠 IgG)，室温下孵育 30 min。

(七)显色

DAB显色液的配制方法：取1 mL PBS液依次加入以下试剂：从免疫组化湿盒中取出切片，用0.1 mol/L PBS液漂洗3次，每次5 min。从PBS液中取出切片，轻磕出多余水分，每张切片滴加一滴新鲜配制的DAB显色液，也叫作二氨基联苯胺。室温孵育5 min后，取出切片，擦除多余水分，在显微镜下观察，待出现黄色颗粒放入蒸馏水中终止显色。

(八)细胞核复染

从蒸馏水中取出切片，放入苏木精中染色，染色结束后，将切片取出置于蒸馏水中洗涤3次，洗去浮色，取出切片放入0.1%的盐酸酒精分化液中快速上下提取3次，分色完成，用自来水流水冲洗切片，蓝化30 min。蓝化结束后，切片经梯度酒精脱水干燥，脱水干燥后，将切片放入二甲苯中透明，透明完成后，取出切片擦除多余二甲苯。滴加中性树胶封固，用盖玻片盖上按压，将多余树胶压出，待树胶封片结束后，将切片晾干置于显微镜下观察。

(九)观察结果

观察到黄棕色颗粒即为阳性结果。

注意，为了排除假阴性和假阳性需要设置阴性对照和阳性对照。

实训十五　猪细菌性疾病检测技术

【实训目的】

掌握猪链球菌病、葡萄球菌病、巴氏杆菌病、大肠杆菌病、炭疽杆菌病的检测方法。

【实训条件】

1.试剂　常用染色液(亚甲蓝染色液、革兰氏染色液、瑞氏染色液)。

2.器材　载玻片、接种环、酒精灯、染色架、洗瓶、显微镜、培养箱、载玻片、香柏油、二甲苯、吸水纸、擦镜纸。

3.待检材料　细菌培养物或待检病料。

【相关知识】

一、什么是革兰氏阳性菌和革兰氏阴性菌

革兰氏染色法是先用结晶紫来染细菌，所有细菌都染成了紫色，然后涂以革兰氏碘液，来加强染料与菌体的结合，再用95%的酒精来脱色20～30 s，有些细菌不被脱色，仍保留紫色，有些细菌被脱色变成无色，最后再用沙黄复染1 min，结果已被脱色的细菌被染成红色，未脱色的细菌仍然保持紫色，不再着色，这样，凡被染成紫色的细菌称为革兰氏阳性菌(G^+菌)；染成红色的细菌称为革兰氏阴性菌(G^-菌)。

二、细菌抹片的制备

(一)玻片准备

载玻片应清晰透明、洁净而无油渍，滴上水后，能均匀展开，附着性好。如有残余油渍，可

按下列方法处理：

(1)滴上95%酒精2～3滴，用洁净纱布揩擦，然后在酒精灯火焰上轻轻拖过几次。

(2)若上法仍未能去除油渍，可再滴上1～2滴冰醋酸，用纱布擦净，再在酒精灯火焰上轻轻通过。

(二)制片

所用材料情况不同，制片方法亦有差异。

1.液体性材料

如液体培养物、血液、渗出液、乳汁等，可直接用灭菌接种环取一环材料，于玻片的中央均匀地涂布成适当大小的薄层，烧灼接种环。

2.固体材料

如菌落、脓、粪便等，则应先用灭菌接种环取少量生理盐水或蒸馏水，置于玻片中央，然后再用灭菌接种环取少量材料，在液滴中混合，均匀涂布成适当大小的薄层，烧灼接种环。

3.组织脏器材料

先用镊子夹持局部，然后以灭菌或洁净剪刀取一小块0.5～1 cm大小，夹出后将其新鲜切面在玻片上压印或涂抹成一薄片。

如有多个样品同时需要制成抹片，只要染色方法相同，亦可以在同一张玻片上有秩序地排好，做多点涂抹，或者先用蜡笔在玻片上划分成若干小方格，每方格涂抹一种样品，需要保留的标本片，应贴标签，注明菌名、材料、染色方法和制片日期等。

(三)干燥

上述涂片，应让其自然干燥。

(四)固定

有两类固定方法。

1.火焰固定

将干燥好的细菌片，使涂抹面向上，以其背面在酒精灯火焰上来回通过数次，略加热(但不能太热，以不烫手背为度)进行固定。

2.化学固定

血液、组织脏器等抹片作亚甲蓝染色时，不用火焰固定，而应用甲醇固定，可将已干燥的抹片浸入甲醇中2～3 min，取出晾干；或者在抹片上加数滴甲醇使其作用2～3min后，自然挥发干燥，抹片如做瑞氏染色，则不必先做特别固定，染料中含有甲醇，可以达到固定的目的。

三、常用的细菌染色法

(一)碱性亚甲蓝染色法

抹片，自然干燥，甲醇固定2～3 min，亚甲蓝染色1 min，水洗，干燥，镜检。

(二)革兰氏染色法

涂片，自然干燥，火焰固定；滴加草酸铵结晶紫1 min，水洗甩干；滴加革兰氏碘液媒染

1 min,水洗甩干;滴加 95%酒精脱色 30 s 到 1 min,水洗甩干;滴加沙黄或石炭酸复红液复染 1 min,水洗,干燥镜检。

(三)瑞氏染色法

(1)标记血涂片。

(2)待血涂片干透后,用蜡笔在两端画线,以防染色时染液外溢。然后将血涂片平放于染色架上,滴加瑞氏染液 3~5 滴。约 1 min 后,滴加等量或稍多的缓冲液,轻轻摇动血涂片或用洗耳球对准血涂片加液处轻吹,使染液充分混合。

(3)染色 3~5 min 后,用流动的蒸馏水从血涂片一端冲去染液,约 30 s 以上。染片背面用纱布擦净后,待干。

四、Diff-Quik 染色法

(1)准备一套 Diff-Quik 染色液,同时准备一杯清水。

(2)将待染色的涂片放入 A 液(淡蓝色)中,上下提动 3~5 次,直到可见液体均匀流下。

(3)滴去多余的 A 液,将涂片直接放入 B 液(红色)中,上下提拉,染色 5~10 s。

(4)滴去多余的 B 液,将涂片直接放入 C 液(蓝色)中,上下提拉,染色 5~10 s。

(5)滴去多余的 C 液,将涂片放入清水中,洗去多余残留染液,用洗耳球等吹干。

注:染色时间需根据实际染色时间进行调整。

【职业能力训练】

一、猪链球菌病的实验室检测

(一)实验准备

培养箱、酒精灯、接种环、亚甲蓝染色液、革兰氏染色液、载玻片、解剖器械、疑似链球菌病病猪(或死亡不久的尸体)。

(二)病料采集和处理

将临床疑似病例,据其不同病型采取不同的病料。败血症型病猪,无菌采取心、脾、肝、肾和肺等。淋巴结脓肿病猪可用无菌的注射器吸取未破溃淋巴结脓肿内的脓汁。脑膜炎型病猪,则以无菌操作采取脑脊髓液及少量脑组织。

(三)链球菌形态观察

将采集到的病料制成涂片,用碱性亚甲蓝染色或革兰氏染色法染色后镜检。如见到多数散在的或成双排列的短链圆形或椭圆形球菌,无芽孢,有时可见到带荚膜的革兰氏阳性球菌,可进行初步诊断。成对排列的往往占多数,注意与双球菌和两极着色的巴氏杆菌相区别。

(四)链球菌培养特性

未能确诊时,需进行链球菌分离培养。

怀疑为败血症的病猪,可先采取血液用硫乙醇盐肉汤增菌培养后,再转种于血液琼脂平板；若为肝、脾、脓汁、炎性分泌物、脑脊髓液等可直接用接种环钩取少许病料划线接种于血液琼脂平板上进行分离培养，37 ℃培养 24～48 h，形成大头针帽大小、湿润、黏稠、隆起半透明的露滴样菌落。菌落周围有完全透明的 β 溶血环，少数菌落呈现 α 绿色溶血环(图 3-15-2)。可进一步做涂片镜检和纯培养以及生化特性检查。此外，还可以应用荧光 PCR 检测技术进行快速诊断。

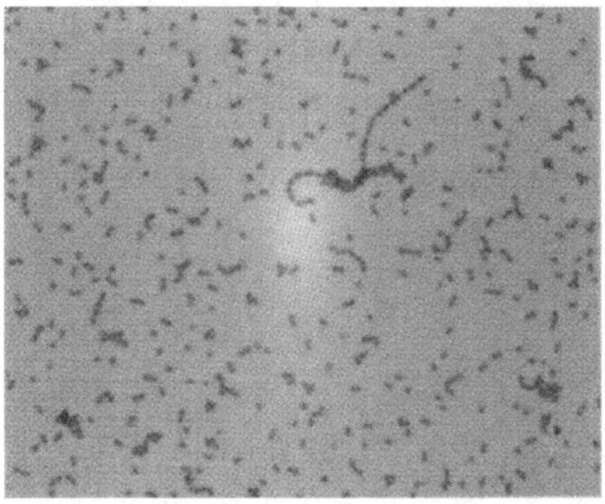

图 3-15-1　链球菌

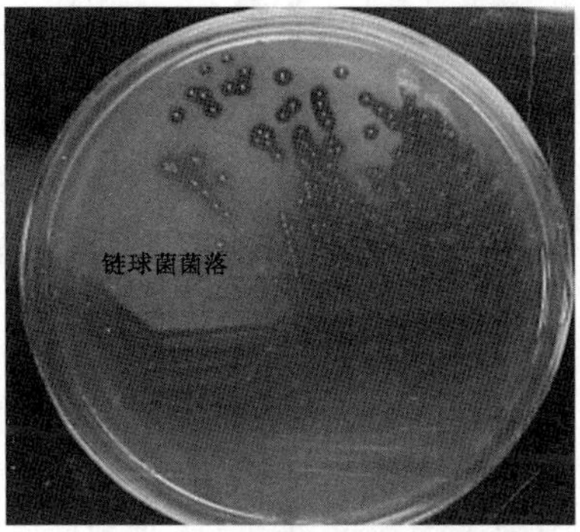

图 3-15-2　完全透明的 β 溶血环

(五)动物试验

将分离所得的链球菌肉汤培养物注射到小白鼠(腹腔 0.1 mL)，观察 3 d，如有死亡，取其腹腔渗出液作涂片，革兰氏染色镜检。

二、葡萄球菌病实验室检测

(一)葡萄球菌形态观察

挑取各种葡萄球菌的菌落或病料涂片，革兰氏染色后，观察其形态、排列及染色性。在病料涂片中，葡萄球菌常是单个、成对或短链状。在固体培养基上生长的常呈典型的葡萄串状排列。革兰氏染色阳性(图 3-15-3)。

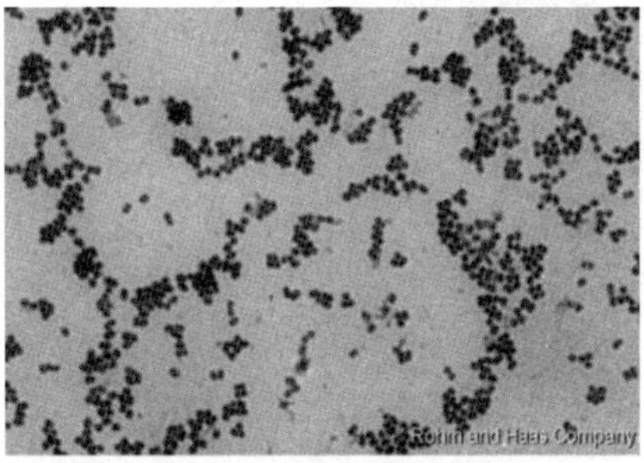

图 3-15-3　葡萄球菌

(二)葡萄球菌培养特性

1.接种

将血液琼脂平板分为几个等份，取各种葡萄球菌病料，用划线培养法分别接种于血平板上，并标记之。同样，分别将菌种接种于普通琼脂平板及普通肉汤中，置 37 ℃培养 18～24 h。

2.观察结果及记录。

普通琼脂平板：菌落呈圆形、湿润、不透明、边缘整齐、表面隆起的光滑菌落。由于菌株不同可能呈现黄色、白色或柠檬色。

血液琼脂平板：多数致病性菌株形成明显的溶血。

肉汤：显著混浊，形成沉淀，在液面形成菌环。

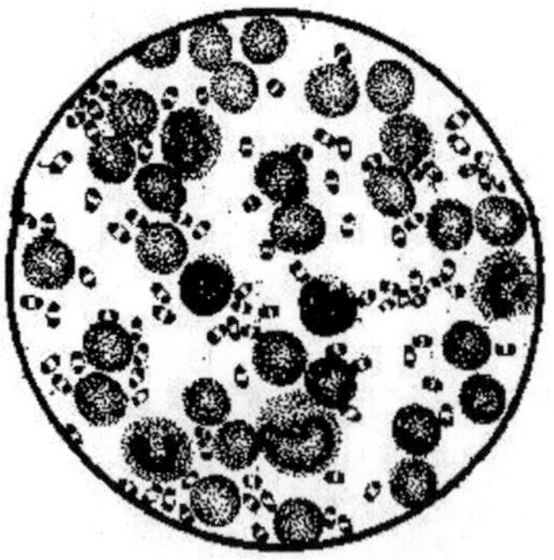

图 3-15-4 巴氏杆菌

三、多杀性巴氏杆菌病实验室检测

(一)巴氏杆菌形态观察

尽可能采取新鲜病料(心血、肝、脾、淋巴结、骨髓等)制成涂片,以碱性亚甲蓝液或瑞氏染液进行染色。可见病料中的多杀性巴氏杆菌为两极浓染的卵圆形小杆菌。最急性病例可采胸腔液或腹腔液做涂片,比用血涂片易于发现病原菌。但慢性病例或腐败材料有时不易发现典型菌,须进行培养和动物试验(图 3-15-4)。

(二)巴氏杆菌培养特性

将新鲜病料用血液琼脂平皿和麦康凯琼脂同时进行分离培养。第 2 天观察生长情况。此菌在麦康凯琼脂上不长,而在血琼脂上生长,24 h 后,可形成淡灰色、圆形、湿润、露珠样小菌落。菌落周围无溶血区,此时从典型菌落钓菌制成涂片,进行革兰氏染色,可染成革兰氏阴性、两极浓染的短小杆菌。将菌落接种在三糖铁培养基上时可生长,三糖铁底部变黄。

大肠杆菌
分离与检测

四、大肠杆菌病实验室检测

(一)病料采集和处理

采取未经治疗过的畜禽粪便或用棉拭子(灭菌棉拭子经生理盐水或甘油缓冲盐水浸湿)插入肛门轻轻转动揩拭后取出,放入灭菌试管中送检。或从新鲜的尸体采取肝、脾、心血、腹水等病料作细菌分离。如从小肠前段或空肠后段内容物取样,可先用灭菌生理盐水冲洗后再用接种环从黏膜上蘸取材料划线作细菌培养。

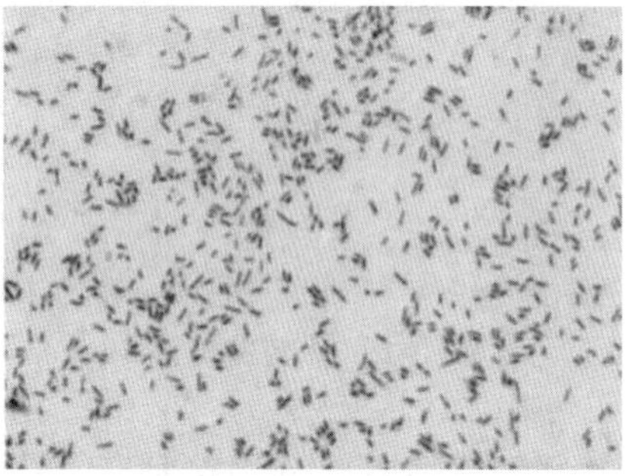

图 3-15-5 大肠杆菌

(二)大肠杆菌形态观察

取病、死猪肝脏直接涂片,用革兰氏染色法染色镜检,可见革兰氏染色阴性的红色小杆菌,如未发现细菌,再作分离培养(图 3-15-5)。

(三)大肠杆菌培养特性

将上述被检材料,划线接种于麦康凯或伊红-亚甲蓝培养基,置 37 ℃培养箱中,培养 24～48h,挑取可疑菌落,在麦康凯培养基上是粉红色菌落,在伊红亚甲蓝培养基上为紫黑色菌落,并常见闪烁金属光泽,初步诊断为大肠杆菌。还可做溶血试验和生化试验进一步鉴定。

五、沙门氏菌病实验室检测

(一)沙门氏菌形态观察

取病猪的粪、尿或肝、脾、肾、肠系膜淋巴结,流产胎儿的胃内容物,流产病畜的子宫分泌物少许制成涂片,自然干燥,用革兰氏染色法染色镜检,沙门氏菌呈两端椭圆或卵圆形,不运动,不形成芽孢和荚膜的革兰氏阴性小杆菌(图 3-15-6)。

(二)沙门氏菌培养特性

将病料直接划线接种在麦康凯琼脂培养基上，置 37 ℃ 培养箱中，培养 24 h，在麦康凯培养基上是白色菌落。

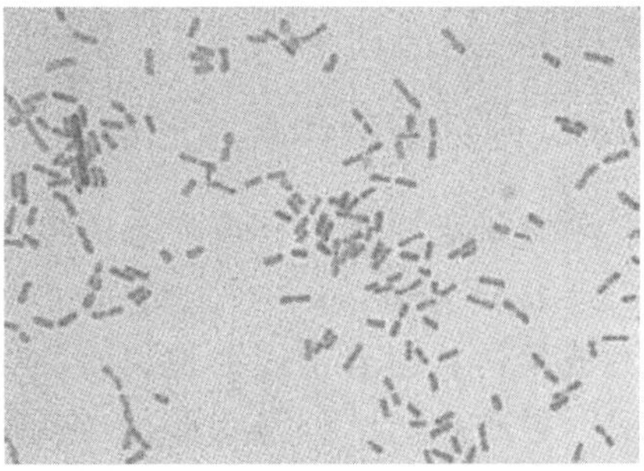

图 3-15-6　沙门氏菌

六、炭疽杆菌病实验室检测

(一)炭疽杆菌形态观察

血液、水肿液做涂片，脾或淋巴结做成擦片或压印片，自然干燥后在火焰上固定，用亚甲蓝或瑞氏染液染色，镜检。炭疽杆菌在组织中的表现呈单个或 2～5 个短链的竹节状杆菌，外有荚膜。猪淋巴结中的炭疽杆菌有时丧失其标准形态，只有荚膜残骸即所谓“菌影”。

(二)炭疽杆菌培养特性(平板划线法)

(1)可用营养琼脂平板，将被检血液、水肿液、脾髓、红骨髓等，以接种环蘸取适量，划线，置 37 ℃孵育 18～24 h 后，观察有无表面粗糙，边缘卷发状的典型菌落生长，如有可挑选个别菌落移植于肉汤内，24 h 后观察，肉汤应清亮，管底有絮状生长物，轻摇不散。涂片镜检，为革兰氏阳性大肠杆菌(图 3-15-7)。

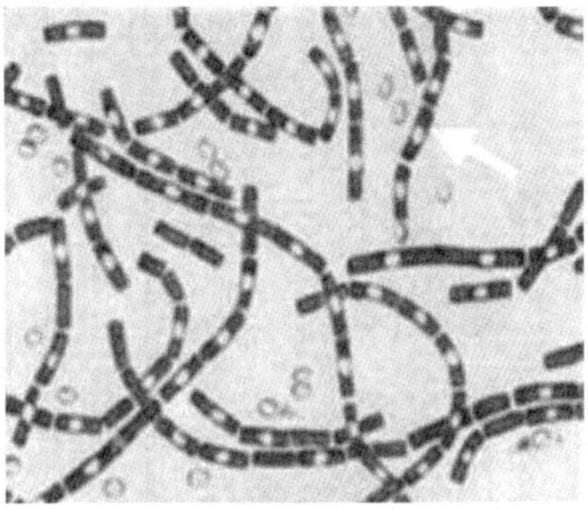

图 3-15-7　炭疽杆菌

(2)淋巴结可用灭菌过的剪刀或手术刀剖开，以镊子夹取，即以其剖面在平板上涂抹。猪的局部炭疽，有时病变淋巴结内多杀性巴氏杆菌和炭疽杆菌并存，前者往往对后者在平板上的生长有抑制作用。因此须先用 75%酒精棉花将检料外表擦净后，将病变最严重的部位剪开，投入 1%石炭酸水溶液或 75%酒精中浸泡 30～60 min，取出，用无菌水冲洗，沥干后，选择深红色或暗红色的凹陷小病灶，分别涂抹于琼脂平板上，孵育 18～24 h。

(3)皮毛、骨粉、土壤、饲草饲料等，可剪碎或直接浸于适量的肉汤中，经 80 ℃水浴 15 min 以后，在 37 ℃孵育 18～24 h，观察及涂片镜检后，在平板上划线分离，同时给小白鼠皮下注射 0.1 mL。

实训十六　猪附红细胞体病的诊断方法

【实训目的】

掌握猪附红细胞体病实验室诊断方法。

【实训条件】

1.器材　显微镜、载玻片、盖玻片。

2.试剂　瑞氏染色液、吉姆萨染色液、吖啶橙染色液、中性蒸馏水。

【相关知识】

一、附红细胞体病原形态

附红细胞体是一种多形态微生物，多呈环形、月牙形、点状、杆状、哑铃状、星状等。大小为(0.3～1.3) μm×(0.5～2.6) μm。无细胞壁，仅有单层界膜，无明显的细胞膜和细胞器。常单独或呈链状附着于红细胞表面，或游离血浆中，但以球形附着于红细胞表面静止的状态比较多见。被寄生的红细胞变形，细胞膜皱缩，呈现出芒星状、锯齿状或者不规则状，也可围绕在整个红细胞上(图 3-16-1 和图 3-16-2)。附红细胞体发育过程中形状和大小可以发生改变。附红细胞体对苯胺染料易于着染，革兰氏染色阴性，吉姆萨染色呈紫红色，瑞氏染色呈淡蓝色。在油镜下，调节微调螺旋时折光性较强，附红细胞体中央发亮，形似空泡。

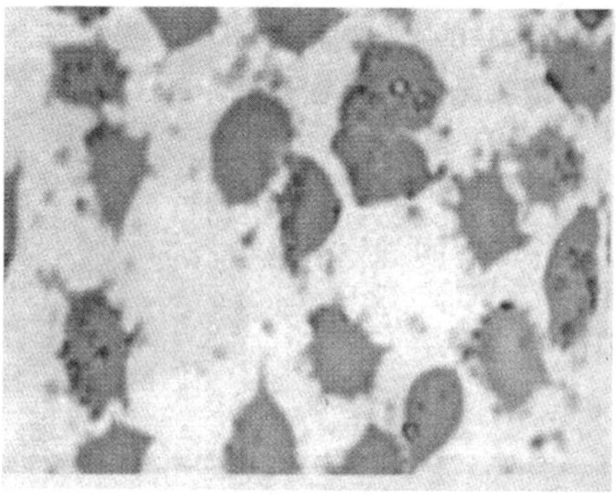

图 3-16-1　细胞周围及红细胞上均有附红细胞体

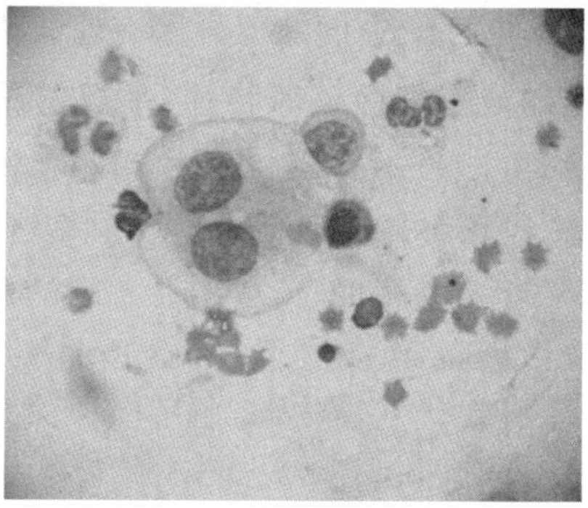

图 3-16-2　红细胞上有附红细胞体

二、血涂片制备

(1)取无油脂的洁净载玻片，选一张边缘光滑的盖玻片作为推片。

(2)取被检血一小滴放在载玻片的右端，用左手的拇指与食指夹载玻片，右手持推片，将推片倾斜 30°～40°角，使其一端与载玻片接触并放在血滴之前，向右拉动推片使与血滴接触，待血液扩散形成一条线之后，以均等的速度轻轻向左推动，此时血液被涂于载玻片上而形成一薄膜。

(3)将涂好的血片，迅速左右晃动，促使血膜干燥。否则，血细胞易皱缩变形，影响检查结果。

(4)血涂片常用瑞氏染色法、吉姆萨染色法和瑞-吉氏复合染色法。

涂片的注意事项：

①载玻片应事先处理干净，可先用清洁液(硫酸与重铬酸钾配成)浸泡，冲洗，置于无水乙醇中备用，临用前擦干即可。

②推制血涂片时，用力要均匀，勿使太薄或太厚。

③良好的涂片，血液应分布均匀，厚度要适当，对光观察时呈霓红色；血膜的两端应留有空隙，以便用玻璃蜡笔注明畜别、编号及日期。

④制成的血涂片干燥后，如不立即染色，则血膜应向下保存，以免蚊蝇舔食或落入灰尘。

保存时间也不宜过久。

⑤供镜检血液涂片应不少于2～4张。包装运送时，将制成的涂片彼此中间夹垫火柴棍或厚纸片，重叠后用线缠住，用纸包好。每片应注明号码，另附说明。

【职业能力训练】

猪附红细胞体病实验室诊断方法

可采用2种方法进行诊断，每种方法各有利弊，最好多采用几种方法，以防误诊。

(一)悬滴法

新鲜血液加等量生理盐水稀释后吸取数滴置载玻片上，加盖盖玻片，置显微镜下观察。可见虫体呈球形、逗点形、杆状或颗粒状。由于虫体附着在红细胞表面有张力作用，红细胞在视野内上下震动或左右运动，红细胞形态也发生了变化，呈菠萝状、锯齿状、星状等不规则形状。该方法也适用于抗凝血液，抗凝血液存放1～2 d，一般并不影响检测结果。

(二)涂片镜检法

1.直接涂片

取新鲜或抗凝血少许置载玻片上推成薄层，然后在显微镜下直接观察。可看到附红细胞体呈球形、逗点形、杆状或颗粒状。寄生有附红细胞体的红细胞呈菠萝状、锯齿状、星状等不规则形状。该方法的优点是简单、快速。其不足之处，一是对推片的技术有一定要求，红细胞必须推成薄层；二是容易和其他导致红细胞变形的情况混淆。

2.染色

(1)瑞氏染色法　将自然干燥的血片用蜡笔于血膜两端各划一道横线，以防染色液外溢。置血片于水平支架上，滴加瑞氏染色液，并记其滴数，直至将血膜浸盖为止。待染1～2 min后，滴加等量蒸馏水，轻轻吹动使之混匀，再染4～10 min，用蒸馏水冲洗，自然干燥或吸干后镜检。

(2)吉姆萨染色法　涂片用甲醇固定1～2 min，将血片直立于装有吉姆萨染色液的染色缸中，染色30～60 min，取出用蒸馏水洗净，干燥后镜检。

(3)吖啶橙染色法　血片先用甲醇固定1～2 min，用滴管取吖啶橙染色液2～3滴于血膜上，染色40～60 s，加盖玻片。

3.镜检

(1)瑞氏染色　在640～1 600倍显微镜下观察，红细胞呈淡紫红色，附红细胞体呈淡蓝色或黄色，革兰氏染色呈阴性。

(2)吉姆萨染色　附红细胞体呈稍淡紫红色。

(3)吖啶橙染色　将涂片置于荧光显微镜下观察，附红细胞体呈明亮橘黄色，背景呈暗绿色。此时，从红细胞的边缘和血浆中可辨认出病原。在急性病例中，病原不易辨认，为淡黄色至浅绿色的小点状。

实训十七　寄生虫的虫体和虫卵检查

【实训目的】

1. 掌握猪寄生虫的虫体检查方法。
2. 掌握猪寄生虫的虫卵检查原理与操作步骤。

【实训条件】

1 器材　粗天平、粪盒(或塑料袋)、粪筛、4.03×10^5 孔/m^2 尼龙筛、玻璃棒、镊子、塑料杯、离心管、漏斗、离心机、平口试管、试管架、青霉素瓶、带胶头移液管、载玻片、盖玻片、污物桶、纱布等。

2. 试剂　饱和盐水。

3. 待检样品　猪粪便。

【相关知识】

(一)寄生虫虫卵检查方法

直接涂片法、粪便沉淀检查法和粪便饱和盐水漂浮法。

(二)寄生虫蠕虫虫卵形态

寄生虫蠕虫虫卵形态见图 3-17-1。

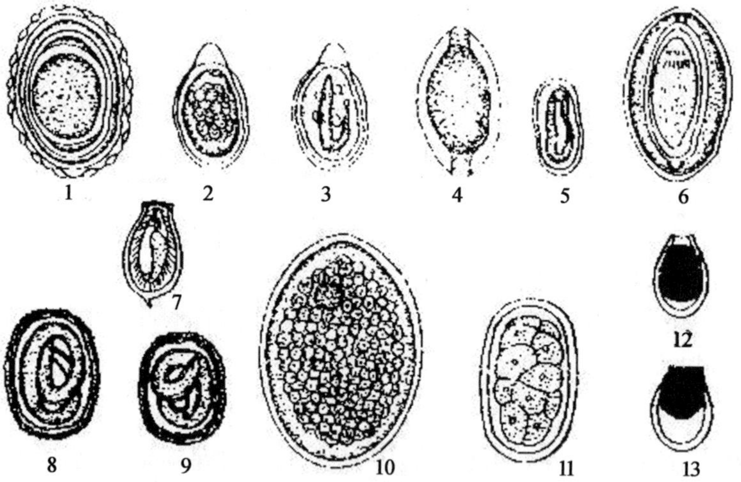

1. 猪蛔虫卵　2. 刚棘颚口线虫卵(新鲜虫卵)　3. 刚棘颚口线虫卵(已发育的虫卵)　4. 猪毛尾线虫卵　5. 六翼泡首线虫卵　6. 蛭行棘头虫卵　7. 华支睾吸虫卵　8. 野猪后圆线虫卵　9. 复因后圆线虫卵　10. 姜片吸虫卵　11. 食道口线虫卵　12、13. 猪球虫卵

图 3-17-1　猪常见蠕虫卵(资料来源《动物寄生虫病》)

(三)粪便沉淀检查法原理

虫卵的比重比水大，虫卵可自然沉于水底，便于集中检查。沉淀法多用于吸虫病和棘头虫

病的诊断。

(四)粪便饱和盐水漂浮法原理

应用密度较虫卵大的溶液作为检查用的漂浮液,使寄生虫卵、球虫卵囊等浮于液体表面,进行集中检查。漂浮法对大多数较小寄生虫卵,如某些线虫卵、绦虫卵和球虫卵囊等有很好的检出效果,对吸虫卵和棘头虫卵效果较差。

(五)漂浮液的制作

最常用的漂浮液是饱和盐水溶液,其制法是将食盐加入沸水中,直至不再溶解生成沉淀为止(1 000 mL 水中约加食盐 400 g),用四层纱布或脱脂棉滤过后,冷却备用。为了提高漂浮法的检出效果,还可改用如下漂浮液:硫代硫酸钠饱和液(1 000 mL 水中溶入 1 750 g 硫代硫酸钠)、硝酸钠饱和液(1 000 mL 水中溶入 1 000 g 硝酸钠)、硫酸镁饱和液(1 000 mL 水中溶入 920 g 硫酸镁)等。国外用硝酸铵溶液(1 000 mL 水中溶解 1 500 g 硝酸铵)和硝酸铅溶液(1 000 mL 水中溶解 650 g 硝酸铅)作漂浮液,提高了检出效果,可用于吸虫病的诊断。但是,用高密度溶液时易使虫卵和卵囊变形,检查必须迅速,制片时补加 1 滴水也可。

【职业能力训练】

一、猪寄生虫虫体检查技术(表 3-17-1)

表 3-17-1　猪寄生虫虫体检查技术

工作程序	操作要求
粪便的采集、保存和寄送方法	1. 采集新鲜而未被污染的粪便,最好从直肠采集。 2. 将采取的粪便装入清洁的容器内,尽快检查,否则,应放在冷暗处或冰箱中保存。 3. 当地不能检查而需送检的,或需保存时间较长时,可将粪便浸入加温至 50～60 ℃的 5%～10%的福尔马林液中,使粪便中的虫卵失去生活能力,起固定作用,又不改变形态,还可以防止微生物的繁殖。
肉眼简易虫体检查法	该法多用于绦虫病的诊断,也可用于某些胃肠道线虫病的诊断。为了发现大型虫体和较大的绦虫节片,先检查粪便的表面,然后将粪便仔细打散,认真进行观察。 为了发现较小的虫体或节片,将粪便置于较大的容器(玻璃缸或塑料杯)中,加入 5～10 倍量的水(或生理盐水),彻底搅拌后静置 10 min,然后倾去上面粪液,再重新加清水搅匀静置,如此反复数次,直至上层液体透明为止。最后倾去上层透明液,将少量沉淀物放在黑色浅盘(或衬以黑色纸或黑布的玻璃容器)中检查,必要时可用放大镜或实体显微镜检查,发现的虫体和节片用针或毛笔取出,以便进行鉴定。挑拣虫体,尽可能多拣一些,并把它保存在 4%福尔马林或 70%的酒精中。

二、猪寄生虫的虫卵检查技术

寄生虫的虫卵和虫体检查

1. 直接涂片法

先在载玻片上滴 1 滴甘油水(水 : 甘油 = 1 : 1)或生理盐水,再用牙签或火柴棒挑取少量粪便加入其中,去除较大的或过多的粪渣,混匀,制成的玻片放于报纸上，以能通过粪便模糊地辨认其下的字迹为宜。然后加盖玻片，在显微镜下检查。如果虫卵较少不易发现，可进一步用其他方法检查。

本方法适用于随粪便排出的蠕虫卵和球虫卵囊检查，操作简便、快速，但检出率低。

2. 粪便沉淀检查法

(1)彻底洗净法　取粪便5～10 g置于烧杯中，加10～20倍量清水充分搅匀，再用金属筛或2～3层纱布滤过于另一杯中，滤液静置20 min后倾去上层液，再加水与沉淀物重新搅匀、静置，如此反复水洗沉淀物多次，直至上层液透明为止，离心后倾去上清液，用吸管吸取沉淀物滴于载玻片上，加盖片镜检。

(2)离心机沉淀法　取粪便5～10 g置于小杯中，加10～15倍水搅拌混合，然后将粪液用金属筛或纱布滤入离心管中，经离心机以2 000～2 500 r/min的速度离心沉淀1～2 min，取出后倾去上层液，再加水搅匀，离心沉淀。如此离心沉淀2～3次，最后倾去上层液，用吸管吸取沉淀物滴于载玻片上，加盖玻片镜检。

3. 饱和盐水漂浮法

方法一：取5～10 g粪便置于100～200 mL烧杯中，加入少量饱和盐水漂浮液搅拌混匀后，继续加入约20倍的饱和盐水漂浮液。然后将粪液用金属筛或纱布滤入另一烧杯中，弃去粪渣，静置滤液。经15～20 min，用直径0.5～1 cm的金属圈平着接触滤液面，提起后将黏着在金属圈上的液膜抖落于载玻片上，如此多次蘸取不同部位的液面后，加盖片镜检。

方法二：取2 g粪便置于烧杯中或塑料杯中，加入10～20倍饱和盐水漂浮液进行搅拌混合，过滤后，将粪液倒入试管，直至凸出试管口，盖上盖玻片。静置20 min后，取盖玻片置于载玻片上镜检。

实训十八　猪螨虫病实验室检查

【实训目的】

1. 识别猪疥螨、痒螨和蠕形螨形态。
2. 掌握猪螨虫检查方法。

【实训条件】

1. 器材　显微镜、手持放大镜、平皿、试管、试管夹、手术刀、镊子、载玻片、盖玻片、温度计、带胶乳头移液管、离心机、污物缸、纱布。
2. 试剂　5%氢氧化钠溶液、50%甘油。
3. 待检样品　患螨病的猪或皮肤病料。

【相关知识】

疥螨、痒螨、蠕行螨的形态构造

1. 疥螨

虫体微黄色，大小为0.2～0.5 mm。呈龟形，背面隆起，腹面扁平；咀嚼式口器呈蹄铁形；

肢粗而短，第 3、4 对足不突出体缘（图 3-18-1）。

2. 痒螨

长圆形，体长 0.5～0.9 mm。肉眼可见。口器长，呈圆锥形。肛门位于躯体末端。第一和第二对足伸向侧前方，第三和第四对足伸向侧后方，均露出于体缘外侧（图 3-18-2）。

3. 蠕行螨

呈半透明乳白色，体长 0.25～0.3 mm，宽 0.04 mm。身体细长，外形上分头、胸、腹 3 个部分。口器由 1 对须肢、1 对螯肢和 1 个口下板组成，胸部有 4 对很短的足；腹部长，有横纹（图 3-18-3）。

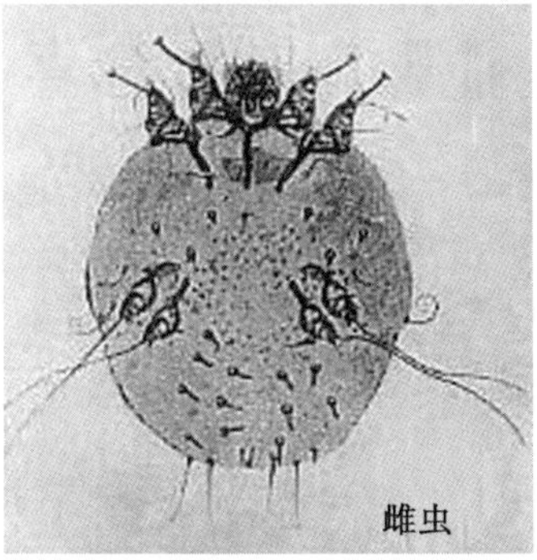

图 3-18-1　疥螨

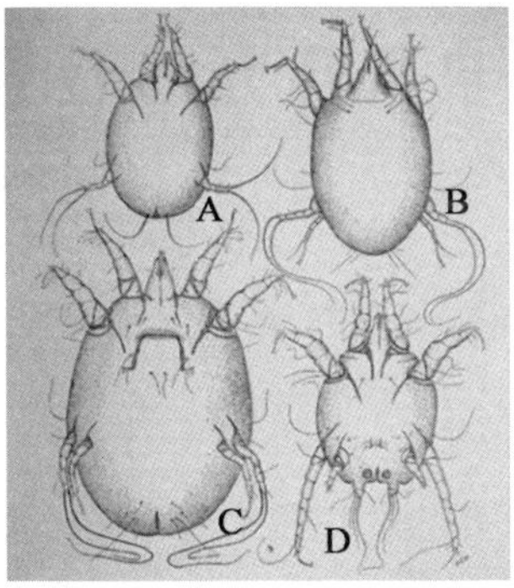

图 3-18-2　痒螨

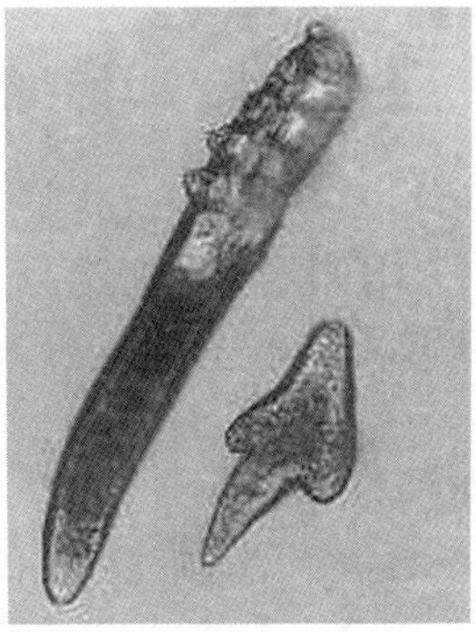

图 3-18-3　蠕形螨

【职业能力训练】

猪螨虫病检查技术

（一）观察猪皮肤变化及全身状态

患猪局部发痒，常在墙角、饲槽、柱栏等处摩擦。可见皮肤增厚，粗糙和干燥，表面覆盖灰色痂皮，并形成皱褶。严重者，皮肤角化增强、干枯，有皱纹或龟裂，有血水流出。病猪消瘦，生长缓慢，易成僵猪。

（二）病料采集

其采集部位在动物健康皮肤和病变皮肤的交界处。

采集时剪去该部的被毛，用经过火焰消毒的外科刀，使刀刃和皮肤垂直用力刮取病料，一直刮到微微出血为止。刮取的病料置于消毒的小瓶或带塞的试管中。刮取部位处用碘酊消毒。

（三）螨虫实验室检查方法

1. 加热检查法

将病料置于培养皿中，在酒精灯上加热至 37～40 ℃后，将玻璃皿放于黑色衬底（黑纸、黑布、黑漆桌面等）上用放大镜检查，或将玻璃皿置于低倍显微镜下检查，发现移动的虫体可确诊。

2. 温水检查法

将病料浸入盛有 45～60 ℃温水的玻璃皿中，或将病料浸入温水后放在 37～40 ℃恒温箱内 15～20 min，然后置于显微镜下检查，若见虫体从痂皮中爬出，浮于水面或沉于皿底可确诊。

3. 甘油浸泡法

将病料置于载玻片上，滴数滴50%甘油后，加盖另一块载玻片，用手搓动两片，使皮屑粉碎，然后在显微镜下检查。由于甘油的作用，皮屑透明，螨虫特别明显。

4. 皮屑溶解法

将病料浸入盛有5%～10%氢氧化钠溶液的试管中，经1～2 min痂皮软化溶解，弃去上层液体后，用吸管吸取沉淀物，滴于载玻片上加盖片检查。为加速皮屑溶解，可将病料浸入10%氢氧化钠溶液的试管中，在酒精灯上加热煮沸数分钟，痂皮全部溶解后将其倒入离心管中，离心1～2 min后倒去上层液，吸取沉淀物制片镜检。

实训十九　猪旋毛虫肌肉压片检查法和肌肉消化检查法

【实训目的】

猪旋毛虫肌肉压片检查法和肌肉消化检查方法

【实训条件】

1. 器材　显微镜、旋毛虫压片器、剪子、镊子、绞肉机、60 mL三角烧瓶、天平、带胶乳头移液管、载玻片、盖玻片、纱布、污物桶等。

2. 试剂　胰蛋白酶消化液或胃蛋白酶消化液。

3. 待检材料　旋毛虫病肉，已消化的旋毛虫病肉肉汤，或旋毛虫人工感染大白鼠。

【相关知识】

猪旋毛虫病原形态

成虫寄生在宿主肠道，细小，前部较细，较粗的后部含着肠管和生殖器官。雄虫长1.4～1.6 mm，尾端有泄殖孔，有两个呈耳状悬垂的交配叶。雌虫长3～4mm，阴门位于身体前部的中央，胎生（图3-19-1）。幼虫长1.15 mm，蜷曲在由机体炎性反应所形成的包囊内，包囊呈圆形、椭圆形，连同囊角而呈梭形，长0.5～0.8mm（图3-19-2）。

1. 雌虫　2. 雄虫

图3-19-1　旋毛虫成虫（肠旋毛虫）

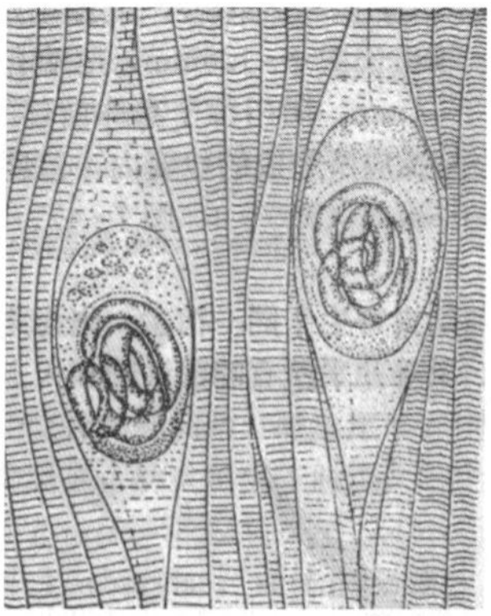

图3-19-2　旋毛虫幼虫（肌旋毛虫）

【职业能力训练】

肌旋毛虫肌肉压片检查法和肌肉消化检查法

(一)观察猪肌旋毛虫形态

视检 在充足的自然光或800 W左右灯光,用两手顺肌纤维方向绷紧肉样,仔细观察肌膜下、膈肌脚近腱膜的部位有无针尖大,半透明稍隆起的乳白色、灰白色小点,如有即可疑为旋毛虫,应进一步进行镜检。

(二)肌旋毛虫肌肉压片法

采取一块动物死亡后或屠宰后膈肌供检。用剪刀顺肌纤维从肉块的可疑部位或其他不同部位随机剪取麦粒大小的24个肉粒,使肉粒均匀地排列在旋毛虫检查压片器上,每排12粒,盖上另一块玻片,拧紧螺丝或用手掌适度地压迫玻片,使肉粒压成薄片(标本制作能透过肉片看清报上的小字)。

无旋毛虫检查压片器时可用普通玻片代替。每份肉样则需4块载玻片才能检查24个肉粒。使用普通玻片时需用手压紧两玻片,两端用透明胶缠住或用橡皮筋缚紧,方能使肉粒压薄。

将制好的压片在显微镜的低倍镜下观察(通常放大40～100倍),从压片一端第一块肉粒边缘开始,按顺序依次检查,不得漏检任何一块肉粒。

旋毛虫在镜下的形态:寄生于肌纤维间,典型的形态呈梭形、椭圆或圆形包囊,囊内有螺旋状蜷曲虫体,包囊长轴与肌纤维平行。有时可见到肌肉间未形成包囊的杆状幼虫、部分钙化或完全钙化的包囊、部分机化或完全机化的包囊。

(三)肌旋毛虫肌肉消化法

为提高旋毛虫的检验速度,可进行群体筛选,发现阳性动物后再进行个体检查。将肉样中的腱膜、肌筋及脂肪除去,用绞肉机把肉磨碎后称量25 g置于600 mL三角烧瓶中倾入消化液,在37 ℃温箱中搅拌和消化8～15 h,然后将烧瓶移入冰箱中冷却。消化后的肉汤通过贝尔曼氏装置滤过,过滤后再倒入500 mL冷水静置2～3h后倾去上层液,取10～30 mL沉淀物镜检。

消化液配方:(1)胰蛋白酶消化液:胰蛋白酶1.0 g,0.5%盐酸1 000.0 mL

(2)胃蛋白酶消化液:胃蛋白酶0.7 g,0.5%盐酸1 000.0 mL

实训二十　猪旋毛虫IgG抗体试剂盒检测

【实训目的】

1.掌握猪旋毛虫IgG抗体检测原理

2.掌握猪旋毛虫IgG抗体步骤及临床意义。

【实训条件】

1.器材　需10 μL加样枪。

2. 试剂　猪旋毛虫 1 gG 抗体检测试剂。

(1)预包被板 48T/96T
(2)酶结合物(1 号液)　1 支
(3)洗涤液(2 号液)　1 支
(4)底物(3 号液)　1 支
(5)显色剂(4 号液)　1 支
(6)样本稀释液(5 号液)　1 支
(7)终止液(6 号液)　1 支
(8)阳性对照品　1 支
(9)阴性对照品　1 支
(10)使用说明书　1 份

【相关知识】

猪旋毛虫 IgG 抗体检测原理

先将抗原吸附于载体表面,洗去未吸附的部分,然后加入待测血清,使其中的特异抗体蛋白(第一抗体)与抗原结合,再洗去未结合的部分。加入酶标记的抗体,与抗原一抗体复合物相结合,产生酶标记的免疫复合物,洗去未结合的酶标记物。加入底物,在酶的催化下即产生有色物质,通过比色测定光密度值,即可算出抗血清中抗体的存在量。

【职业技能训练】

猪旋毛虫 IgG 抗体试剂盒检测技术

(一)检测步骤

1. 洗涤液配制

用蒸馏水或去离子水将浓缩洗涤液(2 号液)按 1∶10 稀释,如取 30 mL 浓缩液稀释到 270 mL 蒸馏水中。

2. 样本稀释

用样本稀释液(5 号液)将待检血清样本按 1∶100 稀释。如取 5 μL 样本与 500 μL 样本稀释液混匀。阴性、阳性对照品不用稀释,直接加样。

3. 加样反应

样本检测孔每孔分别加已稀释血清样本 100 μL。同时设阴性、阳性及空白对照各 1 孔,取阴性、阳性对照品各 100 μL 分别加入反应孔内,空白对照孔仅加入 100 μL 样本稀释液(5 号液)。37 ℃避光反应 30 min 后,甩去孔内液体,每孔注满工作洗涤液洗涤 3 次,每次均需停留 1 min 后再甩净,拍干。

4. 加酶反应

除空白对照孔外,每孔均加酶结合物(1 号液)1 滴。37 ℃避光反应 30 min 后,甩去孔内液体,如上洗涤,拍干。

5. 显色反应

加底物(3 号液)和显色剂(4 号液)各 1 滴,混匀,37 ℃下避光显色 10 min。加终止液(6 号液)1 滴,终止反应(加终止液后,蓝色会变为黄色)并判读结果。

(二)结果判断

(1)肉眼观察 阴性对照接近无色,阳性对照呈明显黄色,表示试验有效。待检孔无色表示该标本为阴性,待检孔呈黄色表示该标本为阳性。

(2)仪器判断 以空白对照调零用酶标仪于450 nm(620 nm作参比波长)读取*OD*值,待检孔*OD*值大于阴性对照2.1倍者为阳性。当阴性对照*OD*值低于0.07时按0.07计算。

(三)注意事项

(1)试剂盒在2~8 ℃下保存,每次取出时先平衡至室温后使用。滴瓶每次用后一定要将盖拧紧,各瓶盖之间切不可混用。各试剂盒之间不可混用。

(2)洗涤时将蒸馏水加满孔内,每次停放30 s后甩去孔内液体。禁用自来水等其他水源。

(3)为提高试验的可比性,建议使用仪器判读结果,并对阴性对照设复孔以减少误差。

实训二十一 猪囊虫IgG抗体检测

【实训目的】

1.掌握猪囊虫IgG抗体检测原理。

2.掌握猪囊虫IgG抗体检查步骤及临床意义。

【实训条件】

1.器材 10 μL加样移液器。

2.试剂 猪囊虫IgG抗体检测试剂盒。

(1)预包被板	48T/96T
(2)酶结合物(1号液)	1支
(3)洗涤液(2号液)	1支
(4)底物(3号液)	1支
(5)显色剂(4号液)	1支
(6)样本稀释液(5号液)	1支
(7)终止液(6号液)	1支
(8)阳性对照品	1支
(9)阴性对照品	1支
(10)使用说明书	1份

【相关知识】

(一)猪囊虫IgG抗体检测原理

先将抗原吸附于载体表面,洗去未吸附的部分,然后加入待测血清,使其中的特异抗体蛋白(第一抗体)与抗原结合物,再洗去未结合的部分,加入酶标记的抗体(第二抗体,即第一抗体的抗体),与抗原-抗体复合物相结合,产生酶标记的免疫复合物,洗去未结合的酶标记物,加入底物,在酶的催化下即产生有色物质,通过比色测定光密度值,即可算出血清中抗体的存在量。

(二)猪囊虫 IgG 抗体检测临床意义

囊虫病是由猪肉绦虫的幼虫(即囊虫)寄生体内所致,常造成皮下组织、肌肉与中枢神经系统的损害,同时体内会产生特异性的抗体并获得一定免疫力,检测特异性囊虫抗体可作为囊虫感染的辅助诊断指标。

本试剂盒采用囊虫囊液抗原作固相抗原检测动物血清中的特异性囊虫抗体,灵敏度高(可达 96%以上),特异性强,重复性好,操作方便快速,可分多次使用。

【职业能力训练】

猪囊虫 IgG 抗体检测技术

(一)检测步骤

1.加样反应

取出所需量的反应板条,每孔加样本稀释液(5 号液)2 滴,再分别加入待检的血清样本 10 μL,混匀。同时设阴性、阳性及空白对照各 1 孔,阴性、阳性对照与待检样本同步处理,空白对照孔仅加入样本稀释液(5 号液)2 滴。37 ℃避光反应 30 min 后甩去孔内液体,每孔加洗涤液(2 号液)1 滴,立即用蒸馏水注满,静置 30 s 后甩去,再直接用蒸馏水洗涤四次,甩净,拍干。

2.加酶反应

除空白对照孔外其余每孔加酶结合物(1 号液)2 滴,37 ℃避光反应 30 min 后甩去孔内液体,如上洗涤,拍干。

3.显色反应

加底物(3 号液)和显色剂(4 号液)各 1 滴,混匀,37 ℃下避光显色 10 min。加终止液(6 号液)1 滴,混匀,终止反应(加终止液后蓝色会变为黄色)并判读结果。

(二)结果判断

1.肉眼观察

阴性对照接近无色,阳性对照呈明显黄色,表示试验有效。待检孔接近无色表示该标本为阴性,待检孔呈明显黄色表示该标本为阳性。

2.仪器判断

以空白对照调零用酶标仪于 450 nm(620 nm 作参比波长)读取 OD 值,待检孔 OD 值大于阴性对照 2.1 倍者为阳性。当阴性对照 OD 值低于 0.05 时按 0.05 计算。

实训二十二　猪原虫病实验室检测

【实训目的】

1.掌握猪原虫病常用的检查方法。

2.掌握猪弓形虫诊治要点。

【实训条件】

1. 器材　显微镜、离心机、恒温箱；烧杯、试管、载玻片、盖玻片、纱布、牙签、酒精灯等。

2. 试剂　甲醇、吉姆萨液或瑞氏染色液、柠檬酸钠、生理盐水等。

【相关知识】

原虫病常用检查方法

1. 血液涂片法

由耳静脉采血 1 滴于载玻片上，另以载玻片或盖玻片推制成涂片(检查梨形虫时，血片越薄越好)，待干，滴数滴甲醇固定 5 min，再以吉姆萨液或瑞氏染色液进行染色，染好的血涂片白细胞核和细胞质应十分清晰。

查原虫用高倍镜或油镜。

2. 鲜血压滴标本检查法

由耳静脉采血 1 滴，置于清洁载玻片上，加上等量生理盐水 1 滴，混合后加上盖玻片，于低倍镜下检查，看有无活动的虫体，必要时以高倍镜观察。冬季检查时，应将做好的片子放在手心上或火炉旁稍许加温，以增加虫体的活力而便于观察。

3 浓集检查法

颈静脉采血，置于预先备有柠檬酸钠的试管内，混合后静置 30～50 min。用离心机(1 500～2 000 r/min)离心 3～5 min 或自然沉淀 2～3 h，此时细胞沉于管底部，而虫体集中于红细胞表面和白细胞层，然后以吸管吸取白细胞层作压滴标本或染色检查。这种方法主要用来检查锥虫。

4. 毛细管集虫法

毛细管内径约 0.8mm，预先进行肝素抗凝处理，吸入耳静脉血约 50 μL，熔封其无血端，3 000 r/min 离心 5 min，然后将毛细管置于载玻片上直接镜检(100 倍)，必要时以 450 倍检查，阳性者可在白细胞与血浆交界处查到活动的虫体。

【职业能力训练】

猪弓形虫病诊断与案例分析

2017 年 4 月中旬，北京某猪场饲养的 20 多头育肥猪，体表无异常病变，陆续出现精神沉郁，食欲不振，行走摇晃，喜卧，呼吸急促等症状。采用安乃近、头孢噻呋、氟苯尼考和替米考星等多种药物进行治疗，不见明显效果。随机挑选体重 45 kg 左右的病猪 3 头，进行剖检。

案例诊断流程：

一、采集病料

采集 3 头发病猪的淋巴结、会厌软骨、扁桃体、心脏、肺脏、肝脏、脾脏、肾脏、膀胱黏膜、肠管等脏器，所有脏器分成 2 份，一份用 10%福尔马林固定病理学组织检查；另一份按照常规方法收集，用于细菌检测。

二、实验室检测

(一)猪弓形虫抗原免疫胶体金检测试纸条进行初步检测

取 1.5 mL 离心管，采血 0.5～1 mL，3 000 r/min，离心 10 min，分离血清。按照猪弓形虫抗原一步法胶体金快速诊断试纸条说明书进行操作，对采集的 3 份血清进行弓形虫抗原检测，结果均为阳性(图 3-22-1)。

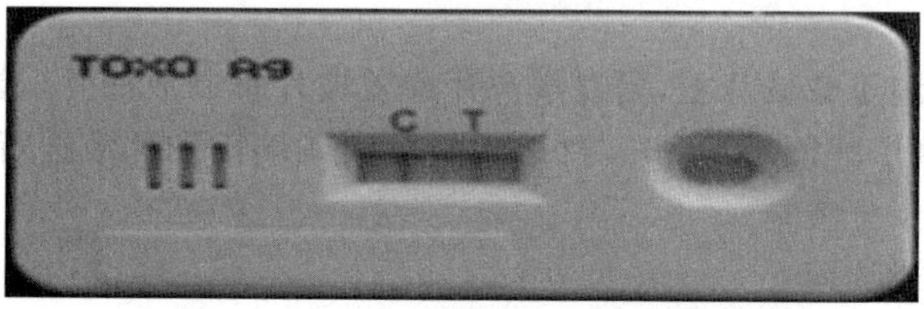

图 3-22-1　猪弓形虫胶体金抗原检测为阳性

(二)组织病理切片制备和观察

按照常规方法制备石蜡切片，切片厚 5 μm，HE 染色，OLYMPUS U-SRG 数码显微镜观察并采图。

1. 剖检病理变化

三头猪的病理变化基本相同，均见有回盲口扣状溃疡（图 3-22-2A、B、C)。其他脏器以一头猪病变为例：腹股沟浅淋巴结正常，腹股沟深淋巴结切面周边出血；会厌软骨、扁桃体、膀胱黏膜均无异常病理变化；脾脏一端淤血(图 3-22-2D)；肝脏表面有少量散在白色斑点(图 3-22-2E)；肾脏表面有大量散在白点。切开肾脏，皮质、髓质未见出血点(图 3-22-2F)。

2. 组织病理变化

低倍镜下，回盲口绒毛脱落，不完整(图 3-22-3A)，高倍镜下，杯状细胞增多，黏液分泌亢进，固有层有大量炎性细胞浸润，局部肠腺上皮细胞坏死、脱落(图 3-22-3B)；低倍镜下，可见肝小叶间质显著增宽、增厚(图 3-22-3C)，高倍镜下，可见汇管区胆管增生，大小数量不一，间质有大量炎性细胞浸润(图 3-22-3D，E)；肺脏病变处显示肺泡结构几乎消失，肺泡腔内充满大量巨噬细胞、嗜中性粒细胞及吞噬崩解后的细胞碎片等(图 3-22-3F)；部分肾小管上皮细胞增生、肿胀、脱落，细胞界限不清晰，胞浆淡染，胞核挤向一侧，部分细胞破裂脱落至管腔中。局部区域有大量蓝染淋巴样细胞聚集，细胞呈圆形、椭圆形，核质比高，胞浆较少(图 3-22-3G，H，I)；脾脏红白髓界限不清，部分红细胞破裂，溶解(图 3-22-3J)。

(三)Western blot 对病猪体内抗弓形虫抗体进行检测

取 5 μg 弓形虫虫体蛋白(中国农业大学提供)进行 12 %的 SDS-PAGE 电泳，电泳结束后将弓形虫虫体蛋白转印 PVDF 膜，将 3 个泳道的 PVDF 膜剪下分别孵育病猪血清、正常猪血清、人工感染弓形虫的阳性对照猪血清(中国农业大学原虫实验室提供)，洗膜 3 次后，孵育山羊抗猪 HRP 二抗，PBS 洗膜 3 次后化学发光试剂盒检测结果。

弓形虫血清抗体的 Western-blot 检测结果：

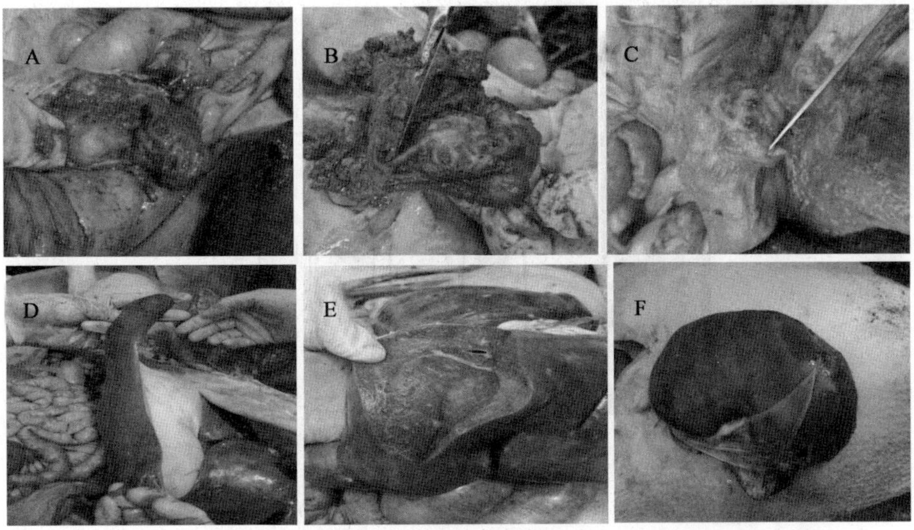

A,B,C. 分别为三头猪回盲口扣状溃疡；D. 病猪脾的一端淤血；E. 病猪肝脏有白色斑点，个别形态不规则；F. 病猪肾表面有大量散在针尖大灰白点

图 3-22-2　三头猪剖检病理变化

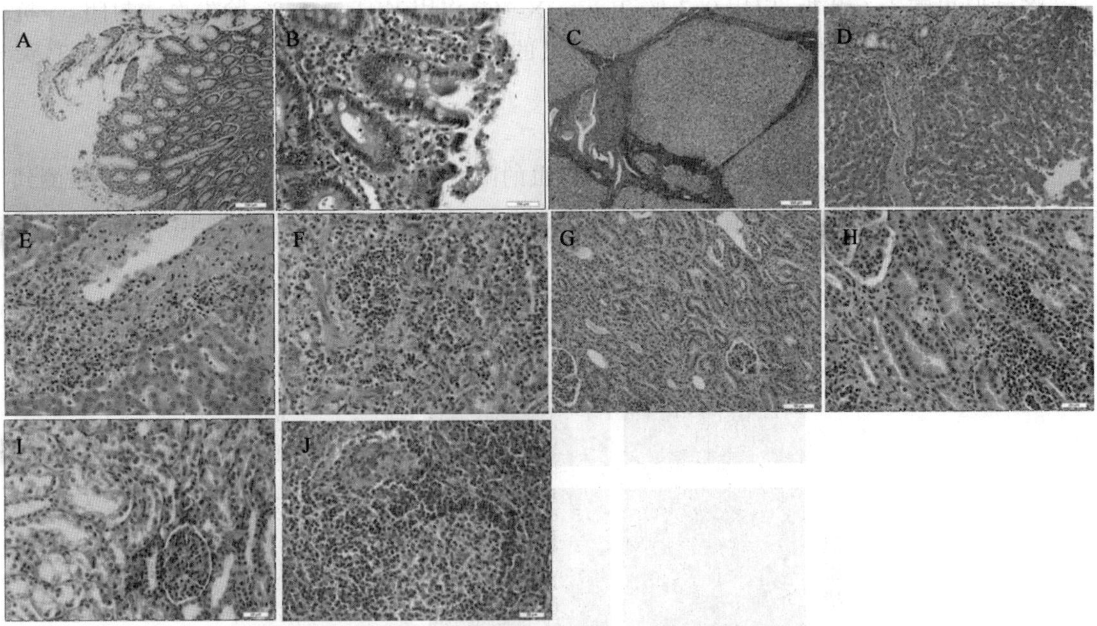

A. 回盲口绒毛脱落，不规整 HE. 100；B. 回盲口绒毛柱状上皮细胞脱落，部分肠腺上皮细胞脱落 HE. 400；C. 肝小叶间质增宽、增厚 HE. 100；D. 汇管区胆管增生，炎性细胞浸润 HE. 200；E. 肝小叶间质有大量炎性细胞 HE. 400；F. 肺泡内有大量炎性细胞 HE. 400；G. 肾小管上皮细胞增生 HE. 100；H. 肾小管上皮细胞增生，淋巴样细胞聚集 HE. 400；I. 肾小管上皮细胞损伤 HE. 400；J. 脾淤血、出血 HE. 400

图 3-22-3　病猪组织病理学改变

Western-blot 检测病猪弓形虫血清抗体的结果显示人工感染弓形虫的阳性对照猪血清及病猪血清内弓形虫抗体检测的信号较强，而正常猪血清内检测不到弓形虫抗体，这说明病猪存

在明显的弓形虫感染(图 3-22-4)。

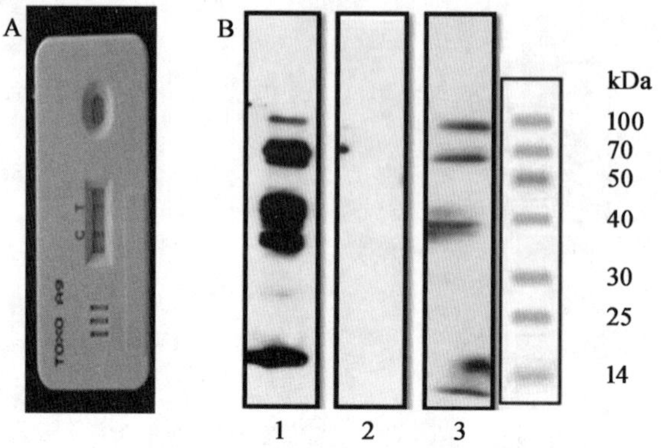

A. 弓形虫抗原免疫胶体金检测结果阳性；

B. 病猪血清弓形虫抗体检测 ：1 病猪血清；2 正常猪血清；3 阳性对照猪血清

图 3-22-4　弓形虫检测结果

(四)免疫荧光检测弓形虫感染

将弓形虫铺于 6 孔板，应用 0.3 % Triton X-100 作用 10 min，3 % 胎牛血清封闭，一抗分别孵育病猪血清、正常猪血清、人工感染弓形虫的阳性对照猪血清，二抗为山羊-猪 Cy3，荧光显微镜下观测结果。

免疫荧光检测结果：

应用免疫荧光检测结果显示，人工感染弓形虫的阳性对照猪血清及病猪血清内能够检测到与弓形虫结合的抗体，而正常猪血清内则检测不到弓形虫抗体，说明病猪存在弓形虫感染(图 3-22-5)。

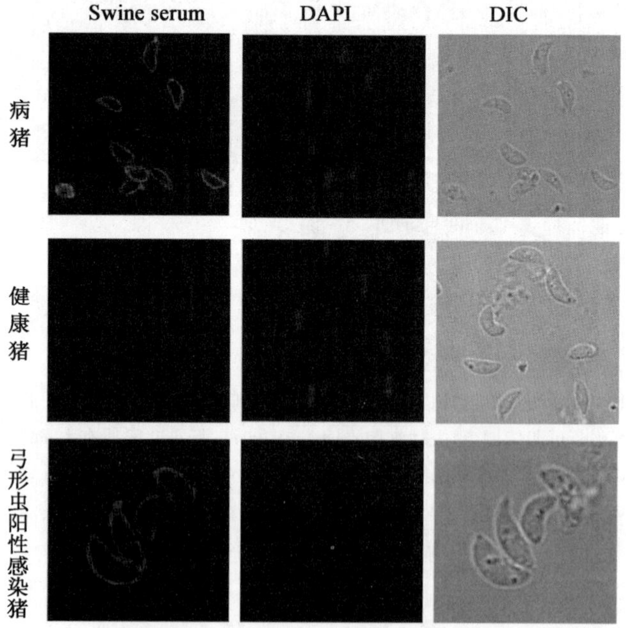

图 3-22-5　免疫荧光检测弓形虫感染

三、结论

此猪患有猪弓形虫病。

四、案例分析

病猪生前表现呼吸困难，在剖检的病理变化中，猪回盲口有纽扣状溃疡，在肝脏和肾脏表面有白点。取病猪肺脏、淋巴结、肝、脾脏等器官进行了细菌分离，未检测有细菌感染。然后用猪瘟和猪弓形虫抗原胶体金试剂卡检测，猪弓形虫抗原阳性，猪瘟抗原阴性。因本场未注射猪圆环病毒疫苗，结合猪圆环病毒抗体阴性、猪群及病猪体表无异常变化等排除了猪圆环病毒感染。取猪病料做猪瘟和猪伪狂犬病毒 PCR 检测，猪弓形虫免疫荧光和蛋白免疫印迹检测。结果显示猪弓形虫抗原阳性，猪弓形虫免疫荧光及蛋白免疫印迹检测结果也显示病猪有弓形虫感染。

在临床诊断过程中，结合病猪临床症状和死后剖检变化，很难鉴别猪圆环病毒感染、猪伪狂犬病和猪弓形虫病。董筱萍报道，脑炎、肺、肝、肾、脾、淋巴结的出血和灰白色坏死点是猪伪狂犬病主要特征性剖检病变，这些脏器的病理组织变化呈局灶性核碎裂性坏死和出血。本病例肝脏表面有白点，病理组织切片观察肝小叶间质显著增宽、增厚、有大量炎性细胞浸润，汇管区胆管增生，大小数量不一，并未呈现典型的局灶性核碎裂性坏死和出血特征，与猪伪狂犬病肝脏的灶性坏死有些不同。猪肾脏表面有大量针尖大白点，病理组织学变化显示部分肾小管上皮细胞增生、肿胀、脱落，细胞界限不清晰，胞浆淡染，胞核挤向一侧，部分细胞破裂脱落至肾小管管腔中，肾小管上皮细胞的损伤特征与猪圆环病毒病导致的非化脓间质性肾炎略有不同，所以，仅通过肉眼观察，对猪圆环病毒感染、猪伪狂犬病、猪弓形虫病进行鉴别困难很大，还应结合疾病流行病学特点、病理变化及实验室检测进行综合分析，做出准确结论，确定科学的免疫防控程序，更好地指导生产。

猪弓形虫病诊断方法有脏器直接触片染色检查、间接血球凝集试验、动物接种及染色试验、中和抗体试验、补体结合反应、荧光抗体反应和酶联免疫吸附试验等。在这些方法中，直接触片染色检查很难直接查到弓形虫病原，极易出现漏检。中和抗体试验、补体结合反应、荧光抗体反应和酶联免疫吸附试验有敏感、特异等特点，但由于分子生物学检测需要特殊的仪器设备，技术相对复杂，对实验室条件和操作人员的要求比较高，比较适用于实验室研究，不能向基层广大兽医人员进行推广应用。有资料报道，常规组织染色的病理组织切片的病变特征和弓形虫的结构可确认弓形虫虫体，但实际上经多次进行病理组织切片观察时，很难在脑、肺等弓形虫感染的多个脏器里面切到病原，主要原因是在制片过程中很难切到有（4～8）$\mu m\times$（2～4）μm 大小的速殖子或缓殖子的部位。迄今为止，猪弓形虫抗原检测试纸条是养殖户或技术人员比较容易接受的快速检测方法。本次试验采用弓形虫免疫荧光和蛋白免疫印迹检测结果与胶体金检测方法吻合度较高，更加印证了这个观点。

在养殖过程中，大家都很注意养、繁、防、治这四方面的管理，也特别强调这四个方面的重要性，但有时还会有防不胜防的这样或那样的疾病发生，本病例通过病理组织观察、猪弓形虫抗原阳性、猪弓形虫免疫荧光及蛋白免疫印迹检测，得出科学的诊断结论。

若是误诊，将会误导猪场免疫防控措施的制定，甚至带来巨大的经济损失。

实训二十三　检查猪寄生虫的剖检技术

【实训目的】

1. 掌握检查猪寄生虫的剖检部位及方法。

2. 正确记录猪寄生虫剖检结果。

【实训条件】

1. 器材　大动物解剖器材(解剖刀、解剖斧、解剖锯、骨钳)、小动物解剖器材(手术刀、剪子、普通镊子、眼科镊子)、大瓷盆、小瓷盆、提水桶、黑色浅盘、手持放大镜、显微镜、平皿、酒精灯、铅笔、标本瓶、青霉素瓶、载玻片、盖玻片等。

2. 药品　食盐。

【职业能力训练】

一、检查猪寄生虫的剖检技术

(一)宰杀与剥皮

放血宰杀动物。动物放血前应采血涂片,剥皮前检查体表、眼睑和创伤等,发现体外寄生虫随时采集,遇有皮肤可疑病变则刮取材料备检。

(二)采取脏器

切开腹壁后注意观察内脏器官的位置和特殊病变,吸取腹腔液体,用生理盐水稀释以防凝固,随后用实体显微镜检查,或沉淀后检查沉淀物。腹腔脏器是在结扎食管末端和直肠后,切断食管、各部韧带、肠系膜和直肠末端后一次采出。然后切取腹腔大血管,采出肾脏。应注意观察和收集各脏器表面虫体,最后收集腹腔内的血液混合物,并观察腹膜上有无病变和虫体。盆腔脏器亦以同样方式全部取出。

切开胸腔以后,除注意观察脏器的自然位置和状态外,还要收集胸腔液体进行检查,然后连同食管和气管把胸腔器官全部摘出,再收集遗留在胸腔内的液体,留待详细检查。

(三)各脏器的检查

(1)食管　沿纵轴剪开,仔细观察浆膜和黏膜表层,压在两块载玻片之间镜检,当发现虫体时,揭开载玻片,用分离针将虫体挑出。

(2)胃　剪开后将内容物倒入大盆内,检出较大的虫体。在桶内将胃壁用生理盐水洗净,取出胃壁,使液体自然沉淀。将洗净的胃壁平铺在搪瓷盘内,刮取黏膜表层,将刮下物浸入另一容器的生理盐水中搅拌,使之自然沉淀。以上两种材料都应在沉淀若干时间后,倒出上层液体,加入生理盐水,重新静置,如此反复进行,直到上层液体透明无色为止。然后收集沉淀物,放在培养皿或黑色浅盘内逐步观察,取出虫体。刮下的黏膜块应夹在两块载玻片之间镜检。

(3)小肠　分离以后放在大盆内，由一端灌入清水，使全部肠内容物随水流到桶内，取出肠管和大型虫体(如绦虫等)，在桶内加多量生理盐水，按上述方法反复沉淀，检查沉淀物。肠壁用玻璃棒翻转，在水中洗下黏液，也用水反复洗涤沉淀。最后刮取黏膜表层，压薄镜检。肠内容物和黏液在沉淀过程中往往出现上浮部分，其中也含有虫体，所以在换水时应收集上浮的粪渣，单独进行水洗沉淀后检查。

(4)大肠　分离以后在肠系膜附着部沿纵轴剪开，倾出内容物。加少量水稀释后检查虫体，按上述方法进行肠内容物和黏液的水洗沉淀，黏膜刮下物也按上述方法压薄镜检。

(5)肠系膜　分离以后将肠系膜淋巴结剖开，切成小片压薄镜检，然后提起肠系膜，迎着光线检查血管内有无虫体。最后在生理盐水内剪开肠系膜血管，洗净后取出肠系膜，加水进行反复沉淀后检查沉淀物。

(6)肝脏　分离胆囊，把胆汁压出盛在烧杯中，用生理盐水稀释，待自然沉淀检查沉淀物；将胆囊黏膜刮下、压薄、镜检；发现坏死灶剪下，压片检查。沿胆管将肝脏剪开，检查虫体，然后将肝脏撕成小块，浸在多量水内，洗净后取出肝块，加水进行反复沉淀，检查沉淀物。

(7)胰脏　检查法与肝脏相同。

(8)肺脏　沿气管、支气管剪开，检查虫体，用载玻片刮取黏液，加水稀释后镜检。将肺组织撕成小块按肝脏检查法处理。

(9)脾和肾脏　检查表面后切开进行眼观检查，然后切成小片、压薄、镜检。

(10)膀胱　检查方法与胆囊相同，并按检查肠黏膜的方法检查输尿管。

(11)生殖器官　检查其内腔，并刮取黏膜、压薄、镜检。

(12)脑与脊髓　眼观检查后切成薄片，压薄、镜检。

(13)眼　将眼睑黏膜及结膜在水中刮取表层，沉淀后检查。剖开眼球将眼房液收集在培养

(14)皿内镜检。

(15)鼻腔及额窦　由鼻孔后方，向后沿水平线锯开，再由两眼内角连接线向下垂直锯开后，检查虫体，然后在水中冲洗，沉淀后检查沉淀物。

(16)心脏及大血管　剪开后观察内膜，再将内容物洗在水内，沉淀后检查。将心肌切成薄片，压片后镜检。

(17)肌肉　切开猪咬肌、腰肌和臀肌检查囊尾蚴；采猪膈肌检查肌旋毛虫，采猪膈肌和心肌检查肉孢子虫。

各器官内容物不能立即检查完毕，可以反复洗涤沉淀后，在沉淀物中加福尔马林溶液保存，待以后再进行详细检查。

4.登记

要记录在猪寄生虫剖检登记表中，对于发现的虫体，应按种分别计算，最后统计寄生虫的总数、各种(属、科)寄生虫的感染率和感染强度。

二、记录寄生虫剖检结果

对于发现的虫体，要按种类分别计数，统计其感染率和感染强度。将剖检结果填入寄生虫剖检记录表(表 3-23-1)。

表 3-23-1　寄生虫剖检记录表

<table>
<tr><td>日期</td><td colspan="2"></td><td>编号</td><td></td><td>畜种</td><td></td></tr>
<tr><td>品种</td><td colspan="2"></td><td>性别</td><td></td><td>年龄</td><td></td></tr>
<tr><td>动物来源</td><td colspan="2"></td><td>动物死因</td><td></td><td>剖检地点</td><td></td></tr>
<tr><td rowspan="6">主要病理变化</td><td colspan="3"></td><td rowspan="6">寄生虫总数</td><td>吸虫</td><td></td></tr>
<tr><td colspan="3"></td><td>绦虫</td><td></td></tr>
<tr><td colspan="3"></td><td>线虫</td><td></td></tr>
<tr><td colspan="3"></td><td>棘头虫</td><td></td></tr>
<tr><td colspan="3"></td><td>昆虫</td><td></td></tr>
<tr><td colspan="3"></td><td>蜱螨</td><td></td></tr>
<tr><td rowspan="8">寄生虫种类和数量</td><td>寄生部位</td><td>虫名</td><td>数量</td><td>寄生部位</td><td>虫名</td><td>数量</td></tr>
<tr><td></td><td></td><td></td><td></td><td></td><td></td></tr>
<tr><td></td><td></td><td></td><td></td><td></td><td></td></tr>
<tr><td></td><td></td><td></td><td></td><td></td><td></td></tr>
<tr><td></td><td></td><td></td><td></td><td></td><td></td></tr>
<tr><td></td><td></td><td></td><td></td><td></td><td></td></tr>
<tr><td></td><td></td><td></td><td></td><td></td><td></td></tr>
<tr><td></td><td></td><td></td><td></td><td></td><td></td></tr>
<tr><td>备注</td><td></td><td></td><td></td><td></td><td></td><td></td></tr>
</table>

附录Ⅰ

猪场的发展远景与展望

我国是公认的养猪大国，生猪产业产值占畜牧业和农业产值分别约为43%和22%。生猪产业经历了由粗放到集约化、精细化养殖阶段，标准化规模养殖公司数量持续增加，能繁母猪生产性能明显提升。生猪年出栏量维持在6.5亿～7亿头，常年存栏数约为4亿头，猪肉产量接近5 500万t，基本实现了自给自足。我国种猪企业不断加强自主育种水平，多个养殖集团共建全基因组育种创新联盟，全国范围加大联合育种力度，培育高健康、高繁殖性能、快生长速度的华系种猪，真正解决生猪种源卡脖子难题，做到中国人的饭碗牢牢端在自己手上。

近十年是我国养猪业快速发展阶段，主要表现在猪场建设升级与改造，环保，生物安全，疾病防控能力，营养配方，遗传育种等方面的提升。但2018年8月首次出现在我国的非洲猪瘟疫情给生猪产业带来巨大的冲击，鉴于生物安全水平低、猪场硬件落后、技术力量薄弱、综合管理水平较差等原因，部分猪场相继关闭，复养遥遥无期。因此，出现了2020年生猪单价最好行情。

当前，我国养猪业充满巨大的挑战，表现在疾病防控、生猪育种、无抗养殖、精准营养、绿色环保、技术力量以及综合管理等方面。首先，猪群健康是生猪产业快速发展的基本保障，高度健康群体是坚持长期育种的首要前提。因此，如何成功防控非洲猪瘟、猪繁殖与呼吸综合征、猪伪狂犬病、口蹄疫等病毒性疾病，以及传染性胸膜肺炎、副猪嗜血杆菌病、链球菌病等细菌性疾病是至关重要的。在实际生产中，不仅需要开展疾病的诊疗，更应该积极探索疾病净化的可行性。在国家中长期动物疫病防治规划(2012—2020年)与十四五规划中已经明确指出，应积极开展高致病性猪繁殖与呼吸综合征等重点疾病的净化工作，尤其是种猪场。推广SPF生产技术也是控制与净化疾病的方法之一。非洲猪瘟控制仍然是兽医工作的重点，其防控成败直接决定猪场的生死存亡。其次，食品安全和环境保护是养殖业不可突破的底线，无抗绿色养殖或许是食品安全的重要保障之一，微生物发酵、新的除臭技术等是解决环保问题的重要措施。再者，需着力解决生猪种源卡脖子问题，做到中国人的种子掌握在自己手中，不能受任何外力因素所牵制，彻底打赢种业翻身仗。

同时，我国养猪业也有存在前所未有的高质量发展机遇，楼房模式养猪、聚落式猪场的建设、生物安全防控理念及水平的提升、全基因组育种技术的探索与应用等。无论是猪场硬件，还是综合管理水平都得以完善与提高，为推动生猪养殖快速、高质量发展打下坚实基础。经行业角逐后，我国规模化养殖企业占比逐渐增高，届时必然会带动养猪行业的再一次全新升级。

2020年是生猪养殖行业发展的分水岭，拥有雄厚资源和人才储备的规模化养殖公司快速发展扩建，其中不乏很多聚落式猪场以及楼房模式猪场，生猪年出栏万头以上的规模化养殖企业所占比重越来越高。随着整个产业水平的提升，非洲猪瘟防控技术相对娴熟，疾病风险也相对降低，在一定程度上提高了从业者的信心，使养殖热情高涨。同时，大量畜牧兽医信息化等专业人才进入行业，进一步充实了猪场管理层人员队伍的综合实力，从而使我国生猪行业能够得到更加快速、高质量发展。我国生猪养殖在不久的将来也会实现母猪年提供断奶仔猪数(PSY)超过 30 头，母猪年提供出栏数(MSY)达到 25 头以上的目标。

放眼现在，展望未来，历经几代养猪人的艰苦奋斗和创新发展，我国生猪养殖水平必将赶超欧美发达国家，实现真正的养猪强国梦(见图)。

新建猪舍　周围群山环绕

妊娠舍

分娩舍

仔培舍

肥猪舍　有饲料转化率测量设备(耗料计算)

猪舍的空气过滤网

附录Ⅱ

常用药物的配伍禁忌表

使用药物名称	不能配合使用的药物(禁忌)
青霉素	土霉素、四环素、金霉素、红霉素、替米考星、林可霉素、磺胺钠盐、氯丙嗪、氯霉素*、高于1%浓度的普鲁卡因
阿莫西林	卡那霉素、阿米卡星、链霉素、新霉素
氨苄西林	酸性溶解剂水溶很不稳定(应尽快用完)、维生素 B_1
链霉素	磺胺类、维生素 C、维生素 B_1、新霉素、多黏霉素、维生素 E、呋塞米
红霉素	磺胺类、林可霉素、碳酸氢钠
四环素类(四环素、土霉素、金霉素、多西环素)	青霉素、维生素 C、碳酸氢钠 另外:①土霉素牛、羊不宜内服。长期大量使用,会诱发二重感染。②四环素和金霉素不宜肌内注射,静脉注射勿漏出血管外。③马属动物多西环素不宜服用。
头孢菌素	强效利尿剂 如呋塞米
林可霉素(林可霉素)	青霉素、红霉素、氯霉素*
喹诺酮类(诺氟沙星、洛美沙星、环丙沙星、恩诺沙星、氧氟沙星等)	利福平、呋喃唑酮*、氯霉素*
卡那霉素	阿莫西林、忌大剂量静脉注射
痢菌净	呋喃唑酮
替米考星	忌静脉注射
氯霉素*	林可霉素、红霉素、喹诺酮类、青霉素
杆菌肽	喹乙醇、克林霉素
泰妙菌素	莫能菌素、盐霉素
磺胺类	复方氨基比林、青霉素、链霉素、红霉素、维生素 C、普鲁卡因、干酵母
地塞米松	孕猪不用
复方氨基比林	磺胺类、氯丙嗪、维生素 E

使用药物名称	不能配合使用的药物(禁忌)
安乃近	氯丙嗪、奎宁
阿司匹林	氨茶碱
安钠咖	四环素、土霉素
氯丙嗪	青霉素、金霉素、复方氨苄西林、安乃近、阿尼利定、碳酸氢钠
维生素 B_1	氨苄西林、孢头菌素、四环素、土霉素、红霉素、金霉素、多黏霉素、新霉素、链霉素、卡那霉素、林可霉素
维生素 B_2	
氨茶碱	四环素、维生素 C、氯丙嗪、肾上腺素、地塞米松
麻黄素	肾上腺素
绒毛膜促性腺激素	肾上腺素
卡巴克洛(安络血)	垂体后叶素、青霉素、氯丙嗪
呋塞米	链霉素、卡那霉素、新霉素、庆大霉素、头孢噻啶
左旋咪唑	苏打、人工盐
敌百虫	苏打、人工盐、新斯的明
654-2	毛果芸香碱、阿托品
914	阿托品、肾上腺素、普鲁卡因、利尿素、头孢噻啶
阿托品	毛果芸香碱、肾上腺素、麻黄素
碳酸氢钠	稀盐酸、胃蛋白酶
人工盐	稀盐酸、胃蛋白酶、硫酸镁
干酵母	磺胺类药
乳酶生	抗生素,并禁用开水调剂
复合酶	磺胺类、抗生素

注:* 为临床禁用药

参考文献

1. 李祥瑞. 动物寄生虫病彩色图谱. 北京:中国农业出版社,2004

2. 赵德明. 兽医病理学. 2 版. 北京:中国农业大学出版社,2005

3. 宣长和,王亚军,邵世义,等. 猪病诊断彩色图谱与防治. 北京:中国农业科学技术出版社,2005

4. 王志远. 猪病防治. 北京:中国农业出版社,2006

5. 李立山,张周. 养猪与猪病防治. 北京:中国农业出版社,2006

6. 张宏伟,杨廷桂. 动物寄生虫病. 北京:中国农业出版社,2006

7. 张苏华. 猪传染病防治图谱. 上海:上海科学技术出版社,2007

8. 马学恩. 家畜病理学. 4 版. 北京:中国农业出版社,2007

9. 王泽岩,赵建增. 猪病鉴别诊断与防治. 北京:金盾出版社,2008

10. 叶培根,唐万勇. 猪防治员. 北京:金盾出版社,2008

11. 易本驰,张汀. 猪病快速诊治指南. 郑州:河南科学技术出版社,2008

12. 潘耀谦. 猪病诊疗原色图谱. 2 版. 北京:中国农业出版社,2008

13. 吴清民. 兽医传染病学. 5 版. 北京:中国农业大学出版社,2009

14. 徐有生. 科学养猪与猪病防制原色图谱. 北京:中国农业出版社,2009

15. 刘家国,王德云. 新编猪场疾病控制技术. 北京:化学工业出版社,2009

16. 马玉华,谷风柱. 简明猪病诊断与防治原色图谱. 北京:化学工业出版社,2009

17. 芦惟本. 跟芦老师学看猪病. 北京:中国农业出版社,2009

18. 吴敏秋,周建强. 兽医实验室诊断手册. 南京:江苏科学技术出版社,2009

19. 李培英,魏建忠. 动物医学实验教程. 北京:中国农业大学出版社,2010

20. 潘耀谦,刘兴友. 猪病诊治彩色图谱. 北京:中国农业出版社,2010

21. 徐有生. 猪病理剖检实录. 北京:中国农业出版社,2010

22. 李舫. 动物微生物学. 北京:中国农业出版社,2010

23. 王志远,羊建平. 猪病防治. 北京:中国农业出版社,2011

24. 金璐娟. 猪病防治. 北京:北京师范大学出版集团,2011

25. 王振玲,华勇谋. 猪病防治实操手册. 北京:中国农业大学出版社,2011

26. 王振玲. 猪病防治. 北京:中国农业大学出版社,2013

27. 郭定宗. 兽医实验室诊断指南. 北京:中国农业出版社,2013

28. Jeffrey J. Zimmerman,等. 猪病学. 10 版. 赵德明,张仲秋,周向梅,等译. 北京:中国农业大学出版社,2014